普通高等教育"十一五"国家级规划教材

中国轻工业"十四五"规划立项教材

食品标准与法规
（第三版）

余以刚　主编

张水华　主审

中国轻工业出版社

图书在版编目（CIP）数据

食品标准与法规/余以刚主编 . —3 版 . —北京：
中国轻工业出版社，2025.1
ISBN 978-7-5184-4532-5

Ⅰ . ①食… Ⅱ . ①余… Ⅲ . ①食品标准—中国②食品
卫生法—中国 Ⅳ . ①TS207.2 ②D922.16

中国国家版本馆 CIP 数据核字（2023）第 160791 号

责任编辑：马 妍

策划编辑：马 妍 责任终审：劳国强 封面设计：锋尚设计
版式设计：砚祥志远 责任校对：晋 洁 责任监印：张 可

出版发行：中国轻工业出版社（北京鲁谷东街 5 号，邮编：100040）
印 刷：三河市国英印务有限公司
经 销：各地新华书店
版 次：2025 年 1 月第 3 版第 2 次印刷
开 本：787×1092 1/16 印张：17.25
字 数：420 千字
书 号：ISBN 978-7-5184-4532-5 定价：50.00 元
邮购电话：010-85119873
发行电话：010-85119832 010-85119912
网 址：http://www.chlip.com.cn
Email：club@chlip.com.cn

前言（第三版） Preface

食品安全是最基本的民生，是人民群众美好生活的基本需要，是全社会的共同期盼。习近平总书记指出，食品安全工作要遵循"四个最严"要求，即用最严谨的标准、最严格的监管、最严厉的处罚、最严肃的问责，建立食品安全现代化治理体系，确保"舌尖上的安全"，增强广大人民群众的获得感、幸福感、安全感。食品标准与法规是食品安全现代化治理体系的重要组成部分，是食品安全的重要保障。近年来，随着《中华人民共和国食品安全法》及其实施条例修订完成并实施，大批国家标准和法规已进行了修订。为适应新的变化要求，《食品标准与法规》也进行了相应更新。

本书由余以刚任主编，莫于川、孙冰玉、曾桥、游丽君、吴江超任副主编，全书共分十四章，编写分工如下：第一章概论由华南理工大学余以刚、游丽君、高文宏编写；第二章中国主要食品法律与法规由中国人民大学莫于川编写；第三章食品安全法解读由中国人民大学莫于川、辽宁大学王茜、清远市场监督管理局黄韵编写；第四章标准化与食品标准由哈尔滨商业大学孙冰玉、喀什大学吴江超编写；第五章食品安全强制性标准由华南理工大学王启军、清远市场监督管理局黄韵编写；第六章食品标准的制定由哈尔滨商业大学孙冰玉、喀什大学吴江超编写；第七章食品安全应急、食品召回及生产经营许可管理由陕西科技大学曾桥、董文宾编写；第八章保健食品的安全与监督管理由石河子大学王庆玲编写；第九章农产品及原料的安全与监督管理由河南农业大学崔文明、艾志录编写；第十章食品包装材料的安全与监督管理由河南农业大学崔文明、艾志录编写；第十一章进出口食品的检验与管理由华南理工大学余以刚、拱北海关王钰、王小玉编写；第十二章餐饮业食品卫生监督与卫生管理由河南大学郭秀春编写；第十三章食品风险分析与食物中毒处理由华南理工大学余以刚、游丽君、吴晖编写；第十四章国外食品法律法规介绍由华南理工大学游丽君、王永华，拱北海关王钰、王小玉编写。全书由余以刚统稿，张水华审定。

本教材适用于高等学校食品科学与工程、食品质量与安全等专业使用，也可作为食品企业、食品国内外贸易和食品相关管理部门的参考书。为了方便读者即时获得最新标准和法规信息，本书还会以二维码的方式提供最新资料。

在教材的编写过程中，得到了教育部高等院校食品科学与工程类专业教学指导委员会、中国轻工业出版社的大力支持，特表诚挚感谢！中国人民大学法学院和华南理工大学柴紫悦、胡瑞琦、黎琳莹、黄泽璇、孙伟、王纯、徐群博和徐露等同志对本书给予大量支持和帮助，在此一并致谢！

由于编者水平有限，书中难免有不足或错误之处，敬请广大读者提出宝贵意见，以便再版时补充修正。

编者

2023 年 7 月

前言（第二版） | Preface

食品安全问题涉及面非常广，有监督、管理、体制、机制、科技、诚信以及法制等许多方面问题。近年来发生的"苏丹红事件"和"三聚氰胺事件"等食品安全事件对消费者的生命安全和身体健康产生了严重后果，从而加速了食品安全立法和标准修订工作。《中华人民共和国食品安全法》经多次修订后于2015年10月1日起施行。为了适应新的形势以及更好地与国际接轨，一大批食品安全标准和法规也进行了更新。

本书由余以刚主编，艾志录、孙冰玉、曾桥、莫于川副主编。全书共十四章，编写分工如下：第一章由华南理工大学余以刚、高文宏编写；第二章由中国人民大学莫于川、吉林警察学院李航编写；第三章由中国人民大学莫于川、王茜编写；第四章和第六章由哈尔滨商业大学孙冰玉、石彦国编写；第五章由华南理工大学王启军编写；第七章由陕西科技大学曾桥、董文宾编写；第八章由石河子大学王庆玲编写；第九章和第十章由河南农业大学崔文明、艾志录编写；第十一章由华南理工大学余以刚、珠海出入境检验检疫局王钰编写；第十二章由河南大学郭秀春编写；第十三章由华南理工大学余以刚、吴晖编写；第十四章由华南理工大学王永华编写。全书由余以刚统稿，张水华审定。

本教材适用于食品科学与工程、食品质量与安全、农副产品加工等专业使用，也可作为食品企业、食品国内外贸易和食品相关管理部门的参考书。

在教材的编写过程中，得到了教育部高等院校食品科学与工程类专业教学指导委员会、中国轻工业出版社的大力支持，特表示诚挚感谢！中国人民大学法学院韩大元、路磊和华南理工大学扶雄、曾新安、肖性龙、李晓凤、唐语谦和许喜林等同志对本书进行了大量的支持和帮助，在此一并致谢！

由于本书涉及的领域较广，编者水平有限，书中难免有不足或错误之处，敬请广大读者提出宝贵意见，以便再版时补充修正。

编者
2017年3月

前言（第一版） | Preface

《中华人民共和国食品安全法》（简称《食品安全法》）已由第十一届全国人大常委会于2009年2月28日通过并公布，自2009年6月1日起实行，该法的实施是我国安全立法的一件大事，必将对我国的食品安全工作产生重要的指导和推动作用。我国政府历来非常重视食品安全问题，经过几十年的努力，尤其是1995年《中华人民共和国食品卫生法》颁布以来，食品卫生状况有了明显改善，但食品安全问题仍屡有发生。特别是近几年先后发生的"苏丹红事件""阜阳劣质奶粉事件""假酒中毒事件"以及"三鹿奶粉事件"等，严重地影响到政府的公信力、民族品牌的信誉度，更重要的是影响到消费者的生命安全和身体健康。食品安全的问题涉及面非常广，如监督、管理、体制、机制、科技、诚信以及法制等许多方面，其中以食品安全立法最为迫切。

《食品标准与法规》教材正是在这样的背景下，由教育部高等院校轻工与食品学科教学指导委员会推荐，委托中国轻工业出版社申报，被批准列入教育部普通高等教育"十一五"国家级规划教材。本书重点介绍《食品安全法》《农产品质量安全法》以及相关的法律法规和标准等知识。虽然《食品卫生法》将废止，但由于整合依据该法制定的有关法规、标准等工作仍有一个过程，本书对这些整合工作将会有很好的参考作用，对了解我国食品安全的建设过程有很大帮助。

本书由张水华、余以刚任主编，石彦国、艾志录、董文宾任副主编。全书共分十三章，编写分工如下：第一章华南理工大学张水华、余以刚；第二章哈尔滨商业大学石彦国；第三章华南理工大学王启军；第四章哈尔滨商业大学石彦国；第五章陕西科技大学董文宾、代春吉；第六章陕西科技大学董文宾、代春吉；第七章华南理工大学 张水华、余以刚；第八章石河子大学李开雄；第九章河南农业大学艾志录；第十章河南农业大学艾志录；第十一章华南理工大学余以刚、张水华；第十二章华南理工大学 王永华；第十三章华南理工大学吴晖。全书由张水华、余以刚统稿，最后由张水华审定。

本教材适用于食品科学与工程、食品质量与安全、农副产品加工等专业或方向使用，也可作为食品企业、食品国内外贸易、工商管理等部门的参考书。

在教材的编写过程中，得到了教育部高等院校轻工与食品学科教学指导委员会、中国轻工业出版社的大力支持，在此诚挚感谢！华南理工大学在读研究生钟亚东、于铁妹、高红娟、王卫飞为本书的文字处理做了大量工作，在此一并致谢！

由于本书涉及的领域较广，编者水平有限，难免有不足或错误之处，敬请广大读者提出宝贵意见，以便再版时补充修正。

编者

目录 | Contents

第一章

概　论

学习目的与要求

1. 掌握食品法律、法规与标准的法律地位；
2. 了解食品安全的保障措施；
3. 了解食品法律、法规和标准与市场经济的关系。

第一节　食品法律、法规与标准的法律地位

《中华人民共和国立法法》（以下简称为《立法法》）的规定，全国人大及其常委会制定的具有法律效力的文件，称为法律。

法律，是人类在社会层次中的规则，社会上人与人之间关系的规范，以正义为其存在的基础，以国家的强制力为其实施的手段。法律是由立法机关制定，国家政权保证执行的行为规则。法律体现统治阶级的意志，是阶级专政的工具之一。

广义的法律是指法的整体，包括法律、有法律效力的解释及行政机关为执行法律而制定的规范性文件。狭义的法律则专指拥有立法权的国家机关依照立法程序制定的规范性文件。

法律分为基本法律和基本法律以外的法律。《中华人民共和国宪法》第六十二条给基本法律确定的范围是"刑事、民事、国家机构的和其他的基本法律"。《立法法》虽然没有对"基本法律"的范围作出进一步界定，但是，在宪法规定的基础上，对全国人大及其常委会制定法律的专属立法权限作出了进一步的规定。基本法律主要包括：中央与普通地方行政区域关系法、民族区域自治法、香港特别行政区基本法、澳门特别行政区基本法、政党制度法、土地管理法、环境保护法、人口与计划生育法、国籍法和国防法等。

食品法律是指与食品相关的法律，它属于基本法律以外的法律。

食品法规是指与食品相关的行政法规、部门规章和技术法规。

《立法法》规定，国务院根据宪法和法律制定的具有法律效力的文件，称为行政法规；国务院各组成部门和具有行政管理职能的直属机构，根据法律和国务院的行政法规、决定、命令，

在本部门的权限内制定的具有一定法律效力的文件，称为部门规章。

技术法规是法规中的一种。世界贸易组织（WTO）《技术性贸易壁垒协定（TBT 协定）》对技术法规给出了明确的定义。技术法规：规定强制执行的产品特性或其相关工艺和生产方法、包括适用的管理规定在内的文件。该文件还可包括关于适用于产品、工艺或生产方法的专门术语、符号、包装、标志或标签要求。

技术法规具有以下特点：

（1）强制性　技术法规是由政府部门或政府部门授权的其他部门制定的、强制执行的法规，世贸组织各成员国投放市场及自由流通的任何产品都必须遵守相应的技术法规。

（2）约束范围广　技术法规规定了产品的具体特性，诸如产品的大小、形状、功效和性能甚至是其在出售之前加注标签、标志的样式和包装的方式等多方面的内容。而且，由于产品的生产方式在很大程度上影响上述几个方面的特性，因此，技术法规的文件中还可以对适用于产品的工艺或生产方法、包括适用的管理规定进行约束。

（3）表现形式多样性　根据技术法规的定义，其具有多种表现形式，包括国家法律、部门规章条例、政府法令以及强制性标准等。

作为《TBT 协定》的组成元素之一，技术法规与标准和合格评定程序相结合，可以实现以下作用：

（1）提高生产效率，便利国际贸易；（2）保证各成员的国家基本安全利益；（3）保证各成员出口产品的质量；（4）保护人类、动植物生命或健康及保护环境；（5）防止欺诈行为；（6）推动技术进步。

食品标准是与食品相关的一种特殊"规范性文件"。我国国家标准 GB/T 20000.1—2014《标准化工作指南　第 1 部分：标准化和相关活动的通用术语》中，对标准所下定义是"通过标准化活动，按照规定的程序经协商一致制定，为各种活动或其结果提供规则、指南或特性，供共同使用的和重复使用的文件。"

可见，标准是一种特殊的规范，本质上属于技术规范范畴。通过标准，对重复性事物作出统一规定，借以规范人们的工作、生活、生产行为。就生产而言，任何产品都是按照一定标准生产的，任何技术都是依据一定标准操作的。离开了标准，就没有衡量质量的尺度，产品和技术的质量就会因为没有比较的基准而无从谈起。

食品标准可分为强制性标准和非强制性标准，强制性标准必须强制执行，属于技术法规范畴；非强制性标准是一种指导性范畴文件。食品安全标准是强制执行的标准。除食品安全标准外，不得制定其他的食品强制性标准。国务院卫生行政部门依照《中华人民共和国食品安全法》（以下简称《食品安全法》）和国务院规定的职责，组织开展食品安全风险监测和风险评估，会同国务院市场监督管理部门制定并公布食品安全国家标准。食品安全国家标准应当经国务院卫生行政部门组织的食品安全国家标准审评委员会审查通过。

标准虽然是一种规范，但它本身并不具有强制力，即使是强制性标准，其强制性质也是法律授予的，如果没有法律支持，它是无法强制执行的。标准中不规定行为主体的权利和义务，也不规定不行使义务应承担的法律责任。多数国家的标准是经国家授权的民间机构制定的，即使由政府机构颁布的标准，它也不像法律、法规那样由象征国家的权力机构审议批准，而是由各方利益的代表审议，政府行政主管部门批准。

第二节 食品安全的保障措施

食品安全关系到每个人的身体健康和生命安全。食品法律、法规与标准的一个重要任务就是保障食品安全。食品安全的保障措施包括以下几个方面：

（一）法律法规体系

为保障食品卫生安全，国家制定了一系列与食品安全相关的法律，主要包括《食品安全法》（2021 年修正）、《产品质量法》（2018 年修正）、《动物防疫法》（2021 年修订）、《进出境动植物检疫法》（2009 年修正）、《进出口商品检验法》（2021 年修正）、《国境卫生检疫法》（2018 年修正）、《农业法》（2012 年修正）、《种子法》（2021 年修正）、《渔业法》（2013 年修正）、《消费者权益保护法》（2013 年修正）、《农产品质量安全法》（2022 年修订）、《广告法》（2021 年修正）、《标准化法》（2017 年修订）等。制定食品法律的目的是保证食品安全，保障公众身体健康和生命安全。食品法律是所有与食品相关的活动的法律依据，包括食品生产、经营、检验和监督管理等。

为了更好地落实食品安全管理，国务院相关职能部门制定了一系列与食品有关的部门规章和法规性文件，主要包括《生猪屠宰管理条例》（2021 年修订）、《乳品质量安全监督管理条例》（2008 年发布）、《农业转基因生物安全管理条例》（2017 年修正）、《农药管理条例》（2022 年修正）、《食盐质量安全监督管理办法》（2020 年发布）、《食盐专营办法》（2017 年修订）、《食品生产许可管理办法》（2020 年发布）、《食品生产加工企业落实质量安全主体责任监督检查规定》（2009 年发布）、《食品召回管理规定》（2015 年发布）、《食品标识管理规定》（2009 年发布）、《食品添加剂新品种管理办法》（2017 年修订）、《饲料和饲料添加剂管理条例》（2017 年发布）、《食品安全抽样检验管理办法》（2019 年发布）、《食品生产经营监督检查管理办法》（2021 年发布）、《进出口食品安全管理办法》（2021 年修正）和《进出口商品检验法实施条例》（2022 年修正）等。

（二）技术支撑体系

为做好食品安全技术支撑，中国不断加强检测机构能力建设、监测和评估等工作。全国现有食品监测机构 5000 余家，通过完善检测方法、加强质量控制，检验能力不断提高，部分检测机构通过了世界卫生组织监测网质控考核。中国高度重视危险性评估工作，20 世纪 70 年代就开始组织开展了食品中污染物和部分塑料食品包装材料树脂及成型品浸出物等的危险性评估；加入世贸组织后，中国还专门开展了食品中微生物、食品中化学污染物、食品添加剂、食品强化剂等评估。中国成立了国家农产品质量安全风险评估专家委员会，专门开展农产品质量风险评估工作。通过评估，指导农民使用标准化生产技术，带动标准化生产面积超过 3300 万 hm^2（5 亿亩）；获得无公害农产品、绿色食品、有机食品认证的优质农产品，其市场占有率稳步提高，已成为出口农产品的主体。近年来，绿色食品已得到多个贸易国的认可，出口贸易额逐年增长。

（三）监测和安全预警系统

为掌握全国食品和农产品安全状况，国家市场监督管理总局重点开展了食品安全监测工作，建立了食品安全风险快速预警与快速反应系统，开展了食品生产加工环节风险监测工作。目前，监测点已经覆盖全国，重点对消费量较大的 54 种食品中常见的 61 种化学污染物进行监测，初步摸清了我国食品中重要污染物的污染水平及动态变化趋势。农业农村部也建立了农产品质量安全例行监测制度，对全国大中城市的蔬菜、畜产品、水产品质量安全状况实行从生产基地到市场环节的定期监督检测，并根据监测结果定期发布农产品质量安全信息，加强跟踪检查，有力地督促和引导了农产品质量安全工作的健康发展，目前，全国大部分省（自治区、直辖市）也已开展省级例行监测工作。国家市场监督管理总局加强了食品安全风险快速预警与快速反应系统的建设。同时，加大了食品生产加工环节风险监测的工作力度，重点监测非食品原料和食品添加剂问题。通过动态收集、监测和分析食品安全信息，初步实现了食品安全问题的早发现、早预警、早控制和早处理。

（四）建立食品安全综合监督、组织协调机制，统筹制定食品安全规划

国家市场监督管理总局作为食品安全管理的综合监督、组织协调部门，牵头建立了食品安全部际联席会议制度，及时沟通情况，研究协调解决工作中的重大问题。31 个省（自治区、直辖市）均成立了食品安全协调机构。食品安全工作纳入了地方政府考核目标，大部分省、市、县政府自上而下层层签订了《食品安全工作责任书》，初步建立了食品安全监管责任制和责任追究制。

国家市场监管总局会同多部委连续多年在全国开展了食品安全专项整治，对全国 31 个城市实施了食品放心工程综合评价，各省（自治区、直辖市）也开展了对地（市）的食品放心工程综合评价。通过量化管理指标、品种检测指标和消费者满意度指标考核，强化了地方政府对食品安全负总责的意识，促进了监管措施和监督责任的落实。

几年来，国家市场监督管理总局不断协调完善食品安全标准体系建设，规范食品安全信息发布工作，开展了食品安全信用体系试点工作，推动了食品企业诚信制度建设。

国务院提出了加强食品安全监测、提升食品安全检验检测水平、完善食品安全相关标准、构建食品安全信息体系、提高食品安全科技支撑能力、加强食品安全突发事件和重大事故应急体系建设、建立食品安全评估评价体系、完善食品安全诚信体系、继续开展食品安全专项整治、完善食品安全相关认证、加强进出口食品安全管理、开展食品安全宣传教育和培训等重要任务。

第三节　食品法律、法规和标准与市场经济的关系

一、法律、法规与标准的关系

法律、法规是一种社会规范，而标准是一种技术规范。

社会规范是人们处理社会生活中相互关系应遵循的具有普遍约束力的行为规则，而技术规范是人们在同客观事物打交道时必须遵循的行为规则。在科学技术和社会生产力高度发展的现代社会，越来越多的立法把遵守技术规范确定为法律义务，从而把社会规范和技术规范紧密结合在一起。

（一）法律、法规和标准的相同之处

（1）一般性　法律、法规和标准都是现代社会和经济活动必不可少的统一规定，对任何人

都适用，同样情况下应同样对待。

（2）公开性 在制定和实施过程中都公开透明。

（3）明确性和严肃性 法律、法规和标准都由权威机构按照法定的职权和程序制定、修改或废止，都用严谨的文字进行表述。

（4）权威性 法律、法规和标准都在调控社会生活方面发挥主导作用，享有威望，得到广泛的认同和普遍的遵守。

（5）约束性和强制性 要求社会各组织和个人服从法律、法规和标准的规定，将其作为行为的准则。

（6）稳定性 法律、法规和标准都具有稳定性和连续性，不允许擅自改变和轻易修改。

（二）法律、法规和标准的不同之处

（1）法律、法规在相关领域处于至高无上的地位，具有基础性和本源性的特点。标准必须有法律依据，必须严格遵守有关的法律、法规，在内容上不能与法律、法规相抵触和冲突。

（2）法律、法规涉及国家和社会生活的方方面面，调整一切政治、经济、社会、民事、刑事等法律关系，而标准主要涉及技术层面。

（3）法律、法规一般较为宏观和原则，标准则较为微观和具体。

（4）法律、法规较为稳定，标准则经常随着科学技术和生产力的发展而补充修改。

（5）标准比较注重民主性，强调多方参与、协商一致，尽可能照顾多方利益。

（6）标准的强制力也源自法律、法规的赋予，标准分为强制性和推荐性两种，对推荐性标准企业有选择执行或不执行的权利。

（7）法律、法规和标准都是规范性的文件，但标准在形式上有文字的，也有实物的。

二、食品法律、法规与市场经济的关系

市场经济在本质上要求用法律规范调整经济关系，促进社会生产力的发展。没有法制的市场经济是不可想象的。没有健全、配套的法律和法规保障，社会主义市场经济的新体制就不可能从根本上确立起来。

中国作为 WTO 成员方，为国内外企业营造一个统一、稳定、透明、可预见的法律环境，以保障企业在公开、公正、公平的环境里参与市场竞争显得尤为重要。中国的经济体制是社会主义市场经济，必须遵守国际惯例和准则。

这种新的市场经济法律秩序就是所谓的公正自由的竞争法律秩序，其特点是：第一，维护市场的统一性，打破地方保护主义，取消对市场的人为肢解和分割，使全国市场经济活动都遵循统一的法律、行政法规；第二，维护市场的自由性，通过制定必要的市场经济治理法律、法规实现企业经营机制的转换、政企分开和国家对市场行为的适度干预，弱化行政干预对市场主体尤其是对企业的各种束缚和限制，使市场主体享有充分的自由；第三，维护市场的公正性，做到法律制度统一、市场活动机会均等、国家税负公平等，以保障所有市场主体不论自然人还是法人、不论大小、不论强弱、不论所有制性质，均能够以平等的地位，在平等的基础上相互竞争；第四，维护市场的竞争性，通过制定反不正当竞争、反垄断等法律法规，使所有的市场主体都能够依据法律相互竞争，为他们创造一个良好的自由竞争的环境等。

食品及食品安全关系到每一个消费者的身体健康和生命安全，也关系到企业的信誉、行业的前途。2009 年前，我国的食品市场风波不断，伪劣食品屡禁不止，尤其是阜阳劣质婴儿奶粉

及三鹿奶粉等事件严重损害了消费者的利益，对乳品行业造成重大创伤，主要原因是我国食品法律和法规在生产和流通领域不完善，使不法分子有机可乘。

虽然我国先后颁布了多部与食品相关的法律法规，但是，还存在一些法律监管盲区，不少法律法规的制约性还不强，尚不能适应当时食品市场发展的需要。要真正从源头上保障食品卫生安全，首先要加强食品安全立法，整合执法资源，使立法由权利定位逐步向责任定位过渡，从而避免各职能部门"趋利执法"行为，使食品安全执法协调运转的长效机制以国家法律的形式固定下来，为广大人民群众的食品安全服务。《食品安全法》就是在这样的市场环境下出台的，该法自 2009 年 6 月 1 日起正式施行，并于 2015 年进行修订，于 2018 年和 2021 年进行修正。在 2019 年修订了《中华人民共和国食品安全法实施条例》。

《食品安全法》的修订表明我国的食品法律法规为了适应市场经济的要求在逐步走向成熟和完善，必将对食品生产、经营、检验、进出口、食品安全事故处理、食品监管产生重大影响，从而达到保障公众身体健康和生命安全的目的。《食品安全法》的修订对于规范市场经济条件下食品生产、经营、监督管理及保障食品安全具有至关重要的作用。

三、标准与市场经济的关系

标准的分类有几种方法。按标准的专业性质，将标准划分为技术标准、管理标准和工作标准 3 大类。现以技术标准为例，说明标准与市场经济的关系。

对标准化领域中需要统一的技术事项所制定的标准称技术标准。技术标准是一个大类，可进一步分为：基础技术标准、产品标准、工艺标准、检验和试验方法标准、设备标准、原材料标准、安全标准、环境保护标准、卫生标准等。其中的每一类还可进一步细分，例如，基础技术标准还可再分为：术语标准、图形符号标准、数系标准、公差标准、环境条件标准、技术通则性标准等。

随着经济全球化和国际贸易自由化进程的加速，市场竞争不再局限于产品和技术的竞争，技术标准的领先已成为崭新的竞争制高点，掌握技术标准意味着在竞争中掌握了主动权，甚至是控制权。技术标准是指一种或一系列具有一定强制性要求或指导性功能的文件，既含有细节性技术要求，又含有关技术方案，其目的是让相关的产品或服务达到一定的安全要求或市场准入的要求。从总体上讲，技术标准从宏观和微观两方面对我国市场经济起着促进和保障作用。技术标准是国际贸易的一个有效推动器，是关税贸易保护的有效手段，是协调国内外经济争端的有效途径。

在市场经济条件下，技术标准与市场相互依存、密不可分。市场经济包含主体、客体、交易制度、交易规则、交易成本等几个方面。市场经济主体根据交易制度和交易规则，通过对客体的交易成本进行控制，以达到利润最大化。市场需求决定了技术标准的核心内容和发展趋势，同时，技术标准是规范和协调市场经济运行秩序的技术依据。市场主体在自身利益最大化的前提下，根据市场协调的交易规则，遵循市场经济固有的游戏规则——交易制度，对产品和劳务等市场客体进行生产和消费，同时分析商品和人的各种属性和动机来控制市场的交易成本。

技术标准与市场经济各要素的关系如下：

（1）技术标准与市场主体的关系　市场的主体包括企业、消费者、政府和各种利益相关者。在当前市场经济环境下，企业为获得最大利润而降低成本，追求规模经济；消费者通过消费产品，使自己的消费效用达到最大化；政府通过宏观调控，达到其协调市场秩序的目的。技术标准与市场主体的几个方面都有着密切的联系：技术标准能够使企业实现规模经济；技术标准能够使消费者实现效用最大化；技术标准能够使政府对市场经济的宏观调控更加深入。

（2）技术标准与市场客体的关系 市场的客体主要是市场需求的产品和服务。无论生产者还是消费者，对产品质量的追求都是一贯的。而技术标准正是产品质量提高的保证，主要表现在：技术标准是产品质量的文字表述；技术标准是衡量产品质量的尺度；技术标准是提高产品（服务）质量的保证。

（3）技术标准与市场交易规则的关系 市场交易规则是各市场主体在市场上进行交易活动所必须遵守的行为准则与规范。市场规则的最主要内容包括市场交易方式的规范和市场交易行为的规范两个方面。技术标准与市场互动的核心就是维持市场的秩序，对市场进行协调。技术标准对市场交易规则起着内部驱动力的作用；技术标准对法律法规起着协调和引导作用。

（4）技术标准与市场交易制度的关系 技术标准对市场经济环境下的交易制度有很重要的影响，主要表现在以下几个方面：技术标准规定和约束着市场的交易制度；技术标准的规律性和系统性约束着市场的交易制度；技术标准通过协调各利益相关者实现博弈均衡；技术标准对企业内外的交易制度起着规范和引导作用；技术标准化活动约束和规定着市场活动；技术标准作为市场经济的内生变量，影响着市场经济的运行；技术标准通过约束提高市场的效率。

（5）技术标准与市场交易成本的关系 交易制度的改变会影响交易成本，同时，市场经济交易成本的降低也会要求改变交易制度。在当前交易制度已经确定并在短时间内不易改变的情况下，交易成本的降低就被提到了更加明显的地位。技术标准对市场交易成本的影响主要表现在：技术标准能够通过弱化市场交易成本的影响因素来降低交易成本；技术标准能够从市场交易行为上降低交易成本。

在市场经济条件下，要充分发挥标准在社会经济发展中应有的作用，应该选择以企业为主体的技术标准的制度，充分调动和发挥消费者、企业、政府和行业协会在技术标准化中的作用。

 思政案例

食品工业是整个工业中为国家提供积累最多，吸纳城乡就业人数最多，与农业关联度最高的产业。近年来，我国食品工业持续以较快速度发展。即使是在新冠肺炎疫情期间，我国的食品产业增加值仍在增长。2022 年，我国农副食品加工业增加值同比增长 0.7%，食品制造业增加值同比增长 2.3%，酒、饮料和精制茶制造业增加值同比增长 6.3%。然而，我国食品工业仍存在产业结构松散和食品安全等问题，因此相关食品法律、法规与标准仍有待进一步完善。2023 年 4 月，工业和信息化部、国家发展和改革委员会、科学技术部等 11 个部门联合印发《关于培育传统优势食品产区和地方特色食品产业的指导意见》（以下简称《指导意见》）。《指导意见》中提出：要健全标准体系，开展特色食品领域国家标准和行业标准制修订工作；鼓励制定团体标准和企业标准；支持地方特色食品生产企业参与国际标准制定与转化。通过不断完善的食品法律、法规与标准，助力食品产业的高质量发展，并进一步推动我国社会经济的发展。

课程思政育人目标

从中国食品行业现状出发，介绍食品行业在市场经济中的地位及其发展中存在的问题隐患，阐述食品法律法规对食品行业高质量发展的重要作用，培养投身食品行业规范化发展的使命感，在对食品相关法律、法规及标准的认识中培养社会主义核心价值观。

🔍 **思考题**

1. 法律和法规有何区别？
2. 技术法规有何特点？
3. 我国食品安全的保障措施有哪些？
4. 在市场经济条件下，制定技术标准的作用和意义是什么？

第二章

中国主要食品法律与法规

学习目的与要求

1. 掌握中国与食品安全相关的主要食品法律法规；
2. 了解《食品安全法》的主要内容及调整范围；
3. 了解《农产品质量安全法》《生猪屠宰管理条例》《乳品质量安全监督管理条例》和《农业转基因生物安全管理条例》。

第一节　中国主要食品法律法规概述

一、食品与食品安全

食品是人类生存的物质基础，如何有效保障食品安全是国际社会共同面对的公共治理难题。

我国《食品安全法》第一百五十条规定："食品，指各种供人食用或者饮用的成品和原料以及按照传统既是食品又是中药材的物品，但是不包括以治疗为目的的物品。食品安全，指食品无毒、无害，符合应当有的营养要求，对人体健康不造成任何急性、亚急性或慢性危害。"

食品安全概念的首次提出，可以追溯至 1974 年的世界粮食大会。由于第二次世界大战引发的粮食危机，当时的食品安全主要指粮食供应的安全。随着经济和社会发展，人们对食品安全的理解更为丰富。联合国粮食及农业组织（FAO）认为，食品安全是"在任何时候，每个人为维持一种健康活跃的生活都能得到富有营养的和安全的食物。"国际食品法典委员会（CAC）将其解释为"消费者所食用的食物应该是不含有任何对人体造成危害或可能造成危害的有毒有害因素或物质。"世界银行认为食品安全是指"无论何时，人们都能获得保证正常生活所需的足够的食品。"世界卫生组织（WHO）则指出"食品安全是指食物对人类的身体健康不会造成不良影响，这种不良影响包括直接影响，也包括潜在的影响；从食品质量安全的角度考虑，指保证对消费者的身体健康不会造成损害的，并且是按照食物本身的方式进行加工和制作的质量要求。"目前，国际社会对食品安全概念的理解已经基本形成共识，即食品安全是指食品的种植、养殖、加工、包装、贮藏、运输、销售、消费等活动符合国家强制标准和要求，不存在可能损害或威胁人体健康的有毒有害物质致消费者病亡或者危及消费者及其后代的隐患。食品安全既包括生产的安全，也包括经营的安全；既包括结果的安全，也包括过程的安全；既包括现实的安全，也包括未来的安全。

二、中国食品安全法律法规的形成与发展

中国食品安全法制建设始于 20 世纪 50 年代。1965 年国务院颁布了《食品卫生管理试行条例》，使食品卫生管理率先开始法制化进程。1982 年第五届全国人大常委会第二十五次会议审议通过了《食品卫生法（试行）》。1995 年第八届全国人大常委会第十六次会议审议通过《食品卫生法》。《食品卫生法》是当时对食品卫生安全作出全面规定的法律，成为我国食品安全法制建设史上的重要标志。自此初步形成了以《食品卫生法》为核心，《动物防疫法》《生猪屠宰管理条例》《兽药管理条例》《农药生产管理条例》《乳品质量安全监督管理条例》等法律法规并行的食品安全法律法规框架。以《食品卫生法》为核心的食品安全法律法规体系，对保证食品安全、保障人民群众身体健康发挥了积极作用。但随着经济的发展，环境污染、农药残留、化肥使用、添加剂使用，食品售假、制假等现象日益增多，尤其自"问题奶粉"等重大食品安全事件发生之后，这一法律法规体系不协调、不完善、调整范围过于狭窄等问题就凸显出来。

2004 年 7 月，国务院法制办公室食品卫生法修改领导小组成立，组织起草《食品卫生法（修订草案）》。在反复研究各方面意见的基础上，国务院法制办会同国务院有关部门对《食品卫生法（修订草案）》作了修改，并根据修订的内容将《食品卫生法（修订草案）》名称改为《食品安全法（草案）》，形成了《中华人民共和国食品安全法（草案）》。从"食品卫生"到"食品安全"名称的改变，表明我国食品安全立法观念和监管模式的全方位转变。食品安全法不仅注重食品的外在卫生问题，而且关注食品对人体健康和生命安全的潜在影响。

2006 年 4 月，第十届全国人大常委会通过《农产品质量安全法》，从源头上保证包括食用农产品在内的所有农产品质量安全，对农产品质量安全标准、农产品产地、生产、包装和标识等问题作出了具体规定。

2007 年 12 月，第十届全国人大常委会初次审议了《食品安全法（草案）》，强化了食品生产经营者作为食品安全第一责任人的地位，并加大了对违法行为的处罚力度，确立了惩罚性赔偿制度。2008 年 8 月第十一届全国人大常委会二审《食品安全法（草案）》，强调了"食品安全监管权责一致""食品企业的社会责任""食品小作坊监管方式"等问题。2008 年 10 月，全国人大常委会三审《食品安全法（草案）》，强调"地方政府和有关部门的职责"、食品安全"全程监管"、食品添加剂管理、食品召回制度、责任追究制度、制定食品安全标准的基本原则，并以立法形式正式废除了食品"免检"制度。2009 年 2 月，全国人大常委会四次审议《食品安全法（草案）》，新增六个方面内容：确立了各主管部门按各自职责分工依法对食品安全分段监管的体制；加强对保健食品的监管；强化食品安全全程监管；加强对食品广告的管理；减轻食品生产经营者负担；明确民事赔偿责任优先原则。2009 年 2 月 28 日，《食品安全法》于第十一届全国人大常委会第七次会议通过，《食品卫生法》同时废止。《食品安全法》的出台使

我国食品安全法律制度建设迈上了新台阶。

在《食品安全法》实施后，国家在不断完善相关配套法律法规的同时展开食品安全法律法规清查工作。2009 年 7 月国务院颁布了《中华人民共和国食品安全法实施条例》。随后，《食品安全企业标准备案办法》（已废止）、《食品流通许可证管理办法》（已废止）、《流通环节食品安全监督管理办法》（已废止）、《食品标识管理规定》《餐饮服务许可管理办法》（已废止）、《餐饮服务食品安全监督管理办法》（已废止）、《饲料和饲料添加剂管理条例》《食品生产许可管理办法》《出口食品生产企业备案管理规定》和《进出口食品安全管理办法》等规章和规范性文件相继出台，为建立食品安全综合协调、食品安全标准、风险监测评估、事故调查处理、信息发布、检验检测机构资质认定和检验规范、农产品质量追溯、生鲜乳质量安全、食品工业企业诚信体系奠定了制度基础。

2009 年《食品安全法》实施以来，对规范食品生产经营活动、保障食品安全发挥了重要作用，食品安全整体水平得到了提升。但我国食品企业违法生产经营现象、食品安全事件时有发生，食品安全形势依然严峻。党的十八大以来，党中央、国务院进一步改革完善我国食品安全监管体制，着力建立最严格的食品安全监管制度，积极推进食品安全社会共治格局，2009 年颁布的《食品安全法》已不能适应新形势下食品安全的需要，修订工作提上日程。修订主要围绕党的十八届三中全会决定建立最严格的食品安全监管制度这一总体要求，突出预防为主、风险防范、建立最严格的全过程监管制度、建立最严格的法律责任制度，充分发挥消费者、行业协会、新闻媒体等方面的监督作用，引导各方有序参与治理，形成食品安全社会共治格局的总思路。2015 年 4 月 24 日，第十二届全国人民代表大会常务委员会第十四次会议对《食品安全法》修订通过并公布，2015 年 10 月 1 日起施行，并于 2018 年和 2021 年进行修正。从立法实践来看，旧法的修改完善已成为当下中国的食品安全领域实现良法、走向善治的一个主要渠道。

目前，有关食品安全的法律主要包括：《食品安全法》（2021 年修正）、《农产品质量安全法》（2022 年修订）、《动物防疫法》（2021 年修订）、《进出境动植物检疫法》（2009 年修正）、《进出口商品检验法》（2021 年修正）、《国境卫生检疫法》（2018 年修正）、《农业法》（2012 年修正）、《种子法》（2021 年修正）、《渔业法》（2013 年修正）、《消费者权益保护法》（2013 年修正）、《产品质量法》（2018 年修正）、《广告法》（2021 年修正）、《标准化法》（2017 年修订）等。行政法规主要包括：《食品安全法实施条例》（2019 年修订）、《生猪屠宰管理条例》（2021 年修订）、《乳品质量安全监督管理条例》（2008 年发布）、《农业转基因生物安全管理条例》（2021 年修订）、《农药管理条例》（2022 年修订）等。此外，还有大量配套的部门规章和规范性文件，如《企业落实质量安全主体责任监督检查规定》（2022 年发布）、《食品召回管理规定》（2020 年修订）、《食品生产许可管理办法》（2020 年发布）、《食品经营许可和备案管理办法》（2023 年发布）、《食品标识管理规定》（2009 年发布）、《食品添加剂新品种管理办法》（2017 年修订）、《饲料和饲料添加剂管理条例》（2017 年修订）和《出口食品生产企业备案管理规定》（2018 年发布）等。

三、中国食品安全法律体系展望

我国食品安全法律法规数目庞大，食品法律制度已初步形成，法律体系框架基本完整，但法律之间还需要科学衔接，一些规范性文件还需要进一步清理，这一工作正在有序进行。

自 2011 年以来，国务院办公厅连续多年印发年度《食品安全重点工作安排的通知》，国家将继续健全法规标准，完善制度体系，推动农产品质量安全法、农药管理条例、生猪屠宰管理条例修订，做好食品安全法与农产品质量安全法的衔接。加快食品安全法规、规章和规范性文件清理。推进食品生产加工小作坊和食品摊贩生产经营管理的地方立法工作。制定修订食品生产经营许可、食品生产企业监督检查、食品经营监督管理、保健食品注册及监督管理、食品召回和停止经营、食品标识、食品相关产品监督管理、食品安全风险监测、风险评估等规章制度。研究制定食用农产品经营监督管理办法。完善畜禽屠宰等相关规章。积极稳步推进食品生产经营许可改革，完善食品生产经营许可制度体系。研究制定食品生产经营企业分级分类管理制度。深化保健食品评审审批制度改革，逐步扩大备案范围。探索建立食品检查员制度，加大企业现场监督检查和现场行政处罚力度。研究建立基层食品药品监管所管理有关制度。推动完善进出口食品安全相关制度。研究建立餐饮服务单位排放付费及餐厨废弃物收运、处理企业资质管理等制度，加大餐厨废弃物处理利用力度。

随着食品法律法规及相关制度的不断更新，以《食品安全法》为基础的食品安全法律体系将会更加完善。

第二节　食品安全法

一、《食品安全法》概述

《中华人民共和国
食品安全法》

《食品安全法》是在 1995 年《食品卫生法》基础上修订而成，于 2009 年 2 月 28 日经十一届全国人大常委会第七次会议审议通过。后经修订于 2015 年 4 月 24 日第十二届全国人大常委会第十四次会议审议通过，2015 年 10 月 1 日正式施行。

从"食品卫生法"到"食品安全法"名称的转变，标志我国对食品安全立法理念的转变，从原来关注食品生产、经营阶段食品安全卫生问题，发展为对食品安全相关问题的全面关注，同时在一个更为科学的体系下，用食品安全标准来统筹食品相关标准，克服了食品卫生标准、食品质量标准、食品营养标准之间交叉与重复的局面。世界卫生组织曾在《加强国家级食品安全性计划指南》中把"食品安全"与"食品卫生"作为两个概念加以阐述，"食品安全"是"对食品按其原定用途进行制作和食用时不会使消费者受害的一种担保"；"食品卫生"是"为确保食品安全性和适合性在食物链的所有阶段必须采取的一切条件和措施"。根据我国 1995 年 10 月 30 日公布施行的《食品卫生法》规定，"食品卫生"是指食品应当具有的良好的性状，包括以下三个方面：①食品应当无毒无害，不能对人体造成任何危害；②食品应当具有相应的营养，以满足人体维持正常生理功能的需要；③食品应当具有相应的色、香、味等感官性状。"食品卫生"概念虽然含义广泛，但是无法涵盖食品源头的农产品种植、养殖等环节，和食品安全所要求的"结果安全"。"食品安全"概念则包含"食品的种植、养殖、加工、包装、贮藏、运输、销售、消费等活动，符合国家强制标准和要求，不存在可能损害或威胁人体健康的有毒、有害物质致消费者病亡或者危及消费者及其后代的隐患"全部内涵。

随着人们生活水平和富裕程度的提高，社会公众对于食品安全的关注度大大增强，为了防止、控制和消除食品污染以及食品中有害因素对人体的危害，预防和减少食源性疾病的发生，保证食品安全，保障人民群众身体健康和生命安全，《食品安全法》第一条规定："为了保证食品安全，保障公众身体健康和生命安全，制定本法。"

二、《食品安全法》的调整范围

《食品安全法》第二条规定："在中华人民共和国境内从事下列活动，应当遵守本法：（一）食品生产和加工（以下称食品生产），食品销售和餐饮服务（以下称食品经营）；（二）食品添加剂的生产经营；（三）用于食品的包装材料、容器、洗涤剂、消毒剂和用于食品生产经营的工具、设备（以下称食品相关产品）的生产经营；（四）食品生产经营者使用食品添加剂、食品相关产品；（五）食品的贮存和运输；（六）对食品、食品添加剂、食品相关产品的安全管理。"

"供食用的源于农业的初级产品（以下称食用农产品）的质量安全管理，遵守《中华人民共和国农产品质量安全法》的规定。但是，食用农产品的市场销售、有关质量安全标准的制定、有关安全信息的公布和本法对农业投入品作出规定的，应当遵守本法的规定。"

《食品安全法》调整食品的生产加工、销售以及餐饮服务，食品添加剂、食品相关产品的生产、经营和食品生产经营者使用食品添加剂、食品相关产品，食品的贮存和运输以及对食品、食品添加剂和食品相关产品的安全管理活动，但不包括对供食用的源于农业的初级产品（以下称食用农产品）的质量安全管理。

以下几个方面应当注意：第一，食品添加剂的生产经营应当适用食品安全法。食品添加剂指为改善食品品质和色、香、味以及为防腐、保鲜和加工工艺的需要而加入食品中的人工合成或者天然物质，包括营养强化剂。《食品安全法》对食品添加剂的生产经营全过程提出了更加严格的要求，不仅是食品生产经营者使用食品添加剂要遵守本法，食品添加剂生产经营者的生产经营行为也要严格遵守本法，遵守本法关于食品安全风险监测和评估、食品安全标准的规定等。第二，食品相关产品的生产经营应当适用食品安全法。食品相关产品是指用于食品的包装材料、容器、洗涤剂、消毒剂和用于食品生产经营的工具、设备。用于食品的包装材料和容器，指包装、盛放食品或者食品添加剂用的纸、竹、木、金属、搪瓷、陶瓷、塑料、橡胶、天然纤维、化学纤维、玻璃等制品和直接接触食品或者食品添加剂的涂料。用于食品的洗涤剂、消毒剂，指直接用于洗涤或者消毒食品、餐具、饮具以及直接接触食品的工具、设备或者食品包装材料和容器的物质。用于食品生产经营的工具、设备，指在食品或者食品添加剂生产、销售、使用过程中直接接触食品或者食品添加剂的机械、管道、传送带、容器、用具、餐具等。不仅是食品生产经营者使用的食品相关产品的安全卫生要遵守本法，食品相关产品的生产经营者的生产经营活动也要严格遵守本法有关规定。第三，2015 年修订的新法扩大调整范围，增加对"食品的贮存与运输"的规范调整。食品贮存、运输是食品安全管理的重要环节，除食品生产经营者外，还有一些专业的仓储、物流企业也从事食品的贮存、运输活动，应当对其加强管理，对于非食品生产经营者从事食品贮存、运输和装卸的，贮存、运输和装卸食品的容器、工具和设备应当安全、无害，保持清洁，防止食品污染，并符合保证食品安全所需的温度等特殊要求，不应当将食品与有毒、有害物品一同运输。第四，关于食品安全法与农产品质量安全法相衔接。

与食品安全直接有关的法律主要是《农产品质量安全法》。《农产品质量安全法》为了从源头上保证包括食用农产品在内的所有农产品质量安全，对农产品质量安全标准、农产品产地、农产品生产、农产品包装和标识等问题作出了规定。因此，制定《食品安全法》，应当处理好与《农产品质量安全法》的关系，保证食品"从农田到餐桌"安全的有关基本制度做到统一或者相互衔接。《食品安全法》明确了食用农产品的具体适用，但"供食用的源于农业的初级产品的质量安全管理，遵守农产品质量安全法的规定"。

三、《食品安全法》的主要内容

《食品安全法》共分为 10 章，154 条。主要包括两部分内容：一是总则、监督管理、法律责任等总括性规定。总则部分包括立法宗旨、适用范围、监督管理制度、食品生产经营者食品安全责任、食品安全监管体制、地方政府及有关部门的职责、食品行业协会和其他社会组织的责任、食品安全社会监督等内容，是《食品安全法》确立的各项制度的前提和基础。二是关于食品安全基本制度的专项规定。包括食品安全风险监测和评估、食品安全标准、食品生产经营、食品检验、食品进出口、食品安全事故处置等制度规定。

经过修订的《食品安全法》，建立起最严格的食品安全监管制度、最严格的各方法律责任制度，强调预防为主、风险防范、社会共治，突出以下八个方面的制度构建：第一，完善统一权威的食品安全监管机构，由分段监管变成食品安全监督管理部门统一监管。第二，明确建立最严格的全过程的监管制度，对食品生产、流通、餐饮服务和食用农产品销售等各个环节，食品生产经营过程中涉及的食品添加剂、食品相关产品的监管、网络食品交易等新兴的业态，还有在生产经营过程中的一些过程控制的管理制度，都进行了细化和完善，进一步强调了食品生产经营者的主体责任和监管部门的监管责任。第三，更加突出预防为主、风险防范，对食品安全风险监测、风险评估这些食品安全中最基础的制度进行了进一步的完善，增设了责任约谈、风险分级管理等重点制度，重在防患于未然，消除隐患。第四，实行食品安全社会共治，充分发挥各个方面，包括媒体、广大消费者在食品安全治理中的作用，形成整个社会有序参与食品安全、社会共治的格局。第五，突出对特殊食品的严格监管，对保健食品、特殊医学用途配方食品、婴幼儿配方食品这些特殊食品的监管进一步完善。第六，加强了对农药的管理，强调对农药的使用实行严格的监管，加快淘汰剧毒、高毒、高残留农药，推动替代产品的研发应用，鼓励使用高效低毒低残留的农药，特别强调剧毒、高毒农药不得用于瓜果、蔬菜、茶叶、中草药材等国家规定的农作物，并对违法使用剧毒、高毒农药的，增加规定由公安机关予以拘留处罚。第七，加强对食用农产品的管理，将食用农产品的市场销售纳入食品安全法的调整范围，同时在具体制度方面，对批发市场的抽查检验、食用农产品建立进货查验记录制度等方面进行了完善。第八，建立最严格的法律责任制度，通过法律制度的完善，进一步加大违法者的违法成本，加大对食品安全违法行为的惩处力度。

为了配合食品安全法的实施，2009 年 7 月 20 日发布了《中华人民共和国食品安全法实施条例》，并于 2019 年 3 月 26 日修订。

对于 2015 年修订的《食品安全法》的系统解读详见本书第三章。

第三节 农产品质量安全法

一、《农产品质量安全法》概述

农产品,是指来源于种植业、林业、畜牧业和渔业等的初级产品,即在农业活动中获得的植物、动物、微生物及其产品。农产品的质量安全状况如何,直接关系着人民群众的身体健康乃至生命安全。在当时,全国人大常委会虽已制定了《食品卫生法》和《产品质量法》,但《食品卫生法》不调整种植业、养殖业等农业生产活动;《产品质量法》只适用于经过加工、制作的产品,不适用于未经加工、制作的农业初级产品。为了从源头上保障农产品质量安全,维护公众的身体健康,促进农业和农村经济的发展,对农

《中华人民共和国
农产品质量
安全法》

产品质量安全进行法律规范成为必然要求。2006 年 4 月 29 日《中华人民共和国农产品质量安全法》由第十届全国人大常务委员会第二十一次会议通过,自 2006 年 11 月 1 日起施行。分别于 2018 年、2022 年进行两次修订。《农产品质量安全法》第二条规定:"本法所称农产品质量安全,是指农产品质量达到农产品质量安全标准,符合保障人的健康、安全的要求。与农产品质量安全有关的农产品生产经营及其监督管理活动,适用本法。"

二、《农产品质量安全法》的调整范围

《农产品质量安全法》调整范围包括三重内涵:一是产品范围。《农产品质量安全法》第二条规定:"本法所称农产品,是指来源于种植业、林业、畜牧业和渔业等的初级产品,即在农业活动中获得的植物、动物、微生物及其产品。"二是行为主体范围。这既包括农产品的生产者和销售者,也包括农产品质量安全管理者和检测技术机构和人员等。三是管理环节。为了从源头上保证包括食用农产品在内的所有农产品质量安全,《农产品质量安全法》对农产品质量安全风险管理和标准制定、农产品产地、农产品生产、农产品销售等问题作出了规定。

生猪屠宰的管理按照国家有关规定执行。

三、《农产品质量安全法》的主要内容

《农产品质量安全法》共 8 章 81 条。包括总则、农产品质量安全风险管理和标准制定、农产品产地、农产品生产、农产品销售、监督管理、法律责任和附则。

1. 保障农产品质量安全的基本制度

国家加强农产品质量安全工作,实行源头治理、风险管理、全程控制,建立科学、严格的监督管理制度,构建协同、高效的社会共治体系。

国务院农业农村主管部门、市场监督管理部门依照本法和规定的职责,对农产品质量安全实施监督管理。

县级以上地方人民政府对本行政区域的农产品质量安全工作负责,统一领导、组织、协调本行政区域的农产品质量安全工作,建立健全农产品质量安全工作机制,提高农产品质量安全

水平。

农产品生产经营者应当对其生产经营的农产品质量安全负责。农产品生产经营者应当依照法律、法规和农产品质量安全标准从事生产经营活动，诚信自律，接受社会监督，承担社会责任。

国家引导、推广农产品标准化生产，鼓励和支持生产绿色优质农产品，禁止生产、销售不符合国家规定的农产品质量安全标准的农产品。

2. 农产品质量安全风险管理和标准制定

国家建立农产品质量安全风险监测制度和农产品质量安全风险评估制度。

国务院农业农村主管部门应当根据农产品质量安全风险监测、风险评估结果采取相应的管理措施，并将农产品质量安全风险监测、风险评估结果及时通报国务院市场监督管理、卫生健康等部门和有关省、自治区、直辖市人民政府农业农村主管部门。

国家建立健全农产品质量安全标准体系，确保严格实施。农产品质量安全标准是强制执行的标准，包括以下与农产品质量安全有关的要求：①农业投入品质量要求、使用范围、用法、用量、安全间隔期和休药期规定；②农产品产地环境、生产过程管控、储存、运输要求；③农产品关键成分指标等要求；④与屠宰畜禽有关的检验规程；⑤其他与农产品质量安全有关的强制性要求。农产品质量安全标准由农业农村主管部门商有关部门推进实施。

3. 农产品产地

农产品产地管理是保障农产品质量安全的前提。国家建立健全农产品产地监测制度。县级以上地方人民政府农业农村主管部门应当会同同级生态环境、自然资源等部门制定农产品产地监测计划，加强农产品产地安全调查、监测和评价工作。

县级以上地方人民政府农业农村主管部门应当会同同级生态环境、自然资源等部门按照保障农产品质量安全的要求，根据农产品品种特性和产地安全调查、监测、评价结果，依照土壤污染防治等法律、法规的规定提出划定特定农产品禁止生产区域的建议，报本级人民政府批准后实施。任何单位和个人不得在特定农产品禁止生产区域种植、养殖、捕捞、采集特定农产品和建立特定农产品生产基地。特定农产品禁止生产区域划定和管理的具体办法由国务院农业农村主管部门商国务院生态环境、自然资源等部门制定。

任何单位和个人不得违反有关环境保护法律、法规的规定向农产品产地排放或者倾倒废水、废气、固体废物或者其他有毒有害物质。农业生产用水和用作肥料的固体废物，应当符合法律、法规和国家有关强制性标准的要求。

农产品生产者应当科学合理使用农药、兽药、肥料、农用薄膜等农业投入品，防止对农产品产地造成污染。农药、肥料、农用薄膜等农业投入品的生产者、经营者、使用者应当按照国家有关规定回收并妥善处置包装物和废弃物。

县级以上人民政府应当采取措施，加强农产品基地建设，推进农业标准化示范建设，改善农产品的生产条件。

4. 农产品生产

农产品生产过程是影响农产品质量安全的关键环节。

县级以上地方人民政府农业农村主管部门应当根据本地区的实际情况，制定保障农产品质量安全的生产技术要求和操作规程，并加强对农产品生产经营者的培训和指导。农业技术推广机构应当加强对农产品生产经营者质量安全知识和技能的培训。国家鼓励科研教育机构开展农产品质量安全培训。

农产品生产企业、农民专业合作社、农业社会化服务组织应当加强农产品质量安全管理。

农产品生产企业、农民专业合作社、农业社会化服务组织应当建立农产品生产记录，如实记载下列事项：①使用农业投入品的名称、来源、用法、用量和使用、停用的日期；②动物疫病、农作物病虫害的发生和防治情况；③收获、屠宰或者捕捞的日期。农产品生产记录应当至少保存两年。禁止伪造、变造农产品生产记录。

对可能影响农产品质量安全的农药、兽药、饲料和饲料添加剂、肥料、兽医器械，依照有关法律、行政法规的规定实行许可制度。

农产品生产经营者应当依照有关法律、行政法规和国家有关强制性标准、国务院农业农村主管部门的规定，科学合理使用农药、兽药、饲料和饲料添加剂、肥料等农业投入品，严格执行农业投入品使用安全间隔期或者休药期的规定；不得超范围、超剂量使用农业投入品危及农产品质量安全。禁止在农产品生产经营过程中使用国家禁止使用的农业投入品以及其他有毒有害物质。

5. 农产品销售

销售的农产品应当符合农产品质量安全标准。农产品生产企业、农民专业合作社应当根据质量安全控制要求自行或者委托检测机构对农产品质量安全进行检测；经检测不符合农产品质量安全标准的农产品，应当及时采取管控措施，且不得销售。农业技术推广等机构应当为农户等农产品生产经营者提供农产品检测技术服务。

农产品在包装、保鲜、储存、运输中所使用的保鲜剂、防腐剂、添加剂、包装材料等，应当符合国家有关强制性标准以及其他农产品质量安全规定。储存、运输农产品的容器、工具和设备应当安全、无害。禁止将农产品与有毒有害物质一同储存、运输，防止污染农产品。

有下列情形之一的农产品，不得销售：①含有国家禁止使用的农药、兽药或者其他化合物；②农药、兽药等化学物质残留或者含有的重金属等有毒有害物质不符合农产品质量安全标准；③含有的致病性寄生虫、微生物或者生物毒素不符合农产品质量安全标准；④未按照国家有关强制性标准以及其他农产品质量安全规定使用保鲜剂、防腐剂、添加剂、包装材料等，或者使用的保鲜剂、防腐剂、添加剂、包装材料等不符合国家有关强制性标准以及其他质量安全规定；⑤病死、毒死或者死因不明的动物及其产品；⑥其他不符合农产品质量安全标准的情形。

农产品生产企业、农民专业合作社以及从事农产品收购的单位或者个人销售的农产品，按照规定应当包装或者附加承诺达标合格证等标识的，须经包装或者附加标识后方可销售。包装物或者标识上应当按照规定标明产品的品名、产地、生产者、生产日期、保质期、产品质量等级等内容；使用添加剂的，还应当按照规定标明添加剂的名称。具体办法由国务院农业农村主管部门制定。

农产品生产企业、农民专业合作社应当执行法律、法规的规定和国家有关强制性标准，保证其销售的农产品符合农产品质量安全标准，并根据质量安全控制、检测结果等开具承诺达标合格证，承诺不使用禁用的农药、兽药及其他化合物且使用的常规农药、兽药残留不超标等。鼓励和支持农户销售农产品时开具承诺达标合格证。

农产品批发市场应当建立健全农产品承诺达标合格证查验等制度。县级以上人民政府农业农村主管部门应当做好承诺达标合格证有关工作的指导服务，加强日常监督检查。农产品质量安全承诺达标合格证管理办法由国务院农业农村主管部门会同国务院有关部门制定。

农产品生产经营者通过网络平台销售农产品的，应当依照本法和《中华人民共和国电子商务法》《中华人民共和国食品安全法》等法律、法规的规定，严格落实质量安全责任，保证其销售的农产品符合质量安全标准。网络平台经营者应当依法加强对农产品生产经营者的管理。

属于农业转基因生物的农产品，应当按照农业转基因生物安全管理的有关规定进行标识。依法需要实施检疫的动植物及其产品，应当附具检疫标志、检疫证明。

6. 监督管理

依法实施对农产品质量安全状况的监督管理，是防止不符合农产品质量安全标准的产品流入市场、进入消费，危害人民群众健康、安全后果的必要措施，是农产品质量安全监管部门必须履行的法定职责。

县级以上人民政府农业农村主管部门和市场监督管理等部门应当建立健全农产品质量安全全程监督管理协作机制，确保农产品从生产到消费各环节的质量安全。县级以上人民政府农业农村主管部门和市场监督管理部门应当加强收购、储存、运输过程中农产品质量安全监督管理的协调配合和执法衔接，及时通报和共享农产品质量安全监督管理信息，并按照职责权限，发布有关农产品质量安全日常监督管理信息。

县级以上人民政府农业农村主管部门应当根据农产品质量安全风险监测、风险评估结果和农产品质量安全状况等，制定监督抽查计划，确定农产品质量安全监督抽查的重点、方式和频次，并实施农产品质量安全风险分级管理。

县级以上人民政府农业农村主管部门应当建立健全随机抽查机制，按照监督抽查计划，组织开展农产品质量安全监督抽查。

县级以上地方人民政府农业农村主管部门可以采用国务院农业农村主管部门会同国务院市场监督管理等部门认定的快速检测方法，开展农产品质量安全监督抽查检测。抽查检测结果确定有关农产品不符合农产品质量安全标准的，可以作为行政处罚的证据。

县级以上地方人民政府农业农村主管部门应当加强对农产品生产的监督管理，开展日常检查，重点检查农产品产地环境、农业投入品购买和使用、农产品生产记录、承诺达标合格证开具等情况。

上级人民政府应当督促下级人民政府履行农产品质量安全职责。对农产品质量安全责任落实不力、问题突出的地方人民政府，上级人民政府可以对其主要负责人进行责任约谈。被约谈的地方人民政府应当立即采取整改措施。

国务院农业农村主管部门应当会同国务院有关部门制定国家农产品质量安全突发事件应急预案，并与国家食品安全事故应急预案相衔接。

县级以上人民政府农业农村、市场监督管理等部门发现农产品质量安全违法行为涉嫌犯罪的，应当及时将案件移送公安机关。对移送的案件，公安机关应当及时审查；认为有犯罪事实需要追究刑事责任的，应当立案侦查。

7. 法律责任

监管人员法律责任。县级以上人民政府农业农村等部门有隐瞒、谎报、缓报农产品质量安全事故或者隐匿、伪造、毁灭有关证据；不履行农产品质量安全监督管理职责，导致发生农产品质量安全事故等行为的，对直接负责的主管人员和其他直接责任人员给予记大过处分；情节较重的，给予降级或者撤职处分；情节严重的，给予开除处分；造成严重后果的，其主要负责人还应当引咎辞职。

检测机构、检测人员法律责任。农产品质量安全检测机构、检测人员出具虚假检测报告的，由县级以上人民政府农业农村主管部门没收所收取的检测费用并按规定进行罚款；使消费者的合法权益受到损害的，农产品质量安全检测机构应当与农产品生产经营者承担连带责任。因农产品质量安全违法行为受到刑事处罚或者因出具虚假检测报告导致发生重大农产品质量安全事故的检测人员，终身不得从事农产品质量安全检测工作。农产品质量安全检测机构不得聘用上述人员。农产品质量安全检测机构有上述违法行为的，由授予其资质的主管部门或者机构吊销该农产品质量安全检测机构的资质证书。

生产经营者法律责任。违反本法规定，在特定农产品禁止生产区域种植、养殖、捕捞、采集特定农产品或者建立特定农产品生产基地的，由县级以上地方人民政府农业农村主管部门责令停止违法行为，没收农产品和违法所得，并处违法所得一倍以上三倍以下罚款。违反法律、法规规定，向农产品产地排放或者倾倒废水、废气、固体废物或者其他有毒有害物质的，依照有关环境保护法律、法规的规定处理、处罚；造成损害的，依法承担赔偿责任。农药、肥料、农用薄膜等农业投入品的生产者、经营者、使用者未按照规定回收并妥善处置包装物或者废弃物的，由县级以上地方人民政府农业农村主管部门依照有关法律、法规的规定处理、处罚。违反本法规定，农产品生产经营者有下列行为之一，尚不构成犯罪的，由县级以上地方人民政府农业农村主管部门责令停止生产经营、追回已经销售的农产品，对违法生产经营的农产品进行无害化处理或者予以监督销毁，没收违法所得，并可以没收用于违法生产经营的工具、设备、原料等物品并按规定进行罚款。违反本法规定，构成犯罪的，依法追究刑事责任。

8. 附则

粮食收购、储存、运输环节的质量安全管理，依照有关粮食管理的法律、行政法规执行。

第四节　生猪屠宰管理条例

为了加强生猪屠宰管理，保证生猪产品质量安全，保障人民身体健康，1997 年 12 月 19 日国务院颁布《生猪屠宰管理条例》，分别于 2008 年、2011 年、2016 年、2021 年 4 次修订。《生猪屠宰管理条例》共有 5 章 45 条，包括总则、生猪定点屠宰、监督管理、法律责任和附则。

《生猪屠宰管理条例》

一、生猪屠宰场设立条件

生猪产品是指生猪屠宰后未经加工的胴体、肉、脂、脏器、血液、骨、头、蹄、皮。《生猪屠宰管理条例》第十一条规定，生猪定点屠宰厂（场）应当具备下列条件：①有与屠宰规模相适应、水质符合国家规定标准的水源条件；②有符合国家规定要求的待宰间、屠宰间、急宰间以及生猪屠宰设备和运载工具；③有依法取得健康证明的屠宰技术人员；④有经考核合格的兽医卫生检验人员；⑤有符合国家规定要求的检验设备、消毒设施以及符合环境保护要求的污染防治设施；⑥有病害生猪及生猪产品无害化处理设施或者无害化处理委托协议；⑦依法取得动物防疫条件合格证。

国家实行生猪定点屠宰、集中检疫制度，除农村地区个人自宰自食的不实行定点屠宰外，未经定点，任何单位和个人不得从事生猪屠宰活动。

二、生猪定点屠宰管理

1. 分级管理制度

国家根据生猪定点屠宰厂（场）的规模、生产和技术条件以及质量安全管理状况，推行生猪定点屠宰厂（场）分级管理制度。国家鼓励、引导、扶持生猪定点屠宰厂（场）改善生产和技术条件，加强质量安全管理，提高生猪产品质量安全水平。

2. 许可备案制度

生猪定点屠宰厂（场）由设区的市级人民政府根据生猪屠宰行业发展规划，组织农业农村、生态环境主管部门以及其他有关部门依照本条例规定的条件进行审查，经征求省、自治区、直辖市人民政府农业农村主管部门的意见确定，并颁发生猪定点屠宰证书和生猪定点屠宰标志牌。

设区的市级人民政府应当将其确定的生猪定点屠宰厂（场）名单及时向社会公布，并报省、自治区、直辖市人民政府备案。

违反本条例规定，未经定点从事生猪屠宰活动的，由农业农村主管部门责令关闭，没收生猪、生猪产品、屠宰工具和设备以及违法所得；货值金额不足 1 万元的，并处 5 万元以上 10 万元以下的罚款；货值金额 1 万元以上的，并处货值金额 10 倍以上 20 倍以下的罚款。

3. 生猪屠宰日常管理制度

生猪定点屠宰厂（场）应当将生猪定点屠宰标志牌悬挂于厂（场）区的显著位置。生猪定点屠宰厂（场）屠宰的生猪，应当依法经动物卫生监督机构检疫合格，并附有检疫证明。生猪定点屠宰厂（场）屠宰生猪，应当遵守国家规定的操作规程和技术要求和生猪屠宰质量管理规范，并严格执行消毒技术规范。发生动物疫情时，应当按照国务院农业农村主管部门的规定，开展动物疫病检测，做好动物疫情排查和报告。生猪定点屠宰厂（场）应当建立生猪进厂（场）查验登记制度。生猪定点屠宰厂（场）应当依法查验检疫证明等文件，利用信息化手段核实相关信息，如实记录屠宰生猪的来源、数量、检疫证明号和供货者名称、地址、联系方式等内容，并保存相关凭证。发现伪造、变造检疫证明的，应当及时报告农业农村主管部门。发生动物疫情时，还应当查验、记录运输车辆基本情况。记录、凭证保存期限不得少于 2 年。生猪定点屠宰厂（场）接受委托屠宰的，应当与委托人签订委托屠宰协议，明确生猪产品质量安全责任。委托屠宰协议自协议期满后保存期限不得少于 2 年。生猪定点屠宰厂（场）应当建立严格的肉品品质检验管理制度。肉品品质检验应当遵守生猪屠宰肉品品质检验规程，与生猪屠宰同步进行，并如实记录检验结果。检验结果记录保存期限不得少于 2 年。经肉品品质检验合格的生猪产品，生猪定点屠宰厂（场）应当加盖肉品品质检验合格验讫印章，附具肉品品质检验合格证。经检验不合格的生猪产品，应当在兽医卫生检验人员的监督下，按照国家有关规定处理，并如实记录检验结果；检验结果记录保存期限不得少于 2 年。生猪屠宰肉品品质检验规程由国务院农业农村主管部门制定。生猪定点屠宰厂（场）对未能及时出厂（场）的生猪产品，应当采取冷冻或者冷藏等必要措施予以储存。

生猪定点屠宰厂（场）有"（一）未按照规定建立并遵守生猪进厂（场）查验登记制度、生猪产品出厂（场）记录制度的；（二）未按照规定签订、保存委托屠宰协议的；（三）屠宰生猪不遵守国家规定的操作规程、技术要求和生猪屠宰质量管理规范以及消毒技术规范的；（四）未按照规定建立并遵守肉品品质检验制度的；（五）对经肉品品质检验不合格的生猪产品未按照国家有关规定处理并如实记录处理情况的"，由农业农村主管部门责令改正，给予警告；拒不改正的，责令停业整顿，处 5000 元以上 5 万元以下的罚款，对其直接负责的主管人员和其他直接责任人员处 2 万元以上 5 万元以下的罚款；情节严重的，由设区的市级人民政府吊销生猪定点屠宰证书，收回生猪定点屠宰标志牌。发生动物疫情时，生猪定点屠宰厂（场）未按照规定开展动物疫病检测的，由农业农村主管部门责令停业整顿，并处 5000 元以上 5 万元以下的罚款，对其直接负责的主管人员和其他直接责任人员处 2 万元以上 5 万元以下的罚款；情节严重的，由设区的市级人民政府吊销生猪定点屠宰证书，收回生猪定点屠宰标志牌。

4. 生猪屠宰禁止性规定

生猪定点屠宰证书和生猪定点屠宰标志牌不得出借、转让。任何单位和个人不得冒用或者使用伪造的生猪定点屠宰证书和生猪定点屠宰标志牌。严禁生猪定点屠宰厂（场）以及其他任何单位和个人对生猪或者生猪产品注水或者注入其他物质。严禁生猪定点屠宰厂（场）屠宰注水或者注入其他物质的生猪。严禁任何单位和个人为未经定点违法从事生猪屠宰活动的单位和个人提供生猪屠宰场所或者生猪产品储存设施，严禁为对生猪或者生猪产品注水或者注入其他物质的单位或者个人提供场所。

三、生猪定点屠宰监督

国家实行生猪屠宰质量安全风险监测制度。国务院农业农村主管部门负责组织制定国家生猪屠宰质量安全风险监测计划，对生猪屠宰环节的风险因素进行监测。省、自治区、直辖市人民政府农业农村主管部门根据国家生猪屠宰质量安全风险监测计划，结合本行政区域实际情况，制定本行政区域生猪屠宰质量安全风险监测方案并组织实施，同时报国务院农业农村主管部门备案。县级以上地方人民政府农业农村主管部门应当根据生猪屠宰质量安全风险监测结果和国务院农业农村主管部门的规定，加强对生猪定点屠宰厂（场）质量安全管理状况的监督检查。农业农村主管部门应当依照本条例的规定严格履行职责，加强对生猪屠宰活动的日常监督检查，建立健全随机抽查机制。

农业农村主管部门依法进行监督检查，可以采取下列措施：①进入生猪屠宰等有关场所实施现场检查；②向有关单位和个人了解情况；③查阅、复制有关记录、票据以及其他资料；④查封与违法生猪屠宰活动有关的场所、设施，扣押与违法生猪屠宰活动有关的生猪、生猪产品以及屠宰工具和设备。农业农村主管部门在监督检查中发现生猪定点屠宰厂（场）不再具备本条例规定条件的，应当责令其限期整改；逾期仍达不到本条例规定条件的，由设区的市级人民政府吊销生猪定点屠宰证书，收回生猪定点屠宰标志牌。

生猪定点屠宰证书应当载明屠宰厂（场）名称、生产地址和法定代表人（负责人）等事项。生猪定点屠宰厂（场）变更生产地址的，应当依照本条例的规定，重新申请生猪定点屠宰证书；变更屠宰厂（场）名称、法定代表人（负责人）的，应当在市场监督管理部门办理变更登记手续后 15 个工作日内，向原发证机关办理变更生猪定点屠宰证书。

农业农村主管部门进行监督检查时，监督检查人员不得少于 2 人，并应当出示执法证件。对农业农村主管部门依法进行的监督检查，有关单位和个人应当予以配合，不得拒绝、阻挠。

农业农村主管部门发现生猪屠宰涉嫌犯罪的，应当按照有关规定及时将案件移送同级公安机关。公安机关在生猪屠宰相关犯罪案件侦查过程中认为没有犯罪事实或者犯罪事实显著轻微，不需要追究刑事责任的，应当及时将案件移送同级农业农村主管部门。公安机关在侦查过程中，需要农业农村主管部门给予检验、认定等协助的，农业农村主管部门应当给予协助。

第五节 乳品质量安全监督管理条例

为了加强乳品质量安全监督管理，保证乳品质量安全，保障公众身体健康和生命安全，促进奶业健康发展，国务院 2008 年颁布《乳品质量安全监督管理条例》，自 2008 年 10 月 9 日起施行。《乳品质量安全监督管理条例》共 8 章 64 条，包括总则、奶畜养殖、生鲜乳收购、乳制品生产、乳制品销售、监督检查、法律责任和附则，对乳品质量从源头生产到销售全程的安全管理进行了规定。

一、第一责任人制度

《乳品质量安全监督管理条例》在总则中确立了第一责任人制度，明确规定：乳品，是指生鲜乳和乳制品。奶畜养殖者、生鲜乳收购者、乳制品生产企业和销售者对其生产、收购、运输、销售的乳品质量安全负责，是乳品质量安全的第一责任者。

《乳品质量安全监督管理条例》

二、奶畜养殖安全管理

（一）奶畜养殖备案制度

条例第十二条规定了设立奶畜养殖场、养殖小区应当具备的条件。具体包括：①符合所在地人民政府确定的本行政区域奶畜养殖规模；②有与其养殖规模相适应的场所和配套设施；③有为其服务的畜牧兽医技术人员；④具备法律、行政法规和国务院畜牧兽医主管部门（现农业农村主管部门）规定的防疫条件；⑤有对奶畜粪便、废水和其他固体废物进行综合利用的沼气池等设施或者其他无害化处理设施；⑥有生鲜乳生产、销售、运输管理制度；⑦法律、行政法规规定的其他条件。并要求奶畜养殖场、养殖小区开办者应当将养殖场、养殖小区的名称、养殖地址、奶畜品种和养殖规模向养殖场、养殖小区所在地县级人民政府畜牧兽医主管部门备案。

（二）奶畜养殖的养殖档案制度

条例要求奶畜养殖小区开办者应当逐步建立养殖档案并载明以下内容：奶畜的品种、数量、繁殖记录、标识情况、来源和进出场日期；饲料、饲料添加剂、兽药等投入品的来源、名称、使用对象、时间和用量；检疫、免疫、消毒情况；奶畜发病、死亡和无害化处理情况；生鲜乳生产、检测、销售情况；国务院畜牧兽医主管部门规定的其他内容。

（三）奶畜强制免疫制度

奶畜养殖者应当确保奶畜符合国务院畜牧兽医主管部门规定的健康标准，并确保奶畜接受强制免疫。奶畜养殖者应当做好奶畜和养殖场所的动物防疫工作，发现奶畜染疫或者疑似染疫的，应当立即报告，停止生鲜乳生产，并采取隔离等控制措施，防止疫病扩散。奶畜养殖者对奶畜养殖过程中的排泄物、废弃物应当及时清运、处理。

动物疫病预防控制机构应当对奶畜的健康情况进行定期检测；经检测不符合健康标准的，应当立即隔离、治疗或者做无害化处理。

（四）奶畜养殖的卫生技术要求

从事奶畜养殖，不得使用国家禁用的饲料、饲料添加剂、兽药以及其他对动物和人体具有直接或者潜在危害的物质。禁止销售在规定用药期和休药期内的奶畜产的生鲜乳。奶畜养殖者对挤奶设施、生鲜乳贮存设施等应当及时清洗、消毒，避免对生鲜乳造成污染。奶畜养殖者应当遵守国务院畜牧兽医主管部门制定的生鲜乳生产技术规程。直接从事挤奶工作的人员应当持有有效的健康证明。生鲜乳应当冷藏。超过 2h 未冷藏的生鲜乳，不得销售。

三、生鲜乳收购

（一）生鲜乳收购站设立条件

生鲜乳收购站应当由取得工商（现市场监督管理部门）登记的乳制品生产企业、奶畜养殖场、奶农专业生产合作社开办，并取得所在地县级人民政府畜牧兽医主管部门颁发的生鲜乳收购许可证。生鲜乳收购站应当符合生鲜乳收购站建设规划布局；有符合环保和卫生要求的收购场所；有与收奶量相适应的冷却、冷藏、保鲜设施和低温运输设备；有与检测项目相适应的化验、计量、检测仪器设备；有经培训合格并持有有效健康证明的从业人员；有卫生管理和质量安全保障制度。生鲜乳收购许可证有效期 2 年。

（二）生鲜乳收购站日常管理制度

（1）常规检测制度 生鲜乳收购站应当按照乳品质量安全国家标准对收购的生鲜乳进行常规检测。

（2）记录制度 鲜乳收购站应当建立生鲜乳收购、销售和检测记录。生鲜乳收购、销售和检测记录应当包括畜主姓名、单次收购量、生鲜乳检测结果、销售去向等内容，并保存 2 年。

（3）卫生制度 生鲜乳收购站应当及时对挤奶设施、生鲜乳贮存运输设施等进行清洗、消毒，避免对生鲜乳造成污染。贮存生鲜乳的容器，应当符合国家有关卫生标准，在挤奶后 2h 内应当降温至 0~4℃。生鲜乳运输车辆应当取得所在地县级人民政府畜牧兽医主管部门核发的生鲜乳准运证明，并随车携带生鲜乳交接单。交接单应当载明生鲜乳收购站的名称、生鲜乳数量、交接时间，并由生鲜乳收购站经手人、押运员、司机、收奶员签字。生鲜乳交接单一式两份，分别由生鲜乳收购站和乳品生产者保存，保存时间 2 年。

四、乳制品生产

（一）乳制品生产许可制度

从事乳制品生产活动，应当取得所在地质量监督部门（现市场监督管理部门）颁发的食品生产许可证，并具备下列条件：①符合国家奶业产业政策；②厂房的选址和设计符合国家有关规定；③有与所生产的乳制品品种和数量相适应的生产、包装和检测设备；④有相应的专业技术人员和质量检验人员；⑤有符合环保要求的废水、废气、垃圾等污染物的处理设施；⑥有经培训合格并持有有效健康证明的从业人员；⑦法律、行政法规规定的其他条件。未取得食品生产许可证的任何单位和个人，不得从事乳制品生产。

（二）乳制品生产企业质量管理制度

乳品生产企业应当采取质量安全管理措施，对乳制品生产实施从原料进厂到成品出厂的全过程质量控制，保证产品质量安全，应当符合良好生产规范要求。生产婴幼儿奶粉的企业应当实施危害分析与关键控制点体系。同时，认证机构应当依法对通过良好生产规范、危害分析与关键控制点体系认证的乳制品生产企业实施跟踪调查；对不再符合认证要求的企业，应当依法撤销认证，并及时向有关主管部门报告。

（三）乳制品生产企业进货查验制度

乳品生产企业应当逐批检测收购的生鲜乳，如实记录质量检测情况、供货者的名称以及联系方式、进货日期等内容，并查验运输车辆生鲜乳交接单。查验记录和生鲜乳交接单应当保存2年。乳制品生产企业不得向未取得生鲜乳收购许可证的单位和个人购进生鲜乳。乳制品生产企业不得购进兽药等化学物质残留超标，或含有重金属等有毒有害物质、致病性的寄生虫和微生物、生物毒素以及其他不符合乳品质量安全国家标准的生鲜乳。

（四）乳品添加物、包装规定

生产乳制品使用的生鲜乳、辅料、添加剂等，应当符合法律、行政法规的规定和乳品质量安全国家标准。生产的乳制品应当经过巴氏杀菌、高温杀菌、超高温杀菌或者其他有效方式杀菌。生产发酵乳制品的菌种应当纯良、无害，定期鉴定，防止杂菌污染。生产婴幼儿奶粉应当保证婴幼儿生长发育所需的营养成分，不得添加任何可能危害婴幼儿身体健康和生长发育的物质。

乳制品的包装应当有标签。标签应当如实标明产品名称、规格、净含量、生产日期，成分或者配料表，生产企业的名称、地址、联系方式，保质期，产品标准代号，贮存条件，所使用的食品添加剂的化学通用名称，食品生产许可证编号，法律、行政法规或者乳品质量安全国家标准规定必须标明的其他事项。使用奶粉、黄油、乳清粉等原料加工的液态奶，应当在包装上注明；使用复原乳作为原料生产液态奶的，应当标明"复原乳"字样，并在产品配料中如实标明复原乳所含原料及比例。婴幼儿奶粉标签还应当标明主要营养成分及其含量，详细说明使用方法和注意事项。

（五）乳品出厂规定

出厂的乳制品应当符合乳品质量安全国家标准。乳制品生产企业应当对出厂的乳制品逐批检验，并保存检验报告，留取样品。检验内容应当包括乳制品的感官指标、理化指标、卫生指标和乳制品中使用的添加剂、稳定剂以及酸奶中使用的菌种等；婴幼儿奶粉在出厂前还应当检测营养成分。对检验合格的乳制品应当标识检验合格证号；检验不合格的不得出厂。检验报告应当保存2年。

（六）乳制品生产企业全程记录制度

乳制品生产企业应当如实记录销售的乳制品名称、数量、生产日期、生产批号、检验合格证号、购货者名称及其联系方式、销售日期等。

（七）乳品召回制度

乳制品生产企业发现其生产的乳制品不符合乳品质量安全国家标准、存在危害人体健康和生命安全危险或者可能危害婴幼儿身体健康或者生长发育的，应当立即停止生产，报告有关主管部门，告知销售者、消费者，召回已经出厂、上市销售的乳制品，并记录召回情况。乳制品生产企业对召回的乳制品应当采取销毁、无害化处理等措施，防止其再次流入市场。

五、乳制品销售

（一）销售许可制度

从事乳制品销售应当按照食品安全监督管理的有关规定，依法向工商行政管理部门（现市场监督管理部门）申请领取有关证照。

（二）进货检查制度

乳制品销售者应当建立并执行进货查验制度，审验供货商的经营资格，验明乳制品合格证明和产品标识，并建立乳制品进货台账，如实记录乳制品的名称、规格、数量、供货商及其联系方式、进货时间等内容。从事乳制品批发业务的销售企业应当建立乳制品销售台账，如实记录批发的乳制品的品种、规格、数量、流向等内容。进货台账和销售台账保存期限不得少于2年。

（三）诚信制度

乳制品销售者应当向消费者提供购货凭证，履行不合格乳制品的更换、退货等义务。乳制品销售者依照前款规定履行更换、退货等义务后，属于乳制品生产企业或者供货商的责任的，销售者可以向乳制品生产企业或者供货商追偿。

《农业转基因生物
安全管理条例》

第六节　农业转基因生物安全管理条例

为了加强农业转基因生物安全管理，保障人体健康和动植物、微生物安全，保护生态环境，促进农业转基因生物技术研究，2001年国务院颁布《农业转基因生物安全管理条例》，并分别于2011年、2017年2次进行修订。《农业转基因生物安全管理条例》共8章54条，包括总则、研究与试验、生产与加工、经营、进口与出口、监督检查、罚则和附则。主要对农业转基因生物研究试验、生产、加工、经营以及农业转基因生物进出口方面进行了规范，加强监督管理。

一、我国转基因生物立法发展

农业转基因生物，是指利用基因工程技术改变基因组构成，用于农业生产或者农产品加工的动植物、微生物及其产品。

我国颁布的《进出境动植物检疫法》《国境卫生检疫法》《野生动物保护法》《环境保护法》等都有关于转基因生物的法律规范。但是第一部有关转基因生物安全的标准和办法是1990年制定的《基因工程产品质量控制标准》，该标准要求基因工程药物的质量必须满足安全性要求，但仅限于对转基因生物技术产品的品质进行限制，对基因工程试验研究、应用过程的安全性未作具体规定，作用十分有限。1993年12月，国家科学技术委员会发布了我国第一个对基因生物进行管理的专门法规《基因工程安全管理办法》，该办法从技术角度对转基因生物进行宏观管理，并按照潜在的危险程度，将基因工程分为四个安全等级，对基因工程在试验阶段、中间试验阶段以及工业化阶段的安全等级划分、批准部门以及申报、批准程序等作了明确规定，不过由于该办法缺乏可操作性，客观上并没有得到真正实施。1993年我国成立国家生物遗传工程安全委员会，负责医药、农业和轻工业部门的生物安全。此后，由于农业转基因生物技术的发展，原农业部成为转基因生物技术安全管理的主要部门，国家环保总局也介入转基因生物安全的管理事务，我国负责转基因生物安全的主要部门包括国家科学技术部、生态环境部、农业农村部、国家卫生健康委员会等部门。1996 年农业部颁发了《农业生物基因工程安全管理实施办法》。该办法内容具体、针对性强、涉及面广，对不同的遗传工程体及产品的安全性评价都作了明确说明，也规定了外国研制的农业转基因生物及产品在我国境内商品化生产的问题。此后，设立"农业生物基因工程安全管理办公室"，并成立了"农业生物基因工程安全委员会"，负责全国农业生物遗传工程及产品的中间试验、环境释放和商品化生产的安全性评估。2000 年通过的《种子法》确定了转基因标识制度，销售转基因植物品种种子的，必须用明显的文字标注，并提示使用安全控制措施。2001 年，国务院发布实施了《农业转基因生物安全管理条例》，将行政部门的管理办法上升为国家级的管理条例，以加强农业转基因生物安全管理，保障人体健康、保护生态环境、促进农业转基因生物技术研究。2002 年 1 月 5 日，农业部发布了《农业转基因生物进口安全管理办法》《农业转基因生物标识管理办法》《农业转基因生物安全评价管理办法》等部门规章。

二、农业转基因生物安全基本制度

农业转基因生物安全是指防范农业转基因生物对人类、动植物、微生物和生态环境构成危险或者潜在风险。为保证农业转基因生物安全，《农业转基因生物安全管理条例》规定，国务院农业行政主管部门负责全国农业转基因生物安全的监督管理工作。县级以上地方各级人民政府农业行政主管部门负责本行政区域内的农业转基因生物安全的监督管理工作。县级以上各级人民政府有关部门依照《食品安全法》的有关规定，负责转基因食品卫生安全的监督管理工作。同时，设立保证农业转基因生物安全的五项基本制度：①国务院建立农业转基因生物安全管理部际联席会议制度。农业转基因生物安全管理部际联席会议由农业、科技、环境保护、卫生、外经贸、检验检疫等有关部门的负责人组成，负责研究、协调农业转基因生物安全管理工作中的重大问题。②国家对农业转基因生物安全实行分级管理评价制度。农业转基因生物按照其对人类、动植物、微生物和生态环境的危险程度，分为Ⅰ、Ⅱ、Ⅲ、Ⅳ四个等级。具体划分标准由国务院农业行政主管部门制定。③国家建立农业转基因生物安全评价制度。农业转基因生物安全评价的标准和技术规范，由国务院农业行政主管部门制定。④国家对农业转基因生物实行标识制度。实施标识管理的农业转基因生物目录，由国务院农业行政主管部门协同国务院有关部门制定、调整并公布。⑤研究与试验制度。从事农业转基因生物研究与试验的单位，应当具备与安全等级相适应的安全设施和措施，确保农业转基因生物研究与试验的安全，并成立农业转基因生物安全小组，负责本单位农业转基因生物研究与试验的安全工作。从事Ⅲ、Ⅳ级农业转基因生物研究的，应当在研究开始前向国务院农业行政主管部门报告。农业转基因生物试验，一般应当经过中间试验、环境释放和生产性试验三个阶段。中间试验，是指在控制系统内或者控制条件下进行的小规模试验。环境释放，是指在自然条件下采取相应安全措施所进行的中规模的试验。生产性试验，是指在生产和应用前进行的较大规模的试验。农业转基因生物在实验室研究结束后，需要转入中间试验的，试验单位应当向国务院农业行政主管部门报告。试验需要从上一试验阶段转入下一试验阶段的，试验单位应当向国务院农业行政主管部门提出申请；经农业转基因生物安全委员会进行安全评价合格的，由国务院农业行政主管部门批准转入下一试验阶段。

三、农业转基因生物的生产、加工与经营

（一）生产许可制度

生产转基因植物种子、种畜禽、水产苗种，应当取得国务院农业行政主管部门颁发的种子、种畜禽、水产苗种生产许可证。生产单位和个人申请转基因植物种子、种畜禽、水产苗种生产许可证，除应当符合有关法律、行政法规规定的条件外，还应当符合下列条件：取得农业转基因生物安全证书并通过品种审定；在指定的区域种植或者养殖；有相应的安全管理、防范措施；国务院农业行政主管部门规定的其他条件。经营转基因植物种子、种畜禽、水产苗种的单位和个人，应当取得国务院农业行政主管部门颁发的种子、种畜禽、水产苗种经营许可证。经营单位和个人申请转基因植物种子、种畜禽、水产苗种经营许可证，除应当符合有关法律、行政法规规定的条件外，还应当符合下列条件：有专门的管理人员和经营档案；有相应的安全管理、防范措施；国务院农业行政主管部门规定的其他条件。

（二）档案制度

生产转基因植物种子、种畜禽、水产苗种的单位和个人，应当建立生产档案，载明生产地点、基因及其来源、转基因的方法以及种子、种畜禽、水产苗种流向等内容。从事农业转基因生物生产、加工的单位和个人，应当按照批准的品种、范围、安全管理要求和相应的技术标准组织生产、加工，并定期向所在地县级人民政府农业行政主管部门提供生产、加工、安全管理情况和产品流向的报告。经营转基因植物种子、种畜禽、水产苗种的单位和个人，应当建立经营档案，载明种子、种畜禽、水产苗种的来源、贮存、运输和销售去向等内容。

（三）安全控制制度

农业转基因生物在生产、加工过程中发生基因安全事故时，生产、加工单位和个人应当立即采取安全补救措施，并向所在地县级人民政府农业行政主管部门报告。从事农业转基因生物运输、贮存的单位和个人，应当采取与农业转基因生物安全等级相适应的安全控制措施，确保农业转基因生物运输、贮存的安全。

（四）标识制度

在中华人民共和国境内销售列入农业转基因生物目录的农业转基因生物，应当有明显的标识。列入农业转基因生物目录的农业转基因生物，由生产、分装单位和个人负责标识；未标识的，不得销售。经营单位和个人在进货时，应当对货物和标识进行核对。经营单位和个人拆开原包装进行销售的，应当重新标识。农业转基因生物标识应当载明产品中含有转基因成分的主要原料名称；有特殊销售范围要求的，还应当载明销售范围，并在指定范围内销售。

四、农业转基因生物的进口与出口

境外公司向中华人民共和国出口转基因植物种子、种畜禽、水产苗种和利用农业转基因生物生产的或者含有农业转基因生物成分的植物种子、种畜禽、水产苗种、农药、兽药、肥料和添加剂的，应当向国务院农业行政主管部门提出申请；符合条件的，国务院农业行政主管部门方可批准试验材料入境并依照《农业转基因生物安全管理条例》的规定进行中间试验、环境释放和生产性试验。条件一般为：①输出国家或者地区已经允许作为相应用途并投放市场；②输

出国家或者地区经过科学试验证明对人类、动植物、微生物和生态环境无害；③有相应的安全管理、防范措施。

从中华人民共和国境外引进农业转基因生物的，或者向中华人民共和国出口农业转基因生物的，引进单位或者境外公司应当凭国务院农业行政主管部门颁发的农业转基因生物安全证书和相关批准文件，向口岸出入境检验检疫机构报检；经检疫合格后，方可向海关申请办理有关手续。农业转基因生物在中华人民共和国过境转移的，应当遵守中华人民共和国有关法律、行政法规的规定。国务院农业行政主管部门应当自收到申请人申请之日起270日内作出批准或者不批准的决定，并通知申请人。

向中华人民共和国境外出口农产品，外方要求提供非转基因农产品证明的，由口岸出入境检验检疫机构根据国务院农业行政主管部门发布的转基因农产品信息，进行检测并出具非转基因农产品证明。

 ## 思政案例

2022年7月12日，广东省韶关市某质量监督食品检验站对某单位使用的花生油（购进日期为2022年7月10日）进行抽样检验，其中黄曲霉毒素 B_1（AFB_1）项目检验结果不符合食品安全标准。经进一步认定，该单位使用的这批花生油将可能引起严重食源性疾病的暴发。

本案中，该单位的行为违反了食品安全哪些法律规范？应当承担什么法律责任？

首先，本案中该单位采购了不符合食品安全标准的花生油，该行为已经违反了《食品安全法》对餐饮服务提供者规定的禁止性义务。根据《食品安全法》第五十五条第一款的规定，餐饮服务提供者应当制定并实施原料控制要求，不得采购不符合食品安全标准的食品原料。

其次，本案中的花生油是不合格食品，经抽样检验，该批花生油中 AFB_1 项目不符合食品安全标准。

黄曲霉毒素是一类真菌（如黄曲霉和寄生曲霉）的有毒代谢产物，主要存在于谷物、坚果、棉籽以及一些和人类血液、动物饲料相关的产品中，具有很强的致癌性。尤其是 AFB_1 的毒性和致癌性更是居于首位。

2017年3月17日，国家卫生计生委和食品药品监管总局根据《食品安全法》和《食品安全国家标准管理办法》规定，遵循国际食品法典委员会（CAC）食品中污染物标准制定原则，参照CAC制定公布的《食品和饲料中污染物和毒素通用标准》，欧盟委员会No.1881/2006指令，澳新食品标准局公布的《食品法典标准》等国际食品污染物限量通用标准，发布了我国GB 2761—2017《食品安全国家标准　食品中真菌毒素限量》标准，并于2017年9月17日正式施行。GB 2761—2011《食品安全国家标准　食品中真菌毒素限量》同时废除。

根据GB 2761—2017《食品安全国家标准　食品中真菌毒素限量》规定，花生油 AFB_1 限量要求为≤20μg/kg。本案中，该单位使用的花生油抽样检测不符合上述国家强制性限量要求，检验结论为不合格。

再次，本案中该单位使用不符合食品安全标准的花生油，经最后认定"足以造成严重食源性疾病"，故该行为涉嫌构成生产、销售不符合安全标准产品的罪行。

根据以上分析，一方面，依据《食品安全法》第一百二十五条的规定，韶关市市场监管部门责令当事人改正上述违法行为，给予行政处罚；另一方面，因当事人的行为符合《最高人民法院、最高人民检察院关于办理危害食品安全刑事案件适用法律若干问题的解释》（法释〔2013〕12号）第八条第一款规定的情形，即当事人的行为违反了《中华人民共和国刑法》第一百四十三条的规定，涉嫌构成生产、销售不符合安全标准的食品罪，故依据《中华人民共和国行政处罚法》（2017年修正）第二十二条规定、《行政执法机关移送涉嫌犯罪案件的规定》第三条规定，市场监管执法部门依法将案件移送公安机关。

课程思政育人目标

　　通过典型案例分析，牢固树立食品安全法治意识，了解食品安全法律法规及其适用方式，理解"食品安全无小事"的道理。也懂得，为保证食品安全，保障公众身体健康和生命安全，国家按照"四个最严"（即"最严谨的标准、最严格的监管、最严厉的处罚、最严肃的问责"）的要求，不断完善立法，严格执法，公正司法，多部门合作，严厉打击食品安全违法行为，严守食品安全底线，保障"舌尖上的安全"，建设平安中国，这是党和国家对人民健康负责的使命担当和具体表现。

🔍 思考题

1. 我国食品安全法律、法规主要包括哪些？
2. 《食品安全法》的基本内容是什么？
3. 生猪屠宰厂（场）的设立需要具备哪些条件？
4. 《乳品质量安全监督管理条例》的主要内容是什么？

第三章

食品安全法解读

第一节　食品安全法的修改背景

一、食品安全法修改的历史演进

随着我国市场经济发展和社会关系、社会矛盾日益复杂化，在食品领域出现了侵犯公众利益的重大事件。2008 年 9 月爆发的"三鹿奶粉事件"，导致全国患儿达 29 万多人，国内多家驰名奶粉企业也被相继查出三聚氰胺，消费者信心大受打击，食品安全问题再度成为社会热点问题。食品安全已经成为影响社会发展的重要因素之一，不仅直接关系民生，更关系到国家的和谐发展。为维护消费者合法权益，我国立法机关对涉及民生的食品安全问题加快法律修订进程。

1995 年我国颁布的《食品卫生法》，在实践过程中发挥了一定的作用，为了在实施过程中进一步完善该法，2004 年 7 月 21 日召开的国务院第 59 次常务会议和 2004 年 9 月 1 日国务院发布的《国务院关于进一步加强食品安全工作的决定》（国发〔2004〕23 号），要求国务院法制办抓紧组织修改《食品卫生法》。国务院法制办于 2004 年 7 月成立由中央编办和国务院有关部门负责同志为成员的食品卫生法修改领导小组，组织起草食品卫生法（修订草案）。此后，法制办赴上海、浙江、福建、江西、四川等地的城市和农村调研；收集研究了许多国家的食品卫生安全制度；多次召开论证会，邀请卫生、农业、检验检疫、法学等方面的专家，分专题进行研究、论证；2005 年 9 月，召开了食品安全中美专家研讨会；先后 6 次将征求意见稿送全国人大有关单位、全国政协有关单位、国务院有关部门、各省级政府、有关行业协会以及部分食品生产经营企业征求意见，并专门征求了在十届全国人大三次会议和十届全国政协三次会议上提出食品卫生、安全相关议案、建议、提案的代表和委员的意见；2005 年 11 月和 2007 年 4 月，全国人大教育科学文化卫生委员会先后 2 次召开修订食品卫生法座谈会，邀请提出制定食品安全法或者修订食品卫生法议案的领衔代表参加会议，法制办就食品卫生立法工作情况作了汇报，听取了代表们的意见。此外，对草案涉及的重大问题，法制办还多次向国务院领导写出报告。在反复研究各方面意见的基础上，法制办会同国务院有关部门对《食品卫生法（修订草案）》作了进一步修改，并根据修订的内容将《食品卫生法（修订草案）》名称改为《食品安全法（草案）》，形成了《中华人民共和国食品安全法（草案）》。2007 年 10 月 31 日，时任总理温家宝主持召开国务院常务会议，讨论并原则通过《中华人民共和国食品安全法（草案）》，2007 年 12 月 26 日，《食品安全法（草案）》首次提请十届全国人大常委会第三十一次会议审议。2008 年 4 月 20 日，立法机关"开门立法"，全国人大常委会办公厅向社会全文公布《食品安全法（草案）》，广泛征求各方面意见和建议。2008 年 8 月 26 日，《食品安全法（草案）》进入二审；2008 年 10 月 23 日，《食品安全法（草案）》第三次提交立法机关——全国人大常委会审议；2009 年 2 月 28 日，《食品安全法（草案）》经过了十一届全国人大常委会第七次会议的第四次审议，并顺利通过。2015 年 4 月 24 日，《食品安全法》经第十二届全国人民代表大会常务委员会第十四次会议修订。2018 年 12 月 29 日，第十三届全国人民代表大会常务委员会第七次会议通过《关于修改〈中华人民共和国产品质量法〉等五部法律的决定》，《食品安全法》第一次修正。2021 年 4 月 29 日，第十三届全国人民代表大会常务委员会第二十八次会议通过《全国人民代表大会常务委员会关于修改〈中华人民共和国道路交通安全法〉等八部法律的决定》，《食品安全法》第二次修正。食品安全是当今世界各国面临的共同问题，各国都在逐步完善食品安全法律法规，加大监管力度，努力打造安全食品、绿色食品、放心食品。

二、食品安全法修改的必要性

2009 版《食品安全法》对规范食品生产经营活动、保障食品安全发挥了重要作用，食品安全整体水平得到了提升，食品安全形势总体稳中向好。与此同时，食品生产经营者违法生产经营现象依然存在，食品安全事件时有发生，监管体制、手段和制度等尚不能完全适应食品安全需要，法律责任偏轻、重典治乱威慑作用没有得到充分发挥，食品安全形势当时依然严峻。党的十八大以来，党中央、国务院进一步改革完善我国食品安全监管体制，着力建立最严格的食品安全监管制度，积极推进食品安全社会共治格局。为了以法律形式固定监管体制改革成果、完善监管制度机制，解决食品安全领域存在的突出问题，以法治方式维护食品安全，为最严格的食品安全监管提供体制制度保障，修改《食品安全法》十分必要。

虽然我国在 1995—2009 年制定了相关的食品安全保护法，对各种违法犯罪活动进行相应的处罚和打击，但是食品安全问题仍然比较突出，不少食品存在安全隐患，食品安全事故时有发生，人民群众对食品缺乏安全感，食品安全问题已经严重影响我国产品形象，人民群众对此反应强烈。产生这些问题的一个主要原因，是当时食品安全监管制度和监管体制不够完善，食品安全标准不完善、不统一。例如，一些标准中的指标不够科学，虽然制定了相关的法律规章制度，但是在具体的实施中难以形成一种持续有效的约束力；规范、引导食品生产经营者重质量、重安全，还缺乏更为有效的制度和机制；食品生产经营者作为食品安全第一责任人的责任不明确、不严格，对生产经营不安全食品的违法行为处罚力度不够；食品安全评价的科学性有待进一步提高；食品检验机构不够规范，责任不够明确；食品检验方法、规程不统一，检验结果不够公正，重复检验时有发生；食品安全信息公布不规范、不统一，甚至造成不必要的社会恐慌；有的监管部门间职责交叉，部分领域监管权责未明，存在监管真空，导致监管不到位。各种问题的出现，说明原有的食品安全法律制度已难有效满足经济社会发展需求。为了更好地保障食品安全，从根本上解决这些问题，有必要对食品安全法律制度进行补充、完善。

2013 年 10 月，食品药品监管总局向国务院报送了《中华人民共和国食品安全法（修订草案送审稿）》（以下简称送审稿）。收到此件后，法制办先后 2 次书面征求有关部门、地方政府、行业协会的意见；向社会公开征求意见，收到 5600 多条有效意见，为该部法律的修订工作给予了很大的帮助；为进一步明确法律修订的重要性，法制办先后赴 5 省市实地调研，掌握了大量的数据资料，为进一步的修订工作奠定了基础。在实施工作的过程中，采用民主座谈的方式，集思广益，多次召开企业和行业协会座谈会及专家论证会，反复协调部门意见。在此基础上，法制办会同原食品药品监管总局、原卫生计生委、原质检总局、原农业部、工业和信息化部等部门对送审稿反复讨论、修改，形成了《中华人民共和国食品安全法（修订草案）》（以下简称修订草案），修订草案经国务院第四十七次常务会议讨论通过。

2015 年 4 月 24 日，《食品安全法》经第十二届全国人民代表大会常务委员会第十四次会议修订。此次修订幅度很大，改进与优化的内容很多，将一些原来没有纳入到食品安全法律范畴的问题，通过这次修订中进行了明确。

2018 年 12 月 29 日，第十三届全国人民代表大会常务委员会第七次会议通过《关于修改〈中华人民共和国产品质量法〉等五部法律的决定》，《食品安全法》第一次修正。此次修正是配合 2018 年 3 月 17 日第十三届全国人民代表大会第一次会议批准的《国务院机构改革方案》作出的，如将法条中"食品药品监督管理部门"的表述修改为"食品安全监督管理部门"，将第四十一条、第一百二十四条第三款、第一百二十六条第三款、第一百五十二条第三款中的"质量监督"修改为"食品安全监督管理"，将第一百一十条中的"食品药品监督管理、质量监督部门履行各自食品安全监督管理职责"修改为"食品安全监督管理部门履行食品安全监督管理职责"等。

2021 年 4 月 29 日，第十三届全国人民代表大会常务委员会第二十八次会议通过《全国人民代表大会常务委员会关于修改〈中华人民共和国道路交通安全法〉等八部法律的决定》，《食品安全法》第二次修正。此次修正将《食品安全法》第三十五条第一款修改为："国家对食品生产经营实行许可制度。从事食品生产、食品销售、餐饮服务，应当依法取得许可。但是，销售食用农产品和仅销售预包装食品的，不需要取得许可。仅销售预包装食品的，应当报所在地县级以上地方人民政府食品安全监督管理部门备案。"

三、食品安全法修订的整体思路

围绕党的十八届三中全会决定和十八届四中全会决定关于完善食品安全法律法规，建立最严格的食品安全监管制度这一总体要求，在修订思路上主要把握了以下几点：一是更加突出预防为主、风险防范。进一步完善食品安全风险监测、风险评估和食品安全标准等基础性制度，增设生产经营者自查、责任约谈、风险分级管理等重点制度，重在消除隐患和防患于未然。二是建立最严格的全过程监管制度。对食品生产、销售、餐饮服务等各个环节，以及食品生产经营过程中涉及的食品添加剂、食品相关产品等各有关事项，有针对性地补充、强化相关制度，提高标准、全程监管。三是建立最严格的各方法律责任制度。综合运用民事、行政、刑事等手段，对违法生产经营者实行最严厉的处罚，对失职渎职的地方政府和监管部门实行最严肃的问责，对违法作业的检验机构等实行最严格的追责。四是实行食品安全社会共治。充分发挥消费者、行业协会、新闻媒体等方面的监督作用，引导各方有序参与治理，形成食品安全社会共治格局。

关于修改食品安全法的考虑，可概括为三个需要：第一个需要，以法律形式固定监管体制改革成果、完善监管制度机制的需要。2013 年全国人大通过了国务院机构改革和职能转变方案，根据这样一个方案，国务院对食品安全监管体制进行重大的调整，原来是分段监管，分别由质检、工商和食药监部门对食品生产、流通和餐饮服务实行分段监管，监管体制调整为由食药监部门对食品生产经营活动进行统一监管。2018 年国务院机构改革之后，调整为由市场监督管理部门对食品生产经营活动进行统一监管。为适应这一新的体制，为监管部门执法提供法律依据，需要在法律制度上作出相应的完善。

第二个需要，完善监管制度，解决当前食品安全领域存在的突出问题的需要。食品安全链条长，从农田到餐桌，涉及的环节多、问题多，在监管过程中如何加强生产经营过程的控制，加强风险的管理，对网络食品交易等新兴的食品经营业态如何进行监管，对保健食品、特殊医学用途食品、婴幼儿配方食品等特殊食品如何来进行重点监管，如何完善监管手段，推进社会共治。对这些实践中提出的新的问题，需要法律制度予以回应。

第三个需要，建立最严厉的惩处制度，发挥重典治乱威慑作用的需要。从当时的执法实践看，违法的生产经营行为仍然存在，整个社会对加大违法行为成本、严厉惩处违法行为方面有强烈的社会需求。通过这次修法对法律制度进行完善，可以发挥法律在重典治乱威慑作用方面的优势，更好地打击违法行为。

第二节 对食品安全法修订的解读

一、对食品安全法（2015 年修订）的总体解读

中国共产党十八届五中全会在公报中提出"推进健康中国建设，实施食品安全战略"。本着科学立法、民主立法、公开立法的原则，秉持坚持问题导向、坚持全球视野的思路，坚定追求理念现代、追求价值和谐、突出监管制度创新的理念对《食品安全法》进行全面修订。

《中华人民共和国食品安全法》

为了加强食品安全管理工作，2015 年修订的《食品安全法》（下称新食品安全法）在制定和实施的过程中通过多种方式进行了相应的优化调整，采用分级管理负责的方式，又提出了一些更加具体、更加明确的要求，总体来说是对原有法律的补充与完善，在应用中具有很强的针对性。相较于老法，新法加重了食品安全违法犯罪行为的刑事、行政、民事法律责任，加大了惩罚力度。全国人大常委会法制工作委员会行政法室副主任黄薇表示，此次修法意在以重典治乱，更好地威慑、打击违法行为。

新食品安全法强化食品安全的保障能力，要求政府进一步提升食品安全的保障能力，特别是要针对一些地方不重视食品安全工作，使得食品安全监管能力不足的问题。比如，食品安全

需要人，需要执法队伍，需要检验检测的设备，需要资金的保障，这些都是属于地方政府应该提供的，所以新食品安全法提出，县级以上人民政府要将食品安全工作纳入国民经济和社会发展规划中，要将食品安全工作的经费列入本级政府的财政预算，加强食品安全监督管理能力的建设，这一点就是为执法部门提升食品安全监管的能力提供执法的保障。

新食品安全法实行食品安全管理的责任制，要求上级人民政府要对下级人民政府和本级食品安全监管部门实施食品安全评议考核，检视下级政府在食品安全监管工作方面是否做好，本级的食品安全监管部门是否履行了食品安全法规定的义务。新食品安全法规定县级以上地方人民政府应当对食品生产加工小作坊、食品摊贩等进行监督管理；对食品生产加工小作坊和食品摊贩等的具体管理办法由省、自治区、直辖市制定。按照《立法法》的规定，法律规定明确要求国家机关对专门事项作出配套具体规定的，有关国家机关应在法律实施一年内作出规定。新食品安全法于 2015 年 10 月 1 日起实施，各省、自治区、直辖市有必要在 2016 年 10 月 1 日之前，制定出台对食品生产加工小作坊和食品摊贩等的具体管理办法。按照新食品安全法的规定，对食品生产加工小作坊和食品摊贩等的具体管理可以由全国人大、国务院相应地制定地方性法规，结合地方政府制定的政府规章，建立一套立体、全方位的食品安全体系。

新食品安全法强化了地方政府食品安全的责任追究，对不依法报告、处置食品安全事故或者对本行政区域内涉及多环节发生区域性食品安全问题未及时组织进行整治，造成不良影响或损失的；未建立食品安全全程监管工作机制和信息共享机制等情形，都设定了相应的行政处分条款。建立最严格的全过程监管制度，对食品生产、流通、餐饮服务和食用农产品销售等各个环节，食品生产经营过程中涉及的食品添加剂、食品相关产品、网络食品交易等新兴的业态，还有在生产经营过程中的过程控制的管理制度，都进行了细化和完善，进一步强调了食品生产经营者的主体责任和监管部门的监管责任。

新食品安全法对特殊食品实行特殊对待，规定国家对保健食品、特殊医学用途配方食品和婴幼儿配方食品等特殊食品实行严格监督管理。其中，对婴幼儿配方食品的规定可谓史上最严，一是明确规定生产企业应当实施从原料进厂到成品出厂的全过程质量控制和产品逐批检验；二是使用的原辅料处理应当符合法律、行政法规的规定和食品安全国家标准，还要保证婴幼儿生长发育所需的营养成分；三是规定生产企业应当将食品原料、食品添加剂、产品配方及标签等事项向省、自治区、直辖市人民政府食品安全监督管理部门备案；四是婴幼儿配方乳粉的产品配方应当经国务院食品安全监督管理部门注册；五是不得以分装方式生产婴幼儿配方乳粉，且同一企业不得用同一配方生产不同品牌的婴幼儿配方乳粉。规定不得以分装方式生产婴幼儿配方乳粉，主要是仅采用分装方式生产婴幼儿配方乳粉存在着很大的安全隐患，不但可能引起二次污染，还容易让一些不法分子在二次分装过程中非法添加、以次充好。而规定同一企业不得用同一配方生产不同品牌的婴幼儿配方乳粉，可以有效遏制生产企业使用同一配方打造多个品牌进行市场营销的行为，提高品牌对企业的价值，有助于引导生产企业对原料、配方、生产过程等方面严格把关。

二、对新食品安全法的条文解读

1. 食品生产经营者社会责任规定

《法治政府建设实施纲要（2015—2020）》在全面建成法治政府的具体措施中指出，适合由社会组织提供的公共服务和解决事项，交由社会承担责任。食品作为一种特殊产品，直接关系到公众的身体健康和生命安全，从某种意义上讲，食品企业是最需要讲道德良心，最需要法律规范和社会监督的。就食品企业应当承担的社会责任而言，保证食品安全是企业社会责任最重要的内容，也是公众衡量食品企业是否负责任的第一标准。食品企业保证食品安全的社会责任至少包括以下内容：提供安全食品的责任；如实提供食品安全信息的责任；遵循良好的操作规范、依法进行生产经营活动的责任。

食品安全问题不仅关系公众身体健康和生命安全，还会从多方面影响经济发展与社会稳定。目前，公众对食品企业的期望日益增强，期望食品企业尽快主动地承担起保证食品安全的社会责任。很多食品企业已经意识到承担社会责任、保证食品安全的重要性和积极意义。产品优质和安全是一个企业持续发展的根本条件和前提。切实履行保证食品安全的社会责任，对于食品企业的健康稳定发展能够带来积极的作用，可以提升企业品牌形象，增强企业核心竞争力，赢得市场和人心，提升企业经济效益，可以加速实现社会的可持续发展和提高人民生活水平。

新食品安全法关于食品生产经营者是食品安全的第一责任人的规定，可以从正反两方面理解。从正面来说，食品生产经营者应当依照法律、法规和食品安全标准从事生产经营活动。食品企业追求利润无可厚非，但前提是一定要承担起保证食品安全的社会责任。食品企业应该努力提供安全、丰富、优质的产品，以保障消费者的身心健康，满足广大消费者的需求，增进社会的福利，这样才称得上是对社会和公众负责。除了要在保证食品安全的前提下开展生产经营活动，还要尊重消费者权利、维护消费者利益，接受广泛的社会监督，即新闻媒体等的舆论监督和其他组织、个人的监督等。从反面来说，如果食品生产经营者出现违法行为，违反了保证食品安全的社会责任，危害到公众的身体健康和生命安全，理应受到法律制裁，并承担起对受害者的损害赔偿等相应的法律责任。

新食品安全法对责任主体的规定，从过去的 10 条增加到 30 条，将食品生产经营者，从事食品贮存、运输和装卸的非食品生产经营者，集中市场开办者，政府部门，其他社会组织及网络交易平台等主体全部纳入惩处体系；从追责力度和追责方法的角度看，不仅处罚力度大幅提升，追责方式也从传统的罚款，延伸为配套的架构设置，涵盖财产罚、人身罚和资格罚，如"因食品安全犯罪被判处有期徒刑以上刑罚的，终身不得从事食品生产经营的管理工作"。

风险社会与复杂社会的来临，也使得现代社会越来越成为一种多元社会或必须追求多中心的治理才能有效协调不同部分的组织体。从这个观点出发，中国的食品安全治理必须建立"企业第一责任人"的根本规则，政府与社会不但要建立起合作规制，而且各种社会主体，尤其是企业必须建立起自我规制体系，这既是缓解政府治理能力不足的关键，也是食品安全的治本之策。

例如，新食品安全法规定，食品生产企业应当建立涵盖食品原料、食品添加剂、食品相关产品的进货查验记录制度，产品出厂检验记录制度和食品安全自查等食品安全管理制度，对原料进货查验、生产关键环节、产品出厂检验和运输交付等进行全程控制；同时规定食品生产经营者应当建立食品安全追溯体系，保证食品可追溯，并鼓励食品生产经营企业采用信息化手段建立食品追溯体系，以实现从农田到餐桌的食品安全全过程控制。

又如，新食品安全法还规定了食品生产者发现其生产的食品不符合食品安全标准或者有证据证明可能危害人体健康的，应当立即停止生产并实施召回，并对召回的食品采取无害化处理、销毁等措施，防止其再次流入市场。与旧法相比，新食品安全法补充了"有证据证明可能危害人体健康"的召回情形，并且进一步明确，除了"因标签、标志或者说明书不符合食品安全标准而被召回的食品"可以采取补救措施外，被召回的食品应当采取无害化处理、销毁等措施处理，防止其再次流入市场。这里的进步在于以法律形式明晰了企业对不安全食品的召回义务和召回后的处置要求，明确了不安全食品不得再次流入市场。

综上，正因为中国当代处在风险社会、复杂社会、开放社会与多元社会，因此食品安全治理必须建立起以落实企业第一责任为关键的内生安全、以设计全程监管为目标的枢纽安全、以提供社会共治为动力的共建安全和以强化严厉追责为后盾的底线安全。这就是贯穿于食品安全国家治理内在逻辑的整体安全观，它也是理解新法的关键。

2. 食品安全监管体制规定

食品安全关系到广大人民群众的身体健康和生命安全，关系到经济健康发展和社会稳定，也体现着政府治理水平。食品安全监管体制是指国家对食品安全实施监督管理采取的组织形式和基本制度。它是国家有关食品安全的法律、法规和方针、政策得以有效贯彻落实的组织保障和制度保障。新食品安全法第五条分四款对我国食品安全监督管理体制作出了规定，与旧法相比作出了一些调整，如国务院卫生行政部门不再承担"食品安全综合协调职责、食品安全信息公布、食品检验机构的资质认定条件和检验规范的制定，组织查处食品安全重大事故"职责，而是调整为"依照本法和国务院规定的职责，组织开展食品安全风险监测和风险评估，会同国务院食品安全监督管理部门制定并公布食品安全国家标准"，其中增加了风险监测职责。新食品安全法的修订离不开国务院机构改革的背景。结合2018年后质量监督、工商行政管理和食品药品监管部门的食品安全监管职能调整，新食品安全法中明确食品生产经营活动的监管主体是国务院食品安全监督管理部门；把"国务院质量监督、工商行政管理和国家食品药品监督管理部门依照本法和国务院规定的职责，分别对食品生产、食品流通、餐饮服务活动实施监督管理"调整为"国务院食品安全监督管理部门依照本法和国务院规定的职责，对食品生产经营活动实施监督管理"。

在食用农产品监管职责方面，按照国务院关于食品药品监管部门与农业部门的监管职责分工，新食品安全法关于农产品质量安全管理方面的法条有所增加，主要有五个方面：一是第二条在原有基础上，调整为"供食用的源于农业的初级产品（以下称食用农产品）的质量安全管理，遵守《中华人民共和国农产品质量安全法》的规定。但是，食用农产品的市场销售、有关质量安全标准的制定、有关安全信息的公布和本法对农业投入品作出规定的，应当遵守本法的规定"，增加了食用农产品的市场销售和有关农业投入品的使用应当遵守食品安全法的总括性规定；二是第十一条新增了"国家对农药的使用实行严格的管理制度，加快淘汰剧毒、高毒、高残留农药，推动替代产品的研发和应用，鼓励使用高效低毒低残留农药"的规定；三是新增了第二十条"省级以上人民政府卫生行政、农业行政部门应当及时相互通报食品、食用农产品安全风险监测信息。国务院卫生行政、农业行政部门应当及时相互通报食品、食用农产品安全风险评估结果等信息"；四是第二十七条新增、明确了农业行政部门在食品中农药残留、兽药残留的限量规定及其检验方法与规程，屠宰畜、禽检验规程方面的制定职责；五是新增、明确了食用农产品批发市场应当对进入该批发市场销售的食用农产品进行抽样检验的义务，食用农产品销售者应当建立进货查验记录制度的义务，以及规定进入市场销售的食用农产品在包装、保鲜、贮存、运输中使用保鲜剂、防腐剂等食品添加剂和包装材料等食品相关产品应当符合食品安全国家标准。

在食品安全国家标准制定方面，新食品安全法把国务院卫生行政部门承担食品安全标准制定的职责调整为由国务院卫生行政部门会同国务院食品安全监督管理部门制定并公布食品安全国家标准，由国务院标准化行政部门提供国家标准编号。省级以上人民政府卫生行政部门应当会同同级食品安全监督管理、农业行政等部门，分别对食品安全国家标准和地方标准的执行情况进行跟踪评价，并根据评价结果及时修订食品安全标准。删除了"国务院卫生行政部门应当对现行的食用农产品质量安全标准、食品卫生标准、食品质量标准和有关食品的行业标准中强制执行的标准予以整合，统一公布为食品安全国家标准"的规定。

在食品安全信息公布主体方面，新食品安全法将"国家食品安全总体情况、食品安全风险警示信息、重大食品安全事故及其调查处理信息和国务院确定需要统一公布的其他信息"等食品安全信息的公布主体由国务院卫生行政部门调整为国务院食品安全监督管理部门，并且把"食品安全风险评估信息"从需要统一公布的食品安全信息中删除。

此外，在食品安全信息公布上，新食品安全法补充了未经授权不得发布有关食品安全信息，任何单位和个人不得编造、散布虚假食品安全信息，并规定了违法编造、散布虚假食品安全信息的相应法律责任；增加对可能有误导性的食品安全信息的处理规定，"县级以上人民政府食品安全监督管理部门发现可能误导消费者和社会舆论的食品安全信息，应当立即组织有关部门、专业机构、相关食品生产经营者等进行核实、分析，并及时公布结果"；规定公布食品安全信息除了做到准确、及时，还要进行必要的解释说明，避免误导消费者和社会舆论。

2008年以前，工商行政管理、质量监督、食品药品监督管理部门均实行省级以下垂直管理体制，这种体制在打破地方保护、建立统一市场、加强执法队伍建设、规范行政行为等方面起到了积极作用。后来，食品药品监管、工商行政管理和质量监督部门先后由省级以下垂直管理改为由地方政府分级管理，业务接受上级部门的监督管理和指导。2013年，围绕转变职能和理顺职责关系，国务院机构改革，将原来分散在国家卫计委、国家质量监督检验检疫总局、国家工商行政管理总局和食品药品监管局的食品安全办、食品生产、流通和餐饮环节监管职责整合，统一划归到新组建的国家食品药品监管总局，终结了长期以来食品监管"九龙治水"的局面。2018年，国务院机构改革又将国家工商行政管理总局、国家质量监督检验检疫总局、国家食品药品监督管理总局的职责，国家发展和改革委员会的价格监督检查与反垄断执法职责，商务部的经营者集中反垄断执法以及国务院反垄断委员会办公室等职责整合，组建国家市场监督管理总局。几经变迁，我国食品安全监管职责在纵横两个维度完成了从"垂直分段"向"属地整合"的转变。

关于食品安全全程监管，实践早已证明仅仅对终产品进行监督管理不可能给消费者提供足够的保护。三鹿奶粉事件暴露出奶站监管缺位的问题，凸显了确立从农田到餐桌全程监管原则的必要性。在食用农产品种植养殖与销售、食品生产加工与销售的全过程采取监督预防措施，而不只是对终产品或终环节实施监管，更有利于及早发现并消除食品安全风险。2019年《中共中央国务院关于深化改革加强食品安全工作的意见》提出，要遵循"四个最严"要求，建立食品安全现代化治理体系，提高从农田到餐桌全过程监管能力，提升食品全链条质量安全保障水平。而食品安全全过程监管在时间、空间上都是一项庞大的系统工程，更需要在地方政府统一领导、组织、协调下完成。

3. 县级以上地方人民政府的食品安全监管职责规定

我国大部分省、市、县级人民政府都设有与国务院食品安全监管部门相对应的食品安全管理机构。自从由省垂直管理转为属地管理后，这些食品安全管理机构接受上级对口部门的监督管理和指导，但其组织和人事任命由本级人民政府决定，运行经费由地方财政自给，直接对本级人民政府负责。而省、自治区、直辖市人民政府可以制定有关规章和标准。因此，要真正落实食品安全全程监管、统一监管，首先就要认识到地方政府在食品安全管理工作中的重要性，确立由县级以上地方人民政府对所辖行政区域的食品安全管理工作负总责的工作机制，充分发挥地方政府统一领导、组织、协调本行政区域的食品安全监管工作作用，不断提高食品安全监管的协调力和综合性。如今，市场监管部门已经是各级地方政府负责食品安全监管的部门，2019年《中共中央 国务院关于深化改革加强食品安全工作的意见》明确提出，县级市场监管部门及其在乡镇（街道）的派出机构，要以食品安全为首要职责，执法力量向一线岗位倾斜，完善工作流程，提高执法效率。在全国普遍实行综合执法机构机制改革背景下，在基层普遍存在事多人少的现实条件下，如何加强食品安全监管队伍和能力建设，是地方政府落实地方食品安全监管责任的重要考虑因素。

县级以上地方人民政府统一领导、组织、协调本行政区域的食品安全监督管理工作，应当着重做好以下三方面：一是建立健全食品安全全程监督管理的工作机制；二是统一领导、指挥食品安全突发事件应对工作；三是完善、落实食品安全监督管理责任制，对食品安全监督管理部门进行评议、考核。

4. 实行社会共治

国家、社会与个人共同治理实现食品安全的过程中，企业责任是一个关键的环节。能不能充分保障每一个人的食品安全权，相当大程度上取决于食品产业和行业主体能不能在充分自律的基础上通过自我规制，实现食品产业整体的安全。食品安全领域是20世纪以来最大规模通过自我规制实现绩效的领域。

新食品安全法第九条是关于食品行业协会实行行业自律的规定，这条是最典型的自我规制条款。另外，规定食品安全有奖举报制度。明确对查证属实的举报，应给予举报人奖励（第一百一十五条）。并且规范食品安全信息发布，强调监管部门应当准确、及时公布食品安全信息，并进行必要的解释说明，避免误导消费者和社会舆论。规定新闻媒体应当开展食品安全法律、法规以及食品安全标准和知识的公益宣传，并对食品安全违法行为进行舆论监督，同时规定有关食品安全的宣传报道应当真实、公正。任何单位和个人不得编造、散布虚假食品安全信息（第十条、第一百一十八条、第一百二十条）。鼓励食品生产经营企业参加食品安全责任保险（第四十三条）。

复杂社会具有很大的异质性，但往往也建立在纵向的不平等性日益消解，政府与社会严格恪守各自边界，民主规则和组织方式健全的基础上，因为复杂社会中政府不具有更多的权威和专业优势，要向社会学习，充分吸收社会本身的诉求和信息才能转化为国家的政策与法律。

对于中国来说，食品安全治理要采取一种合作规制的思路，还有一个重要现实原因：地方政府食品安全监管力量的普遍不足。地区发展不平衡，缺乏专业的监管和执法人员、检验检测硬件等，是影响食品安全监管工作落实的短板。中央与地方食品安全监管部门财权、事权、人员数量与责任的不匹配也增加了基层食品安全监管工作的难度。同时，中国食品产业链条的发展不平衡，也必须使得政府与社会、企业要进行合作，才能实现监管的灵敏和有效。上海福喜公司事件正是依靠社会媒体的暗访行动积极反馈信息，政府才得以对该肉类供应商进行有效行政规制的典型事例。

正是认识到在一个开放社会里，食品安全只能是一种"共建安全"，必须依靠政府、社会与市场合作规制才能实现最大的治理效果，因此新法确立了"社会共治"的基本治理思路。

原《食品安全法》第七条关于食品行业协会实行行业自律的规定，这次修订后补充强化规定为"食品行业协会应当加强行业自律，按照章程建立健全行业规范和奖惩机制，提供食品安全信息、技术等服务，引导和督促食品生产经营者依法生产经营，推动行业诚信建设，宣传、普及食品安全知识。消费者协会和其他消费者组织对违反本法规定，损害消费者合法权益的行为，依法进行社会监督"（第九条）。条款修订后增加了软法和软法机制的要求，也即"按照章程建立健全行业规范和奖惩机制"，还增加了民主监督制度，也即"依法进行社会监督"。这些关于公众参与、社会监督的新规范，具有重要的现实意义。

原《食品安全法》第八条关于国家鼓励社会机构开展普及工作、规定新闻媒体应当开展公益宣传和舆论监督的规定，这次修法补充规定了新闻媒体"有关食品安全的宣传报道应当真实、公正"（第十条）。从既往的经验教训来看，立法规定新闻媒体的社会责任和行为要求，是很有必要的。

新食品安全法在第二章末尾还特别增加了关于官产学界互动、政民合作共治、信息交流沟通的条款："县级以上人民政府食品安全监督管理部门和其他有关部门、食品安全风险评估专家委员会及其技术机构，应当按照科学、客观、及时、公开的原则，组织食品生产经营者、食品检验机构、认证机构、食品行业协会、消费者协会以及新闻媒体等，就食品安全风险评估信息和食品安全监督管理信息进行交流沟通"（第二十三条）。此条规定对于建立健全食品安全监管领域的政民合作共治新局面，提供了法律依据。

新食品安全法从第四章第二节（生产经营过程控制）开始，都是关于企业自律、行业自治的一系列规范要求。例如，修改后的法律文本新增一条（第六十四条）规定："食用农产品批发市场应当配备检验设备和检验人员或者委托符合新法规定的食品检验机构，对进入该批发市场销售的食用农产品进行抽样检验；发现不符合食品安全标准的，应当要求销售者立即停止销售，并向食品安全监督管理部门报告。"这里新增的市场检验、停止销售、专项报告等要求，对于市场开办者的自律、他律、监督和责任分担的制度规范，具有重要的现实针对性和制度创新性，符合政民合作、社会共治的时代潮流，值得充分肯定。

第三节　食品安全法的主要创新点

一、建立统一监管体制

常委会组成人员表示，食品安全法修订草案三次审议稿着力解决现阶段食品安全领域中存在的突出问题，完善了从田间到餐桌的全链条监管。从过去食用农产品质量安全管理情况来看，农产品质量安全法不仅未对食用农产品作出明确定义，监管标准也没有从安全性、营养性等方面区分于其他农产品，极易导致在食品安全监管源头上出现薄弱环节。新食品安全法将"食用农产品"定义为"供食用的源于农业的初级产品"，将食用农产品统一纳入食品安全监管范围，并规定食用农产品的质量安全管理，遵守农产品质量安全法的规定，但是，食用农产品的市场销售、有关质量安全标准的制定、有关安全信息的公布和本法对农业投入品作出规定的，应当遵守本法的规定。

二、建立全程追溯制度

实现食品安全全程追溯，是社会各界的长期呼吁。在立法审议中，王明雯委员就提出如下建议："如何才能实现食品及食用农产品的全程追溯？实行批次管理是一个有效的解决办法。批次管理是发达国家对包括食品在内的各类产品进行质量追溯和管理的通用的做法，我们理应加以借鉴。"因此，新食品安全法明确规定国家建立食品安全全程追溯制度。食品生产经营者应当依照新食品安全法的规定，建立食品安全追溯体系，保证食品可追溯。国家鼓励食品生产经营企业采用信息化手段采集、留存生产经营信息，建立食品安全追溯体系。使用剧毒农药、化肥、膨大剂等对蔬菜瓜果进行病虫害防治、催肥，是百姓最担忧的食品安全问题之一。对农药使用、婴儿配方奶粉、网购食品等社会广泛关注的问题，新食品安全法均作出了回应。

三、加大惩罚力度

新食品安全法规定，对非法添加化学物质、经营病死畜禽等行为，如果涉嫌犯罪，直接由公安部门进行侦查，追究刑事责任。对因食品安全犯罪被判处有期徒刑以上刑罚的，终身不得从事食品生产经营的管理工作。如果不构成刑事犯罪，则由行政执法部门进行行政处罚。此次修订大幅度提高了行政罚款的额度。新食品安全法第一百二十二条关于对无证生产经营的罚款，违法生产经营的食品、食品添加剂货值金额不足一万元的，并处五万元以上十万元以下罚款；货值金额一万元以上的，并处货值金额十倍以上二十倍以下罚款。又如，对生产经营添加药品的食品，生产经营营养成分不符合食品安全标准的专供婴幼儿和其他特定人群的主辅食品等违法行为，原食品安全法规定分别可以货值金额最高五倍、十倍的罚款，新食品安全法提高到三十倍，这是中国所有法律中最高罚款倍数，足以体现新食品安全法的严格，也因此新法被称为"史上最严法律"。针对多次、重复被罚而不改正的问题，新食品安全法增设了新的法律责任，第一百三十四条规定对在一年内累计三次因违反本法规定受到责令停产停业、吊销许可证以外处罚的，责令停产停业，直至吊销许可证。对非法提供场所的行为增设了处罚。新食品安全法规定，对明知从事无证生产经营或者从事非法添加非食用物质等违法行为，仍然为其提供生产经营场所的行为，也要相应进行处罚。此外，新食品安全法还增设了消费者赔偿首负责任制，要求食品生产经营者接到消费者的赔偿请求以后，应该实行首负责任制，先行赔付，不得推诿；完善惩罚性赔偿制度，在原食品安全法规定价款十倍的惩罚性赔偿基础上，再补充了消费者可以要求支付损失三倍的赔偿金的惩罚性赔偿规定；强化民事连带责任，网络交易第三方平台提供者未能履行法定义务、食品检验机构出具虚假检验报告、认证机构出具虚假的论证结论，广告经营者、发布者设计、制作、发布虚假食品广告，使消费者合法权益受到损害的，也要承担连带责任。

四、完善食品召回制度

新法增设食品经营者召回义务，规定由于食品经营者的原因造成不符合食品安全标准或者有证据证明可能危害人体健康的，食品经营者应当召回。此外，还规定食品生产经营者应当将食品召回和处理情况向所在地县级人民政府食品安全监督管理部门报告；需要对召回的食品进行无害化处理、销毁的，应当提前报告时间、地点。

五、完善奖励制度

按照激励与惩罚相结合的原则，新食品安全法在强化食品安全法律责任追究的同时，借鉴环境保护法、消防法等的规定，增设了奖励制度。《安全生产法》规定，国家对在改善安全生产条件、防止生产安全事故、参加抢险救护等方面取得显著成绩的单位和个人，给予奖励。《消防法》规定，对在消防工作中有突出贡献的单位和个人，应当予以奖励；《国务院食品安全事故应急预案》明确提出，对在食品安全事故应急管理和处置工作中作出突出贡献的先进集体和个人，应当给予表彰和奖励。新食品安全法第十三条规定，对在食品安全工作中作出突出贡献的单位和个人，按照国家有关规定给予表彰、奖励。既往实践证明，行政奖励是引导社会行为、树立新的食品安全文化的一项有效举措，也是有效实施新《食品安全法》的柔性、便利的一个抓手。

六、建立网络食品交易监管制度

网络食品交易第三方平台提供者，应当对入网食品经营者进行实名登记，明确其食品安全管理责任；依法应当取得许可证的，还应当审查其许可证；发现入网食品经营者有违法行为的，应当及时制止并立即报告所在地县级人民政府食品安全监督管理部门；发现严重违法行为的，应当立即停止提供网络交易平台服务。

七、完善保健食品监管制度

新食品安全法规定：保健食品标签、说明书应声明"本品不能代替药物"。新法明确保健食品原料目录，除名称、用量外，还应当包括原料对应的功效；明确保健食品的标签、说明书应当与注册或者备案的内容相一致，并声明"本品不能代替药物"；明确食品安全监督管理部门应当对注册或者备案中获知的企业商业秘密予以保密。

八、完善婴儿配方食品和特殊医学用途配方食品的监管制度

新食品安全法增加规定，特殊医学用途配方食品、婴幼儿配方乳粉的产品配方应当经国务院食品安全监管部门注册。特殊医学用途配方食品是适用于患有特定疾病人群的特殊食品，必须在医生或临床营养师指导下，单独食用或与其他食品配合食用。原食品安全法对这类食品未作规定。一直以来，我国对这类食品按药品实行注册管理。2013 年，国家卫生和计划生育委员会颁布了特殊医学用途配方食品的国家标准，将其纳入食品范畴。原国家食品药品监督管理总局提出，特殊医学用途配方食品是为了满足特定疾病状态人群的特殊需要，不同于普通食品，安全性要求高，需要在医生指导下使用，建议在食品安全法中明确对其继续实行注册管理，避免形成监管缺失。

九、建立责任约谈制度

行政约谈是新食品安全法的又一亮点，是在法律层面确立的柔性行政监管模式。新食品安全法中体现行政约谈的条款包括食品安全法第一百一十四条和第一百一十七条。行政约谈作为一种新兴的柔性行政管理模式，是刚柔并济、有效实施新食品安全法的一个便利抓手，在全面

实施依法治国方略和提升国家治理现代化水平方面将日显其特殊功用。

第四节　食品安全法修改的意义

在建设法治国家的背景下，建立一套全方位、全视角、更加立体的食品安全法法律法规体系是保证民生、保证国家长久安稳发展的一个重要保障。食品安全问题直接关系到整个社会的健康发展，其修订是在市场经济发展过程中进行的自我完善，在实际中具有非常重要的作用和意义。

食品安全问题是一个关乎"民生的重大基本问题"，是全球各个国家面临的共同挑战。这一民生问题引起了全球人民的共同关注，中国在这个问题上也需要经得起考验，食品安全治理也是"中国梦"的一个重要组成部分。当前，面对全球食品安全治理的新问题，对国家整体的治理体系和治理能力提出了新的要求。政府的角色也应该从"划桨政府"转变成"掌舵政府"，而在食品安全治理方面，政府应当转变"紧急救火员"的角色，把权力下放给行业管理者。真正顺应参与行政、政民合作、社会共治的时代潮流，做到执法力量下沉，把治理权交给基层，实现社会治理的民主化。在十八届四中全会通过的《中共中央关于全面推进依法治国若干重大问题的决定》中的第二项重大任务——深入推进依法行政、加快建设法治政府的第三点"深化行政执法体制改革"部分强调，要根据不同层级政府的事权和职能，按照减少层次、整合队伍、提高效率的原则，合理配置执法力量，重点就是放在食品安全治理领域。2019 年《中共中央 国务院关于深化改革加强食品安全工作的意见》同样提出"县级市场监管部门及其在乡镇（街道）的派出机构，要以食品安全为首要职责，执法力量向一线岗位倾斜，完善工作流程，提高执法效率"。

食品安全事关公众身体健康与生命安全，食品安全法的颁布实施，是保证食品安全的重要举措，也是把人民群众利益摆在首位的具体体现。从食品安全法的立法修订过程来看，无论是从注重食品卫生到注重食品安全、建立食品安全监管体制，还是从向社会广泛征求意见到食品安全法及其实施条例的修订完善，都充分体现了中共中央、国务院对改善民生的高度关注和保障人民群众饮食安全的信心与决心。2015 年修订的《食品安全法》改动幅度很大，改进与优化的内容很多，将一些原来没有纳入到食品安全法律范畴的问题，通过这次修订中进行了明确。准确把握食品安全法的立法宗旨和价值理念具有重要意义。新食品安全法根据食品安全新形势，针对食品安全监管中的漏洞，建立起保障食品安全的长效机制和法律屏障，完善了我国的食品安全法律制度。只有准确把握保障公众身体健康和生命安全的立法宗旨，深刻领会预防为主、风险管理、明确责任、综合治理的价值理念，才能科学地认识各项食品安全制度在监管链条中的地位和作用，并以此为出发点在实践中进一步明确监管部门的权力和职责，明晰行政相对人的权利和义务，最终形成完备的食品安全监管体系和诚信守法、监督有力的良好局面。新食品安全法不仅在食品安全总体思路上提出了"预防为主、风险管理、全程控制、社会共治"的全新食品安全治理理念，"建立最严格的过程监管制度""建立最为严格的法律责任制度""社会共治"等基本要求，还对农业投入品使用、保健食品、婴幼儿配方乳粉、特殊医学用途配方食品等争议的核心问题作出了细化规定。这次修订对我国食品安全规制会产生深远影响，对保证人民群众身体健康和生命安全具有重大意义。

 思政案例

　　截至 2021 年，中国大约有 19 万家规模以上食品生产企业，1812 万家有许可证的食品经营主体，此外，还有大量小商贩由于未办理执照而无法精确统计其数量。因此，中国食品监管部门需要投入大量的人、财、物力以有效监管数以千万计的庞大对象。政府应强调宏观管理与微观执法相结合，充分发挥社会本身的监管潜力，共同制定规则、防范风险、实施制裁。此外，还可将一部分检测工作移交第三方社会组织执行，既有效节省了政府成本，也充分发挥了社会组织的专业技术优势，可谓一举两得。

　　2019 年 7 月，福建省晋江市市场监管部门在对本地一家调味品生产企业进行例行检查时，发现该企业正在生产的一批产品存在食品添加剂超标情况，不符合行业标准的要求。但该标准目前并非强制性执行标准；但从另一个角度而言，该批产品如果确实在产品抽检过程中发现违规行为且超出行业标准的要求，是否允许因此对其实施行政处罚，并且对具体的判定标准进行明确限定？也即，该企业是否应受到监管或处罚呢？

　　《中华人民共和国标准化法》第二条规定：标准包括国家标准、行业标准、地方标准和团体标准、企业标准。国家标准分为强制性标准、推荐性标准，行业标准、地方标准是推荐性标准。强制性标准必须执行，国家鼓励采用推荐性标准。另外，在 2019 年 5 月，国家市场监督管理总局提出，行业标准等各类标准都应当归类于推荐性标准，而由国务院发布的标准则属于强制性标准。可见，上述案例没有违反强制性标准，但违反了推荐性标准。现阶段，在市场监督管理局处理相关案例过程中，大部分是参考《食品安全法》相关规定进行处理。然而，如果《食品安全法》和其他法律产生矛盾时，行政部门可以参考《产品质量法》《消费者权益法》《进出口商品检疫法》等，具体问题具体分析。《产品质量法》第二十六条中明确提出，生产者应当对其生产的产品质量负责。其生产的产品一定不存在危及人身、财产安全的不合理的危险，有保障人体健康和人身、财产安全的国家标准、行业标准的，应当符合该标准。该案例中企业违反的是推荐性标准，虽为非强制性标准，但企业一旦自愿采用并在产品或包装上注明了该标准，则必须执行，市场监管部门也可依据该执行标准进行监管并作出相应的行政处罚。

课程思政育人目标

　　食品行业从业者应知法、守法、懂法，具有社会责任感，正确全面地理解食品安全法的具体细节和内容，辩证地看待强制性标准与推荐性标准，了解我国食品标准与法律的相互关系，培养科学思维能力，培养责任担当和使命意识，拒绝不当利益诱惑，培养法治观念和良好的职业道德，认同社会主义核心价值观，共推食品行业安全健康发展。

🔍 思考题

1. 修订《食品安全法》的整体思路是什么？
2. 新《食品安全法》有何重要的制度创新？
3. 实施新《食品安全法》的难点在哪里？
4. 实施新《食品安全法》有何重要意义？
5. 你认为一名合格的食品行业从业人员应具备哪些食品标准与法规知识和意识？

CHAPTER
4

第四章
标准化与食品标准

学习目的与要求

1. 掌握标准的定义、特性和分类；
2. 了解我国食品安全标准的分类及特点；
3. 了解国际食品标准化组织。

第一节　标准化与标准

一、标准化

标准化（Standardization）是人类社会实践的结晶，是人类社会发展的必然产物，它随着社会生产的发展而发展，受生产力的制约，又为生产力的发展服务，经济的发展、科技的进步是标准化发展的根本动力。从远古时代人类无意识标准化思想萌芽的产生，经历了以手工生产为基础、以零星经验总结和直觉现象描述为特征的古代标准化及以机器大工业为基础、以科学实验数据为依据的近代标准化的发展过程，随着新技术的迅猛发展，以科学理论为指导、以系统性和广泛性为特征的现代标准化时代已经到来。

（一）标准化概念

标准化从萌芽到现在，已经伴随人类社会发展了几千年，但被当作一门科学来研究，也不过几十年的事，标准化概念也一直处在不断完善和发展的过程中。1934 年约翰·盖拉德所著《工业标准化——原理与应用》、1972 年桑德斯所著《标准化的目的与原理》及松浦四郎所著《工业标准化原理》、1982 年李春田主编的《标准化概论》均对标准化概念进行了阐述。

桑德斯对标准化的定义为"标准化是为了所有有关方面的利益，特别是为了促进最佳的全面经济发展，通过考虑产品的使用条件与安全要求，在所有有关方面的协作下，进行有秩序的特定活动所制定并实施各项规定的过程。"

1983 年国际标准化组织（International Organization for Standardization，ISO）发布的 ISO 第 2

号指南中给出的标准化定义为"标准化主要是对科学、技术与经济领域内，重复应用的问题给出解决办法的目的活动，其目的在于获得最佳秩序。一般来说，包括制定、发布和实施标准的过程。"

1986 年国际标准化组织发布的 ISO 第 2 号指南中给出的标准化定义为"针对现实的或潜在的问题，为制定（供有关各方）共同重复使用的规定所进行的活动，其目的是在给定范围内达到最佳有序化程度。"

1991 年国际标准化组织在 ISO 第 2 号指南《标准化和有关活动的一般术语及其定义》中给出的标准化定义为"在一定范围内获得最佳秩序，对实际的或潜在的问题制定共同的和重复使用的规则的活动。（注：①上述活动包括制定、发布及贯彻标准的过程。②标准化的显著好处是改进产品、过程和服务的适用性，防止贸易壁垒并便于技术合作。）"

我国国家标准 GB/T 20000.1—2014《标准化工作指南 第 1 部分 标准化和相关活动的通用词汇》对标准化的定义为"为了在既定范围内获得最佳秩序，促进共同效益，对现实问题或潜在问题确定共同使用和重复使用的条款以及编制、发布和应用文件的活动。注 1：标准化活动确立的条款，可形成标准化文件，包括标准和其他标准化。注 2：标准化的主要效益在于为了产品、过程或服务的预期目的改进它们的适用性、促进贸易、交流以及技术合作。"

总之，标准化的概念主要表述了以下含义：

（1）标准化是一项活动，是一个过程。这个活动过程包括标准的制定、发布和实施，当然也包括制定前的研究和实施后的修订。因此，这个过程不是一次就完结的，而是不断循环、螺旋式上升的运动过程。每完成一次循环，其结果标准的水平就提高一步。标准化工作就是通过对事物的研究分析，不断地促进这种循环过程的进行和发展。

（2）标准化的效果不仅仅是通过制定一个或若干个标准就能体现出来的，只有当标准在社会实践中实施后，才能表现出来，才能促进标准化的发展。也就是说，制定再多、再好的标准，如果不运用，那就什么效果也收不到。标准化活动过程的一个核心是标准的实施。

（3）标准化活动是有目的的。其目的就是要在一定范围内获得最佳秩序，就是要通过建立最佳秩序来实现效益的最大化。所以标准化的范围只有不断扩大，才能做到效益的日趋扩大。

（4）标准化的活动涉及人类社会的各个领域，包括自然科学领域，也包括社会科学领域。

（5）标准化的本质就是统一，就是用一个确定的标准将对象统一起来。

（二）标准化的基本特征

1. 经济性

标准化的目的就是为了获得最佳的全面的经济效果和社会效益，并且经济效果应该是"全面"的，而不是"局部"或"片面"的。不能只考虑某一方面的经济效果，或某一个部门、某一企业的经济效果，但可有主次之分。

2. 科学性

标准化以生产实践的经验总结和科学技术研究的成果为基础。生产实践经验需要科学实验的验证与分析，科学技术的水平，奠定了当前实验验证与分析的基础。科学研究的深入与发展，会不断提高事物认识的层次，促进标准化活动的进一步发展，标准化活动对科学研究具有强烈的依赖性。

3. 民主性

标准化活动是为了所有有关方面的利益，所有有关方面的利益是客观存在的，但认识上的分歧也是普遍存在的，为了更好地协调各方面的利益，就必须进行协商与相互协作，只有在所有有关方面的协作下，才能有效地进行"有秩序的特定活动"，这是标准化工作的最基本要求，这也充分体现了标准化活动的民主性。

二、标准

（一）标准的概念

标准（Standard）是标准化活动的直接成果，随着标准化活动不断循环上升地运动，标准概念也一直处在不断完善和发展的过程中。

1934年约翰·盖拉德给标准下的定义是"标准是针对计量单位或基准、物体、动作、程序、方式、常用方法、能力、职能、办法、设置、状态、义务、权限、责任、行为、态度、概念和构思的某些特性给出定义，作出规定和详细说明，它是为了在某一时间内适用，而用语言、文件、图样等方式或模型、样本及其他具体方法作出的统一规定"。

1972年桑德斯给标准下的定义是"标准是经公认的权威当局批准的一个标准化工作成果，它可以采用以下形式：①文件形式，内容是论述一整套必须达到的要求；②规定基本单位或物理常数，如安培、米、绝对零度。"

1983年国际标准化组织发布的ISO第2号指南中给出的标准定义为"由有关各方根据科学技术成就与先进经验，共同合作起草，一致或基本上同意的技术文件或其他公开文件，其目的在于促进最佳公众利益，并由标准化团体批准。"

1991年国际标准化组织在ISO第2号指南《标准化和有关活动的一般术语及其定义》中给出的标准定义为"为在一定的范围内获得最佳秩序，对活动和其结果规定共同的和重复使用的规则、指导原则或特性文件。该文件经协商一致制定并经一个公认机构的批准。（注：标准应以科学、技术和经验的综合成果为基础，并以促进最大社会效益为目的。）"

GB/T 20000.1—2014《标准化工作指南 第1部分：标准化和相关活动的通用术语》条目5.3中对标准描述为：通过标准化活动，按照规定的程序经协商一致制定，为各种活动或其结果提供规则、指南或特性，供共同使用和重复使用的文件。附录A表A.1序号2中对标准的定义是：为了在一定范围内获得最佳秩序，经协商一致制定并由公认机构批准，为活动或其结果提供规则、指南或特性，供共同使用和重复使用的文件。

国际标准化组织的标准化原理委员会（STACO）一直致力于标准概念的研究，先后以指南的形式给"标准"的定义作出统一规定：标准是由一个公认的机构制定和批准的文件。它对活动或活动的结果规定了规则、导则或特殊值，供共同和反复使用，以实现在预定领域内最佳秩序的效果。

标准最基本的含义就是"规定"，就是在特定的地域和时间范围内对其对象作出的"一致性"规定。可以说，标准就是对规则、原则和文件的一种规定。但并不意味着规定都是标准。在人类生活和社会实践中，除了标准这样的规定，还有其他各种各样的规定。标准的规定与其他规定的不同之处，就在于标准是按照特定的程序，经所有有关方面协商一致，由一个公认机构批准、颁布，并具有统一格式的规定。

标准的本质就是统一。不同级别的标准是在不同范围内进行统一，共同使用是指从不同角度、不同侧面进行统一。

制定标准的目的是为了促进生产、加强管理、发展贸易、扩大交流。

（二）标准的特性

1. 科学性

标准的基础和依据是科学技术和实践经验。制定一项标准，必须将一定时期内科学研究的成就、技术进步的新成果同实践中积累的先进经验相互结合，在综合分析、试验验证的基础上形成标准的内容。所以，标准是以科学、技术、实践经验的综合成果为基础的。即标准并不是由制定者随心所欲决定的，而是根据一定的科学技术理论并经过科学试验验证制定出来的。它反映了某一时期科学技术发展水平的高低。

2. 时效性

标准产生以后，并不是永久有效的。既然标准是科学技术和实践经验的结晶，那么随着时间的推移，科学技术和实践经验将要不断地进步和向前发展，同时消费者的要求也会提高，这样原来标准的规定就可能大大落后于标准化对象已经达到的实际水平，也落后于消费者的使用要求，这时标准就失效了，需要重新修订。所以，标准都有一定的时效期。根据我国的有关规定，一般的产品标准的有效期为 3~5 年，少数也有 10 年左右的，而基础标准的有效期要长些，一般为 10~20 年。

3. 强制性

标准是一种规定，是行为的准则和依据。标准的本质就是"统一"。标准的这一本质赋予标准具有强制性、约束性和法规性。目前，我国的国家标准有强制性标准和推荐性标准之分，但这并不影响标准具有强制性的特征，因为这只是标准实施的体制问题。推荐性标准并不强求生产者和用户一定要采用，厂商和用户可以根据具体的情况，采用国家标准，也可以采用某些标准化团体、协会或专业研究机构制定的标准，还可以采用本企业和其他企业制定的企业标准，也可以双方协议另定标准。这样，在执行什么标准的问题上，厂商和用户有一定的自由。但标准一经选定，它就成了有关各方必须严格遵守的行为准则，对有关各当事方都具有强制性和约束力。因此，标准就其本质来说是带有强制性的。

（三）标准的构成要素

任何一个标准都有自己特定的内容。根据标准所规定的内容，可以判定其所属的专业领域。内容、领域、级别和时间是构成标准的四个基本要素。

1. 标准的内容

标准的内容就是标准中规定的标准化对象的特征。对于不同的标准化对象，其标准所规定的内容也是不同的。对于抽象的概念，标准规定的内容是名词术语、符号代码；对于具体的产品，标准规定的是品种系列、规格、质量参数以及技术条件、试验方法、检验规则、标志、包装、运输、贮存等有关事项；对于管理业务，标准规定的是业务内容、管理程序和方法等。

2. 标准的领域

所谓标准的领域，就是标准所涉及的专业范围，也就是标准化对象所属的专业部门。国民经济将物质生产和非物质生产划分为若干部门，如工业、农业、商业、运输、建筑、科学、教育、卫生等。每个部门又可分为若干行业，如工业可分为机械、化工、纺织、电子、能源等，而每个行业又可进一步细分为若干专业，如机械工业可分为通用机械、工程机械、矿山机械、农业机械等。标准化对象总是分属于一个特定的部门中的一个特定的行业和专业。那么，这个特定的部门中的一个特定的行业和专业也就成了对其所制定标准的领域。

3. 标准的级别

标准的级别是指标准适用的空间范围。它同批准发布标准的主管机关的行政级别是一致的。

根据《中华人民共和国标准化法》的规定，我国标准分为国家标准、行业标准、地方标准和团体标准、企业标准。

（1）国家标准 国家标准是对关系到全国经济、技术发展的标准化对象所制定的标准，它在全国各行业、各地方都适用。国家标准是由国家标准化机构通过并公开发布的标准。

需要在全国范围内统一的标准化对象，应制定国家标准：①互换、配合、通用技术语言要求。②保障人体健康和人身、财产安全的技术要求。③基本原料、材料、燃料的技术要求。④通用基础件的技术要求。⑤通用的试验、检验方法。⑥通用的管理技术要求。⑦工程建设的勘探、规则、设计、施工及验收等的重要技术要求。⑧国家需要控制的其他重要产品的技术要求。

国家标准是我国标准体系中的主体。国家标准分为强制性标准和推荐性标准，强制性标准必须执行。

（2）行业标准 对于需要在某个行业范围内全国统一的标准化对象所制定的标准称为行业标准。行业标准由国务院有关行政主管部门主持制定，报国务院标准化行政主管部门备案。应制定行业标准的事物有：①专业性较强的名词术语、符号、规划、方法等。②指导性技术文件。③专业范围内的产品，通用零部件、配件、特殊原材料。④典型工艺规程、作业规范。⑤在行业范围内需要统一的管理标准。

（3）地方标准 地方标准由省、自治区、直辖市人民政府标准化行政主管部门制定；设区的市级人民政府标准化行政主管部门根据本行政区域的特殊需要，经所在地省、自治区、直辖市人民政府标准化行政主管部门批准，可以制定本行政区域的地方标准。地方标准由省、自治区、直辖市人民政府标准化行政主管部门报国务院标准化行政主管部门备案，由国务院标准化行政主管部门通报国务院有关行政主管部门。

根据《标准化法》规定，制定地方标准的对象需要具备三个条件：①没有相应的国家标准或行业标准。②需要在省、自治区、直辖市范围内统一的事或物。③工业产品的安全卫生要求等。

（4）团体标准 团体标准是行业学会、协会、商会、联合会、产业技术联盟等社会团体协调相关市场主体共同制定满足市场和创新需要的标准，由本团体成员约定采用或者按照本团体的规定供社会自愿采用。

（5）企业标准 企业标准是指由企业制定的产品标准和对企业内需要协调统一的技术要求和管理、工作要求所制定的标准。它由企业法人代表或法人代表授权的主管领导审批发布，由企业法人代表授权的部门统一管理，在本企业范围内适用。企业产品标准须报企业所属行政区域相应标准化行政主管部门备案。

4. 国际标准

国际标准分为全球性国际标准和区域性国际标准。

（1）全球性国际标准 全球性国际标准是由全球性的国际组织所制定的标准。主要是指由国际标准化组织（ISO）和国际电工委员会（IEC）所制定的标准，国际食品法典委员会（CAC）、国际铁路联盟（UIC）、国际计量局（BIPM）、世界卫生组织（WHO）、国际谷物科学和技术协会（ICC）等专业组织制定的、经国际标准化组织认可的标准，也可视为国际标准。全球性国际标准为世界各国所承认并在各国间通用。

国际标准化组织是一个全球性的非政府组织，是世界上最大、最具权威的标准化机构，是国际标准化领域中一个十分重要的组织。ISO 成立于 1946 年 10 月 14 日，其任务是促进全球范围内的标准化及其有关活动，以利于国际社会产品与服务的交流，以及在知识、科学、技术和经济活动中相互合作。根据该组织章程，每一个国家只能有一个最有代表性的标准化团体作为其成员。1978 年 9 月 1 日，我国以中国标准化协会（CAS）的名义参加 ISO。1988 年起改为以国家技术监督局的名义参加 ISO 的工作。现以中国国家标准化管理委员会（SAO）的名义参加 ISO 的工作。

ISO 的工作语言是英语、法语和俄语，总部设在瑞士日内瓦。

ISO 的组织机构分为非常设机构和常设机构。ISO 的最高权力机构是 ISO 全体大会（General Assembly），是 ISO 的非常设机构。根据新章程，ISO 全体大会每年 9 月召开一次。大会的主要议程包括年度报告中涉及的有关项目的行动情况、ISO 的战略计划以及财政情况等。ISO 中央秘书处承担全体大会、四个政策制定委员会、理事会、技术管理局和通用标准化原理委员会的秘书处工作。

ISO 理事会（Council）是 ISO 的管理机构。其主要任务有：任命 ISO 司库、技术管理局成员和 ISO 的政策制定委员会主席，审查并决定 ISO 中央秘书处的财务预决算。

ISO 的四个政策制定委员会分别是合格评定委员会（CASCO）、消费者政策委员会（CO-POLCO）、发展中国家事务委员会（DEVCO）、信息系统和服务委员会（INFCO）。

ISO 的技术管理局（Technical Management Board，TMB）是负责技术管理和协调的最高管理机构，其主要任务是就 ISO 全部技术工作的组织、协调、战略计划分配和管理问题向理事会提供咨询；审查 ISO 的新工作领域的建议，对成立和解散技术委员会（TC）作出决议；代表 ISO 复审 ISO/IEC 技术工作导则，检查和协调所有修改意见，并批准有关的修订文本，在已有政策的技术工作领域内就有关事项采取行动。TMB 的日常工作由 ISO 中央秘书处承担。

国际标准的制定工作由 ISO 的技术委员会（Technical Committee，TC）、分支委员会（Sub-committee，SC）和工作组（Working Group，WG）完成，各成员团体若对某技术委员会已确定的标准项目感兴趣，均有权参加该委员会的工作。技术委员会正式通过的国际标准草案提交给各成员团体表决，国际标准需取得至少 75% 参加表决的成员团体同意才能正式通过。

（2）区域性国际标准   区域性国际标准是指由区域性国家集团的标准化组织制定和发布的标准，在该集团各成员国之间通用。这些国家集团的标准化组织的形成，有的是由于地理上毗邻，如拉丁美洲的泛美标准化委员会（COPANT）；有的是因为政治上和经济上有共同的利益，如欧洲标准化委员会（CEN）。它的出现对国际标准化既可能产生有益的促进作用，也可能成为影响国际统一协调的消极因素。

标准的级别同标准的内容无关，它并不代表标准所规定的指标水平的高低。

5. 标准的时间

标准的时间是指从标准的发布之日起到修订或废止的时间周期，也称标龄。随着时间的流逝，每个标准原有的内容可能陈旧落后，不再适应科学技术进步和人类社会发展的需要，甚至有可能阻碍科学技术和实践经验的向前发展。因此，有必要在间隔一段时期后，对原有的标准内容进行复审，以确定其或继续有效，或修订，或废止。标准的有效时间的长短主要依据科学技术如新材料、新工艺等和实践经验的发展而定，因此，对不同类型的标准，其有效时间也是不一样的。

（四）标准分类

根据研究的角度不同，标准的分类方法主要有以下几种：

1. 按标准的外在形态分类

按标准的外在形态，标准可分为文字图表标准和实物标准。

文字图表标准，即用文字或图表对标准化对象作出统一规定，这是标准的基本形式。

实物标准（又称样标），即标准化对象的某些特性难以用文字准确地描述出来时，可制成实物标准，如颜色的深浅程度。

2. 按贯彻标准的体制分类

按贯彻标准的体制，标准可分为强制性标准和推荐性标准。

（1）强制性标准　强制性标准，是指国家运用行政的和法律的手段强制实施的标准。对于强制性标准，有关各方没有选择的余地，必须毫无保留地绝对贯彻执行。根据我国《标准化法》的规定，凡涉及安全、卫生、健康方面的标准，保证产品技术衔接及互换配套的标准，国家需要控制的重要产品的产品标准，都是强制性标准。违反强制性标准要受到经济的、行政的，乃至法律的制裁。

（2）推荐性标准　推荐性标准，是指国家或行业制定的标准（主要是产品标准和与之相关的其他技术标准），并不强制厂商和用户采用，而是通过经济手段或市场调节促使有关各方自愿采用的标准。对于推荐性标准，有关各方有选择的自由，但一经选定，则该标准对采用者来说，便成为必须执行的标准，"推荐性"便转化为"强制性"。对于同一产品而言，如果同时存在着强制性标准和推荐性标准，那么，其技术水平肯定是后者高于前者。

3. 按标准所规定的内容特征分类

按标准所规定的内容特征，标准可分为基础标准、产品标准、方法标准、安全标准、卫生标准、环境保护标准和管理标准七类。

（1）基础标准　基础标准，是指以标准化对象的某些共性为对象所制定的标准。这类标准的使用范围广，使用频率高，而且常常是制定其他具体标准的基础，具有普遍的指导意义。常用的基础标准包括：①通用科学技术语言标准，如名词、术语、符号、代号、标志、图样、信息编码和程序语言等。②计量单位、计量方法方面的标准。③保证精度与互换性方面的标准，如公差与配合、形位公差、表面粗糙度、螺纹与齿轮精度、零件的结构要素等。④实现产品系列化和保证配套关系方面的标准，如优先数与优先数系、标准长度、标准直径、标准锥度、额定电压、公称压力和模数制等。⑤文件格式、分类与编号，如标准的编写方法、分类与编号制度。

（2）产品标准　产品标准是为保证产品的适用性，对产品必须达到的某些或全部要求所制定的标准。它是设计、生产、制造、质量检验、使用维护和贸易洽谈的技术依据。它包括产品的品种规格；产品的技术要求（即质量标准）；产品的试验方法、检验规则；产品的包装、运输、贮存等方面的标准。

（3）方法标准　方法标准是以通用的试验、检查、分析、抽样、统计、计算、测定、作业等各种方法为对象所制定的标准。它是为了提高工作效率，保证工作结果必要的准确一致性，对生产技术和组织管理活动中最佳的方法所作的统一规定。

（4）安全标准　安全标准是以保护人和物的安全为目的而制定的标准。主要包括安全技术操作标准、劳保用品的使用标准、危险品和毒品的使用标准等。对于某些产品，为了保证使用安全，也在产品标准中规定了安全方面的要求。

（5）卫生标准　卫生标准，是指为保护人的健康，对食品、医药以及生产环境卫生、劳动保护等方面的卫生要求制定的标准。主要包括通用卫生标准和工艺卫生标准等。

（6）环境保护标准　环境保护标准，是指为了保护人身健康、社会物质财富、保护环境和维护生态平衡，对大气、水、土壤、噪声、振动等环境质量、污染源、监测方法以及满足其他环境保护方面所制定的标准。主要有"三废"排放标准、噪声控制标准、粉尘排放标准等。

（7）管理标准　管理标准，是指对标准化领域中需要协调统一的管理事项所制定的标准。管理标准的特点是以人和事为主要对象。这里的"事"就是管理业务、人的活动和工作，也包括对物的管理，如对原材料、设备的管理。

4. 按标准的性质分类

按标准的性质，其可以分为技术标准、管理标准和工作标准。

（1）技术标准　技术标准是对标准化领域中，需要协调统一的技术事项所制定的标准。是根据生产技术活动的经验和总结，作为技术上共同遵守的法规而制定的各项标准，如为科研、设计、工艺、检验等技术工作，为产品或工程的技术质量，为各种技术设备和工装、工具等制定的标准。技术标准是一个大类，可以进一步分为：基础技术标准；产品标准；工艺标准；检测试验标准；设备标准；原材料、半成品、外购件标准；安全卫生环境保护标准等。

（2）管理标准　管理标准是对标准化领域中，需要协调统一的管理事项所制定的标准。它是为正确处理生产、交换、分配和消费中的相互关系，使管理机构更好地行使计划、组织、指挥、协调、控制等管理职能，有效地组织和发展生产而制定和贯彻的标准，并把标准化原理应用于基础管理，是组织和管理生产经营活动的依据和手段。

管理标准主要是对管理目标、管理项目、管理程序、管理方法和管理组织所做的规定。按照管理的不同层次和标准的适用范围，管理标准又可划分为管理基础标准、技术管理标准、经济管理标准、行政管理标准和生产经营管理标准五大类标准。

（3）工作标准　工作标准是对标准化领域中，需要协调统一的工作事项所制定的标准。它是对工作范围、构成、程序、要求、效果和检验方法等所作的规定，通常包括工作的范围和目的、工作的组织和构成、工作的程序和措施、工作的监督和质量要求、工作的效果与评价、相关工作的协作关系等。工作标准的对象主要是人。

（五）标准体系

1. 概念与特性

一定范围内的标准按其内在联系形成的科学的有机整体，就称为标准体系。

"一定范围"，是指标准所覆盖的范围。国家标准体系的范围是整个国家；企业标准体系则是企业范围等。

"内在联系"，是指上下层次联系，即共性与个性的联系和左右之间的联系，即相互统一协调、衔接配套的联系。

"科学的有机整体"，是指为实现某一特定目的而形成的整体，它不是简单的叠加，而是根据标准的基本要素和内在联系所组成的，具有一定集合程度和水平的整体结构。

标准体系是一定时期整个国民经济体制、经济结构、科技水平、资源条件、生产社会化程度的综合反映。它体现了人们对客观规律的认识，又反映了人们的意志与愿望，是一个人造系统。正如一家企业围绕生产某种产品，需要经过设计、制造等各个阶段，在设计阶段要进行设计计算、制图，要确定产品型号、参数、技术要求等；在制造阶段需要原材料、工艺、设备、动力等；产品制成后还要包装、运输、贮存等。此外，为了进行有效的生产，还需要进行一系列管理活动。所有这些事物和过程都是互相联系、互相影响、互相制约的。那么，以它们为对象所制定的标准也必然是互相联系、互相制约的。这样，在这家企业内部所有这些标准就构成了一个独立的、完整的有机整体，成为该企业的标准体系。一个企业是这样的，一个行业乃至一个国家也是这样的。所以标准体系不是主观的产物，而是标准化对象本身就存在的客观联系在它们标准之间的反映。

标准体系具有与一般系统相似的特性。

（1）整体性　标准体系是由一整套相互联系、相互制约的标准组合而成的有机整体，具有整体性功能。在这个整体中的每一个标准都起着别的标准所不能替代的作用，因而体系中的每个标准都是不可缺少的。

（2）结构性　标准体系内的标准是按照一定的结构形式结合起来的。最基本的结构形式有层次性结构和序列性结构。

（3）动态性　同一般系统一样，标准体系是一个动态系统，具有随着时间的推移而变化、发展和更新的特性。

（4）目的性　每一个标准体系都应该是围绕实现某一特定的标准化目的而形成的。

2. 标准体系表

一定范围内的标准体系的标准，按一定形式排列起来的图表，称为标准体系表。它是以图表的方式反映标准体系的构成、各组成元素（标准）之间的相互关系，以及体系的结构全貌，从而使标准体系形象化、具体化。

标准体系表是一种指导性技术文件。它可以指导标准制定、修订计划的编制，指导对现有标准体系的健全和改造。通过标准体系表，可以使标准体系的组成由重复、混乱走向科学、合理和简化，从而有利于加强对标准化工作本身的管理。

标准体系表的结构是标准体系固有的内在结构的形象表示。标准体系同别的系统一样，其内部结构是一个空间结构，具有纵向的层次关系和横向的门类关系，同时还具有时间的序列关系。

第二节　食品标准

一、我国食品标准化概况

伴随着新中国的成立，我国标准化工作开始逐渐受到党和政府的重视。1949 年 10 月成立的中央技术管理局内即设有标准化规划处，当月中央人民政府政务院财政经济委员会便审查批准了中央技术管理局制定的"中华人民共和国标准《工程制图》"，这是新中国成立后颁布的第一个标准。1955 年在中央制定的发展国民经济第一个五年计划中，提出了设立国家管理技术标准机构和逐步制定国家统一的技术标准的任务。1957 年在国家技术委员会内设立标准局，开始对全国的标准化工作实行统一领导。第一个五年计划期间，国家各主要工业部门也先后建立了标准化管理机构，加强了标准化工作的领导和管理。1962 年国务院发布了《工农业产品和工程建设技术标准管理办法》，这是我国第一个标准化管理法规，对标准化工作的方针、政策、任务及管理体制等都作出了明确的规定。1978 年国务院批准成立了国家标准总局，加强了国家标准化工作的管理。1979 年国务院批准颁布了《中华人民共和国标准化管理条例》，它是 1962 年国务院发布的《工农业产品和工程建设技术标准管理办法》的继续和发展。1988 年国务院批准成立国家技术监督局，统一管理全国的标准化工作。1988 年 12 月 29 日，第七届全国人民代表大会常务委员会第五次会议审议通过了《中华人民共和国标准化法》，并于 1989 年 4 月 1 日开始实施。2017 年 11 月 4 日中华人民共和国第十二届全国人民代表大会常务委员会第三十次会议修订通过《中华人民共和国标准化法》，自 2018 年 1 月 1 日起施行。随着标准化法及其配套法规的实施，我国标准化工作已逐步走上了依法管理的轨道。

经历了半个多世纪的标准化管理体制变革，我国标准化工作日趋规范和科学。

1958 年 12 月，国家标准局发布的《编写国家标准草案暂行办法》，内容简单、只作一些粗略的规定。1981 年，国家标准总局发布 GB 1.1—1981《标准化工作导则　编写标准的一般规定》，对标准技术内容的规定很笼统，而且基本上是对产品标准技术内容的规定，因而具有局限性。1987 年开始，国家标准总局陆续发布了一系列"标准编写规定"的国家标准。如 GB 1.1—1987《标准化工作导则　标准编写的基本规定》、GB 1.2—1988《标准化工作导则　标准出版印刷的规定》、GB 1.3—1987《标准化工作导则　产品标准编写规定》、GB 1.4—1988《标准化工作导则　化学分析方法标准编写规定》、GB 1.5—1988《标准化工作导则　符号、代号标准编写规定》、GB 1.6—1988《标准化工作导则　术语标准编写规定》、GB 1.7—1988《标准化工作导则　产品包装标准编写规定》、GB 1.8—1989《标准化工作导则　职业安全卫生标准编写规定》，较好地适应了标准化工作发展的需要。

1992 年起，国家技术监督局开始组织修订 GB/T 1 号标准，先后发布了如 GB/T 1.1—1993《标准化工作导则　第 1 单元：标准的起草与表述规则　第 1 部分：标准编写的基本规定》、GB/T 1.2—1996《标准化工作导则　第 1 单元：标准的起草与表述规则　第 2 部分：标准出版印刷的规定》、GB/T 1.3—1997《标准化工作导则　第 1 单元：标准的起草与表述规则　第 3 部分：产品标准编写规定》、GB/T 1.6-1997《标准化工作导则　第 1 单元：标准的起草与表述规则　第 6 部分：术语标准编写规定》、GB/T 1.22—1993《标准化工作导则　第 2 单元：标准内容的确定方法　第 22 部分：引用标准的规定》。GB/T 1.1—1993 虽然力求全面采用 ISO/IEC 导则第 3 部分的内容，但在某些方面仍用计划经济的思维模式去理解和解释标准，所以 ISO/IEC 导则第 3 部分的精神并没有得到全面正确的采用。

2000 年 12 月 20 日，国家质量技术监督局批准发布了 GB/T 1.1—2000《标准化工作导则　第 1 部分：标准的结构和编写规则》。GB/T 1.1—2000 采用《ISO/IEC 导则　第 3 部分：国际标准的结构和起草规则》（1997 年版），它代替了 GB/T 1.1—1993《标准化工作导则　第 1 单元：标准的起草与表述规则　第 1 部分：标准编写的基本规定》和 GB/T 1.2—1996《标准化工作导则　第 1 单元：标准的起草与表述规则　第 2 部分：标准出版印刷的规定》并将这两个标准进行了有机的结合。GB/T 1.1—2000 在体系、结构、内容及编写形式等方面进行了重大调整，它使得标准的编写更加规范、更加符合国际发展趋势、更加考虑到标准的电子格式。自 GB/T 1.1—2000 发布以来，"标准化工作导则、指南和编写规则"系列国家标准也已得到了充实和完善，到 2002 年为止又陆续发布了 GB/T 20000.1—2002《标准化工作指南　第 1 部分：标准化和相关活动的通用词汇》、GB/T 20000.2—2001《标准化工作指南　第 2 部分：采用国际标准的规则》、GB/T 20001.1—2001《标准编写规则　第 1 部分：术语》、GB/T 20001.2—2001《标准编写规则　第 2 部分：符号》、GB/T 20001.3—2001《标准编写规则　第 3 部分：信息分类编码》、GB/T 20001.4—2001《标准编写规则　第 4 部分：化学分析方法》。上述这些标准的发布，使各类标准的编写有了进一步的依据。2002 年 6 月 20 日国家质量监督检验检疫总局批准、发布了GB/T 1.2—2002《标准化工作导则　第 2 部分：标准中规范性技术要素内容的确定方法》。GB/T 1.2—2002 参考《ISO/IEC 导则　第 2 部分：国际标准的制定方法》（1992 年版），它代替了GB/T 1.3—1997《标准化工作导则　第 1 单元：标准的起草与表述规则　第 3 部分：产品标准编写规定》和 GB/T 1.7—1988《标准化工作导则　产品包装标准的编写规定》。GB/T 1.2—2002 的发布，补充、完善了 GB/T 1.1—2000 的内容。尤其重要的是，GB/T 1.2—2002 所涉及的内容是编写标准，特别是产品标准的"核心"内容，即"规范性技术要素"的编写。2009年，GB/T 1.1—2009《标准化工作导则　第 1 部分：标准的结构和编写》正式发布，其代替了GB/T 1.1—2000《标准化工作导则　第 1 部分：标准的结构与编写规则》和 GB/T 1.2—2002《标准化工作导则　第 2 部分：标准中规范性技术要素内容的确定方法》，这次对 GB/T 1.1 的修订主要依据《ISO/IEC 导则　第 2 部分：国际标准的结构和起草原则》，虽然新版与 ISO/IEC导则的一致性程度仍为非等效，但在考虑我国实际情况的前提下，尽可能做到使标准的编写方法和表述形式与国际规则相一致。这样更有助于标准起草者从遵循标准制定的方法论出发，编写出更加科学的标准，达到标准内容和形式上的统一。同年，为了提高我国采用国际标准的规范性，根据 ISO/IEC 指南 21-1：2005《区域标准或国家标准采用国际标准和其他类型国际文件　第 1 部分：采用国际标准》的主要规定，在修订 GB/T 20000.2—2001 的基础上，制定了GB/T 20000.2—2009《标准化工作导则　第 2 部分：采用国际标准》。为更贴合我国标准化工作的指导，2014 年 12 月 31 日发布了 GB/T 20000.1—2014《标准化工作指南　第 1 部分：标准化和相关活动的通用术语》（2015 年 6 月 1 日起实施）。该标准代替 GB/T 20000.1—2002《标准化工作指南　第 1 部分：标准化和相关活动的通用词汇》。

　　为了适应国家经济体制改革的发展需要，我国标准化工作进行了两项重大改革。一是衡量和评定产品质量的依据，过去都是由政府主管部门制定强制企业执行的统一标准，所有企业生产的产品质量性能都必须符合该标准的规定。现在改革为由企业根据市场的需求和供需双方的需要，自主决定采用什么样的标准组织生产，产品性能除必须符合有关法律法规的规定和强制执行的标准与要求外，由企业自主决定衡量和评定产品质量的依据。二是企业生产的产品质量标准，过去全部由有关政府部门统一来制定，企业没有制定产品质量标准的权力。现在改为允许企业自己制定产品质量标准，并且鼓励企业根据市场的需要制定严于国家标准和行业标准的企业标准来满足市场的需要。标准化工作的改革对企业制定标准的自主性也从法律上给予肯定，这就提高了企业标准化的地位和作用。

　　我国的食品工业，在 20 世纪 80 年代前，一直发展缓慢，规模小、技术落后，因此，食品标准化工作也相对迟缓。20 世纪 60 年代初，我国第一批食品标准开始发布实施，其中包括国家标准以及轻工业部、商业部、卫生部及供销合作总社等批准发布的行业标准，主要涉及白糖、粮食、罐头及蛋品等重要食品标准和卫生标准。20 世纪 70 年代末 80 年代初，我国开展了第一次食品标准的修订与补充。

　　为了加强食品工业的标准化管理，促进食品工业技术进步，提高产品质量，切实保护消费者和生产经营者的正当利益，1982 年国家经济贸易委员会组建了食品工业办公室、食品工业协会，对食品及农副产品的标准化工作作了规定，按部门分工进行归口管理。于 1985 年 10 月成立了全国食品工业标准化技术委员会，并相继成立了罐头、糖、酒、软饮料、禽蛋、茶叶、调味品、乳品等分技术委员会，推动了我国食品标准化工作的发展。到 1986 年底，我国共发布食品标准 671 个，包括食品卫生标准、食品质量标准、包装材料卫生标准、食品卫生管理办法、食品检验方法和评优办法，涉及粮、油、肉、蛋、乳、茶、糖、盐、糖果、糕点、冷饮、蜂蜜、罐头、水产、调味品、烟及食品添加剂。1992 年国家标准总局发布了 GB/T 13494—1992《食品标准编写规定》，我国又开展了一次食品标准的修订与补充。到 2000 年底，我国发布的食品国家标准达到了 1070 项，食品行业标准达到了 11164 项。2001 年 6 月 1 日开始，我国食品标准的修订与补充工作又一次全面展开。十一五期间，我国食品标准体系建设和食品标准修订工作受到了高度重视，科学、统一、权威的食品安全标准体系建设和食品安全标准的修订成为重点，并对食用农产品、加工食品的 1141 项国家标准和 1322 项行业标准进行了清理和修订。在 2009 年《食品安全法》颁布施行前，我国已有食品、食品添加剂、食品相关产品国家标准 2000 余项、行业标准 2900 余项、地方标准 1200 余项，其中食品卫生标准 454 项。2009 年，《食品安全法》发布实施后，对食品国家标准和行业标准，进行了更加全面的清理和修订。2015 年，《食品安全法》修订实施，在 2018 年和 2021 年的全国人民代表大会常务委员会上，食品安全国家标准又开展了新一轮的清理与修订。截至 2022 年 8 月，我国共发布食品安全国家标准 1455 项，其中通用标准 13 项、食品产品标准 70 项、特殊膳食食品标准 10 项、食品添加剂质量规格及相关标准 650 项、食品营养强化剂质量规格标准 62 项、食品相关产品标准 16 项、生产经营规范标准 34 项、理化检验方法标准 237 项、微生物检验方法标准 40 余项、毒理学检验方法与规程标准 29 项、农药残留检测方法标准 120 项、兽药残留检测方法标准 74 项、被替代（拟替代）和已废止（待废止）标准 108 项。

二、我国食品标准与分类

国家卫生健康委员会在 2022 年全国食品安全宣传周主场活动上介绍，截至 2022 年 8 月，我国已发布食品安全国家标准 1455 项，包含 2 万余项指标，涵盖了从农田到餐桌全链条、从过程到产品各环节的主要健康危害因素。保障包括儿童老年等全人群的饮食安全。这些标准涉及食品行业各个领域，从不同方面规定了食品的技术要求、质量要求和卫生要求。根据食品标准的特性，可以对其做如下的分类。

1. 按级别分类

根据《中华人民共和国标准化法》第六条规定，食品标准按级别可分为国家标准、行业标准、地方标准和团体标准、企业标准。对没有推荐性国家标准、需要在全国某个行业范围内统一的技术要求，可以制定行业标准。国家鼓励社会团体、企业制定高于推荐性标准相关技术要求的团体标准、企业标准。

《中华人民共和国标准化法》

修订实施的《食品安全法》规定，食品安全国家标准由国务院卫生行政部门会同国务院食品安全监督管理部门制定、公布。食品中农药残留、兽药残留的限量规定及其检验方法与规程由国务院卫生行政部门、国务院农业行政部门会同国务院食品安全监督管理部门制定。屠宰畜、禽的检验规程由国务院农业行政部门会同国务院卫生行政部门制定。对地方特色食品，没有食品安全国家标准的，省、自治区、直辖市人民政府卫生行政部门可以制定并公布食品安全地方标准，报国务院卫生行政部门备案。

2. 按性质分类

根据《中华人民共和国标准化法》第七条规定，标准按性质可分为强制性标准和推荐性标准两类。《食品安全法》规定，食品安全标准是强制执行的标准。除食品安全标准外，不得制定其他食品强制性标准。食品安全标准应当包括：食品、食品添加剂、食品相关产品中的致病性微生物、农药残留、兽药残留、生物毒素、重金属等污染物质以及其他危害人体健康物质的限量规定；食品添加剂的品种、使用范围、用量；专供婴幼儿和其他特定人群的主辅食品的营养成分要求；对与卫生、营养等食品安全要求有关的标签、标志、说明书的要求；食品生产经营过程的卫生要求；与食品安全有关的质量要求；与食品安全有关的食品检验方法与规程；其他需要制定为食品安全标准的内容。

强制性国家标准的代号是"GB"，字母 GB 是国标两字汉语拼音首字母的大写；国家推荐性标准的代号是"GB/T"，字母"T"，表示"推荐"的意思。

地方标准在本地区内是强制性的。

3. 按内容分类

食品标准从内容上来分，可分为食品工业基础及相关标准、食品安全限量标准、食品通用检验方法标准、食品产品质量标准、食品包装材料及容器标准、食品添加剂标准等。

(1) 食品工业基础及相关标准 食品工业基础及相关标准是指在食品领域具有广泛的使用范围，涵盖整个食品或某个食品专业领域内的通用条款和技术事项。主要包括通用的食品技术术语、符号、代号、通则和规范等标准，如 GB 28050—2011《食品安全国家标准 预包装食品营养标签通则》、GB 13432—2013《食品安全国家标准 预包装特殊膳食用食品标签》、GB 29923—2013《食品安全国家标准 特殊医学用途配方食品企业良好生产规范》、GB 7718—2011《食品安全国家标准 预包装食品标签通则》等。

(2) 食品卫生标准 食品卫生标准包括食品，食品添加剂，食品容器，包装材料，食品用工具，设备，用于清洗食品和食品用工具、设备的洗涤剂、消毒剂以及食品中污染物质、放射性物质容许量的卫生标准、卫生管理办法和检验规程。食品中污染物质限量标准又包括食品中农药残留限量标准、兽药残留限量标准、食品中有害金属、非金属及化合物限量标准、食品中生物毒素限量标准、食品中致病微生物限量标准等。修订版《食品安全法》实施后，大部分食品卫生标准已改为食品安全国家标准。如 GB 31607—2021《食品安全国家标准 散装即食食品中致病菌限量》、GB 29921—2021《食品安全国家标准 预包装食品中致病菌限量》、GB 2762—2017《食品安全国家标准 食品中污染物限量》、GB 14930.2—2012《食品安全国家标准 消毒剂》、GB 2761—2017《食品安全国家标准 食品中真菌毒素限量》、GB 14881—2013《食品安全国家标准 食品生产通用卫生规范》和 GB 12693—2010《食品安全国家标准 乳制品良好生产规范》等。

食品生产厂卫生规范以国家标准的形式列入食品标准中，但它不同于产品的卫生标准，它是食品企业生产活动和过程的行为规范。主要是围绕预防、控制和消除食品微生物和化学污染，确保产品卫生安全质量，对食品企业的工厂设计、选址和布局、厂房与设施、废水与处理、设备和器具的卫生、工作人员卫生和健康状况、原料卫生、产品的质量检验以及工厂卫生管理等方面提出的具体要求。我国的食品卫生规范主要依据良好操作规范（GMP）和危害分析与关键控制点（HACCP）的原则制定，属于技术法规的范畴。

（3）食品检验方法标准 包括食品微生物检验方法标准、食品理化分析方法标准、食品感官分析方法标准、毒理学评价方法标准等，如 GB 29989—2013《食品安全国家标准 婴幼儿食品和乳品中左旋肉碱的测定》、GB 4789.31—2013《食品安全国家标准 食品微生物学检验 沙门氏菌、志贺氏菌和致泻大肠埃希氏菌的肠杆菌科噬菌体诊断检验》、GB 5009.205—2013《食品安全国家标准 食品中二噁英及其类似物毒性当量的测定》等。

（4）食品产品质量标准 食品产品质量标准为涉及食品工业产品分类的 18 类产品中消费量大、与日常生活和出口贸易密切相关的重要产品标准。如 GB 2758—2012《食品安全国家标准 发酵酒及其配制酒》、GB 26878—2011《食品安全国家标准 食用盐碘含量》、GB 14963—2011《食品安全国家标准 蜂蜜》、GB 5420—2021《食品安全国家标准 干酪》、GB 10770—2010《食品安全国家标准 婴幼儿罐装辅助食品》、GB 10765—2021《食品安全国家标准 婴儿配方食品》等。根据修订的《食品安全法》，已开始的新一轮食品国家标准清理与修订，可能会把部分食品产品质量标准清理废止，不再作为国家强制性标准。

（5）食品包装材料及容器标准 这类标准对与食品接触的材料及制品的质量和安全要求进行规定。GB/T 30768—2014《食品包装用纸与塑料复合膜、袋》、GB/T 28118—2011《食品包装用塑料与铝箔复合膜、袋》、GB/T 36392—2018《食品包装用淋膜纸和纸板》、GB/T 17030—2019《食品包装用聚偏二氯乙烯（PVDC）片状肠衣膜》等。

（6）食品添加剂标准 随着食品工业的发展，食品添加剂在食品工业中的地位越来越重要，其种类也越来越多，为了规范食品添加剂的生产与安全使用，有关食品添加剂的标准也逐渐完善。如 GB 2760—2014《食品安全国家标准 食品添加剂使用标准》、GB 30615—2014《食品安全国家标准 食品添加剂 竹叶抗氧化物》、GB 30614—2014《食品安全国家标准 食品添加剂 氧化钙》、GB 1886.331—2021《食品安全国家标准 食品添加剂 磷酸氢二铵》、GB 30611—2014《食品安全国家标准 食品添加剂 异丙醇》、GB 30610—2014《食品安全国家标准 食品添加剂 乙醇》、GB 30608—2014《食品安全国家标准 食品添加剂 DL-苹果酸钠》、GB 30605—2014《食品安全国家标准 食品添加剂 甘氨酸钙》等。

4. 按形式来分类

按标准的形式可分为两类：

（1）用文字图表表达的标准，称为标准文件；

（2）实物标准，包括各类计量标准器具、标准物质、标准样品如农产品、面粉质量等级的实物标准等。

三、国际食品标准化

国际食品标准化活动是由国际标准化组织、国际食品法典委员会及欧盟食品标准委员会等相关国际组织、协会组织进行。

1. 国际标准化组织（ISO）

国际标准化组织中与农产品和食品有关的国际标准技术委员会主要是 TC34（食品）、TC47（化学）、TC54（香精油）、TC93（淀粉，包括衍生物和副产品）、TC122（包装）和 TC166（接触食品的陶瓷器皿和玻璃器皿）。与食品技术相关的国际标准，绝大部分是由 ISO/TC34 制定的，少数标准是由其他相关技术委员会制定的。

TC34 是专门负责农产食品工作的技术委员会，下设 17 个分技术委员会，它们是：TC34/SC2 油料种子和果实；TC34/SC3 水果和蔬菜制品；TC34/SC4 谷物和豆类；TC34/SC5 乳和乳制品；TC34/SC6 肉和肉制品；TC34/SC7 香料和调味品；TC34/SC8 茶；TC34/SC9 微生物；TC34/SC10 动物饲料；TC34/SC11 动物和植物油脂；TC34/SC12 感官分析技术；TC34/SC13 脱水和干制水果和蔬菜；TC34/SC15 咖啡；TC34/SC16 分子生物标记检测的水平方法；TC34/SC17 食品安全管理系统；TC34/SC18 可可；TC34/SC19 蜂产品；TC34/SC20 食品损失和浪费。

ISO 中与农产品和食品有关的国际标准技术委员会与其他国际组织及有广泛影响的区域性组织有着密切的联系。其中的一些组织直接参与了 ISO 标准的制定工作，一些组织在实施 ISO 标准中作出了积极贡献。

2. 国际食品法典委员会（CAC）

1962 年，联合国粮农组织（FAO）和世界卫生组织（WHO）召开全球性会议，讨论建立一套国际食品标准，指导日趋发展的世界食品工业，保护公众健康，促进公平的国际食品贸易发展。为实施 FAO/WHO 联合食品标准规划，两组织决定成立国际食品法典委员会（Codex Alimentarius Commission，CAC）。"Codex Alimentarius" 一词来源于拉丁语，意为食品法典（或"食品法规"）。

国际食品法典委员会秘书处，设在罗马 FAO 食品政策与营养部食品质量标准处。WHO 的联络点是日内瓦 WHO 健康促进部食品安全处。CAC 大会每 2 年召开 1 次，轮流在意大利罗马和瑞士日内瓦举行。CAC 下设的执行委员会提出基本工作方针，它是法典委员会的执行机构，就需经下届大会通过的议题向委员会提出决策意见。执委会成员在地区分布上是均等的，同一国家不得有两名成员。主席和 3 个副主席的任期不得超过四年。地区性法典委员会负责与本地区利益相关的事宜，解决本地区存在的特殊问题。目前，已有欧洲、亚洲、非洲、北美及西南太平洋、拉丁美洲和加勒比地区共 5 个地区性法典委员会。法典委员会还成立了 28 个通用标准和食品标准的分委会，他们负责起草标准并向 CAC 提出具体意见和建议。委员会本身确定哪些标准的制定是必要的，由相关分委员会安排起草工作。

在法典委员会的 28 个专业分委会中，有 8 个影响力最大的一般专题委员会。这 8 个委员会与科研机构紧密配合，共同制定各类通用标准和推荐值，它们是食品卫生（美国）、食品标签（加拿大）、食品添加剂和污染物（荷兰）、兽药残留（美国）、分析方法和采样（匈牙利）、农药残留（荷兰）、特殊膳食和营养（德国）以及进出口食品检验和认证体系（澳大利亚）委员会。括号中所提国家为相应委员会的主持国。

食品法典委员会的基本任务是为消费者健康保护和公平食品贸易方法制定国际标准和规范。食品法典以统一的形式提出并汇集了国际已采用的全部食品标准，包括所有向消费者销售的加工、半加工食品或食品原料的标准。有关食品卫生、食品添加剂、农药残留、污染物、标签及说明、采样与分析方法等方面的通用条款及准则也列在其中。另外，食品法典还包括了食品加工的卫生规范（Codes of Practice）和其他推荐性措施等指导性条款。

食品法典汇集了各项法典标准，它对世界食品供给的质量和安全产生了巨大的影响。世界贸易组织在其两项协定（SPS 协定，即实施动植物卫生检疫措施的协定；TBT 协定，即贸易技术壁垒协定）中都明确了食品法典标准的准绳作用。SPS 协定是世贸组织成员国间签署的不利用卫生和植物检疫规定作为人为或不公正的食品贸易障碍的协定。SPS 协定很清楚地表明，卫生（人与动物的卫生）与植物检疫（植物卫生）规定在保护食品安全、防止动植物病害传入本国方面是必要的，各国有权利制定或采用这些规定以保护本国的消费者、野生动物以及植物的健康，但它决不能人为地或不公正地对各国商品给予不平等待遇，或超过保护消费者要求的标准，造成潜在的贸易限制。各国的 SPS 规定必须符合国际标准。各国政府有义务向此协定的其他签署国公开本国的 SPS 规定，增加它的透明度。TBT 协定涉及的是间接对消费者及健康产生影响的标准及规定（如食品标签规定等），TBT 协定同样建议成员国使用法典标准。"法典中是如何规定的?"是食品专家、制造商、政府官员和消费者在考虑食品有关事宜时经常提出的问题。无论法典标准是被全部采纳或只是作为参考，它都为消费者提供了保障，各国生产厂家和进口商都清楚，如果不能达到法典的要求，他们就会面临麻烦。

食品法典委员会自 1962 年成立以来已制定了许多标准、导则和规范，主要内容包括：产品（包括食品）标准、各种（良好）操作规范、技术法规和准则、各种限量标准、食品的抽样和分析方法以及各种咨询与程序。2017 年修订了 CODEX STAN 192—1995 食品添加剂通用标准和 CODEX STAN 95—1981 速冻龙虾标准，近年来相关标准变化较少。

所有法典标准，包括农残最大限量、食品加工规范和导则等都需通过八步程序，其中包括经委员会审核两次，经各国政府及相关机构（包括食品生产经营者和消费者）审核两次方可采纳。某个标准一经颁布，法典委员会秘书处就定期提供已认可了该标准的国家的清单。这样出口商们就可以了解其符合法典要求的商品将运往哪些国家。

我国于 1986 年正式加入 CAC，并于同年经国务院批准成立中国食品法典国内协调小组，负责组织协调国内法典工作事宜。卫健委为协调小组组长单位，负责小组协调工作；农业农村部为副组长单位，负责对外组织联系工作。根据程序手册的规定，我国设立了农药残留委员会秘书处和食品添加剂委员会秘书处，农药残留委员会秘书处设在农业农村部农药检定所，食品添加剂委员会设在中国疾病预防控制中心营养与食品安全所。中国食品法典国内协调小组的工作，加强了我国在食品安全领域与联合国粮农组织和世界卫生组织的合作，加强了与其他成员国在食品贸易、卫生安全立法等方面的联系，为提高食品质量，保障我国权益起了积极的作用。

3. 国际乳品联合会（IDF）

国际乳品联合会（International Dairy Federation, IDF）成立于 1903 年，是一个独立的、非政治性的和非营利性的民间国际组织，也是乳品行业唯一的世界性组织。它代表世界乳品工业参与国际活动。IDF 由比利时组织发起，因此，总部设在比利时首都布鲁塞尔。其宗旨是：通过国际合作和磋商，促进国际乳品领域中科学、技术和经济的进步。

目前，IDF 有 49 个成员国，其中多数为欧洲国家，另外，美国、加拿大、澳大利亚、新西兰、日本、印度等国也是其重要成员。1984—1995 年，中国一直以观察员的身份参加 IDF 活动。1995 年，中国正式加入 IDF，成为第 38 个成员国。IDF 各成员国均设有国家委员会，负责与 IDF 联络和沟通。

IDF 每四年召开一次国际乳品代表大会，每年召开一次年会。大会期间，通过举办各种专题研讨会、报告会和书面报告的形式，为世界乳品行业提供技术交流、信息沟通的场所和机会。

IDF 的最高权力机构是理事会。其下设机构为管理委员会、学术委员会和秘书处。

理事会由成员国代表组成，负责制定和修改联合会章程；选举联合会主席和副主席；选举管理委员会和学术委员会主席；批准年度经费预算和新会员国入会等。理事会每年至少举行一次会议。

IDF 的经费来源主要是成员国缴纳的会费、大会及年会的报名费、销售出版物收入及有关方面的捐赠。

管理委员会设常务理事会，由选举产生的 5~6 名委员组成，负责主持联合会的日常工作。秘书处负责处理联合会的日常事务工作。

学术委员会负责协调和组织下设的 6 个专业技术委员会的工作，具体考虑乳品领域科学、技术和经济方面的问题，并要体现理事会制定的政策。各专业技术委员会通过组织专家组，解决各自领域内的具体问题。

学术委员会下设的 6 个专业委员会是：

A 委员会　乳品生产、卫生和质量

B 委员会　乳品工艺和工程

C 委员会　乳品行业经济、销售和管理

D 委员会　乳品行业法规、成分标准、分类和术语

E 委员会　乳与乳制品的实验室技术和分析标准

F 委员会　乳品行业科学、营养和教育

每个专业委员会负责 1 个特定领域的工作。IDF 通过 D、E 委员会制定自己的分析方法、产品和其他方面的标准，并直接参与 ISO、CAC 国际标准的制定工作，IDF 的标准是 ISO、CAC 制定有关乳品标准的重要依据。

4. 国际葡萄与葡萄酒组织（IWO/OIV）

国际葡萄与葡萄酒组织（法文 Office Internationale de la Vigne et du Vin，OIV；英文 International Vine and Wine Office，IWO）是根据 1924 年 11 月 29 日的国际协议成立的 1 个各政府之间的组织，是由各成员国自己选出的代表所组成的政府机构，现在已有 46 个成员国，总部设在法国巴黎。

该组织的主要职责是收集、研究有关葡萄种植，以及葡萄酒、葡萄汁、食用葡萄和葡萄干的生产、保存、销售及消费的全部科学、技术和经济问题，并出版相关书刊。它向成员国提供一些恰当的方法来保护葡萄种植者的利益，并着手改善国际葡萄酒市场的条件，以获取所有必需的已有成果的信息。它确保现行葡萄酒分析方法的统一性，并从事对不同地区所用分析方法的比较性研究。

目前，国际葡萄与葡萄酒组织已公布并出版的出版物有：《国际葡萄酿酒法规》《国际葡萄酒和葡萄汁分析方法汇编》《国际葡萄酿酒药典》，它们构成了整套丛书，具有很强的科学、法律和实用价值。

5. 世界卫生组织（WHO）

世界卫生组织（简称"世卫组织"，World Health Organization，WHO）是联合国下属的 1 个专门机构，其前身可以追溯到 1907 年成立于巴黎的国际公共卫生局和 1920 年成立于日内瓦的国际联盟卫生组织。战后，经联合国经济和社会理事会决定，64 个国家的代表于 1946 年 7 月在纽约举行了 1 次国际卫生会议，签署了《世界卫生组织组织法》。1948 年 4 月 7 日，该法得到 26 个联合国会员国批准后生效，世界卫生组织宣告成立。总部设在瑞士日内瓦。所有接受世界卫生组织宪章的联合国成员国都可以成为该组织的成员。其他国家申请后经世界卫生大会简单的投票表决，多数通过后，也可以成为世界卫生组织的成员国。中国是该组织的创始国之一。1972 年第 25 届世界卫生大会恢复了中国在该组织的合法席位。其后，中国出席该组织历届大会和地区委员会会议，被选为执委会委员；1981 年该组织在北京设立驻华代表处。目前，世卫

组织共有 193 个成员国。

世界卫生大会是世卫组织的最高权力机构，一般每年的 5 月 5 日在日内瓦城举行。来自所有成员国的代表们将出席。执行委员会是世界卫生大会的执行机构，负责执行大会的决议、政策和委托的任务，它由 32 个卫生领域的学术带头人组成，每个成员由各成员国选派，然后由世界卫生大会选举产生，任期 3 年，每年改选 1/3。根据世界卫生组织的君子协定，联合国安理会 5 个常任理事国是必然的执委会成员国，但席位第 3 年后轮空 1 年。常设机构秘书处下设非洲（ARFO）、美洲（PAHO）、欧洲（EURO）、东地中海（EMRO）、东南亚（SEARO）、西太平洋（WPRO）6 个地区办事处。秘书处由 3800 个卫生以及其他领域的专家，既有专业人员又有一般的服务人员组成，他们分别工作在总部及 6 个国家地区办公室。世界卫生组织的专业组织有顾问和临时顾问、专家委员会（咨询团有 47 个，成员有 2600 多人，其中中国有 96 人）、全球和地区医学研究顾问委员会和合作中心。

当地时间 2020 年 1 月 30 日晚，世界卫生组织宣布，将新冠肺炎疫情列为国际关注的突发公共卫生事件。2 月 10 日，世界卫生组织牵头成立的新型冠状病毒国际专家组先遣队已经抵达中国，将和中方人员合作，贡献专业知识，解答实际问题。2020 年 5 月 27 日，世卫组织宣布成立世卫组织基金会。2021 年 3 月 30 日，中国-世卫组织新冠病毒溯源联合研究报告在日内瓦发布。

世界卫生组织宪章是指导国际卫生工作的权威文件，其宗旨是使全世界人民获得尽可能高水平的健康。世卫组织的主要职能包括：促进流行病和地方病的防治；提供和改进公共卫生、疾病医疗和有关事项的教学与训练；推动确定生物制品的国际标准。

6. 联合国粮农组织（FAO）

联合国粮农组织（Food and Agriculture Organization of the United Nations，FAO）成立于 1945 年，是联合国的一个专门机构，总部设在意大利罗马。中国是 FAO 创始国之一。1971 年 11 月，FAO 理事国第 57 届会议通过决议，接纳我国作为正式会员参加该组织。1973 年 9 月，我国向该组织派出常驻代表，并建立了中国驻粮农组织代表处。1983 年 1 月，粮农组织在北京设立代表处。FAO 在华联系单位为农业农村部。

FAO 主要由大会、理事会和秘书处组成。大会是最高权力机构，其职责是确定政策，通过预算和工作计划，向成员国或其他国际组织提供有关粮食问题的建议，审查本组织所属机构的决议和接纳新会员和主席，任命秘书处总干事。理事会由大会选举产生，在大会休会期间执行大会所赋予的权力。理事会由 1 名独立主席和 49 个理事国组成。理事会成员任期为 3 年。

粮农组织的正常计划预算由其成员通过缴纳粮农组织大会确定的会费提供资金。

粮农组织的宗旨是：保障各国人民的温饱和生活水准；提高所有粮农产品的生产和分配效率；改善农村人口的生活状况，促进农村经济的发展，并最终消除饥饿和贫困。

联合国粮农组织提供帮助人们和国家自助的幕后援助。如果 1 个社区想提高作物单产但又缺乏技能，FAO 就介绍简便而可持续的手段和方法。当 1 个国家从土地国家所有制向土地私人所有制转变时，FAO 就提供铺平道路的法律咨询。当发生旱灾导致容易受害的群体存在被推向饥饿边缘的风险时，FAO 就动员采取行动。在各种需要相互竞争的复杂世界中，FAO 提供达成共识所需的中立的会议场所和背景知识。

7. 国际有机农业运动联合会（IFOAM）

国际有机农业运动联合会是推动世界性有机农业和有机食品发展的专门组织，现在已经有 108 个国家和地区的 750 多个团体加入了该组织。国家环境保护总局有机食品发展中心

（OFDC）是我国最早加入该组织的会员，目前我国已有22个IFOAM会员。

IFOAM的基本标准属于非政府组织制定的有机农业标准，每2年召开1次会员大会进行基本标准的修改，它联合了国际上从事有机农业生产、加工和研究的各类组织和个人，其标准具有广泛的民主性和代表性，为许多国家制定有机农业标准的参照。IFOAM的基本标准包括了植物生产、动物生产以及加工的各类环节，还专门制定了茶叶和咖啡的标准。IFOAM的授权体系——监督和控制有机农业检查认证机构的组织和准则（Independent Organic Accreditation Service，IOAS）单独对有机农业检查认证机构实行监督和控制。

 ## 思政案例

2013年，瑞典卡罗林斯卡研究院在某些婴儿米粉中检出砷元素超标，其中每餐米粉的砷含量在1.7~7.3μg。我国GB 10769—2010《食品安全国家标准 婴幼儿谷类辅助食品》中规定，在添加藻类的产品中，无机砷含量不得高于300μg/kg，其他产品则不得高于200μg/kg。当时，"中外标准相差百倍"的不实报道引发了社会各界的热议。事实上，瑞典的"检测值"和国内的"限量值"，是两种不同的概念，且瑞典测量单位是"每餐"，而国标单位是"mg/kg"，因此将瑞典的检测与我国标准相比是不科学的。在对比各国食品安全标准时，必须确保对比的概念完全一致。在此基础上，对比WHO和GB 10769—2010中婴儿每天最高摄入砷的值，WHO规定的限量值为16.31μg，我国限量值为10μg，可见我国在这方面的标准更为严格。

2021年12月1日，中共中央、国务院印发的《国家标准化发展纲要》中，强调新时代推动高质量发展、全面建设社会主义现代化国家，迫切需要进一步加强标准化工作。为使食品领域标准基础更加坚实，进一步推动高质量发展标准体系的健全，引领食品产业持续发展，2022年，国家标准化管理委员会加大了食品领域的标准化工作力度，共发布食品消费品领域相关国家标准308项，开展消费品标准化试点105个，我国重点领域的主要消费品标准与国际标准的一致性程度达到95%。

课程思政育人目标

通过对比中国和瑞典对婴儿米粉中砷含量标准限量要求，感受我国国家标准的科学性，培养严谨求实的科学态度和作风，了解标准化工作在食品产业高质量发展中的重要作用，产生学习食品标准的动力。

🔍 思考题

1. 请简述标准的定义与标准的特性。
2. 我国的标准分为哪几个级别，它们之间的关系如何？
3. 我国食品标准的管理有何特点？

第五章
食品安全强制性标准

1. 掌握食品标签与标识标注标准及方法；
2. 掌握食品添加剂类别及其技术作用；
3. 掌握我国食品安全标准中的技术指标；
4. 了解食品安全强制性标准类别。

第一节　食品强制性标准类别

一、标准分类

《标准化法》已由中华人民共和国第十二届全国人民代表大会常务委员会第三十次会议于2017 年 11 月 4 日修订通过，自 2018 年 1 月 1 日起施行。在《标准化法》中，将原来标准分类修改为"标准包括国家标准、行业标准、地方标准和团体标准、企业标准"。《标准化法》指出："国家强制性标准必须执行。不符合强制性标准的产品、服务，不得生产、销售、进口或者提供。推荐性标准自愿采用"。第二十二条特别规定了："制定标准应当有利于科学合理利用资源，推广科学技术成果，增强产品的安全性、通用性、可替换性，提高经济效益、社会效益、生态效益，做到技术上先进、经济上合理；禁止利用标准实施妨碍商品、服务自由流通等排除、限制市场竞争的行为"。

二、国家标准的范畴

现行的《国家标准管理办法》第三条规定："对农业、工业、服务业以及社会事业等领域需要在全国范围内统一的技术要求，可以制定国家标准（含国家标准样品），包括下列内容：

（一）通用的技术术语、符号、分类、代号（含代码）、文件格式、制图方法等通用技术语言要求和互换配合要求；

（二）资源、能源、环境的通用技术要求；

（三）通用基础件，基础原材料、重要产品和系统的技术要求；

（四）通用的试验、检验方法；

（五）社会管理、服务，以及生产和流通的管理等通用技术要求；

（六）工程建设的勘察、规划、设计、施工及验收的通用技术要求；

（七）对各有关行业起引领作用的技术要求；

（八）国家需要规范的其他技术要求。

对保障人身健康和生命财产安全、国家安全、生态环境安全以及满足经济社会管理基本需要的技术要求，应当制定强制性国家标准。"

常用食品安全相关强制性国家标准的标准号及标准名称见表5-1。

表 5-1　　　　　　　　　食品安全相关强制性标准的类别及现行标准举例

强制性标准类别	标准号	标准名称
1. 食品、食品容器及包装材料的卫生标准	GB 2715—2016	食品安全国家标准　粮食
	GB 2707—2016	食品安全国家标准　鲜（冻）畜肉卫生标准
	GB 2758—2012	食品安全国家标准　发酵酒及其配制酒
	GB 13104—2014	食品安全国家标准　食糖
	GB 2730—2015	食品安全国家标准　腌腊肉制品
	GB 10136—2015	食品安全国家标准　动物性水产制品
	GB 7101—2022	食品安全国家标准　饮料
	GB 7096—2014	食品安全国家标准　食用菌及其制品
	GB 7098—2015	食品安全国家标准　罐头食品
	GB 14891.5—1997	辐照新鲜水果、蔬菜类卫生标准
	GB 4806.1—2016	食品安全国家标准　食品接触材料及制品通用安全要求
2. 食品添加剂使用标准	GB 4481.1—2010	食品添加剂　柠檬黄
3. 食品添加剂使用卫生标准	GB 2760—2014	食品安全国家标准　食品添加剂使用标准
4. 食品标签及标示标注标准	GB 7718—2011	食品安全国家标准　预包装食品标签通则
	GB 13432—2013	食品安全国家标准　预包装特殊膳食用食品标签
	GB 28050—2011	食品安全国家标准　预包装食品营养标签通则
5. 食品中有害物质限量标准	GB 2762—2022	食品安全国家标准　食品中污染物限量
	GB 2761—2017	食品安全国家标准　食品中真菌毒素限量
	GB 2763—2021	食品安全国家标准　食品中农药最大残留限量
	GB 14882—1994	食品中放射性物质限制浓度标准

续表

强制性标准类别	标准号	标准名称
6. 食品中微量元素等营养强化剂限量标准	GB 14880—2012	食品安全国家标准　食品营养强化剂使用标准
7. 食品产品质量标准	GB 1351—2023	小麦
	GB 1352—2023	大豆
	GB 16869—2005	鲜、冻禽产品（部分有效）
	GB 14963—2011	食品安全国家标准　蜂蜜
	GB 19299—2015	食品安全国家标准　果冻
	GB 19640—2016	食品安全国家标准　冲调谷物制品
8. 食品生产卫生规范	GB 14881—2013	食品安全国家标准　食品生产通用卫生规范
	GB 13122—2016	食品安全国家标准　谷物加工卫生规范
	GB 19303—2003	熟肉制品企业生产卫生规范
	GB 8950—2016	食品安全国家标准　罐头食品生产卫生规范
	GB 8951—2016	食品安全国家标准　蒸馏酒及其配制酒生产卫生规范
	GB 8952—2016	食品安全国家标准　啤酒生产卫生规范
	GB 8953—2018	食品安全国家标准　酱油生产卫生规范
	GB 8954—2016	食品安全国家标准　食醋生产卫生规范
	GB 8955—2016	食品安全国家标准　食用植物油及其制品生产卫生规范
	GB 17404—2016	食品安全国家标准　膨化食品生产卫生规范
	GB 8956—2016	食品安全国家标准　蜜饯生产卫生规范
9. 食品企业良好生产规范	GB 12693—2010	食品安全国家标准　乳制品良好生产规范
	GB 17405—1998	保健食品良好生产规范
	GB 23790—2010	粉状婴幼儿配方食品良好生产规范
10. 试验方法标准	GB 15193.1—2014	食品安全国家标准　食品安全性毒理学评价程序
	GB 15193.2—2014	食品安全国家标准　食品毒理学实验室操作规范
	GB 5009.3—2016	食品安全国家标准　食品中水分的测定
	GB 15193.16—2014	食品安全国家标准　毒物动力学试验
	GB 15193.18—2015	食品安全国家标准　健康指导值
	GB 15193.17—2015	食品安全国家标准　慢性毒性和致癌合并试验
	GB 15193.14—2015	食品安全国家标准　致畸试验
	GB 14883.1—2016	食品安全国家标准　食品中放射性物质检验　总则
	GB 14883.5—2016	食品安全国家标准　食品中放射性物质检验钋-210的测定
	GB 14883.9—2016	食品中放射性物质检验碘-131的测定

注：上述标准年号仅供参考，现行标准以最新发行版本为准。

第二节　食品标签与标识标注

一、食品标签

食品标签是指食品包装上的文字、图形、符号及一切说明物。《食品安全法》第六十七至七十二条规定：预包装食品的包装上应当有标签。标签应当标明下列事项：

（1）名称、规格、净含量、生产日期；

（2）成分或者配料表；

（3）生产者的名称、地址、联系方式；

（4）保质期；

（5）产品标准代号；

（6）贮存条件；

（7）所使用的食品添加剂在国家标准中的通用名称；

（8）生产许可证编号；

（9）法律、法规或者食品安全标准规定应当标明的其他事项。

专供婴幼儿和其他特定人群的主辅食品，其标签还应当标明主要营养成分及其含量。食品安全国家标准对标签标注事项另有规定的，从其规定。

食品经营者销售散装食品，应当在散装食品的容器、外包装上标明食品的名称、生产日期或者生产批号、保质期以及生产经营者名称、地址、联系方式等内容。生产经营转基因食品应当按照规定显著标示。食品添加剂应当有标签、说明书和包装。标签、说明书应当载明本法第六十七条第一款第一项至第六项、第八项、第九项规定的事项，以及食品添加剂的使用范围、用量、使用方法，并在标签上载明"食品添加剂"字样。食品和食品添加剂的标签、说明书，不得含有虚假内容，不得涉及疾病预防、治疗功能。生产经营者对其提供的标签、说明书的内容负责。食品和食品添加剂的标签、说明书应当清楚、明显，生产日期、保质期等事项应当显著标注，容易辨识。食品和食品添加剂与其标签、说明书的内容不符的，不得上市销售。食品经营者应当按照食品标签标示的警示标志、警示说明或者注意事项的要求销售食品。

食品标签的定义是一个不断完善和发展的概念。我国现行的 GB 7718—2011《食品安全国家标准　预包装食品标签通则》中规定：食品标签指食品包装上的文字、图形、符号及一切说明物。食品标签是针对预包装食品而言的，这里所说的预包装食品是指经预先定量包装好，或装入（灌入）容器中，并在任何场所（如商店、超市、零售摊点、宾馆、餐饮场所、集贸市场，以及飞机、火车、轮船等场所）经销者直接销售给消费者或向消费者直接提供的食品。预包装食品，仅仅是与散装食品加以区别。这里强调的是定量包装和向消费者直接提供的；非定量包装，如为了运输的方便或防止运输过程污染的运输包装，简易包装的水果、蔬菜、水产食品、畜（肉）、禽（肉）、蛋类、小块糖果、巧克力、即食的快餐盒饭等的包装不属于本标准所约束的预包装食品。良好的食品标签可以引导、指导消费者选购食品；促进食品销售；向消费者承诺食品的特性；作为监督机构监督检查的依据；维护食品制造者的合法权益和消除国际食品贸易技术壁垒。

二、我国相关的食品标签标准的发展

1987 年，我国首次发布了 GB 7718—1987《食品标签通用标准》并于 1988 年正式实施。从此我国食品标签开始步入标准化轨道。1989 年 4 月 1 日《中华人民共和国标准化法》实施后，国家技术监督局将《食品标签通用标准》列为强制性国家标准。此外，我国还先后颁布实施了GB 10789—1989《软饮料的分类》、GB 10344—1989《饮料酒标签标准》、GB 13432—1992《特殊营养食品标签》，以及在《保健食品管理办法》中制定了关于保健食品标签的规定。我国多次进行了全国性食品标签检查，使食品标签合格率逐年提高。1994 年修订并颁布了 GB 7718—1994《食品标签通用标准》，并于 1995 年实施。2004 年 5 月 9 日颁布了 GB 7718—2004《预包装食品标签通则》，2011 年 4 月 20 日发布了 GB 7718—2011《食品安全国家标准　预包装食品标签通则》。与食品标签相关的现行的国家强制性标准还有 GB 13432—2013《食品安全国家标准　预包装特殊膳食食品标签通则》、GB 28050—2011《食品安全国家标准　预包装食品营养标签通则》。而 GB 10344—2005《预包装饮料酒标签通则》于 2015 年 3 月 1 日起废止。GB 7718—2004《预包装食品标签通则》强制性标准与 GB 7718—1994《食品标签通用标准》相比，主要改动部分有：标准名称由原来的"食品标签通用标准"改变为"预包装食品标签通则"；将原标准中的第 4 章"基本原则"和第 8 章"基本要求"合并为标准的第 4 章"基本要求"，并进行修改和补充；增加的内容有：强制标示内容的文字、符号、数字的高度不得小于 1.8mm；配料清单中可以使用的类别归属名称；净含量计量单位的标示要求；净含量字符的最小高度要求；集团公司、分公司、生产基地或委托加工预包装食品的单位名称和地址的标示要求；可免除标示保质期限的预包装食品类别；规范性附录"包装物或包装容器最大表面面积的计算方法"。此外，2004 版标准规定了预包装食品标签的基本要求、强制标示内容、强制标示内容的免除、非强制标示内容，适用于提供给消费者的所有预包装食品真实属性。现行的 GB 7718—2011《食品安全国家标准　预包装食品标签通则》（以下简称《通则》）与 GB 7718—2004《预包装食品营养标签通则》相比，主要变化包括：①修改了适用范围；②修改了预包装食品和生产日期的定义，增加了规格的定义，取消了保存期的定义；③修改了食品添加剂的标示方式；④增加了规格的标示方式；⑤修改了生产者、经销者的名称、地址和联系方式的标示方式；⑥修改了强制标示内容的文字、符号、数字的高度不小于 1.8mm 时的包装物或包装容器的最大表面面积；⑦增加了食品中可能含有致敏物质时的推荐标示要求。由上述可见，我国的食品标签相关的标准及法规在不断地完善，现行的食品标签标准使得我国食品标签法规进一步与国际标签标准接轨。

三、预包装食品标签通则中使用的术语和定义

（1）预包装食品　预先定量包装或者制作在包装材料和容器中的食品，包括预先定量包装以及预先定量制作在包装材料和容器中并且在一定限量范围内具有统一的质量或体积标识的食品。

（2）食品标签　食品包装上的文字、图形、符号及一切说明物。

（3）配料　在制造或加工食品时使用的，并存在（包括以改性的形式存在）于产品中的任何物质，包括原料、辅料和食品添加剂。饮料中的水不能省略，是主要配料之一。"以改性形式存在"是指制作食品时使用的原料、辅料经过加工后，形成的产品改变了原来的性质。如用

淀粉生产谷氨酸钠，经过化学变化，淀粉转化为谷氨酸钠。

（4）加工助剂　即加工辅助物，本身不作为食品配料用，仅在加工、配制或处理过程中，为实现某一工艺目的而使用的物质或物料（不包括设备和器皿）。"加工助剂"与"配料"的区别：①配料存在于最终产品中，加工助剂一般不存在于终产品中，但难免有残留物或衍生物；②配料是加工食品时必需的原料和辅料，而加工助剂仅是为满足特定工艺而使用的物质，如过滤用的硅藻土、脱模用的食品用石蜡。

（5）生产日期　即制造日期，食品成为最终产品的日期，也包括包装或灌装日期，即将食品装入（灌入）包装物或容器中，形成最终销售单元的日期。

（6）规格　同一预包装内含有多件预包装食品时，对净含量和内含件数关系的表述。

（7）保质期　预包装食品在标签指明的贮存条件下，保持品质的期限。在此期限内，产品完全适于销售，并保持标签中不必说明或已经说明的特有品质。

（8）主要展示版面　预包装食品的包装物或包装容器上最容易观察到的版面。

四、预包装食品标签及标注的基本要求

（1）应符合法律、法规的规定，并符合相应食品安全标准的规定。

（2）应清晰、醒目、持久，应使消费者购买时易于辨认和识读。

（3）应通俗易懂、有科学依据，不得标示封建迷信、色情、贬低其他食品或违背营养科学常识的内容。

（4）应真实、准确，不得以虚假、夸大、使消费者误解或欺骗性的文字、图形等方式介绍食品，也不得利用字号大小或色差误导消费者。

（5）不应直接或以暗示性的语言、图形、符号，误导消费者将购买的食品或食品的某一性质与另一产品混淆。

（6）不应标注或者暗示具有预防、治疗疾病作用的内容，非保健食品不得明示或者暗示具有保健作用。

（7）不应与食品或者其包装物（容器）分离。

（8）应使用规范的汉字（商标除外）。具有装饰作用的各种艺术字，应书写正确，易于辨认。

①可以同时使用拼音或少数民族文字，拼音不得大于相应汉字。

②可以同时使用外文，但应与中文有对应关系（商标、进口食品的制造者和地址、国外经销者的名称和地址、网址除外）。所有外文不得大于相应的汉字（商标除外）。

（9）包装食品包装物或包装容器最大表面面积大于 $35cm^2$ 时（最大表面面积计算方法见《通则》的附录 A），强制标示内容的文字、符号、数字的高度不得小于 1.8mm。

（10）一个销售单元的包装中含有不同品种、多个独立包装可单独销售的食品，每件独立包装的食品标识应当分别标注。

（11）若外包装易于开启识别或透过外包装物能清晰地识别内包装物（容器）上的所有强制标示内容或部分强制标示内容，可不在外包装物上重复标示相应的内容；否则应在外包装物上按要求标示所有强制标示内容。

五、食品标签强制性标示内容及标注要求

直接向消费者提供的预包装食品标签标示应包括食品名称、配料表、净含量和规格、生产

者和（或）经销者的名称、地址和联系方式、生产日期和保质期、贮存条件、食品生产许可证编号、产品标准代号及其他需要标示的内容。详细介绍如下。

（一）食品名称

应在食品标签的醒目位置，清晰地标示反映食品真实属性的专用名称。当国家标准或行业标准中已规定了某食品的一个或几个名称时，应选用其中的一个，或等效的名称；当无国家标准或行业标准规定的名称时，应使用不使消费者误解或混淆的常用名称或通俗名称。可以标示"新创名称""奇特名称""音译名称""牌号名称""地区俚语名称"或"商标名称"，但应在所示名称的邻近部位标示国家标准或行业标准中规定的名称或常用名称/通俗名称。当"新创名称""奇特名称""音译名称""牌号名称""地区俚语名称"或"商标名称"含有易使人误解食品属性的文字或术语（词语）时，应在所示名称的邻近部位使用同一字号标示食品真实属性的专用名称。当食品真实属性的专用名称因字号不同易使人误解食品属性时，也应使用同一字号标示食品真实属性的专用名称。如"橙汁饮料"中的"橙汁""饮料"，"巧克力夹心饼干"中的"巧克力""夹心饼干"，都应使用同一字号。为避免消费者误解或混淆食品的真实属性、物理状态或制作方法，可以在食品名称前或食品名称后附加相应的词或短语，如干燥的、浓缩的、复原的、熏制的、油炸的、粉末的、粒状的。

（二）配料表

预包装食品的标签上应标示配料清单，单一配料的食品除外。配料表应以"配料"或"配料表"为引导词。当加工过程中所用的原料已改变为其他成分（如酒、酱油、食醋等发酵产品）时，可用"原料"或"原料与辅料"代替"配料""配料表"，并按《通则》相应条款的要求标示各种原料、辅料和食品添加剂。加工助剂不需要标示。各种配料应按制造或加工食品时加入量的递减顺序排列；加入量不超过2%的配料可以不按递减顺序排列。如果某种配料是由两种或两种以上的其他配料构成的复合配料（不包括复合食品添加剂），应在配料表中标示复合配料的名称，随后将复合配料的原始配料在括号内按加入量的递减顺序标示。当某种复合配料已有国家标准、行业标准或地方标准，且其加入量小于食品总量的25%时，不需要标示复合配料的原始配料。食品添加剂应当标示其在 GB 2760—2014 中的食品添加剂通用名称。食品添加剂通用名称可以标示为食品添加剂的具体名称，也可标示为食品添加剂的功能类别名称并同时标示食品添加剂的具体名称或国际编码（INS 号）。若某种食品添加剂尚不存在相应的国际编码，或因致敏物质标示需要，可以标示其具体名称。食品添加剂的名称不包括其制法。加入量小于食品总量 25% 的复合配料中含有的食品添加剂，若符合 GB 2760—2014 规定的带入原则且在最终产品中不起工艺作用的，不需要标示。在食品制造或加工过程中，加入的水应在配料表中标示。在加工过程中已挥发的水或其他挥发性配料不需要标示。可食用的包装物也应在配料表中标示原始配料，国家另有法律法规规定的除外。下列食品配料，可以按表 5-2 标示类别归属名称。

表 5-2　　　　　　　　　　　　　配料的归属及归属类别名称

配料	归属类别名称
各种植物油或精炼植物油，不包括橄榄油	"植物油"或"精炼植物油"；如经氢化处理，应标示为"氢化"或"部分氢化"

续表

配料	归属类别名称
各种淀粉，不包括化学改性淀粉	"淀粉"
加入量不超过 2% 的各种香辛料或香辛料浸出物（单一的或合计的）	"香辛料""香辛料类"或"复合香辛料"
胶基糖果的各种胶基物质制剂	"胶姆糖基础剂""胶基"
添加量不超过 10% 的各种蜜饯水果	"蜜饯""果脯"
食用香精、香料	"食用香精""食用香料""食用香精香料"

（三）配料的定量标示

如果在食品标签或食品说明书上特别强调添加了或含有一种或多种有价值、有特性的配料或成分，应标示所强调配料或成分的添加量或在成品中的含量。如果在食品的标签上特别强调一种或多种配料或成分的含量较低或无时，应标示所强调配料或成分在成品中的含量。食品名称中提及的某种配料或成分而未在标签上特别强调，不需要标示该种配料或成分的添加量或在成品中的含量。

（四）净含量和规格

净含量的标示由"净含量、数字和法定计量单位"组成，如"净含量450g"。净含量应与食品名称排在包装物或容器的同一展示版面。容器中含有固、液两相物质的食品（如甜酒酿、糖水梨罐头），除标示净含量外，还应标示沥干物（固形物）的含量。用质量或质量分数表示。例如，糖水梨罐头 净含量：425g，沥干物（也可标示为固形物）：不低于 250g（或不低于25%）。同一预包装内如果含有互相独立的几件相同的预包装食品时，在标示净含量的同时还应标示食品的数量或件数，不包括大包装内非单件销售小包装，如小块糖果。包装物（容器）中的食品净含量应采用法定计量单位进行标示。液态食品，用体积标示；固态食品，用质量标示；固态或黏性食品，用质量或体积标示。当净含量大于或等于1000mL 时，用 L（升）标示，当净含量小于 1000mL 时，用 mL（毫升）标示；当净含量大于或等于 1000g 时，用 kg（千克）标示，当净含量小于 1000g 时，用 g（克）标示。净含量字符的最小高度要求应符合表 5-3 的规定。

表 5-3 净含量标注字符的高度要求

净含量（Q）范围	字符最小高度/mm
$5mL < Q \leqslant 50mL$ 或 $5g < Q \leqslant 50g$	2
$50mL < Q \leqslant 200mL$ 或 $50g < Q \leqslant 200g$	3
$200mL < Q \leqslant 1000mL$ 或 $200g < Q \leqslant 1000g$	4
$Q > 1000mL$ 或 $Q > 1000g$	6

（五）生产者、经销者的名称、地址和联系方式的标示要求及标示方法

（1）应当标注生产者的名称、地址和联系方式。生产者名称和地址应当是依法登记注册、

能够承担产品安全质量责任的生产者的名称、地址。有下列情形之一的，应按下列要求予以标示。

①依法独立承担法律责任的集团公司、集团公司的子公司，应标示各自的名称和地址。

②不能依法独立承担法律责任的集团公司的分公司或集团公司的生产基地，应标示集团公司和分公司（生产基地）的名称、地址；或仅标示集团公司的名称、地址及产地，产地应当按照行政区划标注到地市级地域。

③受其他单位委托加工预包装食品的，应标示委托单位和受委托单位的名称和地址；或仅标示委托单位的名称和地址及产地，产地应当按照行政区划标注到地市级地域。

（2）依法承担法律责任的生产者或经销者的联系方式应标示以下至少一项内容：电话、传真、网络联系方式等，或与地址一并标示的邮政地址。

（3）进口预包装食品应标示原产国或地区（如中国香港、澳门、台湾地区），以及在中国依法登记注册的代理商、进口商或经销者的名称、地址和联系方式，可不标示生产者的名称、地址和联系方式。

（六）日期标示

（1）应清晰标示预包装食品的生产日期和保质期。如日期标示采用"见包装物某部位"的形式，应标示所在包装物的具体部位。日期标示不得另外加贴、补印或篡改。

（2）当同一预包装内含有多个标示了生产日期及保质期的单件预包装食品时，外包装上标示的保质期应按最早到期的单件食品的保质期计算。外包装上标示的生产日期应为最早生产的单件食品的生产日期，或外包装形成销售单元的日期；也可在外包装上分别标示各单件装食品的生产日期和保质期。

（3）应按年、月、日的顺序标示日期，如果不按此顺序标示，应注明日期标示顺序。

（七）贮存条件

预包装食品标签应标示贮存条件。

（八）食品生产许可证编号

预包装食品标签应标示食品生产许可证编号的，标示形式按照相关规定执行。

（九）产品标准代号

在国内生产并在国内销售的预包装食品（不包括进口预包装食品）应标示产品所执行的标准代号和顺序号。

（十）其他标示内容

经电离辐射线或电离能量处理过的食品，应在食品名称附近标示"辐照食品"。经电离辐射线或电离能量处理过的任何配料，应在配料表中标明。转基因食品的标示应符合相关法律、法规的规定。营养标签的标注，需参照 GB 28050—2011《食品安全国家标准　预包装食品营养标签通则》执行。特殊膳食类食品和专供婴幼儿的主辅类食品的营养标签，应按照 GB 13432—2013《食品安全国家标准　预包装特殊膳食用食品标签》执行。其他预包装食品如需标示营养标签，方式参照相关法规标准执行。质量（品质）等级的标示要求，食品所执行的相应产品标准已明确规定质量（品质）等级的，应标示质量（品质）等级。

（十一）推荐标示内容

（1）产品批号。

（2）食用方法。根据产品需要，可以标示容器的开启方法、食用方法、烹调方法、复水再制方法等对消费者有帮助的说明。

（3）致敏物质。以下食品及其制品可能导致过敏反应，如果用作配料，或在加工过程中可能带入以下食品或其制品，宜在配料表中使用易辨识的名称，或在配料表邻近位置加以提示：

①含有麸质的谷物及其制品（如小麦、黑麦、大麦、燕麦、斯佩耳特小麦或它们的杂交品系）；

②甲壳纲类动物及其制品（如虾、龙虾、蟹等）；

③鱼类及其制品；

④蛋类及其制品；

⑤花生及其制品；

⑥大豆及其制品；

⑦乳及乳制品（包括乳糖）；

⑧坚果及其果仁类制品。

（十二）非直接提供给消费者的预包装食品标签标示内容

非直接提供给消费者的预包装食品标签也需要标示食品名称、规格、净含量、生产日期、保质期和贮存条件，其他内容如未在标签上标注，则应在说明书或合同中注明。

（十三）标示内容的豁免

下列预包装食品可以免除标示保质期：酒精度大于等于 10% 的饮料酒；食醋；食用盐；固态食糖类；味精。另外，当预包装食品包装物或包装容器的最大表面面积小于 $10cm^2$ 时，可以只标示产品名称、净含量、生产者（或经销商）的名称和地址。

六、食品标识管理规定

《食品标识管理规定》于 2007 年 7 月 24 日国家质量监督检验检疫总局局务会议审议通过，自 2008 年 9 月 1 日起施行，并于 2009 年底对《食品标示管理规定》进行了修订。《食品标识管理规定》的总则是为了加强对食品标识的监督管理，规范食品标识的标注，防止质量欺诈，保护企业和消费者合法权益，根据《产品质量法》《食品安全法》《国务院关于加强食品等产品安全监督管理的特别规定》以及《中华人民共和国工业产品生产许可证管理条例》等法律法规，制定该规定。适用范围是在中华人民共和国境内生产（含分装）、销售的食品的标识标注和管理。

食品标识的定义是指粘贴、印刷、标记在食品或者其包装上，用以表示食品名称、质量等级、商品量、食用或者使用方法、生产者或者销售者等相关信息的文字、符号、数字、图案以及其他说明的总称。该食品标识的概念与上文食品标签的概念基本相似，但外延更广。该规定要求食品或者其包装上应当附加标识，但是按法律、行政法规规定可以不附加标识的食品除外。食品标识的内容应当真实准确、通俗易懂、科学合法。

该规定中所要求的食品标识应当标注内容与《通则》中标签标示的内容有很多相同之处，特别是标识要求标注的前 6 项。该规定中规定食品标识应当标注的内容主要有以下几个方面：①食品名称；②食品产地；③生产者的名称和地址；④食品生产日期和保质期；⑤食品净含量；⑥食品的配料清单；⑦企业所执行的国家标准、行业标准、地方标准号或者经备案的企业标准号；⑧食品的质量等级、加工工艺（食品执行的标准明确要求标注的食品的质量等级、加工工艺，应予以标注）；⑨实施生产许可证管理的食品，食品标识应当标注食品生产许可证编号及QS标志（注：QS标志已于2018年10月1日完全退出市场，而仅标注新的"食品生产许可证，即SC+14位编码"的标志。具体请参考《食品生产许可管理办法》）；⑩混装非食用产品易造成误食，使用不当，容易造成人身伤害的，应当在其标识上标注警示标志或者中文警示说明；⑪食品在其名称或者说明中标注"营养""强化"字样的，应当按照国家标准有关规定，标注该食品的营养素和热量，并符合国家标准规定的定量标示。

该规定的第十六条规定，食品有以下情形之一的，应当在其标识上标注中文说明：①医学临床证明对特殊群体易造成危害的；②经过电离辐射或者电离能量处理过的；③属于转基因食品或者含法定转基因原料的；④按照法律、法规和国家标准等规定，应当标注其他中文说明的。

该规定的第十八条规定，食品标识不得标注下列内容：①明示或者暗示具有预防、治疗疾病作用的；②非保健食品明示或者暗示具有保健作用的；③以欺骗或者误导的方式描述或者介绍食品的；④附加的产品说明无法证实其依据的；⑤文字或者图案不尊重民族习俗，带有歧视性描述的；⑥使用国旗、国徽或者人民币等进行标注的；⑦其他法律、法规和标准禁止标注的内容。

该规定的第十九条禁止下列标识违法行为：①伪造或者虚假标注生产日期和保质期；②伪造食品产地，伪造或者冒用其他生产者的名称、地址；③伪造、冒用、变造生产许可证标志及编号；④法律、法规禁止的其他行为。

食品标识的标注形式方面与标签标注的要求也有很多类似的地方，食品标识的标注形式主要包括：①食品标识不得与食品或者其包装分离；②食品标识应当直接标注在最小销售单元的食品或者其包装上；③在一个销售单元的包装中含有不同品种、多个独立包装的食品，每件独立包装的食品标识应当按照本规定进行标注；④食品标识应当清晰醒目，标识的背景和底色应当采用对比色，使消费者易于辨认、识读；⑤食品标识所用文字应当为规范的中文，但注册商标除外。食品标识可以同时使用汉语拼音或者少数民族文字，也可以同时使用外文，但应当与中文有对应关系，所用外文不得大于相应的中文，但注册商标除外；⑥食品或者其包装最大表面面积大于$20cm^2$，食品标识中强制标注内容的文字、符号、数字的高度不得小于1.8mm；⑦食品或者其包装最大表面面积小于$10cm^2$时，其标识可以仅标注食品名称、生产者名称和地址、净含量以及生产日期和保质期。但是，法律、行政法规规定应当标注的，依照其规定。

七、食品营养标签介绍

食品营养标签的管理工作已经受到国际组织和许多国家重视，大多数国家都制定了有关法规和标准，在保障本国人民身体健康、食品进出口贸易方面起到了重大作用。世界卫生组织（WHO）2004年调查的74个国家中，没有食品营养标签管理法规的国家只有19个（占25.7%），有法规的国家为55个（74.3%），其中10个国家强制性执行。早在20世纪90年代，美国、英国、加拿大、澳大利亚、新西兰等国家就实施了营养标签管理；马来西亚、日本、韩国等亚洲国家、我国的台湾和香港地区也都制定了营养标签管理规定。

食品营养标签是向消费者提供食品营养信息和特性的说明，包括营养成分表、营养声称和营养成分功能声称。食品营养标签可以使消费者了解预包装食品的营养组分和特征的来源，是根据自己健康需要选择食品的依据；同时也是消费者保障自己的知情权益的一个手段。营养标签的意义可简单地归结如下：使消费者了解食品营养特点；作为消费者选购食品的指南；作为消费者膳食平衡参考，改善国民的营养水平；增进消费者营养健康知识；引导企业生产更多符合营养要求的食品。

营养标签上的营养成分表（如表5-4 某食品的营养成分表）是营养标签的核心内容，是标示食品营养成分名称、含量和占营养素参考数值（NRV）百分比的表格。表5-4 中列出的营养成分蛋白质、脂肪、碳水化合物和钠是我国《通则》中规定的 4 种核心营养素，除这 4 种核心营养素外，食品营养标签上还可以标示饱和脂肪（酸）、胆固醇、糖、膳食纤维、维生素和矿物质等营养素的含量信息。所谓核心营养素是指营养标签中必须标明的营养素。一般来说，核心营养素应该是对本国最具有公共卫生意义的营养素，例如，美国规定 15 种，澳大利亚规定 6 种。在我国能量和蛋白质、脂肪、碳水化合物和钠是最具有公共卫生意义的营养素。缺乏可以引起营养不良、影响儿童和青少年生长发育和健康；过量导致肥胖和慢性病发生发展。如钠的摄入量在我国远远高于推荐量（6g/d），导致高血压等疾病的日益增加。因此，我国目前规定蛋白质、脂肪、碳水化合物和钠是 4 种核心营养素。

表5-4 某食品的营养成分表

项目	每 100g	NRV%
能量	1823kJ	22%
蛋白质	9.0g	15%
脂肪	12.7g	21%
碳水化合物	70.6g	24%
钠	204mg	10%
维生素 A	72μg RE	9%
维生素 B_1	0.09mg	6%

注：NRV，营养参考值；RE，当量。

营养标签中要求食品营养成分的含量应以每 100g 和/或每 100mL 和/或每份食品可食部中的具体数值来标示，如"能量 1000kJ/100g"，并同时标示所含营养成分占营养素参考值（NRV）的百分比。营养素参考值（NRV）是食品营养标签上比较食品营养成分含量多少的参考标准，是消费者选择食品时的一种营养参照尺度。

2013 年 1 月 1 日起实施的 GB 7718—2011《食品安全国家标准 预包装食品营养标签通则》与 GB 7718—1994《食品标签通用标准》的区别在于充分考虑了《食品营养标签管理规范》规定及其实施情况，借鉴了国外的管理经验，进一步完善了营养标签管理制度，主要是：①简化了营养成分分类和标签格式。删除"宜标示的营养成分"分类，调整营养成分标示顺序，减少对营养标签格式的限制，增加文字表述的基本格式。②增加了使用营养强化剂和氢化油要强制性标示相关内容、能量和营养素低于"0"界限值时应标示"0"等强制性标示要求。③删除可选择标示的营养成分铬、钼及其 NRV。④简化了允许误差，删除对维生素 A、维生素 D 含量在"强化与非强化食品"中允许误差的差别。⑤适当调整了营养声称规定。增加营养声称的标准语和同义语，增加反式脂肪（酸）"0"声称的要求和条件，增加部分营养成分按照每 420kJ 标示的声称条件。⑥适当调整了营养成分功能声称。删除对营养成分功能声称放置位置的限制，增加能量、膳食纤维、反式脂肪（酸）等的功能声称用语，修改饱和脂肪、泛酸、镁、铁等的功能声称用语。

第三节　食品添加剂

一、食品添加剂及其发展趋势

《食品安全法》中对食品添加剂的定义是：食品添加剂，指为改善食品品质和色、香、味以及为防腐、保鲜和加工工艺的需要而加入食品中的人工合成或者天然物质，包括营养强化剂。

从 2005 年到现在，我国食品添加剂使用卫生标准已经过 3 次修订，分别是 GB 2760—2007《食品添加剂使用卫生标准》、GB 2760—2011《食品安全国家标准　食品添加剂使用标准》和 GB 2760—2014《食品安全国家标准　食品添加剂使用标准》。食品添加剂定义在这 3 次修订中基本没有变化，即 "为改善食品品质和色、香、味，以及为防腐和加工工艺的需要而加入食品中的化学合成或者天然物质。营养强化剂、食品用香料、胶基糖果中基础剂物质、食品工业用加工助剂也包括在内"。这一定义与 GB 2760—1996《食品添加剂使用卫生标准》版本中的定义本质上也没有变化，只是最近的 3 个版本中将 "食品工业用加工助剂" 也列入了食品添加剂的范畴，需要接受食品添加剂使用标准的约束。食品添加剂的种类很多，按来源分为天然食品添加剂和人工合成食品添加剂两大类。按食品添加剂的功能、用途划分，各国分类不尽相同，我国现行 GB 2760—2014《食品安全国家标准　食品添加剂使用标准》在资料性附录 D 中将食品添加剂按使用功能分成 22 类。

食品添加剂的种类及品种不是一成不变的。每年都会有某些食品添加剂被禁止使用，也会有更多的新的食品添加剂被开发出来。据报告，截至 2022 年，全世界使用的食品添加剂约有 4000~5000 种，美国使用的品种最多，约 3000 多种，欧洲和日本约为 2000 种，我国经国家批准许可使用的食品添加剂品种已超过 1477 种。

食品添加剂的发展趋势主要包括以下两方面，第一，从食品安全角度要求开发更安全的食品添加剂，尤其是开发更安全、高效的防腐剂及抗氧化剂。第二，超体重和三高（高血脂、高血压、高血糖）人群的增加趋势要求开发低热量且适口性好的甜味剂、脂肪代用品等功能性食品添加剂。低聚糖是近几年新开发的新型功能性甜味剂，我国已开发了低聚果糖、低聚异麦芽糖、低聚甘露糖醇等产品。

GB 14880—2012《食品安全国家标准　食品营养强化剂使用标准》主要包括维生素和矿物质等营养强化剂，已从食品添加剂领域独立出来，可以根据不同类别的食品按标准进行添加。

二、国际组织关于食品添加剂的安全使用和管理

食品添加剂已经成为食品工业技术进步和科技创新的重要推动力，食品添加剂之于食品的

重要性使得人们的现代生活已经离不开食品添加剂，未来人们的生活中也不可能离开食品添加剂，但它毕竟不是食品的基本成分，因此，存在安全性问题及相应的安全监管的问题。WHO/FAO 规定了《使用食品添加剂的一般原则》，就食品添加剂的安全性和维护消费者利益方面制定了一系列严格的管理办法，并对食品添加剂安全性进行审查，制定出它们的每日允许摄入量（ADI）。食品添加剂法典委员会（CCFA），每年定期召开会议，对食品添加剂制定统一的规格和标准，确定统一的试验方法和评价方法等，对食品添加剂联合专家委员会（JECFA）所通过的各种食品添加剂的标准、安全性评价方法等进行审议和认可，在提交食品法典委员会（CAC）复审后公布。食品添加剂在一定的使用范围及使用限量下，是安全的。

三、我国关于食品添加剂的主要法律法规及标准

《食品安全法》中第三十七至四十条都是关于食品添加剂的生产、销售、使用和管理等方面的规定。参照国际食品添加剂的法律法规及标准同时结合我国的具体国情，对实行中的法规或标准不断地进行完善，基本形成了较为完善的食品添加剂法规和标准体系。我国关于食品添加剂的主要法规及国家强制性标准如下。

（1）《食品添加剂新品种管理办法》（2010 年 3 月 30 日发布）　其宗旨是加强食品添加剂卫生管理，防止食品污染，保护消费者身体健康。制定的依据是《食品安全法》和《食品安全法实施条例》有关规定。该办法适用于食品添加剂的生产经营和使用。该办法中规定食品添加剂必须符合食品安全国家标准和食品安全要求。由国家卫健委主管全国食品添加剂的卫生监督管理工作。该办法对食品添加剂的审批，生产、经营和使用，标识和说明书，卫生监督和罚则进行了较详细的规定。卫生部 2002 年 3 月 28 日发布的《食品添加剂卫生管理办法》在此办法发布时同时废止。

（2）《食品添加剂生产企业卫生规范》（2002 年 7 月 3 日颁布实施）　该规范的目的是贯彻《食品添加剂卫生管理办法》（已废止），加强食品添加剂生产企业的卫生管理，规范食品添加剂的申报与受理，保证食品添加剂的卫生安全。制定的依据是《中华人民共和国食品卫生法》（已废止）和《食品添加剂卫生管理办法》的有关规定。规范的主要内容是规定了食品添加剂生产企业选址、设计与设施、原料采购、生产过程、贮存、运输和从业人员的基本卫生要求和管理原则。规范的适用范围是凡从事食品添加剂生产的企业，包括食品香精、香料和食品工业用加工助剂的生产企业，规范的性质属于国家强制性执行的法规。

（3）《食品添加剂新品种申报与受理规定》（2010 年 5 月 25 日颁布实施）　与《食品添加剂生产企业卫生规范》一样都是为了贯彻《食品添加剂新品种管理办法》而由原卫生部同时制定的。该规定的目的在于规范食品添加剂的申报与受理。卫生部 2002 年 7 月 3 日发布的《卫生部食品添加剂申报与受理规定》自此办法发布时同时废止。

（4）GB 2760—2014《食品安全国家标准　食品添加剂使用标准》（于 2015 年 5 月 24 日起实施）　代替 GB 2760—2011《食品安全国家标准　食品添加剂使用标准》。新版的标准规定了食品添加剂的使用原则、允许使用的食品添加剂品种、使用范围及最大使用量或残留量的限制。适用于所有的食品添加剂生产、经营和使用者。与以往历次的 GB 2760 相比，新版的标准有了较多的修改，如将食品营养强化剂和胶基糖果中基础剂物质及其配料名单调整由其他相关标准进行规定；修改了食品添加剂的带入原则，对标准附录 A "食品添加剂的使用规定" 进行了删改。具体请参考标准原文。GB 2760 是我国食品安全最重要的标准之一，标准自实施以来，在

规范食品添加剂的安全使用、促进食品工业发展方面发挥了巨大作用。

（5）GB 14880—2012《食品安全国家标准　食品营养强化剂使用标准》　该标准规定了食品强化营养素的使用范围及使用量，该标准适用于为增加营养价值而加入食品中的天然或人工的营养素。该标准中规定的食品营养强化剂包括氨基酸及含氮化合物类、维生素类和矿物质三大类。

（6）食品添加剂产品质量标准　食品添加剂的安全性是食品安全的一个极其重要的环节。所有的食品添加剂都必须先通过审批才可以生产和使用，所有允许使用的食品添加剂都有质量标准，如 GB 1886.229—2016《食品安全国家标准　食品添加剂　硫酸铝钾（又名钾明矾）》、GB 1886.39—2015《食品安全国家标准　食品添加剂　山梨酸钾》、GB 4481.1—2010《食品安全国家标准　食品添加剂　柠檬黄》、GB 1886.9—2016《食品安全国家标准　食品添加剂　盐酸》等都是国家强制性标准。食品添加剂的质量标准同其他食品的卫生标准所规定的项目基本相同，主要包括食品添加剂的外观要求、理化技术要求、试验方法、检验规则及标志、包装、运输、贮存和保质期等，对食品添加剂而言基本上都没有微生物指标的要求。

四、食品添加剂的使用原则

GB 2760—2014《食品安全国家标准　食品添加剂使用标准》中规定的食品添加剂的使用原则基本内容如下。

1. 食品添加剂使用时应符合以下基本要求

（1）不应对人体产生任何健康危害；

（2）不应掩盖食品腐败变质；

（3）不应掩盖食品本身或加工过程中的质量缺陷或以掺杂、掺假、伪造为目的而使用食品添加剂；

（4）不应降低食品本身的营养价值；

（5）在达到预期效果的前提下尽可能降低在食品中的使用量。

2. 在下列情况下可使用食品添加剂

（1）保持或提高食品本身的营养价值；

（2）作为某些特殊膳食用食品的必要配料或成分；

（3）提高食品的质量和稳定性，改进其感官特性；

（4）便于食品的生产、加工、包装、运输或者贮藏。

3. 食品添加剂质量标准

按照本标准使用的食品添加剂应当符合相应的质量规格要求。

4. 带入原则

在下列情况下食品添加剂可以通过食品配料（含食品添加剂）带入食品中：

（1）根据本标准，食品配料中允许使用该食品添加剂；

（2）食品配料中该添加剂的用量不应超过允许的最大使用量；

（3）应在正常生产工艺条件下使用这些配料，并且食品中该添加剂的含量不应超过由配料带入的水平；

（4）由配料带入食品中的该添加剂的含量应明显低于直接将其添加到该食品中通常所需要的水平。

（5）当某食品配料作为特定终产品的原料时，批准用于上述特定终产品的添加剂允许添加到这些食品配料中，同时该添加剂在终产品中的量应符合本标准的要求。在所述特定食品配料的标签上应明确标示该食品配料用于上述特定食品的生产。

五、 规范性附录的内容

GB 2760—2014《食品安全国家标准　食品添加剂使用标准》中规范性附录 A ~ F 的内容占据了整个标准篇幅的 98.1%（按页数计），规范性附录是该标准的主体内容（具体内容请参考标准）。为了便于读者对该标准的规范性附录的内容有个梗概性的了解，现将该标准的附录标题及篇幅比例归纳于表 5–5。

需要指出的是食品营养强化剂的分类、名称、使用范围及使用量等内容没有在该标准中出现，该标准规定有关食品营养强化剂的使用标准需参照 GB 14880—2012《食品安全国家标准　食品营养强化剂使用标准》。另外，附录 D、E 和 F 分别是资料性附录 "食品添加剂功能类别" "食品分类系统" 及 "附录 A 中食品添加剂使用规定索引"，篇幅分别占 1 页、12 页和 8 页。

表 5–5　　　　　GB 2760—2014《食品安全国家标准　食品添加剂使用标准》中规范性附录的标题及篇幅比例

附录目次	标题	占总篇幅比例/%
A	食品添加剂的使用规定 A.1 食品添加剂的允许使用品种、使用范围以及最大使用量或残留量 A.2 可在各类食品中按生产需要适量使用的食品添加剂名单 A.3 按生产需要适量使用的食品添加剂所例外的食品类别名单	54.4
B	食品用香料使用规定 B.1 不得添加食品用香料、香精的食品名单 B.2 允许使用的食品用天然香料名单 B.3 允许使用的食品用合成香料名单	29.3
C	食品工业用加工助剂使用规定 C.1 可在各类食品加工过程中使用，残留量不需限定的加工助剂名单（不含酶制剂） C.2 需要规定功能和使用范围的加工助剂名单（不含酶制剂） C.3 食品用酶制剂及其来源名单	5.6

六、食品添加剂功能类别及其技术作用

GB 2760—2014《食品安全国家标准　食品添加剂使用标准》在资料性附录 D 中，对该标准中出现的食品添加剂按照其功能分成了 22 类，并分别对功能进行了描述。附录 D 中特别指出：每个添加剂在食品中常常具有一种或多种功能，在该标准关于每个添加剂的具体规定（如规范性附录 A ~ C）中，列出的是该添加剂最为常用的功能，并非详尽列举。

（1）酸度调节剂　用以维持或改变食品酸碱度的物质。

（2）抗结剂　用于防止颗粒或粉状食品聚集结块，保持其松散或自由流动的物质。

（3）消泡剂　在食品加工过程中降低表面张力，消除泡沫的物质。

（4）抗氧化剂　能防止或延缓油脂或食品成分氧化分解、变质，提高食品稳定性的物质。

（5）漂白剂　能够破坏、抑制食品的发色因素，使其褪色或使食品免于褐变的物质。

（6）膨松剂　在食品加工过程中加入的，能使产品发起形成致密多孔组织，从而使制品具有膨松、柔软或酥脆的物质。

（7）胶基糖果中基础剂物质　赋予胶基糖果起泡、增塑、耐咀嚼等作用的物质。

（8）着色剂　使食品赋予色泽和改善食品色泽的物质。

（9）护色剂　能与肉及肉制品中呈色物质作用，使之在食品加工、保藏等过程中不致分解、破坏，呈现良好色泽的物质。

（10）乳化剂　能改善乳化体中各种构成相之间的表面张力，形成均匀分散体或乳化体的物质。

（11）酶制剂　由动物或植物的可食或非可食部分直接提取，或由传统或通过基因修饰的微生物（包括但不限于细菌、放线菌、真菌菌种）发酵、提取制得，用于食品加工，具有特殊催化功能的生物制品。

（12）增味剂　补充或增强食品原有风味的物质。

（13）面粉处理剂　促进面粉的熟化、增白和提高制品质量的物质。

（14）被膜剂　涂抹于食品外表，起保质、保鲜、上光、防止水分蒸发等作用的物质。

（15）水分保持剂　有助于保持食品中水分而加入的物质。

（16）防腐剂　防止食品腐败变质、延长食品储存期的物质。

（17）稳定剂和凝固剂　使食品结构稳定或使食品组织结构不变，增强食品稳固性的物质。

（18）甜味剂　赋予食品以甜味的物质。

（19）增稠剂　可以提高食品的黏稠度或形成凝胶，从而改变食品的物理性状，赋予食品粘润、适宜的口感，并兼有乳化、稳定或使呈悬浮状态作用的物质。

（20）食品用香料　能够用于调配食品香精，并使食品增香的物质。

（21）食品工业用加工助剂　有助于食品加工顺利进行的各种物质，与食品本身无关。如助滤、澄清、吸附、润滑、脱模、脱色、脱皮、提取溶剂、发酵用营养物质等。

（22）其他　上述功能类别中不能涵盖的其他功能。

第四节　食品安全标准

一、食品安全标准的范畴及制定

2015 年 10 月 1 日起施行的《食品安全法》第三章中指出"食品安全标准是强制执行的标准。除食品安全标准外，不得制定其他食品强制性标准。"制定食品安全标准的原则是：以保障公众身体健康为宗旨，做到科学合理、安全可靠。

1. 食品安全标准的范畴

（1）食品、食品添加剂、食品相关产品中的致病性微生物、农药残留、兽药残留、生物毒素、重金属等污染物质以及其他危害人体健康物质的限量规定；

（2）食品添加剂的品种、使用范围、用量；

（3）专供婴幼儿和其他特定人群的主辅食品的营养成分要求；

（4）对与卫生、营养等食品安全要求有关的标签、标志、说明书的要求；

（5）食品生产经营过程的卫生要求；

（6）与食品安全有关的质量要求；

（7）与食品安全有关的食品检验方法与规程；

（8）其他需要制定为食品安全标准的内容。

2. 食品安全标准的制定程序

制定食品安全国家标准，应当依据食品安全风险评估结果并充分考虑食用农产品安全风险评估结果，参照相关的国际标准和国际食品安全风险评估结果，并将食品安全国家标准草案向社会公布，广泛听取食品生产经营者、消费者、有关部门等方面的意见。食品安全国家标准应当经国务院卫生行政部门组织的食品安全国家标准审评委员会审查通过。食品安全国家标准审评委员会由医学、农业、食品、营养、生物、环境等方面的专家以及国务院有关部门、食品行业协会、消费者协会的代表组成，对食品安全国家标准草案的科学性和实用性等进行审查。

3. 食品安全标准的制定机构

食品安全国家标准由国务院卫生行政部门会同国务院食品安全监督管理部门制定、公布，国务院标准化行政部门提供国家标准编号。食品中农药残留、兽药残留的限量规定及其检验方法与规程由国务院卫生行政部门、国务院农业行政部门会同国务院食品安全监督管理部门制定。屠宰畜、禽的检验规程由国务院农业行政部门会同国务院卫生行政部门制定。

4. 食品安全标准指导、监督、修订机构

对食品安全标准执行过程中遇到的问题，由县级以上人民政府卫生行政部门及有关部门进行指导及解答。省级以上人民政府卫生行政部门应当会同同级食品安全监督管理、农业行政等部门，分别对食品安全国家标准和地方标准的执行情况进行跟踪评价，并根据评价结果及时修订食品安全标准。省级以上人民政府食品安全监督管理、农业行政等部门应当对食品安全标准执行中存在的问题进行收集、汇总，并及时向同级卫生行政部门通报。另外，食品生产经营者、食品行业协会发现食品安全标准在执行中存在问题的，应当立即向卫生行政部门报告。

二、食品安全标准中的主要技术指标

食品安全标准是对食品及其生产过程中与疾病的发生和预防相关的各种因素所作出的技术规定，这些因素通常包括安全、营养和保健三个方面。因此，我国食品安全标准的主要技术指标可以从大的方面分为以下几种。

1. 安全指标

依危害特征和危险程度将安全指标分为：

（1）严重危害人体健康的安全指标 包括致病性微生物与毒素、有毒有害的化学物质、放射性污染物等。常见的指标有：致病菌、金黄色葡萄球菌毒素、黄曲霉毒素、重金属、苯并芘、多环芳烃等。

（2）对人体有一定威胁或危险性的安全指标 常表示食品可能被污染以及污染的程度，如菌落总数、大肠菌群等。一般来说，菌落总数的多少并不代表引起疾病发生的可能性与危害程度，但能反映食品在生产加工过程的卫生状况。例如，菌落总数升高时，提示加工过程中可能存在以下问题：有较重的微生物污染源，食品的热加工或其他消毒工艺不彻底，食品的冷却与贮藏过程不合理，食品生产加工过程缺乏有效的卫生质量管理。

（3）间接反映食品卫生质量或与卫生质量相关的指标　包括水分、含氮化合物、挥发性盐基氮、酸价、过氧化值等。在某些食品中水分高于标准，则意味着食品中的细菌较易生长繁殖。在动物性食品中常有挥发性盐基氮这一指标，挥发性盐基氮是一类有毒物质，是指动物性食品由于酶和微生物的作用，在腐败过程中，使蛋白质分解而产生氨以及胺类等碱性含氮物质。

2. 营养指标

蛋白质、脂肪、碳水化合物、维生素、矿物质和水是人体所需的六大营养素。另外，也有综合反映食品营养质量的指标，如热量、蛋白质有效利用率等。如何确定营养食品中的营养素含量与比例，是制定食品营养指标必须要考虑的问题。在某些食品安全标准中，如乳粉、含乳饮料、植物蛋白饮料、酱油及保健食品等，都有对营养物质含量的指标要求。在婴儿食品安全标准中除了有较全的营养成分含量要求外，还有热量指标的要求。

3. 保健功能指标

保健功能指标只对保健（功能）食品而言，对普通的食品则没有保健功能指标的要求。保健食品是食品的一个种类，具有一般食品的共性，能调节人体的机能，适于特定人群食用，但不以治疗疾病为目的。保健（功能）食品一般应含有与功能相对应的功效成分及功效成分的最低有效含量。必要时应控制有效成分的最高限量（请参考 GB 16740—2014《食品安全国家标准保健食品》）。

三、我国食品安全标准中的技术指标

1. 食品卫生的概念

食品卫生及食品安全的概念一直以来区分就不是很严格的。1984 年，世界卫生组织（WHO）在题为《食品安全在卫生和发展中的作用》的文件中，曾把"食品安全"认为是"食品卫生"的同义语，将其定义为："生产、加工、贮存、分配和制作食品过程中确保食品安全可靠，有益于健康并且适合人消费的种种必要条件和措施"。1996 年，WHO 在其发表的《加强国家级食品安全性计划指南》中则把食品安全与食品卫生作为两个概念加以区别，其中，食品安全被解释为"对食品按其原定用途进行制作和合理食用时不会导致消费者健康损害的实际确定性"。食品卫生则指"为确保食品安全性和适用性在食物生产、贮存、食用等所有阶段必须采取的一切条件和措施"。WHO 前后两次定义的食品卫生概念其实是一样的，所赋予食品卫生的内涵是同样广泛的，都远远超出了"卫生"这一词语本来的内涵（"卫生"一词的本意是指：免受细菌等微生物污染，或免受其他杂质的污染，即洁净的意思）。通常认为食品安全的内涵大于食品卫生的内涵，比如，薯片中含有丙烯酰胺成分的问题属于食品安全问题，而不是食品卫生问题，又如食用新鲜黄花菜前是否用开水焯洗后再食用的问题是食品安全问题而不是食品卫生问题，但是，所有的食品卫生问题都属于食品安全问题。

2. 食品生产经营过程中的卫生要求

现行的《食品安全法》第四章食品生产经营第三十三条和第三十四条对食品生产经营提出了十一项具体要求和十三项禁止的经营活动。

现行的《食品安全法》第四章第一节中规定食品生产经营应当符合食品安全标准，并符合下列要求：

（1）具有与生产经营的食品品种、数量相适应的食品原料处理和食品加工、包装、贮存等场所，保持该场所环境整洁，并与有毒、有害场所以及其他污染源保持规定的距离；

（2）具有与生产经营的食品品种、数量相适应的生产经营设备或者设施，有相应的消毒、更衣、盥洗、采光、照明、通风、防腐、防尘、防蝇、防鼠、防虫、洗涤以及处理废水、存放垃圾和废弃物的设备或者设施；

（3）有专职或者兼职的食品安全专业技术人员、食品安全管理人员和保证食品安全的规章制度；

（4）具有合理的设备布局和工艺流程，防止待加工食品与直接入口食品、原料与成品交叉污染，避免食品接触有毒物、不洁物；

（5）餐具、饮具和盛放直接入口食品的容器，使用前应当洗净、消毒，炊具、用具用后应当洗净，保持清洁；

（6）贮存、运输和装卸食品的容器、工具和设备应当安全、无害，保持清洁，防止食品污染，并符合保证食品安全所需的温度、湿度等特殊要求，不得将食品与有毒、有害物品一同贮存、运输；

（7）直接入口的食品应当使用无毒、清洁的包装材料、餐具、饮具和容器；

（8）食品生产经营人员应当保持个人卫生，生产经营食品时，应当将手洗净，穿戴清洁的工作衣、帽等；销售无包装的直接入口食品时，应当使用无毒、清洁的容器、售货工具和设备；

（9）用水应当符合国家规定的生活饮用水卫生标准；

（10）使用的洗涤剂、消毒剂应当对人体安全、无害；

（11）法律、法规规定的其他要求。

非食品生产经营者从事食品贮存、运输和装卸的，应当符合前款第六项的规定。

现行的《食品安全法》第四章第一节中还规定了必须禁止生产经营的食品、食品添加剂及食品相关产品的项目，内容如下：

（1）用非食品原料生产的食品或者添加食品添加剂以外的化学物质和其他可能危害人体健康物质的食品，或者用回收食品作为原料生产的食品；

（2）致病性微生物，农药残留、兽药残留、生物毒素、重金属等污染物质以及其他危害人体健康的物质含量超过食品安全标准限量的食品、食品添加剂、食品相关产品；

（3）用超过保质期的食品原料、食品添加剂生产的食品、食品添加剂；

（4）超范围、超限量使用食品添加剂的食品；

（5）营养成分不符合食品安全标准的专供婴幼儿和其他特定人群的主辅食品；

（6）腐败变质、油脂酸败、霉变生虫、污秽不洁、混有异物、掺假掺杂或者感官性状异常的食品、食品添加剂；

（7）病死、毒死或者死因不明的禽、畜、兽、水产动物肉类及其制品；

（8）未按规定进行检疫或者检疫不合格的肉类，或者未经检验或者检验不合格的肉类制品；

（9）被包装材料、容器、运输工具等污染的食品、食品添加剂；

（10）标注虚假生产日期、保质期或者超过保质期的食品、食品添加剂；

（11）无标签的预包装食品、食品添加剂；

（12）国家为防病等特殊需要明令禁止生产经营的食品；

（13）其他不符合法律、法规或者食品安全标准的食品、食品添加剂、食品相关产品。

3. 我国食品安全标准中的技术指标

我国的食品安全标准中一般包括：感官指标、理化指标和微生物指标三类指标。这一归类显然较好地符合了"安全卫生"的本意。

（1）感官指标　感官指标一般规定食品的色泽、气味、滋味和组织状态等，这些指标往往可以用检验者的感官进行感知而判断是否合格。这些指标的变化一般来说是由于污染物污染或理化成分发生变化而引起的，因而把感官指标列为食品卫生指标是比较合理的。感官指标作为食品的一个重要指标，具有优先否决权，即，若感官指标不合格，则可直接判定此批产品不合格，没有必要再进行后续指标的测定。

（2）理化指标　理化指标包括食品中金属离子（如铅、汞、铜等）、农药残留、兽药残留、污染物质、毒素、食品添加剂和放射性物质等限量指标。这些指标并非在所有食品卫生标准中都同时出现，有的食品卫生标准中只有其中几项，有的可能还要增加其他的理化指标。

（3）微生物指标　微生物指标一般包括菌落总数、大肠菌群数和致病菌三项指标，有的还包括霉菌指标（CFU/g）。菌落总数是指食品检样在严格规定的条件下（样品处理、培养基及其 pH、培养温度与时间、计数方法等）培养后，单位质量（g）、容积（mL）或表面积（cm²）上所生成的细菌菌落总数。大肠菌群数用每 100mL 或每 100g 食品检样中大肠菌群最可能数（MPN）表示。致病菌指标一般规定为"不得检出"，常见的致病菌主要是肠道致病菌和致病性球菌如沙门氏菌、金黄色葡萄球菌、志贺氏菌等。

在我国的食品安全标准中微生物指标是一个重要指标，通过设定诸如菌落总数、大肠菌群、致病菌、霉菌以及酵母菌等指标要求，有效地控制了产品的卫生质量，对提高企业生产过程的卫生管理具有积极的促进作用。然而，目前发达国家已不再将微生物指标列入终产品标准中，因为越来越多的人认识到保证食品的安全性主要通过原料控制、产品设计和加工过程的控制，以及在生产、加工（包括标识）、批发、贮存、销售、制备和食用过程中应用良好卫生规范和 HACCP 系统完成。许多国家的实践证明，这种预防性的措施比微生物学检验更能有效地控制食品的卫生质量。不可否认我国应把国际上通行的制定食品生产过程中的 HACCP 要求作为今后该领域的发展方向，但现阶段我国食品加工业还是以中小型企业为主，2/3 中国的消费者食用的产品来源于这些企业。这些企业在生产条件、卫生管理水平等诸多方面尚难以从整体上实施 HACCP，因而继续在终产品标准中保留微生物指标是必要的。另一方面，随着我国食品生产企业自身管理水平的不断提高，相信会在微生物指标的设定方面也参照国际惯例，逐步采用 HACCP 的方法，将重点放在食品生产全过程的卫生控制上。另外，在食品安全方面，2010年以来，部分对产品质量严格要求的国际先进的食品企业已经开始按照医药品及其原料的生产标准即"国际通用技术文件（Common Technical Document）"的要求来管理和生产食品，这是值得国内食品企业借鉴及思考的。

 思政案例

依据《食品安全法》及《食品安全法实施条例》等相关法律法规，按照"四个最严"要求，国家卫生健康委员会与国家市场监督管理总局联合发布了 GB 31654—2021《食品安全国家标准　餐饮服务通用卫生规范》，并于 2022 年 2 月 22 日正式实施。该标准规定了餐饮服务活动中食品采购贮存、加工、供应、配送和餐（饮）具、食品容器及工具清洗、消毒等环节有关场所、设施、设备、人员的食品安全基本要求和管理准则，适用于餐饮服务经营者和集中用餐单位食堂从事的各类餐饮服务活动。该标准是我国首部餐饮服务行业规范类食品安全国家标准，对于提升我国餐饮业安全水平，保障消费者饮食安全、满足人民群众日益增长的餐饮消费需求具有重要意义。

随着食品安全法的不断完善和食品安全强制标准的不断修订，各类食品安全问题得到有效遏制。中共中央、国务院于 2016 年 10 月 25 日印发并实施的《"2030 健康中国"规划纲要》指出，要完善食品安全标准体系，实现食品安全标准与国际标准基本接轨，让人民群众吃得安全、吃得放心。各项食品安全标准的修订，正是基于这一要求，以保障人民的食品安全，推动健康中国的建成。党的二十大报告将"健康中国"作为我国 2035 年发展总体目标的一个重要方面，提出"把保障人民健康放在优先发展的战略位置，完善人民健康促进政策"，并对"推进健康中国建设"作出全面部署。

课程思政育人目标

通过学习食品安全强制性标准，全面理解食品安全强制性标准的作用，以及对食品工业高质量发展和人民健康保障的重要意义，加强对健康中国战略的理解，在学习中逐渐形成自觉维护食品安全的意识。

🔍 **思考题**

1. 中国食品标准分为哪几类？
2. 食品标签的定义及食品标签强制性标示内容是什么？
3. 什么是核心营养素，核心营养素的意义是什么？
4. 食品添加剂的强制性标准的主要内容有哪些？
5. 食品添加剂的使用原则是什么？

第六章

食品标准的制定

第一节　食品标准制定的原则

一、食品标准的基本内容

食品标准涉及食品各领域，包括食品工业基础及相关标准、国家食品安全有关限量标准、国家食品安全检测方法标准、食品产品质量标准、食品包装材料及容器标准、食品添加剂标准等。本章将重点介绍食品产品质量标准。

食品产品质量标准的核心内容为食品安全要求和营养质量要求，但要达到制定食品标准的目的，只有核心内容是不够的。无论国际标准，还是国家标准、行业标准、地方标准、团体标准以及企业标准，就食品产品标准的内容来看，还应包含以下几个方面。第一，生产者为了使所生产的产品达到预期的质量要求，必须选用满足相应质量要求的原辅料，因此，食品标准在内容上对食品生产所用原辅料也应有明确的规定。第二，为了判断、评定和检测食品是否达到了标准的要求，需要使用公认的判断、评定和检测方法，因此，食品标准在内容上对食品要求的各项指标的检测方法也应有明确的规定。第三，人们在选择食品时，卫生和营养质量往往难以通过肉眼来辨别，要了解食品，只有通过标志、标签和有关食品市场准入、质量认证的标志等才能实现，因此，食品标准在内容上对食品标志和标签也应有明确的规定。第四，为了保持食品质量，让消费者能够食用到符合标准要求的食品，食品标准在内容上对食品贮藏和运输环境也应有明确的规定。第五，任何一个食品标准都不可能孤立地存在，与相关技术标准、文件存在着必然的联系，往往都要引用一些相关的标准和文件，因此，食品标准在内容上对规范性引用文件也应有明确的规定。

二、食品标准制修订原则

（一）必须贯彻国家有关政策和法律法规

食品标准直接关系到国家、企业和广大人民的利益。国家的法律法规是维护全体人民利益的根本保证。因此，凡是国家颁布的相关法律法规都应贯彻。食品标准中的所有规定均不得与相关法律法规相违背。

目前，我国与食品相关的法律法规和部门规章主要有：《中华人民共和国标准化法》《中华人民共和国产品质量法》《中华人民共和国计量法》《中华人民共和国消费者权益保护法》《中华人民共和国食品安全法》《中华人民共和国农产品质量安全法》《食品添加剂新品种管理办法》《保健食品管理办法》《新食品原料安全性审查管理办法》《农药管理条例》和《兽药管理条例》等。这些法律法规和部门规章有些是直接关系到食品的安全（卫生）与质量，有些是间接关系到食品的安全（卫生）与质量，这些都是制定食品标准需要遵循的重要依据。

（二）积极采用国际标准，注意标准间的协调性

在制定食品标准时，有国际标准和国外先进标准的，要积极采用。采用国际标准实际上是一种技术引进，有利于消除贸易技术壁垒，促进国际间产品的贸易和经济合作。但采用国际标准时要充分考虑我国的国情、自然条件。由于国家安全、保护人身体健康和安全、保护环境或技术问题，与国际标准存在一定的差异也是必要的。能等同采用的尽可能等同采用，不能等同采用的可以修改采用。采用国际标准应优先采用与食品标准有关的安全（卫生）、环保、原材料和食品检验方法标准。

协调性是针对标准之间的，由于标准是一种成体系的文件，各个标准之间存在着广泛的内在联系。因此，一定范围内的标准是互相联系、互相衔接、互相补充、互相制约的。各种标准之间只有相互协调、相辅相成，才能保证生产、流通、使用和管理等各环节之间协调一致，才能充分发挥标准系统的功能，获得良好的系统效应。要达到标准整体协调，必须注意每项标准都应遵循现有基础标准的有关条款，尤其涉及术语、量、公差、单位、符号、缩略语及检验检测方法等，更应注意相关标准间的协调一致。标准的本质是统一，因此制定食品标准时也要遵循统一的原则。制定食品标准应做到与现行食品标准的协调、配套，避免重复，更不能与现行标准相抵触。制定食品企业标准时，应以现行相应的食品国家标准为准则，技术指标应严于现行国家标准、行业标准或地方标准。

（三）坚持统一性

统一性是标准编写及表达方式的最基本的要求，是指在每项标准或每个系列标准内，标准的结构、文体和术语应保持一致。统一性强调的是内部的统一，即一项标准内部或一系列相关标准内部的统一。

如果一项标准中的各个部分或系列标准中的几个标准一同起草，或者所起草的标准是一项标准的某个部分或系列标准中的一个标准，这时，应注意以下几个问题的统一性。

（1）标准结构的统一性　标准或部分之间的结构应尽可能相同。标准或部分中的章、条的

编号应尽可能相同。一个企业的产品标准也应有自己特色的统一性。

（2）文体的统一性　类似的条文应由类似措辞来表达；相同条文应由相同的措辞来表达。

（3）术语的统一性　在每项标准或系列标准内，某一给定概念应使用相同的术语。对于已定义的概念应避免使用同义词。每个选用的术语应尽量只有唯一的含义。对于相关标准，虽然不是系列标准也应该考虑统一性问题。

统一性有利于人们对标准的理解和执行，避免同样内容不同表达方法导致标准使用者产生疑惑。更有利于标准文本的计算机自动化处理，甚至计算机辅助翻译更加方便和准确。

（四）充分考虑使用要求和生产实际

食品生产的根本目的，是为了满足广大消费者的消费需求。因此，制定食品标准要充分考虑使用要求，要从消费者的实际需要出发来制定食品标准。也就是说，在编制食品标准时，要求指标的设定，应充分考虑食品的安全性、适用性（营养性）、嗜好性和方便性。例如，编写一项方便食用的食品标准，首先要考虑它的安全性，然后考虑食用的方便性，其次考虑它的色、香、味、形以及营养性。满足使用要求应包括各方的使用要求，也就是说不但要满足使用者的要求，还要满足生产者以及检测者的要求。在考虑这些因素的同时，还要考虑实际生产的可能性，也就是标准的可实践性，即要保证生产工艺能够实现，也就是标准制定出来以后，企业能够通过技术手段来实现。

（五）遵循技术上先进和经济上合理的原则

制定食品标准时，应力求反映科学研究、技术革新和生产实践的先进成果，只有这样技术标准才能促进生产发展和技术进步。但任何先进技术的采用和推广都受着经济条件的制约。因此，要求食品标准技术先进，并不是盲目地追求高指标，还要考虑它的经济性，是否符合我国的实际情况和消费者的需求，既要注重吸纳采用先进的技术成果，也要充分考虑经济上的合理性，提高技术标准水平必须与取得良好的经济效益统一起来。

（六）坚持以科学试验和实践经验为基础

科学性是标准的最基本特性，标准反映了某一时期的科学技术发展水平。标准只有以一定的科学技术理论及科学试验为依据，并经生产实践的验证制定出来，才会具有可操作性。才能用先进的科学技术和生产经验促进生产力的发展。否则所制定的标准就有可能阻碍生产力的发展。

（七）适时复审

标准具有时效性，它是特定的科学技术发展水平和特定的经济环境条件的产物，随着科学技术的快速发展和经济环境的改善，标准的不适应性会日益显现。食品标准也是一样，随着社会主义市场经济的不断完善，人们的生活水平日益提高，对食品质量的要求越来越高，"标龄"过长的食品标准会不适应社会的发展，需要新的标准来替代。我国与世界各国之间的贸易和交往日趋频繁，人们的饮食文化相互影响、相互渗透，新的食品层出不穷，也促使食品标准不断更新。因此一项新的食品标准发布后，标准起草和编写部门还要适时对标准进行复审，特别是当新的国家食品标准发布后，与之相关的行业标准、地方标准和企业标准都要复审，以保证各层次标准的协调统一和有效。在没有新的食品标准发布的情况下，各层次的食品标准也要定期进行复审。根据《中华人民共和国标准化法实施条例》和《企业标准化管理办法》规定，复审周期一般不超过五年，企业标准的复审周期一般不超过三年。复审结果分为三种情况，确认有效、修订和废止。标准的批准发布部门应及时向社会公布标准的复审结果。

三、企业标准的制定范围

企业生产的产品，没有国家标准、行业标准和地方标准的应制定企业标准。

为提高产品质量和促进技术进步，国家鼓励制定严于国家标准、行业标准和地方标准的企业标准。

企业标准可引用国家标准、行业标准中的条款，或在其基础上进行补充。范围包括产品的设计、采购、工艺、工装、半成品等方面的技术标准，以及生产、经营活动中的管理标准和工作标准。

四、制定食品标准的要求

制定食品标准的时候要严格执行 GB/T 20001《标准编写规则》系列标准（共计 11 部分）的规定，按 GB/T 20001.5—2017《标准编写规则　第 5 部分：规范标准》的要求规范制定不同类型的标准。

（一）"标准的范围"所规定的界限内按需要力求完整

"标准的范围"划清标准所适用的界限，而在标准的后续条款中应将范围所限定的内容完整地表达出来，不应只规定部分内容。"按需要"说的是需要什么，规定什么；需要多少，规定多少。并不是越完整越好，将不需要的内容加以规定，同样也是错误的。

（二）标准的条文应用词准确、逻辑严谨

标准的条文应具有用词准确、逻辑严谨的文风。为使标准使用者易于理解标准的内容，防止不同人从不同的角度对标准内容产生不同的理解，在满足对标准技术内容完整和准确表达的前提下，标准的语言和表达形式应尽可能简单、明了、通俗易懂，避免使用模棱两可的词汇和方言，还应避免使用口语化的措辞。

（三）注重适用性

1. 标准的内容要便于实施

在制定标准时，应时时想到标准的实施。所制定标准中的每个条款都应具有可操作性。

2. 标准的内容易于被其他文件所引用

标准的内容要考虑到易于被其他标准、法律、法规或规章所引用。如果标准中某些内容有可能被引用，则应将它们编为单独的章、条，或编为标准的单独部分。

第二节　食品标准制定的程序

标准制定是标准化工作的核心工作，要想有效地开展标准化工作，标准的制定就应该有计划、有组织、有秩序地按一定程序进行。食品标准的制定程序与一般标准的制订程序是一致的。借鉴世界贸易组织（WTO）、国际标准化组织（ISO）和国际电工委员会（IEC）关于标准制定阶段划分的规定，结合我国的实际情况，我国确立了国家标准的制定程序，即：预备阶段、立

项阶段、起草阶段、征求意见阶段、审查阶段、批准阶段、复审阶段。行业标准、地方标准、团体标准、企业标准的制定程序可以此为参照，在保证质量的前提下，可根据实际情况，简化各阶段的某些环节或步骤。

（一）预备阶段

预备阶段是标准计划项目的提出阶段。

国家标准、行业标准和地方标准的制定，需预先提出项目建议。各级标准化行政主管部门可以随时向社会征集标准制定、修订项目建议，各有关部门、单位、组织或个人也可以随时提出和上报标准制定、修订项目建议。

标准的制定项目建议应包括：拟制定的标准名称和范围，标准草案或大纲，制定该标准的依据、目的、意义及主要工作内容，国内外相应标准及有关科学技术成就的简要说明，工作步骤及计划进度、工作分工，制定过程中可能出现的问题和解决措施，经费预算等。

（二）立项阶段

确定制定标准的项目，通常称为标准立项。立项的目的是保证标准的统一性和协调性，避免标准的交叉和重复制定。

食品安全国家标准的立项，是根据《国家标准管理办法》，由国务院标准化行政主管部门会同与食品相关的国务院行政主管部门提出编制国家标准年度计划，下发到国务院各有关行政主管部门和全国各专业标准化技术委员会。国务院标准化行政主管部门，负责对各专业标准化技术委员会提出的项目建议进行审查、协调、确定项目任务书，必要时还可以对项目计划进行调整和增补（修改）。急需制定的标准项目可以进入标准制定、修订快速程序。

地方标准的立项审批与国家标准的立项审批基本相同。地方标准由省、自治区、直辖市标准化行政主管部门统一管理。各级标准化行政主管部门负责对各有关部门、单位、组织或个人提出和上报的标准制定、修订项目建议进行审查、批准立项，并下达标准制定、修订项目计划。

团体标准由标准制定、修订单位向相关学会、协会、商会、联合会、产业技术联盟等社会团体提出标准立项申请，由社会团体协调相关市场主体共同制定满足市场和创新需要的团体标准，由本团体成员约定采用或者按照本团体的规定供社会自愿采用。

企业标准则由企业的有关部门提出制定、修订标准立项申请，由企业法人或企业法人授权的负责人审批，批准后向各有关部门下达标准制定、修订计划。

（三）起草阶段

标准制修订项目计划下达后，由标准的归口部门或标准项目提出部门组织标准制定、修订工作小组，也称标准起草组，负责标准的起草工作。标准起草组的成员应当由熟悉食品生产、检验、安全，有较丰富实践经验和较好文字表达能力的专业人员组成。

标准起草阶段的主要工作任务是：通过调查研究，编制标准草案（征求意见稿）及其编制说明和有关附件。

1. 调查研究

各类技术资料是起草食品标准的依据，是否充分掌握有关资料，直接影响食品标准的质量。因此，起草阶段必须进行广泛的调查研究，通过调查研究主要搜集以下几方面资料：

（1）国内外有关标准及法规　包括同一或同类标准化对象的各种技术标准及相关法律法规。

（2）国内外最新科技成果　包括有关科技文献、出版物、专利、科研成果等，由此获得大量的技术情报，掌握国内外相关科学技术发展的水平和趋势，准确地确定标准的技术水平。

（3）生产实践资料、生产的技术水平等。

（4）试验数据　列入标准的技术要求，必须以试验数据为依据，对标准的技术内容或技术指标，应进行反复的试验验证。

2. 起草征求意见稿和编制说明

对搜集到的资料进行整理、分析、对比、选优后，根据标准化的对象和目的，按技术标准编写要求起草标准征求意见稿和编制说明。起草标准可由一个人执笔，也可分成若干部分分别由几个人起草，最后由一个人整理完成，经起草小组集体讨论后定稿。编制说明的主要内容包括：

（1）任务来源，起草单位，协作单位，主要起草人，工作概况。

（2）制定标准的必要性和意义。

（3）主要起草（工作）过程。

（4）制定标准的原则和确定主要技术指标、试验方法的依据。

（5）有争议条款的说明。

（6）采用国际标准或国外先进标准的程度，以及与国内外同类标准水平的对比情况。

（7）标准性质的建议：推荐性标准或强制性标准。

（8）与现行法律、行政法规、标准的关系。

（9）其他应说明的事项。

（10）参考标准、文献、资料目录。

以上内容，依具体标准草案而定，不是所有编制说明都具备的内容。

（四）征求意见阶段

标准草案征求意见是制定标准的重要环节，要做到周密、细致、完备。征求意见的期限一般不超过三个月。征求意见稿要经专业技术委员会或提出单位技术负责人审核同意后，方可对外征求意见。发往征求意见的单位应是与本标准有密切关系的生产、使用、科研、监督检验单位及有关大专院校。企业标准征求意见，还应将标准草案（征求意见稿）分发企业内有关部门。食品产品标准还应征求经销单位和顾客的意见，特别要注意征求对标准有分歧意见单位的意见。征求意见时，要明确征求意见期限。被征求意见单位应在规定的期限内回复意见，逾期不回复的按无意见处理。回复意见涉及重要技术指标时，应附上必要的技术数据。

标准起草小组对返回的意见要汇总整理，逐条讨论、确定处理结果。对意见的处理应填写《意见汇总处理表》，作为审查会讨论的依据和报批标准的附件。标准起草小组依据处理结果，修改征求意见稿，提交标准归口部门或提出部门审查同意，形成标准送审稿。

（五）审查阶段

国家标准与地方标准的审查由各专业技术委员会组织有关专家进行，没有专业标准化技术委员会的，可由标准化行政主管部门和项目主管部门或提出部门共同组织审查。标准审查一要审查标准草案是否与国家有关法律法规、行政规章、强制性标准相抵触；二要审查技术内容是否符合实际和科学技术的发展方向，技术要求是否先进合理，是否符合市场需求等。审查标准送审稿，可采取会审，也可采取函审。对技术内容复杂、涉及面广、分歧意见较多的食品标准宜采用会议审查；特殊情况或标准技术内容简单，意见分歧少，较成熟的标准可以采取函审。

依据《关于加强强制性标准管理的若干规定》，强制性标准必须会议审查。参加审查会的代表应包括行政机关、生产、使用、经销、科研、检验以及大专院校等各有关方面的专家或长期从事与标准有关的科研、生产或检验工作，具有较丰富实践经验的人员。使用方面的代表人数不应少于1/4。会议审查如需表决，必须有出席会议代表人数的3/4同意为通过，标准起草人不能参加表决。函审时，应有3/4回函同意为通过，回函不足2/3的，应重新组织函审。企业标准的审查会由企业自行组织。

标准审查委员会应充分发扬民主，尽量听取各方不同意见，对代表提出的合理意见应积极采纳，对有分歧的技术内容可通过民主协商的方式达成一致意见。对在审查会上作出的主要修改意见，要形成会议纪要，修改内容较多的可作为会议纪要附件处理。对需要起草小组会后落实的内容，起草小组落实后要及时将落实的结果通知与会代表或专家。审查会结束后，起草小组应根据会议决定的修改内容，将送审稿改写为报批稿。

（六）批准与备案阶段

食品安全国家标准应当经国务院卫生行政部门组织的食品安全国家标准审评委员会审查通过，由标准化行政主管部门统一编号、批准、发布。涉及国际贸易的强制性食品标准，应根据我国关于《制定、采用和实施标准的良好行为规范》的承诺，向世界贸易组织（WTO）各成员国通报，自通报之日起60天之后，若无反对意见，国务院标准化行政主管部门方可批准、发布。

行业标准由国务院有关行政主管部门审查通过和发布，报国务院标准化行政主管部门备案。

对地方特色食品，没有食品安全国家标准的，省、自治区、直辖市人民政府卫生行政部门可以审查通过并发布食品安全地方标准，报国务院卫生行政部门备案。食品安全国家标准制定后，该地方标准即行废止。

团体标准由相关社会团体审查通过和发布，并接受国务院标准化行政主管部门会同国务院有关行政主管部门对团体标准的制定进行规范、引导和监督。

企业标准，应经省、自治区、直辖市人民政府卫生行政部门审查通过并备案，由企业法人代表或法人代表授权的主管领导批准、发布。

（七）复审阶段

标准发布实施后，制定标准的部门应当根据科学技术的发展、生产的进步和消费者需求的变化，适时进行复审，以确认现行标准继续有效或者予以修订、废止。在我国标准化实际工作中，国家标准和地方标准的复审周期一般不超过5年。随着科学技术的发展，标准的复审周期将越来越短。企业标准则应根据国家标准和地方标准的更替，及时复审，复审周期一般不超过3年。

标准的复审结果分为：继续有效、修订或废止。国家标准的复审工作应纳入专业标准化技术委员会的日常工作计划。各专业标准化技术委员会每年向国务院标准化行政主管部门报告标准的复审结论，国务院标准化行政主管部门应对报送的复审结论进行审查、确认和批复，并及时向社会公告。经复审确认继续有效的标准，其顺序号、年代号不变；重版印刷时，在国家标准的封面上、国家标准编号下写明"××××年确认有效"。需要修订的标准，应列入国家标准制修订计划，按照标准的制修订程序进行修订；与国家现行法律法规、行政规章、强制性标准相抵触或内容已不适应当前的经济建设和科学技术发展需要的标准应予以废止。地方标准的复审由地方标准化行政主管部门提出复审计划，标准的提出或技术归口机构负责具体的复审工作，并应将复审结果报地方标准化行政主管部门确认和批复，复审结果由标准化行政主管部门向社会公告。团体标准由制定相关标准的社会团体进行复审。企业产品标准由企业自行复审，复审后报当地标准化行政主管部门重新备案。

第三节　食品标准的结构

一、食品标准的要素

食品标准和其他标准一样，尽管标准化的对象不同，范围各异，内容或多或少，但构成标准的要素相似。依据不同原则可将标准中的要素划分为不同的类别。

（一）按要素的性质划分

依据要素的性质，可将标准中的要素划分为"规范性要素"和"资料性要素"。

规范性要素是"要声明符合标准而应遵守的条款的要素"。也就是说，当声明某一产品、过程或服务符合某项标准时，并不需要符合标准中所有的内容，而只要符合标准中所有规范性要素的条款，就可认定是符合该项标准的产品。要遵守某一标准，就要遵守该标准中的所有规范性要素中所规定的内容。

资料性要素是"标识标准、介绍标准，提供标准的附加信息的要素"。也就是说，当声明某一产品符合某项标准时，无须遵守的要素。这些要素在标准中存在的目的并不是要让标准的使用者遵照执行，而只是提供一些附加信息或资料。

（二）按要素在标准中所处的位置划分

依据要素在标准中所处的位置还可把要素划分为"规范性一般要素""规范性技术要素"和"资料性概述要素""资料性补充要素"。

规范性一般要素是位于标准正文中的前几个要素，即标准的名称、范围、规范性引用文件等要素。

规范性技术要素是标准的核心部分，也是标准的主要技术内容。即术语、定义、符号、缩略语、要求……规范性附录等要素。

资料性概述要素是"标识标准、介绍标准的内容、背景、制定情况以及该标准与其他标准的关系的要素"，即标准的封面、目次、前言、引言等要素。

资料性补充要素是"提供附加信息，以帮助理解或使用标准的要素"。即标准的资料性附录、参考文献、索引等要素，各种要素之间的关系见图6-1。

（三）依据要素在标准中的必备状态或可选状态划分

依据要素在标准中是否必须具备这样一个状态，可将标准中的所有要素划分为必备要素和可选要素。

必备要素是在标准中必须存在的要素。标准中的必备要素包括：封面、前言、标准名称、范围。

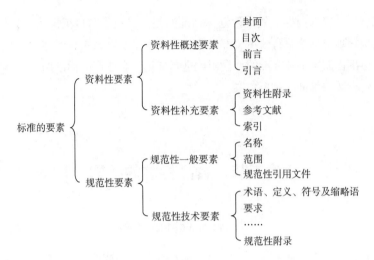

图 6-1　资料性要素和规范性要素

可选要素是在标准中不是必须存在的要素，其存在与否要视标准的具体情况而定。也就是说在某些标准中应该有的要素，但在另外的标准中就可能不存在的要素。例如，在某一标准中可能具有"术语和定义"这一章；而在另一标准中没有易让标准的使用者产生理解上差异的"术语和定义"，因此，该标准中就没有"术语和定义"这一章。再如"产品分类"，有的食品本身就有几个种类，这样的产品标准就应当设置"产品分类"；而有的食品本身就是一个种类，这样的产品标准就没有必要设置"产品分类"这一章。

二、标准的结构层次

标准的结构层次：即标准中的部分、章、条、段、列项和附录的排列顺序。

标准中的章、条、段三个层次是标准的必备层次，其余的层次都是可选层次。具体标准所具备的层次及其设置应视标准篇幅的多少、内容的繁简而定。

（一）部分

一项标准一般有两种表现形式：即作为整体发布的单独标准和分为若干部分发布的标准。

一般情况下，针对一个标准化对象应编制成一项单独的标准，并作为一个整体发布实施。在我国国家标准中，单独的标准约占 65%；地方标准中，单独的标准所占比例更大；而企业标准几乎都是单独标准。

但在一些特殊情况下，可在相同的标准顺序号下将一项标准分成若干部分。一般在下述情况下可以考虑将标准划分为部分：

（1）标准的篇幅过长；

（2）各部分的内容相互关联；

（3）标准的某些内容可能被单独引用；

（4）标准的某些部分拟用于认证。

部分是一项标准被分别批准发布的系列文件之一。一项标准的不同部分具有同一个标准顺序号，它们共同构成一项标准。

部分的编号位于标准顺序号之后，用从"1"开始的阿拉伯数字编号。部分的编号与标准顺序号之间用下脚点隔开，如 GB 4789.1—2016《食品安全国家标准　食品微生物学检验　总则》、GB 4789.2—2022《食品安全国家标准　食品微生物学检验　菌落总数测定》、GB 4789.3—2016《食品安全国家标准　食品微生物学检验　大肠菌群计数》等。标准部分的编号和章条的编号一样，都是标准的内部编号，只不过将它放在了标准编号中。

分成部分的标准名称采用分段式表达。同一标准的各个部分名称的引导要素（如前例中的"食品安全国家标准"）和主体要素（如前例中的"食品微生物学检验"）应是相同的，以便用名称表明这些部分是属于同一标准。一项标准的不同部分主要是从标准名称的补充要素（如前例中的"总则"或"菌落总数测定"或"大肠菌群计数"）不同来区分或者是在名称的补充要素前标明"第1部分""第2部分"等。

（二）章

"章"是标准内容划分的基本单元，是标准或部分中划分出的第一层次，因而构成了标准结构的基本框架。

在每一项标准中章的编号应从"范围"一章开始，也就是说第一章应该是"范围"，用阿拉伯数字"1"编号。下面的每一章以此类推，第二章如果是"规范性引用文件"，用"2"编号，这种编号一直连续到附录之前。因为附录的编号另有规定。每一章都要有标题，标题在编号之后空一个汉字的位置，并与其后的条文分行。

（三）条

条是对章的细分。

"章"以下所有有编号的层次均称为"条"。条的设置是多层次的，第一层次的条可分为第二层次的条，第二层次的条可分为第三层次的条，"条"一直可以分为五个层次。第一层次的条最好给出一个标题，标题位于编号之后空一个汉字，并与其后的条文分行。第二层的条是否设置标题应根据编写内容的具体情况处理。在某一章或条中，同一层次的条有无标题应统一。对于不同章中的条或不同条中的条，虽处于同一层次，是否设置标题可以不一致。

条的编号使用阿拉伯数字加下脚点的形式，即层次用阿拉伯数字，两个层次的数字之间加下脚点。条的编号应在其所属章内及上一层次的条内进行。

条的设立应从以下两个方面考虑：

（1）条文有被引用的可能时；

（2）同一层次中有两个以上（含两个）的条时。

（四）段

"段"是对章或条的细分。段没有编号，这是段与条的最明显的区别，也就是说段是章或条中不编号的层次。除了章只有一条内容的情况下，段一般都在每一条的下面。

在标准中应尽量避免出现"悬置段"。但标准中的一些引导语可以处于悬置状态，只要它们不会被引用。如"术语和定义"一章，往往在具体给出术语和定义之前，要有一段引导语，这些引导语是不会被引用的，所以可以处于悬置状态。

（五）列项

列项是段的另外一种表示形式，没有编号，是编写标准时常常用到的一种方法，列项对于标准中某些内容的表述十分方便。列项可以用两种形式引出，一种是使用一个句子；一种是使用一个句子的前半部分，后半部分由列项中的内容来完成。

不论使用哪一种方式引出列项，都要在引出的句子（或句子的前半部分）的末尾加上冒号。

列项中的每一项前应加破折号或圆点。如果列项需要识别或者将被引用，则在每一项前加上后带半圆括号的小写英文字母序号，如 a)、b)、c)、d) 等。

列项的条文中，一般只在最后一个列项的末尾使用句号，其他列项的末尾，使用分号。

（六）附录

附录是标准层次的表现形式之一。

在起草标准时，下述情况常常使用附录：

（1）为了合理安排标准的整体结构，突出标准的主要技术内容；

（2）为了方便标准使用者对标准中部分技术内容的进一步理解；

（3）采用国际标准时，为了给出与国际标准的详细差异。

附录分为两类，一类为规范性附录，一类为资料性附录。

标准的附录是规范性附录还是资料性附录，从附录的前三行内容即可识别。

第一行是附录的编号，每一个附录都应有一个编号，编号由汉字"附录"和随后表明附录顺序的大写英文字母组成，字母由"A"开始，例如"附录 A"。如果是多个附录，依顺序是"附录 B""附录 C"等，两类附录（规范性附录、资料性附录）可混合在一起编排，附录的前后顺序完全取决在标准中被提及的先后顺序。当只有一个附录时仍应标为"附录 A"。

第二行表明附录的性质，应注明是（规范性附录）还是（资料性附录）。

第三行是附录的标题，每个附录均应当有标题，以表明附录规定或陈述的具体内容。附录的标题应与标准条文中所要表述或提及的内容相一致。例如，标准条文中提及"基础国家标准参见附录 B"，则附录 B 的标题就应该是"基础国家标准"。

附录中的章、条、表、图、计算公式的编号，由附录的编号中的顺序号及大写英文字母和阿拉伯数字组成，大写英文字母后加下脚点。阿拉伯数字应从"1"开始，章、条、表、图的顺序号依照前面介绍的章、条编号规则。

第四节　食品标准核心内容（规范性技术要素）的编写

规范性技术要素是标准的主体要素。由于标准化对象的不同，所以各个标准的构成以及所包含的内容也有所差异，这种差异在一个标准中就具体地表现在规范性技术要素上。规范性技术要素是标准的核心，其内容反映各个标准的特性要求。标准的特性要求主要通过规范性技术要素中的组成要素体现并与其标准化对象相适应。

食品产品标准的规范性技术要素的内容构成有术语和定义、符号和缩略语、产品分类、要求、抽样、试验方法、检验规则、标志、包装、运输、贮存及规范性附录等。但每一项标准的规范性技术要素不一定包括上述的全部内容，可以根据标准化对象的特征和制定标准的目的合理删减。规范性技术要素中的要求、抽样和试验方法是产品标准中相互关联的要素，必须考虑其综合协调性。

一、术语和定义

术语和定义在食品标准中是可选要素，编写这一章的目的是给标准使用者提供方便，将标准中使用到的不易理解的术语一一列出并进行定义。对于通用术语，为了方便引用，常常是将它们制定成单独的术语标准或标准的单独部分。只有术语只在一项标准内或部分内使用，或者是涉及的术语较少时，才将它们编制在"术语和定义"一章中。

如果标准中没有需要解释的术语，则不需要编制"术语和定义"一章。如果有"术语和定义"一章，一般应列在"规范性引用文件"一章之后。

在一项标准中涉及的术语很多，哪些术语需要解释需要定义，这就是人们常说的待定义术语的选择，以下是编写术语和定义一章要掌握的原则：

（1）当不对术语进行定义，其含义易引起误解或产生歧义时，才有必要对术语进行定义。一看就懂或众所周知的术语没有必要进行定义。

（2）对于通用词典中的通用技术术语，只有用于特定含义时，才应对它下定义。

（3）应避免给商品名、俗称、品牌名下定义。

（4）在标准中应在其范围限定的领域内给术语下定义。

（5）在对某术语进行定义前，应查明其他标准中是否已给出定义，避免重复或对同一概念给出不同的解释。

（6）当有必要重复某定义时，应在定义之下列出该定义所出自的标准。

在给术语下定义时，要用简明和通俗易懂的语言表述，不要在定义中重复术语。

在编写一项标准的"术语和定义"一章时，应在"章"名之下给出一段引导语，如：

"下列术语和定义适用于本标准。"

"××××××中确立的术语和定义适用于本标准。"

"××××××中确立的下列术语和定义适用于本标准。为了方便，下面重复列出了××××××中的一些术语。"

二、符号和缩略语

和标准的术语一样，在编写标准时，常常要使用一些符号或缩略语。为了便于标准的使用者对标准中的某些符号、缩略语有共同的理解，可将它们集中进行解释或说明。

对于适用于较广范围的符号，为了方便引用，常常是将它们编制成单独的标准或标准的单独部分。只有符号只在一项标准内或部分内适用时，才将它们编制在标准的一章中。但缩略语，一般不能编制成一项独立的标准，只能编制在标准的一章中。

对于标准，符号和缩略语是可选要素。如果标准中没有需要解释的符号和缩略语，则不需要编制"符号和缩略语"一章。

根据符号和缩略语的多少，在标准中可将"符号和缩略语"合为一章，也可以将"符号""缩略语"分章表述。一般应列在"术语和定义"一章之后。在符号和缩略语具体内容少的情况下，还可以与术语和定义合并成一章。

在编写一项标准的"符号和缩略语"一章时，应在"章"名之下给出一段引导语，如：

"下列符号和缩略语适用于本标准。"

"×××中给出的符号和缩略语适用于本标准。"

每条"符号"一般不编号，在"符号"之后，空一个字符或者用冒号"："、破折号"——"相连，写出其相应含意。"符号"也可以用列表的形式表达。

每条"缩略语"一般不编号，在"缩略语"之后，空一个字符写出"缩略语"对应的完整的词语。"缩略语"也可以用列表的形式表达。

三、要求

要求要素是规范性技术要素中的核心内容。要求是指标准中表达应遵守的规定的条款。标准的种类不同，标准的对象不同，其具体包含的内容也有较大的差异。在产品质量标准中，要求一般作为一章列出，根据产品的实际情况再分为条；而在其他标准中可以分为一章或若干章，然后再分别列出具体的特性内容。

1. 选择要求要素的原则

在选择产品标准各项要求要素时，应遵循目的性原则、性能特性原则、数值量化原则和可证实性原则。

（1）目的性原则　任何产品都有许多特性，但是不可能也不必要把全部的特性都写入一项标准之中。特性的选择取决于编制标准的目的，这就是目的性原则。在产品标准中规定的技术内容，应根据制定标准的目的有针对性地进行选择。

对于产品标准来讲，最重要的目的是要保证产品的适用性。制定产品标准，除保证产品适用性的目的外，还包括促进相互理解，保证健康、安全、环境保护及资源的合理利用，认证、衔接、互换、兼容及品种控制等目的。这些目的可以交叉重叠，在标准中通常不需要为每项要求指明是为了何种目的，必要时可在引言中作简要说明。

在多种用途或在多种条件（例如不同的气候条件）下使用的产品，或供不同用户使用的产品，可以对某些特性提出不同的特性值，并且每个特性值均按具体的用途或条件对应某些类型或等级。

（2）性能特性原则　选择产品的技术要求时，应尽可能根据产品的性能特性参数来规定要求。所谓性能特性就是指产品的使用功能，是那些在使用时才显示出来的特征。只要有可能，标准中首先应包括各使用者均能接受的特性。如果采用性能特性这种表达方式，要注意保持性能要求中不疏漏重要的特征。

当无法用性能特性或用性能特性不足以表达产品的适用性时，也可以用描述特性来表达，描述特性是指产品的具体特征，是那些在实物上或图纸上显示出来的特征。如大小规格、形态、色泽、气味等。

产品标准通常不包括对产品生产过程的具体要求，常常作为终产品检验的依据。

（3）可证实性原则（可检验性原则）　不论产品标准的目的如何，只应列入那些能被证实或可检验的技术要求。如果没有一种试验方法或测量方法在较短的时间内检验产品的技术要求合格与否，则不应规定这些要求。

（4）要求量化原则　标准中的要求，应尽可能使用能量化的数值（带有公差，或者指出最大值或最小值）来表示。定量表示的技术要求，应在标准中规定其标称值（或额定值）。可同时给出其允许偏差或极限值，通常每个特性只规定一个极限值。当产品有多个使用类型或等级时，则一个特性需要根据不同的用途，规定不同的极限值，但每个极限值应与适应的用途一一对应。

极限值反映产品应达到的实际质量水平，应根据产品预定功能和用户的要求以及国家有关标准或法律法规的规定要求，以取得最佳的经济和社会效益。极限值根据产品的需要可以通过给定下限值和（或）上限值，或者用给出标称值（或额定值）及其偏差等方式来表达。极限值的有效位数应全部给出，书写的位数表示的精确度应能保证产品的应有性能和质量水平，从而它也规定了实际产品检验而得到的测量值或者计算值应该具有的相应的精确度。

2. 食品产品标准要求的表述

食品的种类繁多，特性各异，一项标准不可能把食品所有的特性都表达出来。但作为食品，功能性、安全性和嗜好性是其最基本、最重要的特性。食品产品标准的要求通常要通过性能特性和描述特性共同来表达，食品的性能特性主要是指食品的营养成分指标、功能成分指标、安全成分指标和微生物学指标等；食品的描述性特性指的是食品的外观、组织形态、色泽、风味等。食品的性能特性一般容易量化，而描述性特性则大部分不易量化。

食品产品标准的要求主要包括：

（1）原材料要求　为了保证产品质量和安全要求必须指定原辅料时，如原辅料有现行的标准，应该引用现行标准，或规定可以使用性能不低于有关标准的其他原辅料。如果没有现行标准则可以对原辅料的性能特性作出具体规定。

（2）感官要求　为表达食品的嗜好性，应对食品的外形、色泽、气味、滋味和组织形态等作出明确的规定。

（3）理化要求　理化要求应对食品的物理量化指标、营养成分指标、功能成分指标、安全成分指标作出明确规定，如体积、密度、粒度、水分、固形物含量、灰分、酸度、总糖、蛋白质、添加剂、重金属、农药残留等。

（4）微生物要求　应对食品中的微生物作出明确的限量规定。

标准的技术要求内容应反映产品达到的质量水平，也是企业组织产品生产和供用户选择产品的主要依据。对企业产品标准而言一般鼓励所列技术指标要高于现行的同类产品国家标准、地方标准规定的技术指标要求。有害微生物指标和有害有毒成分指标必须严于国家强制性标准。

"要求"这一章的条款编排顺序，要求尽可能与试验方法或者检验规则一章中检验项目的先后顺序协调一致，以便于引用和对照。当与要求对应的试验方法内容较为简单时，允许将"试验方法"要素并入"要求"要素中。章的标题为"要求与试验方法"。

四、抽样

一个产品是否符合相应标准的技术要求是通过试验取得的供进行技术比较的特性值。

每次试验可以得到一个试验结果，原则上讲这个试验结果就是针对被试样品的。而食品这类样品，试验完成后就不存在了，因此不能要求逐个进行试验，只能通过抽样试验，并应用统计方法原理，用样品测试获得的结果来评价它所代表的群体。

抽样又称采样、取样，指从一大批成品中取出一小部分作为"试验样品"，供试验测试用的过程。

抽样是标准的可选要素，是食品产品标准中规范性技术要素应包含的一章内容。抽样一般应排在试验方法之前，因为试验（检测）的结果能否代表一批产品与抽样有直接关系。也可将抽样一章合并到检验规则或试验方法中，只要能保证抽取的样品与成品之间的一致性，满足接收还是拒收的判定规则就可以。

为了保证样本与总体的一致性，最大限度降低产生产品质量误判的风险，在标准抽样要素中，应考虑以下内容：

（1）需要时应规定抽样条件；

（2）需要时应规定抽样方法；

（3）易变质的产品应规定贮存样品的容器及保管条件；

（4）需要时应规定抽取样品的数量。

五、试验方法

试验方法是标准中的可选要素。对产品技术要求进行试验、测定、检查的方法统称为试验方法。试验方法是测定产品特性值是否符合规定要求的方法，并对测试条件、设备、方法、步骤以及对测试结果进行数据统计处理等作出统一规定。

根据具体标准的情况，试验方法要素的标准类型有以下几种：

（1）作为一项标准的独立一章；

（2）作为一项标准的规范性附录或推荐性附录（适用于推荐性试验方法）。

（3）作为一项标准的独立部分；

（4）作为一项单独的标准（试验方法有可能被若干其他标准所引用）；

（5）在试验方法内容比较简单的情况下，并入要求要素一章之中。

试验方法的基本内容：

（1）方法原理概要；

（2）试剂材料的要求；

（3）试验仪器设备及其具体要求；

（4）试验装置；

（5）试样及其制备方法；

（6）试验程序；

（7）试验结果的计算和评定；

（8）测量不确定度或允许误差等。

对于有毒有害物质的试样和可能有某种危险的试验方法应加以说明，并提出严格的预防措施和规定。

编写试验方法应与技术要求的条文相互对应。一般情况下，一项技术要求，只规定一种试验方法，且二者的编排顺序也应尽量相同。

对于食品来讲，多半是在一份样品上进行若干项试验的，而各项试验的先后顺序有可能对结果造成影响，因此在编制试验方法时应认真考虑各项试验的先后顺序，当然在要求一章特性指标编排时也要考虑与试验方法一致。

对已有国家标准试验方法的，地方标准或企业标准应优先采用。首先考虑已发布的有关国家标准试验方法，如果没有国家标准再根据有关要求制定新的测定方法。如果内容太长可以将该方法用规范性附录的形式给出。

在规定试验用仪器、设备时，一般情况下不应规定制造厂商或其商标名称，只需要规定仪器、设备名称及其精度和性能要求，标准中规定的计量器具应具有可溯源性，也就是说仪器设备应在国家规定的有效检定周期之内。

六、检验规则

检验规则也称合格评定程序，是对产品试样和正式生产中的成品进行各种试验的规则。检验规则一般在产品质量标准中以独立一章来编写，但对于检验规则比较简单的，也可并入试验方法一章，这时章的名称可以称为"试验方法与检验规则"。

检验规则编写的内容主要包括：①检验分类；②检验项目；③组批规则；④判定原则和复验规则。也可把抽样一章放入检验规则里。

1. 检验分类

产品检验分成出厂检验（或交货检验）和型式检验（或例行检验）两类。

（1）出厂检验　产品出厂交货前必须进行的试验统称为出厂检验。产品经出厂检验合格后，才能作为合格品交货出厂。标准中应明确写出出厂检验的项目清单。出厂检验的具体项目由生产者或接收方确定。

食品出厂检验项目一般包括感官、净含量、水分、菌落总数、大肠菌群等。

（2）型式检验　型式检验要求对产品质量进行全面考核，即对标准中规定的技术要求全部项目进行检验，特殊情况下，可以增加检验项目。型式检验一般要求在下列情况下进行：

新产品投产或老产品转厂试制定型时；

原材料、工艺、设备有较大改变，可能影响产品质量时；

产品生产中定期、定量的周期性考核；

产品长期停产后，恢复生产时；

出厂检验结果与上次型式检验结果有较大差异时；

国家质量技术监督部门提出型式检验的要求时。

2. 组批规则

组批规则是依据产品的特点和供需双方的约定确定的。组批规则需要规定的内容主要包括：组批条件、批量、组批方法等。一般规定同一班次、同一生产线、同一规格或品种的产品为一批，或同一时段、同一原料、同一生产线、同一规格或品种的产品为一批。批量可根据抽样方案确定。

3. 判定规则

判定规则是判定一批产品是否合格的条件。对每一类检验均应规定判定规则。复验是根据产品特点对第一次检验不合格的项目再次提出检验，并规定复验规则，根据复验结果再进行综合判定。

根据食品的特点，一般规定：

（1）检验结果全部符合本标准规定时，则判定该批产品为合格。

（2）检验结果中有一项或一项以上不符合本标准规定时，可从原批次产品中加倍抽样复检，但微生物指标不得复检。复检结果合格时，则判定该批产品为合格；复检结果仍有一项或一项以上不合格，则判定该批产品为不合格。

在标准中还可规定对检验结果提出异议和进行仲裁检验的规则。

七、标志、标签与包装

标志、标签和包装是标准中的可选要素。编写这一部分的主要目的是为了在贮存和运输过程中，保证产品质量不受危害和损失以及发生混淆。

1. 产品标志

这里所说的标志是一个广义的概念，是指产品的"标识"，是用于识别产品及其质量、数量、特征、特性和使用方法所作的各种标识的统称，它包括图形、文字和符号。

标志包含的内容很多，含义各不相同，有的体现在产品的标签上，有的体现在产品的说明书上，有的体现在产品的包装上。我国的法律文件和强制性标准对产品或者其包装上的标志都作了严格规定，如《中华人民共和国产品质量法》《中华人民共和国消费品权益保护法》《产品标识标注规定》。对于食品来说，还必须执行 GB 7718—2011《食品安全国家标准　预包装食品标签通则》或 GB 13432—2013《食品安全国家标准　预包装特殊膳食用食品标签通则》或 GB 28050—2011《食品安全国家标准　预包装食品营养标签通则》等，一般情况下直接引用这些标准就可以了。对有特殊要求的食品可在标准中列出标签或包装物上应标注的内容。出口食品的标志应符合进口国相应的法规要求，原产地的定义应符合国家有关规定。裸装的食品可以不附加产品标志或标签。

食品标签和包装物上标志，是根据食品的特点，将有关法律文件和强制性标准的原则要求的具体化，其内容主要有：

（1）产品名称与商标；

（2）产品规格、净含量；

（3）执行的产品标准编号；

（4）生产日期或批号、保质期（安全使用期或失效日期）；

（5）配料表、产品主要成分及含量；

（6）质量等级；

（7）适用人群及食用方法；

（8）商品条码；

（9）产品产地、生产企业名称、详细地址、邮政编码及电话号码；

（10）生产许可证标记和编号；

（11）其他需要标志的事项，如质量体系认证合格标志、无公害食品标志、绿色食品标志、有机食品标志、市场准入标志等。

2. 标签和包装

标签和包装是标志的载体。

如使用标签，应规定标签的特性与形式，及如何拴系或粘贴。

食品的包装与食品的质量和安全有直接关系，是保证食品质量的重要环节，包装必须满足食品生产企业卫生规范中的基本要求。国家标准中对包装环境、包装物、包装方法已有规定的，应当引用现成的国家标准。没有国家标准的，企业可以制定单独的标准，也可在一项产品标准中规定包装材料、包装形式，以及对包装的试验等。为了防止产品受到损失，防止危害人类与环境安全，在标准中均应对包装作出具体的规定或引用有关的包装标准。

产品包装应实用、方便、成本低、有利于环境保护，其基本内容包括以下几个方面：

（1）包装技术和方法，说明产品采用何种包装（盒装、箱装、罐装、瓶装等）等；

（2）包装材料和要求，说明采用何种性能的包装材料；

（3）对内装物的要求，说明规定内装物的包装量和摆放方式等。

八、运输与贮存

贮运是产品检验合格入库经销售到消费者手中的中间过程，这一过程要保证产品质量不出问题。

1. 运输

在运输方面有特殊要求的产品，标准中应规定运输要求。运输要求一般包括以下内容：

（1）运输方式，应指明采用何种运输方式；

（2）运输条件，主要规定运输时的要求，如车厢的温度、遮盖、密封、同运物品等，以及运输过程中可能造成影响的其他因素。

（3）运输过程注意事项，主要是对装、卸、运方面的特殊要求等。

2. 贮存

对食品在贮存方面应作出规定，如贮存场所、贮存条件、贮存方式、贮存期限、同存物品等。

九、规范性附录

附录是标准层次的表现形式之一，是标准的可选要素。

标准的附录分为两种，一种是"规范性附录"，一种是"资料性附录"。在标准中提及附录时，一定要明确附录的性质。两种附录在标准中的含义和作用是不相同的。在前言的特定部分的最后应给出附录性质的陈述。在目次中应列出附录编号，在圆括号中标明附录的性质。在附录正文编号下，在圆括号中明确标明附录的性质。

在起草标准时，由于下述原因常常需要使用附录的形式表示：

（1）为了合理安排标准的整体结构，突出标准的主要技术内容。这类附录应编为规范性附录。

（2）为了方便标准使用者对标准中的部分技术内容的进一步理解，而给出较详细的示例。这类附录应编为资料性附录。

（3）为了提供一些资料性的信息。这类附录应编为资料性附录。

（4）采用国际标准时，当技术性差异（及其原因）或编辑性修改较多时，应编一个附录，陈述编辑性修改和技术性差异及其原因。这类附录应编为资料性附录。

标准的附录不是独立存在的，它是和标准的正文紧密联系在一起的。如果需要设置附录，应在标准的正文中提及附录，否则设置附录就失去了意义。

规范性附录是标准正文的附加条款，附录的内容是构成标准整体内容不可分割的一部分。在标准中的作用与标准正文相同，不能因为是附录就不遵守。在规范性附录中对标准中的条款可进一步细化和补充。

规范性附录的使用，主要是为了突出标准的主要内容，使标准的整体结构更为合理，层次更清楚。在编写某一标准时，如果认为对标准中的一些重要条款需要作进一步的解释和说明，而解释和说明的篇幅又很大，不适合放在标准的某一章节中时，就可以把它编写成规范性附录的形式放在标准的最后，而在章节中用一句话引出有关附录就可以了。

关于资料性附录的内容，将在下一节中介绍。

十、图与表

1. 图

图是表达标准技术内容的重要手段之一。在适当的条件下，用图表达标准的技术内容可以达到简明直观的效果，更便于标准的理解。在标准中，通常用图来反映标准化对象的结构形式、形状、工艺流程、工作程序和组织机构等。每幅图在标准条文中均应明确提及。

（1）图的编号 每幅图均应有编号。图的编号由"图"和从1开始的阿拉伯数字组成，例如"图1""图2"等。图的编号应一直连续到附录之前。图的编号与章、条、段和表的编号无关。只有一个图时，也必须编号为"图1"。

附录中图的编号应在阿拉伯数字之前加上标识该附录的字母，字母后跟下脚点，例如"图A.1"。

（2）图的编排 标准中的图有无标题均可，图题就是图的名称。但在一项标准中有无图题必须统一。图题应位于编号之后。图的编号和图题应置于图的下方居中位置。

（3）图注和图的脚注 图注应区别于条文的注。图注应位于图题之上及图的脚注之前。图中只有一个图注时，应在第一行文字前标明"注:"。同一幅图中有多个图注时，应标明"注1:""注2:""注3:"等。每幅图的图注应单独编号，图注不能包含要求。

图的脚注应区别于条文的脚注。它位于图题之上，并紧跟图注。图的脚注应以从"a"开始的小写英文字母上标来区分，即^{a,b,c}等。图的脚注可以包含要求。

2. 表

表也是表达技术标准内容的重要手段之一。在适当的情况下，用表来表达标准的技术内容可以达到简明、容易对比的效果，更有利于标准的理解。在标准中应用十分广泛。在标准中，通常用来表达标准化对象的技术指标、参数、统计分析、分类对比等。每个表在条文中均应明确提及。

（1）表的编号 每个表均应有编号。表的编号由"表"和从1开始的阿拉伯数字组成。例如"表1""表2"等，表的编号应一直连续到附录之前。表的编号应与章、条和图的编号无关。只有一个表时，也应编号为"表1"。附录中表的编号应在阿拉伯数字编号之前加上该附录的字母，字母后跟下脚点，例如"表A.1"。

（2）表的编排 每个表有无表题均可，表题即表的名称。但在一项标准中有无表题应该统一。

表题应置于表的编号之后，表的编号和表题应位于表上方的居中位置。

表中栏目使用的单位一般应标在该栏表头中物理量名称之下。如果表中各栏使用的单位都相同，可在表的右上角之上用陈述的方式表达。例如"单位为：g/kg"。

不允许表中有表，也不允许将表再分为次级表。

不允许使用斜线区分栏目项目名称。

如果表需要转页接排，在随后的各页上应重复表的编号。编号后跟"续"。

（3）表注和表的脚注 "表注"应区别于条文中的注。表注位于有关表格中及表的脚注之前。表中只有一个注时，应在注的第一行文字前标明"注"。同一个表中有多个注时，应标明"注1""注2"等。每一个表中的注应单独编号。表注不可以包含要求。

表的脚注也应区别于条文的脚注。它们应位于有关表格中，并紧跟表注。

表的脚注应以从"a"开始的小写英文字母上标来区分，即 a、b、c 等。在表中应以相同的小写字母上标在需注释的位置标明脚注。表的脚注可以包含要求。

第五节　食品标准中其他要素的编写

一、规范性一般要素的编写

规范性一般要素包括标准名称、范围和规范性引用文件。

（一）标准的名称

标准的名称是构成标准要素的重要成分之一。它是标准的必备要素，也就是说，任何标准都必须有名称。标准的名称是对标准的主题最集中、最简明的概括。标准名称可直接反映标准化对象的范围和特征，也直接关系到标准化信息的传播效果。标准名称还是读者使用、收集和检索标准的主要判断依据。

起草标准名称时，应仔细斟酌所用名称的措辞。所起草的名称要尽可能简练，并应表明标准的主题，使该标准与其他标准的主题能够容易区分。

标准名称一般由引导要素、主体要素和补充要素构成。这三个要素在名称中的顺序排列是引导要素+主体要素+补充要素。

（1）引导要素　表示标准所属的领域。引导要素是一个可选要素。如果标准名称中没有引导要素，主体要素所表示的对象就不明确时，则应有引导要素，以明确标准化对象所属的专业领域。否则可以没有引导要素。

（2）主体要素　表示在上述领域内所要规定的主要对象。它是一个必备要素。在任何情况下，主体要素都不能省略。

（3）补充要素　表示该主要对象的特定方面。补充要素是一个可选要素。当标准分部分出版时，应用补充要素来区分和识别各个部分。这种情况下，每个部分的主体要素应保持相同。如果名称中有引导要素，则引导要素也应相同。

标准名称的具体结构有以下三种形式：

（1）一段式　只有主体要素。

（2）二段式　引导要素+主体要素。

或主体要素+补充要素。

（3）三段式　引导要素+主体要素+补充要素。

标准的名称应包括标准的中文名称和英文名称。国家标准和地方标准要求有中文名称同时还要给出对应的英文名称。标准的英文名称应尽量从相应的国际标准名称中选取；在采用国际标准时，宜采用原国际标准的英文名称。

（二）范围

范围也是一个必备要素。每一个标准都必须有范围，并应位于每项标准正文的起始位置，也就是标准的"第1章"。

范围界定了标准的适用界限和标准所规定的内容。超出了标准的范围，其规定就不适用。

范围的内容分为两个部分：一部分交代"本标准规定了什么"，表明标准所涉及的各个方面；另一部分说明"本标准对什么作了规定"，指明标准的对象。

范围应起到内容提要的作用。因此，范围的编写应做到以下三点：

（1）完整　提供的信息要全面，不能缺项。

（2）规范　用语要准确规范。

（3）简洁　在完整和规范的前提下，范围的编写应力求简洁，只有这样才能起到"内容提要"的作用。

范围要用陈述的形式来表达。陈述应使用下列表述形式：

"本标准规定了……"

和"本标准适应于……"

（三）规范性引用文件

规范性引用文件在标准中是可选要素。如果标准中有规范性应用的文件，则应单独设一章"规范性引用文件"。

1. 引用的概念

在起草标准的过程中，经常会发现一些需要在标准中规定的内容在其现行标准或文件中已经有所规定，如果现行标准或文件中内容适用，应直接引用这些内容，而不要再重新起草相关内容，也不要去重复抄录需要引用的具体内容。如果重复抄录其他文件已规定的内容，一方面会增加标准的篇幅，另一方面也可能由于抄写的错误造成标准之间的矛盾和不协调。

引用文件有两种情况，一种是规范性引用，一种是资料性引用。

规范性引用是指标准引用了某文件或文件的条款后，这些文件或条款即构成了标准整体不可分割的一部分，所引用的文件或文件条款与本标准的规范性要素具有同等的效力。也就是说要想符合标准，既要遵守标准中的规范性内容，又要遵守标准中引用的其他文件或文件条款的内容。

规范性引用的文件应在"规范性引用文件"一章中——列出，且需在标准条款中提及。在标准条款中提及规范性引用文件时，其用语应表述为"……应符合……的要求。""……应按照……的规定执行。"而不能用"……参见……的规定。"

除规范性引用的文件外，标准中还可能提及一些文件，但这些文件的内容并不构成标准的内容，而只是提供一些供参考的信息或资料。这些文件的引用即称为"资料性引用"。资料性引用文件不应放在标准的"规范性引用文件"一章内，而应放在标准的附录后面，并列入到参考文献中。

"引用文件"实际包括两大类：一类是标准，另一类是标准之外的文件。在引用文件时，原则上被引用的文件应该是国家标准、国家标准化指导性技术文件或国际标准。在特定情况下，由 ISO、IEC 发布的国际文件，包括技术规范、可公开获得的规范、技术报告、指南等也可以作为规范性文件加以引用。除上述之外，正式发布或出版，且经相关标准化技术委员会或相关标准审查会议确认的其他文件也可以引用。

2. 规范性引用文件的引用形式

规范性引用文件有两种引用形式，即注日期的引用和不注日期的引用。

（1）注日期的引用文件　凡是注日期的引用文件，意味着只使用所注日期的版本，以后出版的新版本和修改单中修改后的内容均不适用。对于注日期的引用文件，在规范性引用文件一章所列的一览表中应给出文件的年号及完整的文件名称。

（2）不注日期的引用文件 不注日期的引用文件意味着所引用的文件无论何时修订，其最新版本仍然适用于引用它的标准。在标准中，引用完整的文件或可以接受被引用文件将来所有的改变时，可采用不注日期引用。

对不注日期的引用文件在规范性引用文件一章所列的一览表中不应给出文件的年号。

3. 引导语

在规范性引用文件一章中，列出所有引用的文件之前，要有一段引导语。其引导语是：

"下列文件对本文件的应用是必不可少的。凡是注日期的引用文件，仅所注日期的版本适用于本文件。凡是不注日期的引用文件，其最新版本（包括所有的修改单）适用于本文件。"

这段引导语适用于所有文件，包括标准、标准化指导性技术文件、分部分出版的标准的某个部分。上述引导语包含了几层含义：

——只有对本文件的应用是必不可少的文件（也就是规范性引用文件）才列入以下文件清单中。必不可少是指如果缺少了这些文件，就不能顺利、无障碍地使用本文件。

——对于注日期引用的文件，只有指定的版本，也就是注了日期的那个版本，才适用于本文件。

——对于不注日期引用的文件，其最新版本，包括所有的修改单，适用于本文件。

4. 规范性引用文件一览表的排序

在规范性引用文件一章的引导语之后，要列出标准中的所有规范性应用文件，这些文件构成了规范性引用文件的清单或一览表。

在一览表中，规范性引用文件的排列顺序应是：国家标准、地方标准、国内有关文件、ISO 标准、IEC 标准、ISO 或 IEC 有关文件、其他国际标准或有关文件。国家标准、ISO 标准、IEC 标准按标准的顺序号由小到大依次排列。其他国际标准先按标准代号的拉丁字母顺序排列，再按标准的顺序号由小到大排列。

不注日期引用一项标准的所有部分时，应在标准顺序号后标明"所有部分"及其通用名称，即引导要素和主体要素。如果是注日期引用一项标准的所有部分，在这些部分是同一年发布的情况下，可列出标准顺序号、起始部分的编号、年号以及标准的通用名称，即引导要素和主体要素。如果是注日期引用一项标准的所有部分，而这些部分不是在同一年发布，则需要分别列出这些文件。

5. 起草"规范性引用文件"一章应注意的问题

（1）规范性引用文件是在标准条款中被引用，并且被规范性引用。应注意不要将标准起草过程中参考过的标准、文件列入规范性引用文件之中，也不要把资料性引用文件列入规范性引用文件中。

（2）用摘抄的形式将引用的内容已抄录到标准中，则不应将被抄录的标准再列入规范性引用文件。

（3）不要引用正在起草的标准草案。在一系列标准或标准的不同部分同时由一个工作组起草的情况下，可考虑相互引用标准草案。但要保证这些标准草案能同时报批，等到这些标准正式批准发布时，所引用的标准应都有标准编号，即成为正式的标准。

（4）国家标准和地方标准不能引用企业标准。

（5）引用的文件应是最新版本的，不能引用已被代替或废止的文件。

（6）在标准中不应引用下列文件：法律法规、规章和其他政策性文件；宜在合同中引用的管理、制造和过程类文件；含有限制竞争的专用设计方案或属于某企业所有的文件。

（7）当引用的我国标准与国际标准有对应关系时，应在引用我国标准名称后面标出与国际标准的一致性程度。

二、资料性概述要素的编写

资料性概述要素包括封面、目次、前言和引言。

（一）封面

封面是标准的必备要素，每项标准都必须有封面，这是最基本的要求。标准封面提供了识别标准的重要信息。其主要内容有：

标准的类型，标准的标志，标准的编号，代替标准编号，国际标准分类号（ICS 号），中国标准文献分类号，备案号，标准的中文名称，中文名称对应的英文名称，与国际标准一致性程度的标识，标准的发布及实施日期，标准的发布部门或单位。

1. 标准的类型

《标准化法》规定，我国标准分为：国家标准、行业标准、地方标准和团体标准、企业标准。

在封面上部居中位置为标准类型的说明，如"中华人民共和国国家标准"、"××××（地方名称）地方标准"，"××××（企业名称）企业标准"等。

2. 标准的编号

在标准封面中标准类型的右下方是标准的编号。标准编号由标准代号、顺序号和年号三部分组成。各类标准的编号形式分别为：

我国标准代号是由部门名称汉语拼音缩写字母表示的。国家标准代号为 GB，地方标准代号为 DB。国家标准和地方标准为强制性标准时，只是代号加顺序号；若为推荐性标准，则代号加"/T"，后跟顺序号。企业标准用 Q/×××（企业名称的汉语拼音缩写字母）表示。

3. 标准的标志

标准的标志在标准封面右上角，用标准代号制成的图标表示。

4. 代替标准的编号

如果制定（或修订）的标准代替了同类别的某项或某几项标准（如国家标准代替国家标准），则应在标准编号之下另起一行标明被代替的标准编号，标示为"代替×××"。但高层次标准代替低层次标准时，不在封面上标示。必要时可在前言中介绍。

5. 国际标准分类号

国际标准分类号（ICS 号）是国际标准化组织（ISO）编制的。为了满足标准信息交换的要求，在国家标准和地方标准封面的左上角应标注 ICS 号，具体的分类编号可在《国际标准分类法》中查找。

6. 中国标准文献分类号

中国标准文献分类号是根据标准的类别、内容所选定的一个编号，对于查找同一类别的标准比较方便。所有标准封面的左上角或在国际标准分类号（ICS 号）下面都应标注中国标准文献分类号。文献分类号的选择应符合《中国标准文献分类法》。

7. 备案号

备案号是根据《标准化法》关于地方标准和企业标准在批准、发布后需要到标准化行政主管部门备案的规定，由备案部门备案后确定一个编号。地方标准要求将备案号标注在封面左上角中国标准文献分类号的下面。企业标准备案号由备案部门直接标注在标准封面上。地方标准的备案号由顺序号和年代号组成。

8. 标准名称

标准名称在封面居中位置，它包括中文名称和英文名称。企业标准可以免除对应的英文名称。中文名称用一号黑体字，英文名用四号黑体字。英文名称应尽量从国际标准的名称中选取，采用国际标准时，宜采用原标准的英文名称。

9. 与国际标准一致性程度的标志

当制定的标准是等同采用或修改采用国际标准时，应在标准封面上英文名称下面给出与国际标准一致性程度的标志。在国家标准 GB/T 20000.2—2009《标准化工作指南　第 2 部分：采用国际标准》中规定了一致性程度的表示方法，即：对应的国际标准编号+国际标准名称+一致性程度代号。在中文名称和英文名称相同时，则可省略国际标准名称。

一致性程度代号分别为：等同采用代号为 IDT；修改采用 MOD；非等效采用为 NEQ。非等效采用不属于采用国际标准。

10. 标准的发布和实施日期以及标准的发布部门或单位

标准封面的下端要标注标准的发布和实施日期，标准的发布和实施日期由标准的审批部门在发布标准时确定，标准草案的报送部门或单位可以提出建议。一般情况下发布与实施日期应有间隔时间。

在标准最下面居中位置应标注标准的发布部门或单位。国家标准一般由中华人民共和国国家市场管理监督管理总局、中华人民共和国国家卫生健康委员会和中国国家标准化管理委员会联合发布，有时也可由国务院标准化行政主管部门和国务院有关行政主管部门联合发布。地方标准由各省、自治区、直辖市标准化行政主管部门发布；团体标准由相关社会团体发布；企业标准由企业发布。

（二）目次

目次是可选的资料性概述要素。一个标准是否要设目次，可根据标准的具体情况来决定。一般来说，标准内容很多、结构复杂时，可设目次。

目次，位于封面之后，用"目次"作标题。

目次的功能是反映标准的层次结构、引导阅读和检索。

具体所列的内容有：前言，引言，章的编号、标题，条的编号、标题，附录编号、附录的性质、标题，附录章的编号、标题，参考文献，索引，图的编号、图题，表的编号、表题。

注意：术语和定义中的具体术语不在目次中出现。

（三）前言

前言是标准的资料性概述要素，同时又是一个必备要素。

前言应位于目次（如果有）之后，用"前言"作标题。

标准中的前言由特定部分和基本部分组成。而特定部分在一些标准中是可以省略的，但基本部分在任何情况下都不能少。

1. 特定部分的主要内容

（1）说明标准的结构（对系列标准很重要）　如果所起草的标准分为多个部分发布，在编写标准的前言时，首先应明确标准结构信息。如编写的是标准的第 1 部分，则在前言中要说明标准的预计结构，并列出其他已知部分的名称。如编写的是除标准的第 1 部分之外的其他部分，则在这些部分的前言中应列出其他已知部分的名称，而不必说明标准的结构。

（2）说明采用国际标准的有关情况　如果所制定的标准有对应的国际标准、导则、指南或文件，应在前言中说明与对应文件的一致性程度，包括：

①一致性程度的陈述；

②对应的国际文件编号、中文译名、国际标准语言文本的说明；

③采用国际标准方法的陈述；

④技术性差异和文本结构的改变及其解释，或者指明将这些内容安排在附录中（适用于修改采用的情况）；

⑤增加的资料性内容的说明，或者指明将这些内容安排在附录中；

⑥编辑性修改的详细内容。

（3）说明标准代替或废除的全部或部分其他文件　标准发布后，与其先前版本的关系存在着两种可能：代替先前版本或废除先前版本。

①代替先前版本：代替先前版本，并不意味着先前版本的作废。先前版本在下述情况下还可以继续使用：

——其他标准中已注日期引用的先前版本；

——合同或协议中已注日期引用的先前版本；

——新签订的合同或协议，经双方协商同意使用先前版本；

但无论任何情况下，都鼓励使用标准的最新版本。

②废除先前版本：废除前版标准即前版标准不允许再继续使用。无论注日期引用的或合同中指定的都不能再使用，要对标准和合同进行修改，以新标准代替旧标准。

无论是代替还是废除前版标准，都有几种情况：一是代替或废除一项前版标准，二是代替或废除多项前版标准，三是代替或废除全部前版标准还是代替或废除部分前版标准，都要在前言中写清楚。

在编写代替或废除标准信息时，应列出被代替或废除的文件的编号和名称。

（4）说明与标准前一版的重大技术变化　在说明代替或废除前版标准后，要指出该标准与前版标准的主要技术差异，应列出有关的章和条。

（5）说明标准与其他标准或文件的关系　如果标准是系列标准中的一个标准，则需要在这里说明系列标准中其他标准的情况。

（6）说明标准附录的性质（规范性附录和资料性附录）　标准前言中应对标准所有附录的性质进行说明，指出哪些附录是规范性附录，哪些附录是资料性附录。一般表述为：

"本标准的附录×是规范性附录" 或 "本标准的附录×是资料性附录"。

2. 基本部分的内容

在标准的基本部分应视具体情况，依次给出标准的提出、批准、归口、起草单位、主要起草人及代替标准的历次版本发布情况等信息。

（1）标准的提出　标准的提出就是指提案建议制定该项标准的单位或部门。一般表述为：

本标准由××××提出。

（2）标准的批准　一般表述为：本标准由××××批准。

（3）标准的归口　如果标准所涉及的领域有相应的全国专业化技术委员会则应由委员会归口；如果没有相应的委员会，才可由其他标准化技术归口单位归口。一般表述为：本标准由××××归口；

（4）标准的起草单位　标准的起草单位即标准的具体编制单位。标准的起草单位一般应多于一个。需要时，可指明负责起草单位和参加起草单位。一般表述为：本标准起草单位：××××、××××、××××。或本标准由××××、××××、××××起草。

（5）标准主要起草人　一般表述为：本标准由×××、×××、×××起草。

（6）标准所代替标准的历次版本发布情况　标准所代替标准的历次版本情况是前言中一条非常重要的信息，这条信息主要是让标准使用者能了解标准的发展变化，同时也为今后不是原起草人修订标准提供了方便。一般表述为：本标准于××××年首次发布，××××年第一次修订，××××年第二次修订等。

3. 前言编写过程中应注意的几个问题

（1）不能阐述标准的重要意义；

（2）不能介绍标准的立项情况或编制过程等；

（3）在前言中不应给出要求；

（4）前言中不能有图和表。

（四）引言

引言是可选的资料性概述要素。

引言与前言所规定的内容不同。引言主要给出以下两方面的信息：

（1）促使编制该标准的原因；

（2）有关标准技术内容的特殊信息或说明。

引言位于前言之后，用"引言"作标题。

引言不编号，一般也不分条。当需要把引言的内容分成条时，条的编号为 0.1、0.2 等。如果引言中有图、表、公式或脚注，则应从引言开始使用阿拉伯数字从 1 开始编号。

采用国际标准时，国际标准的引言应和正文一样对待，即将国际标准的引言转化为国家标准的引言。

三、资料性补充要素的编写

（一）资料性附录

资料性附录是标准的可选要素，要根据标准的具体条款来确定是否设置这类附录。在资料性附录中给出对理解、使用标准起辅助作用的附加信息，仅限于提供一些参考资料。

在编写标准的某一条款时，如果有必要对该条款作一些解释或说明，一般采用"注"的方式表达。但当要解释或说明的内容较多、篇幅较大时，使用"注"的形式表达就不太合适，而采用资料性附录的形式表达，则更恰当。

资料性附录通常提供以下信息：

（1）标准中重要规定的依据和对专门技术问题的介绍；

（2）标准中某些条文的参考性资料；

（3）正确使用标准的说明、示例等。

（二）参考文献

参考资料为标准的可选要素。如果要将标准中资料性引用的文件列出，则要设"参考文献"。如果设参考文献，则应置于最后一个附录之后。

参考文献应提供识别和查询出处的充分信息。

参考文献引用原文时应直接使用原文，无须翻译。

标准中参考文献可包括：

（1）标准编制过程中参考过的文件。

（2）资料性引用的文件，包括：

①标准条文中提及的文件；

②标准条文中的注、图注、表注中提及的文件；

③标准资料性附录中提及的文件；

④标准中的示例所使用或提及的文件；

⑤在"术语和定义"一章中，标示术语所出自的标准；

⑥摘抄形式引用时，被抄录的文件。

（三）索引

索引可以提供一个不同于目次的检索标准内容的方法，可以从另一个角度方便标准的使用。

索引为标准的可选要素。如果有索引，则应作为标准最后一个要素。

在编写标准索引时，要注意索引不能和正文章条次序或编号次序一致。中文索引应以汉语拼音字母顺序排列；英文索引应以拉丁字母顺序排列。

（四）注和示例

标准条文中的"注"应只给出对理解或使用标准起辅助作用的附加信息，不应包含要声明符合标准而应遵守的条款，即不应包含陈述、指示、推荐和要求的条款。

1. 条文的注

条文的注一般是对标准中某一章、某一条或某一段做注释。注最好置于涉及的章、条或段的下面。

章、条或段中只有一个"注"时，应在注的第一行文字前标明"注："。同一章或条中有几个"注"时，应标明"注1："注2："注3："注4："等。

2. 条文的脚注

条文的脚注是对条文中某个词、符号的注释，用来提供附加信息。应尽量少用脚注。

脚注位于相关页面的下边，并由一条位于页面左侧四分之一版面宽度的细线将其与条文分开。

在标准中，应使用后带半圆括号的阿拉伯数字从1开始对脚注编号。全文中的脚注应连续编号，即1)、2)、3) 等。在需要注释的词和句子之后应以相同的上标数字[1)、2)、3)] 等标明脚注。在某些情况下，为了避免和上标数字混淆，可用一个或多个星号等代替数字和半圆括号。

3. 示例

标准条文中的示例应只给出对理解或使用标准起辅助作用的附加信息，不应包含要求和对于使用标准不可缺少的信息。

示例应位于所涉及章、条或段的下面。

章或条中只有一个示例时，应在示例的第一行文字前面标明"示例:"。同一章或条中有几个示例时，应明示"示例1:""示例2:""示例3:"等。

 ## 思政案例

中国标准化行业的拓荒人——李春田先生，于1964年作为中国第一位标准化专业硕士研究生从中国人民大学毕业，撰写的毕业论文为《标准化与生产专业化》，从此开启了他一生忠贞不渝的标准化事业。

1978—1979年，李春田先生在辽宁省标准化研究所工作。当时他家住在沈阳皇姑区（北陵），单位在和平区（南湖），为了研究所的建设和发展，他每天骑自行车"南征北战"，天天第一个到办公室，最后一个下班离开。从辽宁调入国家标准局工作后，他主动与辽宁省标准局领导协商创办了"国家标准局沈阳培训中心"，并致力开展标准化教育工作。在半个世纪的时间里，李春田先生潜心研究，撰写了大量标准化学术文章和著作；他呕心沥血，跑遍了全国各地，走访各类企业，宣讲标准化精髓，为推动我国标准化事业发展献出了毕生精力。李春田先生在我国标准化界已经成为了一面旗帜，带领我国标准化人在市场化改革中不断探索，也见证了我国改革开放之后标准化发展所取得的成绩、所经历的挑战和风风雨雨。李春田先生一生用执着、稳健、笃实的品格和信念去做人、做标准化工作，留给后人丰富的遗产。

之所以称呼春田先生是新中国标准化第一人，是因为他是新中国第一个标准化研究生。他主编了首部高等学校标准化教材《标准化概论》，是新中国标准化文化创始人，是标准化理论的开拓者。他是标准化教育工作的先行者，是新中国标准化工作的鼻祖，为标准化工作贡献了毕生的精力。

党的十八大以来，以习近平同志为核心的党中央高度重视标准化工作，习近平总书记对标准化工作多次作出重要指示，为做好新形势下标准化工作指明了前进方向、提供了根本遵循。要用标准化推动产业升级，夯实美好生活的经济基础。党的二十大报告提出，"推进高水平对外开放""稳步扩大规则、规制、管理、标准等制度型开放"。新的历史时期对标准和法规的建立提出了新的要求，广大食品学子应积极学习李春田先生等老一辈工作者的工作态度和作风，坚定理想信念，在祖国大地上书写激昂的青春。

课程思政育人目标

以李春田先生的先进事迹为例，学习李春田先生的品格和信念，对食品标准与法规修订工作的重要性进行正确认识，领悟到食品标准化行业所取得的成就包含无数老一辈标准人无私的奉献。

🔍 **思考题**

1. 制定标准时应遵循哪些原则？

2. 制定或修订一项标准时要完成哪些程序？

3. 制定一项食品产品质量标准时，其中规范性技术要素是标准的核心，简述其主要内容与要求。

第七章
食品安全应急、 食品召回及生产经营许可管理

第一节 食品安全应急管理

改革开放以来，我国食品工业取得了突飞猛进的发展，越来越多的食品新产品不断满足着人们对饮食更高的要求。然而人们在享受现代食品工业带来的丰富、营养、方便的食品的同时，也面临着食品安全事件带来的健康风险。食品安全问题突出表现在微生物和环境污染造成的食源性疾病，新技术、新工艺、新资源带来的食品安全新问题，加工工艺和贮存运输条件造成的食品污染问题以及食品掺伪。食品安全应急管理是我国食品安全体系建设的重要一环，它是食品安全监管部门及其相关机构在对食品安全风险充分准备的基础上，为应对食品安全事故所带来的严重威胁和重大损害，根据事先制定的应急预案，所采取的避免或减少危害结果的一系列制度和措施。

为了建立健全应对食品安全事故运行机制，有效预防、积极应对食品安全事故，高效组织应急处置工作，最大限度地减少食品安全事故的危害，保障公众健康与生命安全，维护正常的社会经济秩序，依据《中华人民共和国突发事件应对法》《中华人民共和国食品安全法》《中华人民共和国农产品质量安全法》《中华人民共和国食品安全法实施条例》《突发公共卫生事件应急条例》和《国家突发公共事件总体应急预案》，国务院在修订《国家重大食品安全事故应急预案》的基础上，于 2011 年 10 月 5 日发布了《国家食品安全事故应急预案》。该应急预案对食品安全事故应急处理中组织机构及职责、应急保障、监测预警、报告与评估、应急响应、后期处置等方面均作出了较为明确的规定。此外，地方政府和企业也编制了地方或单位层面的应急

《国家食品安全
事故应急预案》

预案，初步建立了食品安全事故应急预案体系。

一、食品安全事故分级

食品安全事故是指食物中毒、食源性疾病、食品污染等源于食品，对人体健康有危害或者可能有危害的事故。按食品安全事故的性质、危害程度和涉及范围，食品安全事故共分四级，即特别重大食品安全事故、重大食品安全事故、较大食品安全事故和一般食品安全事故。根据食品安全事故分级情况，在应急处置过程中采取相应的应急响应级别。

二、我国食品安全事故处置原则

按照《国家食品安全事故应急预案》的规定，我国食品安全事故处置原则为：

（1）以人为本，减少危害　把保障公众健康和生命安全作为应急处置的首要任务，最大限度减少食品安全事故造成的人员伤亡和健康损害。

（2）统一领导，分级负责　按照"统一领导、综合协调、分类管理、分级负责、属地管理为主"的应急管理体制，建立快速反应、协同应对的食品安全事故应急机制。

（3）科学评估，依法处置　有效使用食品安全风险监测、评估和预警等科学手段，充分发挥专业队伍的作用，提高应对食品安全事故的水平和能力。

（4）居安思危，预防为主　坚持预防与应急相结合，常态与非常态相结合，做好应急准备，落实各项防范措施，防患于未然。建立健全日常管理制度，加强食品安全风险监测、评估和预警，加强宣教培训，提高公众自我防范和应对食品安全事故的意识和能力。

三、我国食品安全应急管理机制

国务院组织制定《国家食品安全事故应急预案》。县级以上地方人民政府应当根据有关法律、法规的规定和上级人民政府的食品安全事故应急预案以及本行政区域的实际情况，制定本行政区域的食品安全事故应急预案，并报上一级人民政府备案。食品生产经营企业应当制定食品安全事故处置方案，定期检查本企业各项食品安全防范措施的落实情况，及时消除事故隐患。

发生食品安全事故，接到报告的县级人民政府食品安全监督管理部门应当按照应急预案的规定向本级人民政府和上级人民政府食品安全监督管理部门报告。县级人民政府和上级人民政府食品安全监督管理部门应当按照应急预案的规定上报。发生食品安全事故需要启动应急预案的，县级以上人民政府应当立即成立事故处置指挥机构，启动应急预案。

（一）组织机构

1. 国家特别重大食品安全事故应急处置指挥部

食品安全事故发生后，卫生行政部门依法组织对事故进行分析评估，确定事故级别。属于特别重大食品安全事故的，经国务院批准，成立国家特别重大食品安全事故应急处置指挥部（以下简称指挥部），统一领导和指挥事故应急处置工作。指挥部根据事故的性质和应急处置工作的需要确定指挥部成员单位，主要包括国家卫生健康委员会、农业农村部、商务部、国家市场监督管理总局、疾病预防控制中心、国家铁路局、国家粮食和物资储备局、中央宣传部、教育部、工业和信息化部、公安部、民政部、财政部、生态环境部、交通运输部、海关总署、文化和旅游部、新闻办、民用航空局和食品安全办等部门以及相关行业协会组织。当事故涉及国外或我国港澳台地区时，增加外交、港澳办、台办等部门为成员单位。由国家卫生健康委员会、食品安全监督管理等有关部门人员组成指挥部办公室。指挥部及各级应急机构通过信息搜集、专家咨询、迅速地实施先期处置，果断控制或切断事故发生源头，控制事态发展，严防扩散和次生、衍生事故发生。根据事故处置需要，指挥部下设事故调查组、危害控制组、医疗救治组、监测评估组、维护稳定组、新闻宣传组和专家组，各工作组在指挥部的统一指挥下开展工作，并随时向指挥部办公室报告工作开展情况。

2. 指挥部办公室

指挥部办公室由卫生行政部门、食品安全监督管理部门人员组成，承担指挥部的日常工作。主要负责贯彻落实指挥部的各项部署，组织实施事故应急处置工作。检查督促相关地区和部门做好各项应急处置工作，及时有效地控制事故，防止事态蔓延扩大。研究协调解决事故应急处理工作中的具体问题，向国务院、指挥部及其成员单位报告、通报事故应急处置的工作情况，组织信息发布。指挥部办公室建立会商、发文、信息发布和督查等制度，确保快速反应、高效处置。

3. 地方各级应急处置指挥部

重大、较大、一般食品安全事故，分别由事故所在地省、市、县级人民政府组织成立相应应急处置指挥机构，统一组织开展本行政区域事故应急处置工作。

4. 应急处置专业技术机构

医疗、疾病预防控制以及各有关部门的食品安全相关技术机构作为食品安全事故应急处置专业技术机构，应当在卫生行政部门及有关食品安全监管部门组织领导下开展应急处置相关工作。

（二）应急保障

应急保障机制包括：信息保障、医疗保障、人员及技术保障、物资与经费保障等几个方面。

国家建立统一的食品安全信息网络体系，建立健全医疗救治信息网络，实现信息共享。设立信息报告和举报电话确保食品安全事故的及时报告与相关信息的及时收集。卫生行政部门建立功能完善、反应灵敏、运转协调、持续发展的医疗救治体系，在食品安全事故造成人员伤害时迅速开展医疗救治。应急处置专业技术机构要结合本机构职责开展专业技术人员食品安全事故应急处置能力培训，健全专家队伍，为事故处置提供人才保障。国务院有关部门加强食品安全事故监测、预警、预防和应急处置等技术研发，促进国内外交流与合作，为食品安全事故应急处置提供技术保障。食品安全事故应急处置、产品抽样及检验等所需经费应当列入年度财政预算，保障应急资金。此外，还应加强食品安全事故处置的社会动员和宣传培训保障。

（三）监测预警、报告与评估

1. 监测预警

食品安全应急管理的首要组成部分是监测预警，它涉及食品安全信息预测、监测、警示信息的发布及应急预警的所有功能。预警包括预测和警示。

预警机制的监测主要是指预警信息的搜集、分析和评估以及风险的确定。国家建立食品安全风险监测制度，对食源性疾病、食品污染以及食品中的有害因素进行监测。国务院卫生行政部门会同国务院食品安全监督管理等部门，制订、实施国家食品安全风险监测计划。

警示是根据食品安全风险监测结果，对食品安全状况进行综合分析，确定其警戒的级别，并依照法定程序和原则，由权威机构发布食品安全警示信息，包括可能发生的食品安全事件的类别、级别、发展趋势、可能造成的影响等。当食品安全风险监测结果表明可能存在食品安全隐患的，县级以上人民政府卫生行政部门应当及时将相关信息通报同级食品安全监督管理等部门，并报告本级人民政府和上级人民政府卫生行政部门。对可能具有较高程度安全风险的食品，提出并公布食品安全风险警示信息。

食品安全监测预警还包括日常监督管理、食品安全状况通报制度、食品安全举报制度等。

2. 报告制度

事故单位和接收病人进行治疗的单位应当及时向事故发生地县级人民政府食品安全监督管理、卫生行政部门报告。县级以上人民政府食品安全监督管理、农业行政等部门在日常监督管理中发现食品安全事故或者接到事故举报，应当立即向同级食品安全监督管理部门通报。县级以上人民政府卫生行政部门在调查处理传染病或者其他突发公共卫生事件中发现与食品安全相关的信息，应当及时通报同级食品安全监督管理部门。任何单位和个人不得对食品安全事故隐瞒、谎报、缓报，不得隐匿、伪造、毁灭有关证据。

食品生产经营者、医疗、技术机构和社会团体、个人向卫生行政部门和有关监管部门报告疑似食品安全事故信息时，应当包括事故发生时间、地点和人数等基本情况。有关监管部门报告食品安全事故信息时，应当包括事故发生单位、时间、地点、危害程度、伤亡人数、事故报告单位信息（含报告时间、报告单位联系人员及联系方式）、已采取措施、事故简要经过等内容，并随时通报或者补报工作进展。

食品生产经营者发现其生产经营的食品造成或者可能造成公众健康损害的情况和信息，应当在 2h 内向所在地县级卫生行政部门和负责本单位食品安全监管工作的有关部门报告。发生可能与食品有关的急性群体性健康损害的单位，应当在 2h 内向所在地县级卫生行政部门和有关监管部门报告。

3. 事故评估

食品安全事故评估是为核定食品安全事故级别和确定应采取的措施而进行的评估。事故评估包括污染食品可能导致的健康损害范围、后果、严重程度以及事故的影响范围、严重程度和发展蔓延趋势。

（四）应急响应

应急响应是食品安全事故发生后开展的处置过程，是食品安全应急管理关键环节，目的在于通过采取各种应急处置措施，减少或者消除食品安全事故带来的损失，最大限度减轻事故危害。

1. 分级响应

分级响应是食品安全事故处置的出发点，根据事故评定核定的级别及时响应。应急响应分为特别重大食品安全事故（Ⅰ级）、重大食品安全事故（Ⅱ级）、较大食品安全事故（Ⅲ级）和一般食品安全事故（Ⅳ级）。

启动Ⅰ级响应后，指挥部立即成立运行，组织开展应急处置。启动食品安全事故Ⅰ级响应期间，指挥部成员单位在指挥部的统一指挥与调度下，按相应职责做好事故应急处置相关工作。事发地人民政府应当按照相应的预案全力以赴地组织救援，并及时报告救援工作进展情况。

Ⅱ级及以下响应，分别由事故发生地的省、市、县级人民政府启动相应级别响应，成立食品安全事故应急处置指挥机构进行处置。必要时上级人民政府派出工作组指导、协助事故应急处置工作。

当食品安全事故继续升级时，需要启动事故扩大升级应对流程，应及时提高响应级别。此时参与处置的单位增多，指挥的层级上升，动用的资源也相应地增加。当食品安全事件得到有效控制时，没有继续扩散的趋势，可以降低响应级别。

2. 应急处置

应急处置措施是应急响应中最为复杂也是最为核心的内容。事故发生后，根据事故性质、特点和危害程度，立即组织有关部门采取应急处置措施。包括立即开展食品安全事故患者的救治工作，卫生行政部门及时组织疾病预防控制机构开展流行病学调查与检测，相关部门及时组织检验机构开展抽样检验，尽快查找食品安全事故发生的原因。封存事故相关食品及原料和被污染的食品用工具及用具，查明导致食品安全事故的原因后，责令食品生产经营者彻底清洗消毒被污染的食品用工具及用具，消除污染。对确认受到污染的相关食品及原料采取召回、停止经营及进出口并销毁等措施。

3. 检测分析评估

应急处置专业技术机构应对食品安全事件有可能引起的次生、衍生事故予以评估，并采取相关措施加以预防。同时也要对引起食品安全事故的相关危险因素进行检测评估，为制定处置方案提供参考。

4. 响应终止

当食品安全事故得到控制，事故伤病员全部得到救治，原患者病情稳定 24h 以上，且无新的急性病症患者出现，食源性感染性疾病在末例患者后经过最长潜伏期无新病例出现，现场、受污染食品得以有效控制，食品与环境污染得到有效清理并符合相关标准，次生、衍生事故隐患消除，经指挥部组织对事故进行分析评估论证，认为符合响应终止条件时，应当及时终止响应。指挥部或其办公室应发布信息，向社会公布，做好宣传报道和舆论指导。

（五）后期处置

事发地人民政府及有关部门要积极稳妥、深入细致地做好善后处理和赔偿受害人的工作。对在重大食品安全事故的预防、通报、报告、调查和处置过程中，有贡献的单位和人员予以表彰和奖励，对于玩忽职守、失职、渎职的单位和人员依法追究相关责任。

第二节　食品召回管理

食品召回制度是消除缺陷食品危害风险的制度，是食品安全控制体系的重要一环，也是世界公认的解决食品安全问题的有效手段。通过对不安全食品的召回，可有效防止食品安全事故的发生或者阻止其进一步扩大，避免更多人的生命健康利益受到侵害，促进社会的稳定发展。所谓不安全食品是指食品安全法律法规规定禁止生产经营的食品以及其他有证据表明可能危害人体健康的食品。随着食品工业的快速发展，食品安全问题日益突出，由此带来的不安全食品的召回也受到了社会的广泛关注。目前，全球许多国家已经建立起了较为完善的食品召回制度，其中美国的食品召回制度在世界上处于领先地位。

一、我国食品召回制度的发展

食品召回在我国起步较晚，1995 年修订颁布的《中华人民共和国食品卫生法》首先对食品召回问题作出了规定，即对于生产经营禁止生产经营的食品以及生产经营不符合营养、卫生标准的专供婴幼儿主、辅食品的，责令停止生产经营，立即公告收回已售出的食品，并销毁该食品。其中所涉及的问题食品的公告收回是我国关于食品召回制度的雏形，此时的食品召回制度还不是现代意义上的食品召回。

2007 年，国家质检总局在《中华人民共和国产品质量法》《中华人民共和国食品卫生法》《国务院关于加强食品等产品安全监督管理的特别规定》等法律法规的基础上制定发布了《食品召回管理规定》，对食品召回的范围、类型、级别、召回后的处理、监督管理以及法律责任等作出了较为明确的规定。该规定是第一部以国家名义出台的针对食品召回的部门规章，至此我国食品召回制度框架基本形成。

2009 年颁布的《食品安全法》明确规定国家建立食品召回制度，进一步完善了我国食品召回制度的内容。2015 年修订颁布的《食品安全法》在保留上一版对于食品召回的有关合理内容外，进一步对食品召回作出了修改和完善。包括对实施召回的范围由不符合食品安全标准调整为不符合食品安全标准或有证据表明可能危害人体健康的；增加了防止不安全食品再次流入市场以及区别对待因标签、标志或说明书不符合食品安全标准的而召回的情况；食品召回监督管理部门由质量监督部门改为食品安全监督管理部门等内容。

为了配合和有效执行 2015 年修订颁布的《食品安全法》中有关食品召回的相关规定，国家食品安全监督管理部门在充分吸收借鉴国内外有益经验的基础上，经广泛调研、多次论证，起草了《食品召回和停止经营监督管理办法》并于 2014 年 8 月公开征求社会意见后，最终形成了《食品召回管理办法》，于 2015 年 2 月 9 日经国家食品药品监督管理总局局务会议审议通过。该办法于 2015 年 9 月 1 日起正式实施，对于我国境内不安全食品的停止生产经营、召回和处置及其监督管理作了明确详细的规定。2020 年，根

《食品召回
管理办法》

据国家市场监督管理总局关于修改部分规章的决定，对《食品召回管理办法》（2015 年 3 月 11 日国家食品药品监督管理总局令第 12 号公布）作出修改。《食品召回管理办法》的全面施行标志着我国食品召回制度正式迈向了一个新的发展阶段。

二、食品召回管理

（一）食品召回的范围

食品生产经营者发现其生产经营的食品不符合食品安全标准或者有证据证明可能危害人体健康的，食品生产经营者应立即停止生产经营，并实施召回。

地方各级食品安全监管部门在监督抽检、执法检查、日常监管等工作中发现的不符合食品安全国家标准或者有证据证明可能危害人体健康的不安全食品，食品生产经营者应当依法实施召回。

对因食品的标签、标志或者说明书不符合食品安全国家标准的，也应当依法实施召回。对标签、标志或者说明书存在瑕疵，但不存在虚假内容、不会误导消费者或者不会造成健康损害的食品，食品生产者应当改正，可以自愿召回。

（二）食品召回企业主体责任

按照《食品安全法》的有关规定，食品生产经营者对其生产经营食品的安全负责。食品生产经营者应当承担食品安全第一责任人的义务，依法履行不安全食品的停止生产经营、召回和

处置义务。

食品生产经营者应当在省级以上市场监督管理网站和主要媒体上发布不安全食品召回公告。不安全食品存在较大食品安全风险的，食品生产经营者应当在停止生产经营、召回和处置不安全食品结束后 5 个工作日内向县级以上地方市场监督管理部门进行书面报告。食品生产经营者应当如实记录停止生产经营、召回和处置不安全食品的情况，记录保存期限不得少于 2 年。

（三）停止生产经营

食品生产经营者发现其生产经营的食品属于不安全食品的，应当立即停止生产经营。采取通知或者公告的方式告知相关食品生产经营者停止生产经营、消费者停止食用，并采取必要的措施防控食品安全风险。食品集中交易市场的开办者、食品经营柜台的出租者、食品展销会的举办者、网络食品交易第三方平台提供者发现食品经营者经营的食品属于不安全食品的，应当及时采取有效措施，确保相关经营者停止经营不安全食品。

（四）食品召回

依照食品召回的发起者是否为生产经营者，我国将食品召回分为主动召回和责令召回 2 种方式。食品生产者通过自检自查、公众投诉举报、经营者和监督管理部门告知等方式知悉其生产经营的食品属于不安全食品的，应当主动召回。食品生产者应当主动召回不安全食品，而没有主动召回的，县级以上市场监督管理部门可以责令其召回。

1. 召回分级

依据食品安全风险的严重和紧急程度，食品召回分为以下三级。

一级召回：食用后已经或者可能导致严重健康损害甚至死亡的，食品生产者应当在知悉食品安全风险后 24h 内启动召回，并向县级以上地方市场监督管理部门报告召回计划。

二级召回：食用后已经或者可能导致一般健康损害，食品生产者应当在知悉食品安全风险后 48h 内启动召回，并向县级以上地方市场监督管理部门报告召回计划。

三级召回：标签、标识存在虚假标注的食品，食品生产者应当在知悉食品安全风险后 72h 内启动召回，并向县级以上地方市场监督管理部门报告召回计划。标签、标识存在瑕疵，食用后不会造成健康损害的食品，食品生产者应当改正，可以自愿召回。

2. 召回计划

食品生产者按照召回计划召回不安全食品，必要时，应组织专家对召回计划进行评估，评估过程中生产经营者的召回工作不停止执行。召回计划应包含食品生产者的名称、住所、法定代表人、具体负责人、联系方式等基本情况；食品名称、商标、规格、生产日期、批次、数量以及召回的区域范围；召回原因及危害后果；召回等级、流程及时限；召回通知或者公告的内容及发布方式；相关食品生产经营者的义务和责任；召回食品的处置措施、费用承担情况；召回的预期效果等。

对于因食品生产者的原因造成的不安全食品召回的，食品经营者应立即停止经营、封存问题食品，配合召回工作。因食品经营者自身原因所导致的不安全食品，食品经营者应当根据法律法规的规定在其经营的范围内主动召回，并将相关情况告知供货商和生产者。

3. 发布召回公告

食品召回公告应当包括下列内容：食品生产者的名称、住所、法定代表人、具体负责人、联系电话、电子邮箱等；食品名称、商标、规格、生产日期、批次等；召回原因、等级、起止日期、区域范围；相关食品生产经营者的义务和消费者退货及赔偿的流程。

4. 召回时限

实施一/二/三级召回的，食品生产者应当分别自公告发布之日起10/20/30个工作日内完成召回工作。

（五）召回处置

食品生产经营者对召回的违法添加非食用物质、腐败变质、病死畜禽等严重危害人体健康和生命安全的不安全食品，应当立即就地销毁。不具备就地销毁条件的，可以集中销毁处理。对因标签、标志或者说明书不符合食品安全标准而被召回的食品，食品生产者在采取补救措施且能保证食品安全的情况下可以继续销售，销售时应当向消费者明示补救措施。补救措施不得涂改生产日期、保质期等重要的标识信息，不得欺瞒消费者。

（六）监督管理

不安全食品召回管理在体制上统一由市场监督管理部门监管，监督食品生产经营者实施食品召回是其法定职责。国家市场监督管理总局负责指导全国不安全食品停止生产经营、召回和处置的监督管理工作。县级以上地方市场监督管理部门负责本行政区域的不安全食品停止生产经营、召回和处置的监督管理工作。

县级以上地方市场监督管理部门职责包括对发现属于不安全食品的，通知相关食品生产经营者停止生产经营或者召回，采取相关措施消除食品安全风险；监督检查食品生产经营者停止生产经营、召回和处置不安全食品情况；要求食品生产经营者定期或者不定期报告不安全食品停止生产经营、召回和处置情况；对食品生产经营者提交的不安全食品停止生产经营、召回和处置报告进行评价；发布食品安全预警信息；将不安全食品停止生产经营、召回和处置情况记入食品生产经营者信用档案等。

此外，行业协会应加强行业自律，制定行业规范，引导和促进食品生产经营者依法履行不安全食品的停止生产经营、召回和处置义务。鼓励和支持公众对不安全食品的停止生产经营、召回和处置等活动进行社会监督。

（七）违法处理

食品生产经营者违反《食品安全法》《食品召回管理办法》等有关法律法规对不安全食品停止生产经营、召回和处置的规定，依照相关规定处以责令改正，予以警告或并处罚款的处罚，情节严重的，吊销许可证等。

三、食品召回管理配套制度

（一）食品安全国家标准

我国现行有效的各类有关食品安全国家标准是不安全食品召回过程中判定食品是否安全的重要评判标准。国务院卫生行政部门应不断完善我国食品安全国家标准体系，使得食品安全的评判体系有据可依，从而为食品召回的实施提供充分依据。

（二）食品安全风险评估

食品安全风险评估结果是制定、修订食品安全标准的依据，同时也是进行食品召回的前提。食品召回不是食品安全监管的目的和结果，通过食品召回有效识别、预防和管控食品安全风险，防止类似食品安全问题的再次发生，实现食品安全管理不断进步才是最终目标。

（三）建立健全食品安全追溯制度

《食品安全法》第四十二条规定，国家建立食品安全全程追溯制度。没有健全的食品追溯制度，食品召回无从谈起。国家鼓励食品生产经营者采用信息化手段采集、留存生产经营信息，建立食品安全追溯体系。国务院食品安全监督管理部门会同国务院农业行政等有关部门建立食品安全全程追溯协作机制。例如，黑龙江省食品安全监督管理局于 2014 年制定下发了《黑龙江省婴幼儿配方乳粉生产企业质量安全追溯管理制度（试行）》，在婴幼儿配方乳粉的生产过程中以"批生产记录"为主线，以信息化技术、条码、二维码和电子标签（RFID）等为手段，以食品标签标识为可追溯单元载体，以产品批号唯一性为切入点，建立起完善的质量安全追溯系统，实现对产品质量安全的全程可记录、可监控、可追溯、可召回、可查询。该管理制度对婴幼儿配方乳粉问题食品的召回以及其他食品追溯管理制度的制定和施行具有重要意义。

此外，还可通过不断完善和实施食品召回责任保险制度，激发生产经营企业实施主动召回的积极性，避免食品生产经营企业因食品召回带来巨大的负担和潜在的经济损失；进一步加大检测机构的投入，提高检测机构专业能力以适应食品召回工作的技术要求；加大对企业违法处理的力度等措施进一步完善食品召回管理配套制度，从而不断推动我国食品召回管理的完善和进步。

第三节　食品生产经营许可管理

国家对食品生产经营实行许可制度，从事食品生产、食品销售、餐饮服务，应当依法取得许可。为了加强食品生产经营监督管理，保障食品安全，国家市场监督管理总局根据《食品安全法》《中华人民共和国行政许可法》等法律法规，制定出台了《食品生产许可管理办法》以及《食品经营许可和备案管理办法》。作为《食品安全法》的配套规章，二者的颁布实施既是全面贯彻新食品安全法的重要举措，也是适应我国监管体制改革的必然要求，同时也是通过事先审查方式提高食品安全保障水平的重要预防性措施。我国自 2002 年起首先在小麦粉、大米、食用植物油、酱油、食醋 5 类食品中实施生产许可证管理，后逐步扩展到粮食加工品，食用油、油脂及其制品，调味品，肉制品，乳制品等 28 大类食品。2015 年 10 月 1 日起实施的《食品生产许可管理办法》根据我国食品安全监管工作的实际需要，将食品类别划分调整为 32 大类，基本实现了食品安全生产的全覆盖。在我国境内，从事食品销售和餐饮服务活动，应当依法取得食品经营许可。食品经营许可实行一地一证原则，由市场监督管理部门按照食品经营主体业态和经营项目的风险程度对食品经营实施分类许可。实践表明，在食品生产经营过程中实施许可证制度，通过事前把关，将不能保证质量安全的生产经营者淘汰出局，督促企业完善设备设施和食品安全管理制度，对于提高食品安全水平具有重要作用。

《食品生产许可管理办法》

一、食品生产许可管理

（一）食品生产许可管理办法

1. 实施食品生产许可的类别

国家市场监督管理部门按照食品的风险程度对食品生产实施分类许可，国家市场监督管理总局负责监督指导全国食品生产许可管理工作，县级以上地方市场监督管理部门负责本行政区域内的食品生产许可管理工作。申请食品生产许可，应当按照以下食品类别提出：粮食加工品，食用油、油脂及其制品，调味品，肉制品，乳制品，饮料，方便食品，饼干，罐头，冷冻饮品，速冻食品，薯类和膨化食品，糖果制品，茶叶及相关制品，酒类，蔬菜制品，水果制品，炒货食品及坚果制品，蛋制品，可可及焙烤咖啡产品，食糖，水产制品，淀粉及淀粉制品，糕点，豆制品，蜂产品，保健食品，特殊医学用途配方食品，婴幼儿配方食品，特殊膳食食品，其他食品等。

市场监督管理部门按照食品的风险程度，结合食品原料、生产工艺等因素，对食品生产实施分类许可。

国家市场监督管理总局负责监督指导全国食品生产许可管理工作。县级以上地方市场监督管理部门负责本行政区域内的食品生产许可监督管理工作。

省、自治区、直辖市市场监督管理部门可以根据食品类别和食品安全风险状况，确定市、县级市场监督管理部门的食品生产许可管理权限。保健食品、特殊医学用途配方食品、婴幼儿配方食品、婴幼儿辅助食品、食盐等食品的生产许可，由省、自治区、直辖市市场监督管理部门负责。

2. 食品生产许可的申请与受理

申请食品生产许可，应当先行取得营业执照等合法主体资格。申请人应当具有与生产的食品品种、数量相适应的生产场所、生产设备或者设施；保健食品生产工艺有原料提取、纯化等前处理工序的，需要具备与生产的品种、数量相适应的原料前处理设备或者设施；有食品安全管理人员和保证食品安全的规章制度；具有合理的设备布局和工艺流程以及应当符合法律、法规规定的其他条件。在此基础上，申请人向所在地县级以上地方市场监督管理部门提交下列材料：

（1）食品生产许可申请书；

（2）食品生产设备布局图和食品生产工艺流程图；

（3）食品生产主要设备、设施清单；

（4）专职或者兼职的食品安全专业技术人员、食品安全管理人员信息和食品安全管理制度。

对于申请保健食品、特殊医学用途配方食品、婴幼儿配方食品的生产许可，还应当提交与所生产食品相适应的生产质量管理体系文件以及相关注册和备案文件。

申请人应保证所提交申请材料的真实性，若申请人所提交材料不齐全或不符合法定形式，市场监督管理部门应当场或者在 5 个工作日内一次告知申请人需要补正的全部内容。对于申请材料齐全、符合法定形式，或者申请人按照要求提交全部补正材料的，应当受理食品生产许可申请并出具受理通知书。

3. 审查与决定

县级以上地方市场监督管理部门应当对申请人提交的申请材料进行审查，必要时还应当进行现场核查。现场核查依《食品生产许可审查通则》和《食品生产许可审查细则》的相关规定进行。现场核查应当由符合要求的核查人员进行，核查人员不得少于 2 人。核查人员应当自接受现场核查任务之日起 10 个工作日内，完成对生产场所的现场核查。申请保健食品、特殊医学用途配方食品、婴幼儿配方乳粉生产许可，在产品注册时经过现场核查的，可以不再进行现场核查。

除可以当场作出行政许可决定的外，县级以上地方市场监督管理部门应当自受理申请之日起 10 个工作日内作出是否准予行政许可的决定，并自作出决定之日起 5 个工作日内向申请人颁发食品生产许可证。食品生产许可证发证日期为许可决定作出的日期，有效期为 5 年。食品添加剂生产许可申请符合条件的，由申请人所在地县级以上地方市场监督管理部门依法颁发食品生产许可证，并标注食品添加剂。

4. 食品生产许可证管理

食品生产许可证分为正本、副本。食品生产许可证应当载明：生产者名称、社会信用代码、法定代表人（负责人）、住所、生产地址、食品类别、许可证编号、有效期、发证机关、发证日期和二维码。副本还应当载明食品明细。生产保健食品、特殊医学用途配方食品、婴幼儿配方食品的，还应当载明产品或者产品配方的注册号或者备案登记号；接受委托生产保健食品的，还应当载明委托企业名称及住所等相关信息。

《食品生产许可管理办法》将原有按食品品种许可调整为按企业主体许可，实行一企一证原则，即同一个食品生产者从事食品生产活动，应当取得一个食品生产许可证。获证企业应将其获得的食品生产许可证编号印刷在食品标签上，食品生产许可证编号由 SC（"生产"的汉语拼音字母缩写）和 14 位阿拉伯数字组成，各数字所代表的含义如图 7-1 所示。

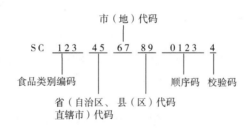

图 7-1　SC 编号代码示意图

如××乳业有限公司生产的液体乳［1. 灭菌乳：××纯牛奶，利乐包；2. 调制乳：零乳糖牛奶，利乐包；3. 发酵乳（热处理风味发酵乳）：××风味酸牛奶，利乐砖］生产许可证编号为 SC10513070700011，105 代表食品类别（1 代表食品，05 代表乳制品），0001 代表第 0001 个企业获得此证。

食品生产者应当妥善保管食品生产许可证，不得伪造、涂改、倒卖、出租、出借、转让。食品生产者应当在生产场所的显著位置悬挂或者摆放食品生产许可证正本。

5. 变更、延续、补办与注销

（1）变更　食品生产许可证有效期内，食品生产者名称、现有设备布局和工艺流程、主要生产设备设施、食品类别等事项发生变化，需要变更食品生产许可证载明的许可事项的，食品生产者应当在变化后 10 个工作日内向原发证的市场监督管理部门提出变更申请。食品生产者的生产场所迁址的，应当重新申请食品生产许可。

食品生产许可证副本载明的同一食品类别内的事项发生变化的，食品生产者应当在变化后 10 个工作日内向原发证的市场监督管理部门报告。食品生产者的生产条件发生变化，不再符合食品生产要求，需要重新办理许可手续的，应当依法办理。

（2）延续　县级以上地方市场监督管理部门应当根据被许可人的延续申请，在该食品生产许可有效期届满前作出是否准予延续的决定。县级以上地方市场监督管理部门应当对变更或者延续食品生产许可的申请材料进行审查，并按照《食品生产许可管理办法》第二十一条的规定实施现场核查。申请人声明生产条件未发生变化的，县级以上地方市场监督管理部门可以不再进行现场核查。申请人的生产条件及周边环境发生变化，可能影响食品安全的，市场监督管理部门应当就变化情况进行现场核查。

保健食品、特殊医学用途配方食品、婴幼儿配方食品注册或者备案的生产工艺发生变化的，应当先办理注册或者备案变更手续。市场监督管理部门决定准予延续的，应当向申请人颁发新的食品生产许可证，许可证编号不变，有效期自市场监督管理部门作出延续许可决定之日起计算。不符合许可条件的，市场监督管理部门应当作出不予延续食品生产许可的书面决定，并说明理由。

（3）注销　食品生产者终止食品生产，食品生产许可被撤回、撤销，应当在 20 个工作日内向原发证的市场监督管理部门申请办理注销手续。食品生产者申请注销食品生产许可的，应当向原发证的市场监督管理部门提交食品生产许可注销申请书。食品生产许可被注销的，许可证编号不得再次使用。

食品生产许可证变更、延续与注销的有关程序参照《食品生产许可管理办法》第二章、第三章的有关规定执行。

（二）食品生产许可证审查

1. 申请材料审查

县级以上地方市场监督管理部门应当对申请人提交的申请材料进行审查，申请人提交的申请资料符合法定形式，且需要对申请材料的实质内容进行核实的，应当进行现场核查。

2. 食品生产许可现场核查

《食品生产许可审查通则》（以下简称《通则》）和《食品生产许可审查细则》（以下简称《细则》）是食品生产许可现场核查的关键依据之一。自《食品生产许可管理办法》颁布并于 2015 年 10 月 1 日正式实施后，国家食品安全监管部门正在抓紧制定、修订食品、食品添加剂、保健食品的审查通则和细则等许可的技术文件。其中，由国家市场监督管理总局发布的《食品生产许可审查通则》已于 2022 年 10 月 21 日发布，自 2022 年 11 月 1 日起施行。原国家食品药品监督管理总局组织制定并发布了《婴幼儿辅助食品生产许可审查细则（2017 版）》。在相关《通则》《细则》公布前，原有食品、食品添加剂、保健食品生产许可审查通则、细则等还继续有效。

《通则》适用于对申请人生产许可规定条件的审查工作，规定了所有需要实施生产许可证管理的食品在审查过程中的一般要求，包括申请材料审查和现场核查。《细则》则具体规定了不同申证单元产品的发证范围、基本工艺流程及关键控制环节、必备生产资源、产品相关标准、原辅料有关要求、必备出厂检验设备以及检验项目和抽样方法等。食品、食品添加剂和保健食品分别执行不同的通则和细则，在食品生产许可审查过程中，《通则》《细则》应与《食品生产许可管理办法》结合使用。

目前，为了方便现场审核，食品安全监督管理部门依据《通则》《细则》以及 GB 14881—2013《食品安全国家标准　食品生产通用卫生规范》等相关标准的要求，制定了《食品生产企业的申请人规定条件审查记录表》（以下简称《审查记录表》）。《审查记录表》分为申请材料审核和生产场所核查 2 个部分，共 37 个项目，申请材料部分的审核主要包括组织领导、质量目标、管理职责、人员要求、技术标准、工艺文件、采购要求、过程管理、质量控制、产品防护和检验管理等，生产场所现场核查则包括对厂区、车间、库房、生产设备、检验设备等方面的要求。对每一个审查项目均规定了审查内容、审查说明、判定标准、审核方法和审查记录。审查记录一栏应当填写审查发现的基本符合和不符合情况，每一个审查项目应单独给出"符合""基本符合""不符合"的判定标准，审查组应按照对每一个审查项目的审查情况和判定标准，填写审查结论。现场审核出现"不符合"项或"基本符合项"超过 8 项，则判定为不符合规定条件，"基本符合项"不超过 8 项则判定为基本符合需整改，全部为"符合项"则判定为符合规定条件。对于判定为基本符合需整改情况的，企业应按照审核组要求认真整改，审核组应对企业整改情况进行查验并判定。

《食品生产许可审查通则（2022 版）》适用于市场监督管理部门组织对食品生产许可和变更许可、延续许可等审查工作，应当与相应的食品生产许可审查细则结合使用。在申请材料审查方面，规定了申请材料应当符合《食品生产许可管理办法》的规定，以电子或纸质方式提交，申请人对申请材料的真实性负责；明确了对食品生产许可的申请材料应当审查其完整性、规范性、符合性，对申请人申请食品生产许可、变更许可、延续许可的申请材料审查要求分别作出了规定。在现场核查方面，明确了需要组织现场核查的各种情形，规定了现场核查人员具体要求及其职责分工，规定了现场核查程序及特殊情况的处理要求，对现场核查项目及其评分规则进一步细化明确。在许可审查时限方面，现场核查完成时限压缩至 5 个工作日，明确要求审批部门及时组织现场核查、及时向申请人和日常监管部门告知现场核查有关事项，对食品生产许可审查各主要环节完成时限提出了明确要求，提升了食品生产许可工作效率。在审查结果与整改方面，规定了审批部门应当根据申请材料审查和现场核查等情况及时作出食品生产许可决定，要求申请人自通过现场核查之日起 1 个月内完成对现场核查中发现问题的整改，并将整改结果向其日常监管部门书面报告。

3. 产品检验及发证

企业应将试制食品提交给已取得食品检验机构资质认定的检验机构进行检验，并提供检验报告。市场监督管理部门依据申请材料审查和现场核查等情况作出是否准予许可的决定，并自作出决定之日起 5 个工作日内向申请人颁发食品生产许可证。

二、食品经营许可管理

在中华人民共和国境内，从事食品销售和餐饮服务活动，应当依法取得食品经营许可。对于已取得食品生产许可的食品生产者，在其生产加工场所或者通过网络销售其生产的食品不需要取得食品经营许可。销售食用农产品，仅销售预包装食品，医疗机构、药品零售企业销售特殊医学用途配方食品中的特定全营养配方食品，以及法律、法规规定的其他不需要取得食品经营许可的情形，不需要取得食品经营许可。食品经营许可的申请、受理、审查、决定及其监督检查应按照《食品经营许可和备案管理办法》的规定进行，并对从事食品销售和餐饮服务活动的符合规定条件的申请人颁发食品经营许可证。食品经营许可证将以往的从事食品经营的食品流通许可证和餐饮行业的餐饮服务许可证合二为一，减少了许可数量，符合党中央国务院简政放权、提高效率、转变政府职能的精神。

《食品经营许可和备案管理办法》

2023 年 6 月 15 日国家市场监督管理总局令第 78 号公布《食品经营许可和备案管理办法》，于 2023 年 12 月 1 日起施行，原国家食品药品监督管理总局令第 17 号于 2015 年 8 月 31 日公布的《食品经营许可管理办法》同时废止。

（一）食品经营主体业态和经营项目分类

县级以上地方市场监督管理部门负责本行政区域内的食品经营许可和备案管理工作。

省、自治区、直辖市市场监督管理部门可以根据食品经营主体业态、经营项目和食品安全风险状况等，结合食品安全风险管理实际，确定本行政区域内市场监督管理部门的食品经营许可和备案管理权限。申请食品经营许可，应当按照食品经营主体业态和经营项目分类提出。

1. 经营主体业态分类

食品经营主体业态分为食品销售经营者、餐饮服务经营者、集中用餐单位食堂。食品经营者从事食品批发销售中央厨房、集体用餐配送的，利用自动设备从事食品经营的，或者学校、托幼机构食堂，应当在主体业态后以括号标注。主体业态以主要经营项目确定，不可以复选。

2. 食品经营项目分类

食品经营项目分为食品销售、餐饮服务、食品经营管理三类。食品经营项目可以复选。食品销售，包括散装食品销售、散装食品和预包装食品销售。餐饮服务，包括热食类食品制售、冷食类食品制售、生食类食品制售、半成品制售、自制饮品制售等，其中半成品制售仅限中央厨房申请。食品经营管理，包括食品销售连锁管理、餐饮服务连锁管理、餐饮服务管理等。食品经营者从事散装食品销售中的散装熟食销售、冷食类食品制售中的冷加工糕点制售和冷荤类食品制售应当在经营项目后以括号标注。具有热、冷、生、固态、液态等多种情形，难以明确归类的食品，可以按照食品安全风险等级最高的情形进行归类。国家市场监督管理总局可以根据工作需要对食品经营项目进行调整。

（二）申请食品经营许可应具备的条件

1. 申请人资格

申请食品经营许可，应当先行取得营业执照等合法主体资格。企业法人、合伙企业、个人独资企业、个体工商户等，以营业执照载明的主体作为申请人。机关、事业单位、社会团体、民办非企业单位、企业等申办单位食堂，以机关或者事业单位法人登记证、社会团体登记证或者营业执照等载明的主体作为申请人。

2. 申请食品经营许可应达到的条件

（1）经营场所　具有与经营的食品品种、数量相适应的食品原料处理和食品加工、销售、贮存等场所，保持该场所环境整洁，并与有毒、有害场所以及其他污染源保持规定的距离；

（2）设备设施　具有与经营的食品品种、数量相适应的经营设备或者设施，有相应的消毒、更衣、盥洗、采光、照明、通风、防腐、防尘、防蝇、防鼠、防虫、洗涤以及处理废水、存放垃圾和废弃物的设备或者设施；

（3）人员和制度　有专职或者兼职的食品安全管理人员和保证食品安全的规章制度；

（4）工艺要求　具有合理的设备布局和工艺流程，防止待加工食品与直接入口食品、原料与成品交叉污染，避免食品接触有毒物、不洁物；

（5）食品安全相关法律、法规规定的其他条件。

从事食品经营管理的，应当具备与其经营规模相适应的食品安全管理能力，建立健全食品安全管理制度，并按照规定配备食品安全管理人员，对其经营管理的食品安全负责。

具备以上条件的申请人向县级以上食品安全监督管理部门提交食品经营许可申请书，营业执照或者其他主体资格证明文件复印件，与食品经营相适应的主要设备、经营布局、操作流程等文件，食品安全自查、从业人员健康管理、进货查验记录、食品安全事故处置等保证食品安全的规章制度的目录清单等资料办理食品经营许可证。利用自动设备从事食品销售的，申请人还应当提交每台设备的具体放置地点，食品经营许可证的展示方法，食品安全风险管控方案等材料。受理机关依据申请人提出的食品经营许可申请及时作出受理或不予受理的决定。

（三）审查与决定

县级以上地方市场监督管理部门应当对申请人提交的许可申请材料进行审查。需要对申请材料的实质内容进行核实的，应当进行现场核查。食品经营许可申请包含预包装食品销售的，对其中的预包装食品销售项目不需要进行现场核查。

核查人员应当出示有效证件，填写食品经营许可现场核查表，制作现场核查记录，经申请人核对无误后，由核查人员和申请人在核查表上签名或者盖章。申请人拒绝签名或者盖章的，核查人员应当注明情况。

上级地方市场监督管理部门可以委托下级地方市场监督管理部门，对受理的食品经营许可申请进行现场核查。

核查人员应当自接受现场核查任务之日起 5 个工作日内，完成对经营场所的现场核查。经核查，通过现场整改能够符合条件的，应当允许现场整改；需要通过一定时限整改的，应当明确整改要求和整改时限，并经市场监督管理部门负责人同意。

（四）食品经营许可证管理

食品经营许可证的办理和颁发实行一地一证原则，即食品经营者在一个经营场所从事食品经营活动，应当取得一个食品经营许可证。食品经营许可证分为正本、副本，具有同等法律效力。国家市场监督管理总局负责制定食品经营许可证正本、副本式样。省、自治区、直辖市市场监督管理部门负责本行政区域内食品经营许可证的印制和发放等管理工作。食品经营许可证应当载明：经营者名称、统一社会信用代码、法定代表人（负责人）、住所、经营场所、主体业态、经营项目、许可证编号、有效期、投诉举报电话、发证机关、发证日期和二维码。其中，经营场所、主体业态、经营项目属于许可事项，其他事项不属于许可事项。食品经营者取得餐饮服务、食品经营管理经营项目的，销售预包装食品不需要在许可证上标注食品销售类经营项目。

食品经营许可证编号由 JY（"经营"的汉语拼音字母缩写）和 14 位阿拉伯数字组成。数字从左至右依次为：1 位主体业态代码、2 位省（自治区、直辖市）代码、2 位市（地）代码、2 位县（区）代码、6 位顺序码、1 位校验码。

食品经营者应当妥善保管食品经营许可证，不得伪造、涂改、倒卖、出租、出借、转让。

食品经营者应当在经营场所的显著位置悬挂、摆放纸质食品经营许可证正本或者展示其电子证书。

利用自动设备从事食品经营的，应当在自动设备的显著位置展示食品经营者的联系方式、食品经营许可证复印件或者电子证书、备案编号。

（五）变更、延续、补办与注销

1. 变更、延续

食品经营许可证载明的事项发生变化的，食品经营者应当在变化后 10 个工作日内向原发证的市场监督管理部门申请变更食品经营许可。食品经营者地址迁移，不在原许可经营场所从事食品经营活动的，应当重新申请食品经营许可。

发生下列情形的，食品经营者应当在变化后 10 个工作日内向原发证的市场监督管理部门报告：①食品经营者的主要设备设施、经营布局、操作流程等发生较大变化，可能影响食品安全的；②从事网络经营情况发生变化的；③外设仓库（包括自有和租赁）地址发生变化的；④集体用餐配送单位向学校、托幼机构供餐情况发生变化的；⑤自动设备放置地点、数量发生变化的；⑥增加预包装食品销售的。

食品经营者申请变更食品经营许可的，应当提交食品经营许可变更申请书，以及与变更食品经营许可事项有关的材料。食品经营者取得纸质食品经营许可证正本、副本的，应当同时提交。

食品经营者需要延续依法取得的食品经营许可有效期的，应当在该食品经营许可有效期届满前 90 个工作日至 15 个工作日期间，向原发证的市场监督管理部门提出申请。县级以上地方市场监督管理部门应当根据被许可人的延续申请，在该食品经营许可有效期届满前作出是否准予延续的决定。在食品经营许可有效期届满前 15 个工作日内提出延续许可申请的，原食品经营许可有效期届满后，食品经营者应当暂停食品经营活动，原发证的市场监督管理部门作出准予延续的决定后，方可继续开展食品经营活动。

食品经营者申请延续食品经营许可的，应当提交食品经营许可延续申请书，以及与延续食品经营许可事项有关的其他材料。食品经营者取得纸质食品经营许可证正本、副本的，应当同时提交。

县级以上地方市场监督管理部门应当对变更或者延续食品经营许可的申请材料进行审查。

申请人的经营条件发生变化或者增加经营项目，可能影响食品安全的，市场监督管理部门应当就变化情况进行现场核查。申请变更或者延续食品经营许可时，申请人声明经营条件未发生变化、经营项目减项或者未发生变化的，市场监督管理部门可以不进行现场核查，对申请材料齐全、符合法定形式的，当场作出准予变更或者延续食品经营许可决定。未现场核查的，县级以上地方市场监督管理部门应当自申请人取得食品经营许可之日起 30 个工作日内对其实施监督检查。现场核查发现实际情况与申请材料内容不相符的，食品经营者应当立即采取整改措施，经整改仍不相符的，依法撤销变更或者延续食品经营许可决定。

原发证的市场监督管理部门决定准予变更的，应当向申请人颁发新的食品经营许可证。食品经营许可证编号不变，发证日期为市场监督管理部门作出变更许可决定的日期，有效期与原证书一致。不符合许可条件的，原发证的市场监督管理部门应当作出不予变更食品经营许可的书面决定，说明理由，并告知申请人依法享有申请行政复议或者提起行政诉讼的权利。原发证的市场监督管理部门决定准予延续的，应当向申请人颁发新的食品经营许可证，许可证编号不变，有效期自作出延续许可决定之日起计算。不符合许可条件的，原发证的市场监督管理部门应当作出不予延续食品经营许可的书面决定，说明理由，并告知申请人依法享有申请行政复议或者提起行政诉讼的权利。

2. 补办

食品经营许可证遗失、损坏的，应当向原发证的市场监督管理部门申请补办。因遗失、损坏补发的食品经营许可证，许可证编号不变，发证日期和有效期与原证书保持一致。

3. 注销

食品经营者申请注销食品经营许可的，应当向原发证的市场监督管理部门申请办理注销手续。出现食品经营许可有效期届满未申请延续，食品经营者主体资格依法终止，食品经营许可依法被撤回、撤销或者食品经营许可证依法被吊销，因不可抗力导致食品经营许可事项无法实施，或法律、法规规定的应当注销食品经营许可的其他情形情况的，食品经营者未按规定申请办理注销手续的，原发证的市场监督管理部门应当依法办理食品经营许可注销手续。食品经营许可被注销的，许可证编号不得再次使用。

三、食品生产经营许可的监督检查

县级以上地方市场监督管理部门负责辖区内食品经营者许可和备案事项的监督检查，并将食品经营许可颁发、备案情况、监督检查、违法行为查处等情况记入食品经营者食品安全信用档案，并依法通过国家企业信用信息公示系统向社会公示；对有不良信用记录、信用风险高的食品经营者应当增加监督检查频次，并按照规定实施联合惩戒。

县级以上地方市场监督管理部门及其工作人员履行食品经营许可和备案管理职责，应当自觉接受食品经营者和社会监督。接到有关工作人员在食品经营许可和备案管理过程中存在违法行为的举报，市场监督管理部门应当及时进行调查核实，并依法处理。

四、法律责任

未取得食品生产经营许可从事食品生产经营活动的，由县级以上地方市场监督管理部门依照《食品安全法》的规定给予处罚。

 思政案例

2021年5月9日，市场监管总局发布关于20批次食品抽检不合格情况的通告显示，某公司一批次"开口松子"产品过氧化值超标。过氧化值是表示油脂和脂肪酸等氧化程度的一项指标，其含义是1kg样品中的活性氧含量，以过氧化物物质的量（mmol）表示。以油脂、脂肪为主要原料制作的食品，通过检测其过氧化值可判断产品质量和变质程度。GB 19300—2014《食品安全国家标准 坚果与籽类食品》中规定，熟制坚果与籽类食品（除葵花籽外）中过氧化值（以脂肪计）的最大限量值为0.50g/100g。相关产品中的过氧化值为2.2g/100g，远超相关标准规定。

经相关市场监管部门调查发现，造成该批次产品抽检不合格的原因为上级经销实际履行人在运输过程中未按产品包装标示的要求存放。5月10日，该公司在回应声明中称，在获知产品抽检不合格信息后，第一时间对该批次产品进行召回处理。同时，该公司成立专项整改小组，组织对所有产品从生产到流通的全面排查，并作出相应调整措施。一是加强供应商伙伴质量管理，提高产品过氧化值内控标准，提升产品密封锁鲜效果；二是加强包装环节质量管控，推动脱氧剂品质及包装形式升级；三是加强流通环节质量管理，联合行业机构开展质量提升行动。

课程思政育人目标

通过食品召回事件了解食品召回的相关流程和规定，培养重视食品行业所应承担的社会责任感，并从中领悟中国特色社会主义核心价值观中的诚信要求，能够自觉将诚实劳动、信守承诺、诚恳待人的价值观融入到未来所从事的食品行业各项工作中。

思考题

1. 简述国家食品安全事故应急预案的主要内容。
2. 什么情况下需要对食品进行召回？简述食品召回制度的主要内容。
3. 简述实施食品召回制度的目的和意义，为了做好食品召回工作，你有什么建议？
4. 为什么实施食品生产许可制度？简述我国食品生产许可管理办法主要内容。
5. 简述申请食品经营许可证应达到的条件。

第八章

保健食品的安全与监督管理

第一节 保健食品的安全性要求

一、保健食品的概念

1. 保健食品的定义

世界各国对保健食品的概念和分类不完全相同，但比较一致的看法是保健食品应由自然营养成分和特殊功效物质构成。GB 16740—2014《食品安全国家标准 保健食品》对保健食品的定义是："保健食品是指声称具有保健功能或者以补充维生素、矿物质为目的的食品。即适宜于特定人群食用，具有调节机体功能，不以治疗疾病为目的，并且对人体不产生任何急性、亚急性或者慢性危害的食品"。

关于保健食品的概念与界定，世界各国有所不同，但其实质含义是一样的。这类食品除了具有一般食品皆具备的营养和感官功能（色、香、味、形）外，还具有一般食品所没有的或不强调的食品的第三种功能，即调节人体生理活动的功能，故称为"保健食品"。欧美国家统称为"健康食品"或"营养食品"，德国称为"改善食品"，日本则称为"功能食品"或者是"特定保健食品"。

2. 保健食品与普通食品的区别

保健食品声称的保健功能，应当具有科学依据，不得对人体产生急性、亚急性或者慢性危害。作为食品的一个种类，保健食品具有一般食品的共性，既可以是普通食品的形态，也可以使用片剂、胶囊等特殊剂型。但是，保健食品的标签说明书可以标示保健功能，而普通食品的标签不得标示保健功能。

3. 保健食品与药品的区别

药品是用以治疗、预防、诊断疾病或用于和疾病斗争的一切物质。药品一般都有毒副作用，对人体可能产生某种不良反应，如药品的副作用，急性、慢性毒性，过敏反应等。保健食品是指声称具有特定保健功能或以补充维生素、矿物质为目的的食品，保健食品不以治疗疾病为目的。保健食品在 GB 16740—2014《食品安全国家标准　保健食品》标准中规定：保健食品应保证对人体不产生任何急性、亚急性或慢性危害。这是保健食品必须遵循的基本原则之一。为此，在保健食品的审批过程中，都必须进行急性、亚急性和慢性毒性危害的动物毒性试验，并得出确保无任何急性、亚急性和慢性危害的科学数据和结论后，才能作为批准保健食品的依据之一，这就是对保健食品的安全性要求。这也是保健食品与药品的最大区别。

二、保健食品概述

新时代人民群众日益增长的美好生活需要，对保健食品的安全、营养和功效都提出了新的要求。国家用"四个最严"要求，即"最严谨的标准、最严格的监管、最严厉的处罚、最严肃的问责"，对保健食品实行严格的监督管理，推进落实"放管服（简政放权、放管结合、优化服务）"改革要求，努力构建现代化的保健食品市场监管体系，提升保健食品安全监管工作水平。

1. 保健食品的分类

（1）营养素补充剂　本类保健食品中含有人体易缺乏的一种或数种营养成分，如维生素类、微量元素类等。这种营养素补充剂能有针对性地补给人体所缺乏的营养素，能避免或预防因人体缺乏某种营养成分所导致的疾病，不以补充能量为目的。

（2）中药型保健食品　根据保健食品的功能及应用范围，以中医药学理论指导组方原则，以中药或中药提取物为主要原料制成的保健食品。

（3）微生态型保健食品　微生态型保健食品内含有一种或多种有益身体的益生菌，通过补充体内的有益菌，抑杀体内的有害菌，防止感染性疾病的发生。益生菌可以降解体内各种毒素和废弃物含量，合成维生素等营养成分，有利于补充体内营养，并可防止多种慢性病及老年病的发生。此类保健食品对活菌的纯度、数量以及使用有效期限要求严格，贮存条件要求较高，一旦达不到质量要求，容易发生不良反应。

（4）活性成分型保健食品　主要从龟、鳖、蛇、虫、蚁、鲨、鱼等陆地海洋动物中提取的活性成分制成的保健食品。这类保健食品富含营养成分，并具有特有的活性成分，对特定的人群具有较明显的保健功能，例如蛇粉、蚂蚁粉、鳖精、鱼油等。

（5）添加剂型保健食品　在日用食品中添加某些活性成分如活性油脂、生物抗氧化剂、活性多肽和乳酸菌等制成的保健食品等。

（6）混合型保健食品　集营养素成分、中药成分、微生物成分中二者或三者于一体的保健食品。这类保健食品由于内含成分复杂、配方依据难定，目前批准难度较大。

2. 保健食品的发展历程

从世界各国保健食品的发展过程来看，其经历了三个阶段，正从第一代、第二代向第三代发展。第一代保健食品是初级保健产品，主要包括各类强化食品及滋补食品，数量较多。第二代保健食品是经过动物或人体试验，证明其具有某种生理调节功能的食品，我国原卫生部批准的保健食品大部分属于第二代保健食品。第三代保健食品比第二代有很大的进步，不仅其特定生理调节功能需要经动物或人体试验，证明其功能可靠，而且还需要明确知道具有该功能的功效成分的化学结构和含量、作用机理和临床效果等。

自 20 世纪 80 年代末到 20 世纪 90 年代中，我国的保健食品多数为第一代产品。所谓第一代保健食品，大多是厂家用某些活性成分设计而成，配方是依据前人甚至于古人的经验设计。同时原料的加工粗糙，活性成分未加以有效保护，产品所列功能难以保证。这些没有经过任何试验予以验证的食品，充其量只能算是营养品。中国目前多数的保健食品属于这一代产品。目前，欧美国家以及日本等仅将此类产品列入一般食品。

第二代保健食品是指经过动物和人体试验，确知其具有调节人体生理节律，建立在量效基础上的，具有科学性、真实性的食品。欧美一些国家规定，对保健食品，必须经过严格的审查程序，提供量效的科学试验数据，以确证此食品的确具有保健功能，才允许贴有功能食品标签。目前，第二代保健食品在中国已开始崭露头角。

在确知具有某些生理调节功能的第二代保健食品的基础上，进一步提取、分离、纯化其有效的生理活性成分；鉴定活性成分的结构；研究其构效和量效的关系，保持生理活性成分在食品中有效稳定，或者直接将生理活性成分处理成功能食品，称为第三代保健食品。第三代保健食品是目前美国、日本等国家大力研究开发的，被称为 21 世纪的食品。在欧美国家以及日本等的市场上，大部分是第三代功能食品，而中国尽管保健品市场已有一定的规模，但与上述国家相比还有不小的差距。第三代保健食品的迅速成长，标志着中国保健品逐渐与国际接轨，同时也为保健品行业的又一次发展提供了良好的机遇。

三、保健食品应具备的特征和要求

保健食品是一种特殊食品，在成品、配方、工艺、包装说明、企业管理和卫生管理方面都有严格要求。

1. 安全性要求

《食品安全法》第七十四条规定："国家对保健食品、特殊医学用途配方食品和婴幼儿配方食品等特殊食品实行严格监督管理"。保健食品声称保健功能，应当具有科学依据，不得对人体产生急性、亚急性或者慢性危害。其标签、说明书不得涉及疾病预防、治疗功能，内容应当真实，与注册或者备案的内容相一致，载明适宜人群、不适宜人群、功效成分或者标志性成分及其含量等并声明"本品不能代替药物"。保健食品的功能和成分必须与标签、说明书相一致。

要实现这一要求，主要通过动物毒性试验来判定。

2. 保健食品的配方和生产工艺应有科学依据

保健食品原料目录和允许保健食品声称的保健功能目录，由国务院食品安全监督管理部门会同国务院卫生行政部门、国家中医药管理部门制定、调整并公布。保健食品原料目录应当包括原料名称、用量及其对应的功效；列入保健食品原料目录的原料只能用于保健食品生产，不得用于其他食品生产。生产保健食品所用原辅料的品种、加入量以及加工工艺等都必须经过科学验证，有可查的科学依据。

3. 保健食品应通过科学试验

科学试验包括功效成分或标志性成分定性定量分析、动物或人群功能试验，证实确有功效成分/标志性成分和明显的调节人体机能的作用。它说明了保健食品既要含有肯定的功效成分或标志性成分，还要通过科学试验或者动物、人群验证，证实有明显、稳定的调节人体机能作用。也只有符合这一要求的食品，才能以保健食品的名义生产、销售、宣传。

4. 应符合标准规定的卫生要求

包括有害金属及有害物质的限量、微生物的限量、食品添加剂的限量使用、农药和兽药及生物毒素的残留限量、放射性物质的限量等均不得超过产品的标准及保健食品通用标准的规定。

5. 应符合保健商品标签及说明书的要求

申请保健食品注册或者备案的，保健食品的标签、说明书样稿应当包括产品名称、原料、辅料、功效成分或者标志性成分及含量、适宜人群、不适宜人群、保健功能、食用量及食用方法、规格、贮藏方法、保质期、注意事项等内容及相关制定依据和说明等。2019 年，市场监管总局关于发布《保健食品标注警示用语指南》，强调保健食品经营者必须在保健食品标签设置警示用语区，并在经营保健食品的场所、网络平台等显要位置标注"保健食品不是药物，不能代替药物治疗疾病"等消费提示信息，引导消费者理性消费。

GB 7718—2011《食品安全国家标准　预包装食品标签通则》和《保健食品注册与备案管理办法》中规定了国产和进口保健食品销售包装标签必须标注的 12 项内容如下。

（1）保健食品名称　必须反映食品固有的性质、特征、特性，让消费者一看名称就能想到产品的功能、性状和食品的种类。不得以药品名称或类似药品的名称命名产品，并不得只标注外文缩写名称、代号名称或汉语拼音名称。

（2）主要原料　在主要原料中必须标明各种原辅料的具体名称，其中食品添加剂应标明具体名称，不得只标明类别名称。例如，苯甲酸钠不能只写"防腐剂"，日落黄不能只写"色素"。

（3）功能成分和营养成分表　包括要标明起主导和辅助作用的功效成分或标志性成分。如果起主导作用的功效成分或标志性成分是活性生物体（如活性双歧杆菌等），还要标明活性生物体的数量。营养素补充剂要标明各营养成分的含量。

（4）保健功能　标明的保健功能应与批准的功能一致，企业不得任意增减文字。在产品说明书中也应遵守这一规定，不得增减文字。

（5）净含量及固形物含量　液体食品用 L 或 mL 表示，固态食品用 kg 或 g 表示；半固态食品可以采用以上两种的任意一种单位表示。固形物用质量分数表示。

（6）制造者的名称和地址　应标明保健食品制造、分装单位经依法登记注册的名称和地址，进口保健食品应标明原产国或地区（指香港、澳门、台湾）名称，以及总经销或代理商在国内依法登记注册的名称和地址。

（7）生产日期、保质期或保存期　生产日期要按年、月、日顺序标注。不标注者，按过期食品依法处理。

（8）贮藏方法　保健食品必须标明贮藏条件和方法，主要指温度、湿度、通风状况等。

（9）适宜人群和食用方法　要注明两项内容：产品的适宜人群（适宜于特定人群）和每日次数及每次的食用量。有不适宜人群者一定要注明。

（10）保健食品生产许可证号、GMP 文号、产品标准号和注册文号　保健食品生产许可证号、GMP 文号由省级市场监督管理部门审核发证。产品标准号内容包括产品的国家标准或行业标准或企业标准的代号和顺序号、审核文号。注册文号是指国家市场监督管理总局的保健食品注册批准文号。

（11）特殊标注内容　主要是指"含有兴奋剂或激素的产品，应标明兴奋剂、激素的准确名称和含量"，这是因为保健食品含有兴奋剂或激素的产品可能对某些人群产生副作用。另外，保健食品的外包装上都有明显的统一标志。

（12）警示用语区　在显要位置标注"保健食品不是药物，不能代替药物治疗疾病"。

6. 保健食品的广告要求

保健食品广告的内容应当真实合法，不得含有虚假内容，不得涉及疾病预防、治疗功能。食品生产经营者对食品广告内容的真实性、合法性负责。保健食品广告除应当符合《食品安全法》第七十三条第一款规定外，还应当声明"本品不能代替药物"；其内容应当经生产企业所在地省、自治区、直辖市人民政府食品安全监督管理部门审查批准，取得保健食品广告批准文件。省、自治区、直辖市人民政府食品安全监督管理部门应当公布并及时更新已经批准的保健食品广告目录以及批准的广告内容。

四、保健食品的功效

1. 保健功能分类

1996—1997 年，卫生部先后 2 次公布受理的保健功能为 24 项，随后又宣布暂时不受理"改善性功能"和"辅助抑制肿瘤"2 项功能。

2022 年发布的《关于发布允许保健食品声称的保健功能目录 非营养素补充剂（2022 年版）及配套文件的公告》中，取消与现有保健功能定位不符的促进泌乳、改善生长发育、改善皮肤油分 3 项保健功能和原卫生部已不再受理审批的抑制肿瘤、辅助抑制肿瘤、抗突变、延缓衰老 4 项保健功能，并对于已批准的尚未取消也未纳入保健功能目录的保健功能进行转化、纳入或者调整。征求意见稿中的 24 项保健功能包括：有助于增强免疫力、有助于抗氧化、辅助改善记忆、缓解视觉疲劳、清咽润喉、有助于改善睡眠、缓解体力疲劳、耐缺氧、有助于控制体内脂肪、有助于改善骨密度、改善缺铁性贫血、有助于改善痤疮、有助于改善黄褐斑、有助于改善皮肤水分状况、有助于调节肠道菌群、有助于消化、有助于润肠通便、辅助保护胃黏膜、有助于维持血脂（胆固醇/甘油三酯）健康水平、有助于维持血糖健康水平、有助于维持血压健康水平、对化学性肝损伤有辅助保护作用、对电离辐射危害有辅助保护作用、有助于排铅。大体可分为 3 种类型（图 8-1）。

2. 保健食品的功效成分和作用

保健食品起作用的部分在于它的功效成分，功效成分是指在功能食品中能通过激活酶的活性或其他途径，调节人体机能的物质，第三代保健食品将是 21 世纪发展的重点，而功能因子的构效、量效关系及其作用机理的研究是发展第三代保健食品的关键。目前这些功能因子有：活性多糖、功能性甜味剂、功能性油脂、活性肽和蛋白质、氨基酸、无机盐及微量元素、维生素、益生菌、藻类、黄酮和酚类、皂苷、醇类、功能性食用色素等。

（1）活性多糖　膳食纤维分为可溶性食用纤维与不溶性食用纤维两种。膳食纤维可促进肠道蠕动，减少有害物质与肠壁的接触时间，有利于粪便排出，可预防便秘、直肠癌、痔疮及下肢静脉曲张；促进胆汁酸的排泄，抑制血清胆固醇及甘油三酯的上升，可预防动脉粥样硬化和冠心病等心血管疾病的发生；能促进人体胃肠吸收水分，延缓葡萄糖的吸收，改善耐糖量，同时使人产生饱腹感，对糖尿病和肥胖病人进食有利，可作为糖尿病人的食品和减肥食品；改善神经末梢对胰岛素的感受性，降低对胰岛素的需求，可调节糖尿病人的血糖水平；减少胆酸汁的再吸收，预防胆结石的形成等功能。

常见的活性多糖有香菇多糖、灵芝多糖、云芝多糖、虫草多糖、海藻多糖、魔芋多糖等。

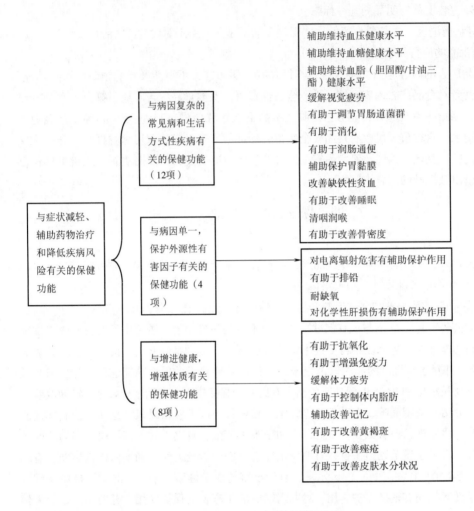

图 8-1 保健功能的分类

活性多糖通常除了一般膳食纤维的功能外，常常还有特殊的生理活性，具有明显的机体调节功能和预防疾病的作用。

（2）功能性甜味剂 如低聚糖、多元糖醇等。由于其很难或不被人体消化，所提供的能量值极低或没有，故用于低热量或减肥食品的功能性基料，或供糖尿病人食用。其次具有润肠通便，预防牙龋齿，调节血脂，增强机体免疫的功能。

（3）功能性油脂 如磷脂、多不饱和脂肪酸、胆碱等。多不饱和脂肪酸主要有亚油酸、γ-亚麻酸、二十碳五烯酸（EPA）、二十二碳六烯酸（DHA）等。DHA 和 EPA 是深海鱼中的重要脂肪酸，可降低血小板凝聚，降低血脂，改善血液流变性，预防冠心病。DHA 还具有健脑功能，对提高记忆力、判断力，防止大脑衰老有特殊作用，并有抑癌效果。磷脂对生物膜的生物活性和机体的正常代谢有重要调节作用；胆碱对细胞的生命活动有重要调节功能。

（4）活性肽和蛋白质 如免疫球蛋白、大豆多肽、谷胱甘肽、酪蛋白磷酸肽等。免疫球蛋白能提高机体免疫力，具有抗菌、抗病毒、抗感染或抗风湿等功能。

（5）氨基酸 如牛磺酸、谷氨酰胺等。牛磺酸影响婴儿视力、心脏和脑的正常生长，体内谷氨酰胺的含量在剧烈运动、受伤或感染等应激条件下会降低，蛋白质合成也减少，出现小肠黏膜萎缩和免疫能力低下现象。

（6）无机盐及微量元素　如钙、铁、锌、硒等。各元素参与机体构成或代谢，缺乏时会引发相关的症状或疾病，具有增智助长、调节血糖、辅助抑制肿瘤等功效。

（7）维生素　包括脂溶性和水溶性维生素两大类，如维生素 A、维生素 D、维生素 E、维生素 K 属于脂溶性维生素，维生素 B、维生素 C 等属于水溶性维生素。它们是人体健康所必需的重要的营养成分，是与疾病有关的物质。每种维生素都有其特殊的生理功能，摄入不足或超量时可能会出现相应的症状。

（8）益生菌　如乳酸菌中双歧杆菌等益生菌。乳酸菌能增强人体抗衰老的能力，提高机体的抗癌免疫力；降低胆固醇和血脂，预防冠心病的产生，防止人体的乳糖不耐症。双歧杆菌是乳酸菌的一类，是人体肠道中典型的有益菌，能增加血中的 SOD 活性，清除某些致癌物质，是广受重视的保健食品的功效成分/标志性成分之一。

（9）藻类　如螺旋藻。螺旋藻具有治疗胃病、调节血糖、保护肝脏、提高免疫等功能。

（10）黄酮和酚类　黄酮类如银杏黄酮、大豆异黄酮等，主要用于扩张和调节心血管，增加冠状动脉血流量，对动脉硬化和心血管疾病有预防作用，并且有较强的捕捉自由基、抗氧化作用，具有抗衰老作用。

酚类如茶叶中的茶多酚可清除自由基，延缓衰老，对心血管疾病有较好的预防作用，并有抗癌功效。

（11）皂苷　如大豆皂苷、人参皂苷等。大豆皂苷具有降低胆固醇、预防心血管疾病、增强免疫、抑制肿瘤的功效；人参皂苷具有促进学习记忆、调节免疫功能、延缓衰老、强心、增加心肌收缩力、减慢心率的作用。

（12）醇类　如二十八烷醇、植物甾醇等。二十八烷醇是公认的抗疲劳生理活性物质，植物甾醇具有预防心血管系统疾病，阻断致癌物诱发癌细胞形成，以及消炎等功能。

（13）功能性食用色素　如姜黄素、番茄红素等。姜黄素具有降低血液黏稠度、抗肿瘤、降血脂、抗炎、利胆的作用。番茄红素是防病治病的重要功能因子，具有很强的抗氧化能力，可预防人类前列腺癌和心血管疾病。

其他如大蒜素、有机酸等。大蒜素具有抗癌，防治高脂血症及动脉粥样硬化，保护肝脏，调节血糖，清除自由基等作用。各种有机酸具有抗氧化、美容等功效。

功能食品的功效成分应与该产品保健功能相对应，并应含有其功效成分的最低有效含量，必要时应控制有效成分的最高限量。

第二节　保健食品的监督管理

一、保健食品的相关法律法规

1. 相关法律

1995 年 10 月 30 日公布的《食品卫生法》第二十二条、二十三条和四十五条对保健食品的审批和监管作出了明确的规定，首次确立了保健食品的法律地位；随后，2009年2月28日公布的《食品安全法》第五十一条对保健食品的监管重新作出了严格的规定；2015年修订的《食品安全法》第七十四条到八十三条则对保健品的监管条例作了完善和补充。

2. 相关法规

（1）《保健食品原料目录与保健功能目录管理办法》（国家市场监督管理总局令第13号）；

（2）《保健食品注册与备案管理办法》（2020年修订）；

（3）《总局关于规范保健食品功能声称标识的公告》（2018年第23号）；

《保健食品注册与
备案管理办法》

（4）《保健食品命名指南（2019年版）》（国家市场监督管理总局2019年第53号）；

（5）《保健食品原料目录 营养素补充剂》（2023年）；

（6）《允许保健食品声称的保健功能目录 营养补充剂》（2023年）。

二、保健食品注册申请和审批

保健食品注册，是指市场监督管理部门根据注册申请人申请，依照法定程序、条件和要求，对申请注册的保健食品的安全性、保健功能和质量可控性等相关申请材料进行系统评价和审评，并决定是否准予其注册的审批过程。保健食品的注册与备案及其监督管理应当遵循科学、公开、公正、便民、高效的原则。

《保健食品注册与备案管理办法》以《食品安全法》为依据，对中华人民共和国境内保健食品的注册备案及其监督管理，保健食品注册申请受理部门和保健食品备案材料接收部门，各级部门在管理保健食品方面的职责、申请人或备案人的资质及职责，保健食品注册、备案、技术转让流程与要求，注册证书管理，保健食品标签说明书要求，保健食品的监督管理，以及相关法律责任作出了具体规定。相较2005年发布的《保健食品注册管理办法（试行）》（已废止），其在需注册产品类别、声称的保健功能范围、注册申请受理部门、注册流程等方面作出了修改。

（一）产品注册申请与审批

1. 产品注册和备案

产品注册申请是指申请人拟在中国境内生产和/或销售保健食品的注册申请。包括：国产保健食品注册申请和进口保健食品注册申请。生产和进口使用保健食品原料目录以外原料的保健食品，以及首次进口的保健食品（属于补充维生素、矿物质等营养物质的保健食品除外）应当申请保健食品注册；生产和进口使用原料已列入保健食品原料目录的保健食品，以及首次进口的属于补充维生素、矿物质等营养物质的保健食品（营养物质应当是列入保健食品原料目录的物质）应当申请保健食品备案。

2. 申请人

（1）保健食品注册申请人或者备案人应当具有相应的专业知识，熟悉保健食品注册管理的法律、法规、规章和技术要求；对所提交材料的真实性、完整性、可溯源性负责，并对提交材料的真实性承担法律责任；协助市场监督管理部门开展与注册或者备案相关的现场核查、样品抽样、复核检验和监督管理等工作。

（2）国产保健食品注册申请人应当是在中国境内合法登记的法人或者其他组织。

（3）进口保健食品注册申请人应当是上市保健食品的境外生产厂商。申请进口保健食品注册的，应当由其常驻中国代表机构或者由其委托的中国境内的代理机构办理。

3. 保健食品注册申请与审批程序

保健食品注册由国家市场监督管理总局行政受理机构负责。以受理为注册审批起点，将生产现场核查和复核检验调整至技术审评环节，并对审评内容、审评程序、总体时限和判定依据等提出具体严格的限定和要求。技术审评按申请材料核查、现场核查、动态抽样、复核检验等程序开展，任一环节不符合要求，审评机构均可终止审评，提出不予注册建议。

国产保健食品注册申请与审批程序见图 8-2，进口保健食品备案审批程序见图 8-3。

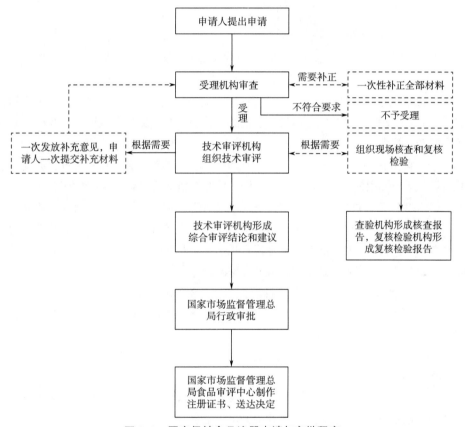

图 8-2　国产保健食品注册申请与审批程序

4. 保健食品产品注册申请申报资料项目

国家市场监督管理总局发布的《保健食品注册申请服务指南》中，详细介绍了保健食品注册申请的材料形式要求和内容要求。申请材料需符合《保健食品注册与备案管理办法》《保健食品注册检验复核检验管理办法》《保健食品检验与评价技术规范》《保健食品注册审评审批工作细则》等规章、规范性文件的规定。产品注册申请申报资料如下。

（1）保健食品注册申请表以及申请人对申请材料真实性负责的法律责任承诺书。

（2）注册申请人主体登记证明文件复印件。

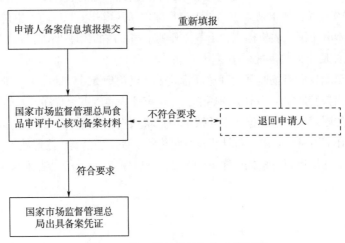

图 8-3 进口保健食品备案审批程序

（3）产品研发报告　包括研发人、研发时间、研制过程、中试规模以上的验证数据，目录外原料及产品安全性、保健功能、质量可控性的论证报告和相关科学依据，以及根据研发结果综合确定的产品技术要求等。

（4）产品配方材料　包括原料和辅料的名称及用量、生产工艺、质量标准，必要时还应当按照规定提供原料使用依据、使用部位的说明、检验合格证明、品种鉴定报告等。

（5）产品生产工艺材料　包括生产工艺流程简图及说明，关键工艺控制点及说明。

（6）安全性和保健功能评价材料　包括目录外原料及产品的安全性、保健功能试验评价材料，人群食用评价材料；功效成分或者标志性成分、卫生学、稳定性、菌种鉴定、菌种毒力等试验报告，以及涉及兴奋剂、违禁药物成分等检测报告。

（7）直接接触保健食品的包装材料种类、名称、相关标准等。

（8）产品标签、说明书样稿；产品名称中的通用名与注册的药品名称不重名的检索材料。

（9）3 个最小销售包装样品。

（10）其他与产品注册审评相关的材料。

注意事项如下。

（1）以真菌、益生菌、核酸、酶制剂、氨基酸螯合物等为原料的产品的注册申请，除提供上述资料外，还必须按照有关规定提供相关的申报资料。

（2）以国家限制使用的野生动植物为原料的产品的注册申请，除提供上述资料外，还必须提供政府有关主管部门出具给原料供应方的允许该原料开发、利用的证明文件以及原料供应方和申请人签订的购销合同。

（3）以补充维生素、矿物质为目的保健食品的注册申请，不需提供动物功能评价试验报告和/或人体试食试验报告和功能研发报告。

（4）产品声称的保健功能应当已经列入保健食品功能目录。

首次申请进口保健食品注册，除根据使用原料和申报功能的情况按照国产保健食品申报资料的要求提供资料外，还必须提供以下资料。

（1）产品生产国（地区）政府主管部门或者法律服务机构出具的注册申请人为上市保健食

品境外生产厂商的资质证明文件。

（2）产品生产国（地区）政府主管部门或者法律服务机构出具的保健食品上市销售一年以上的证明文件，或者产品境外销售以及人群食用情况的安全性报告。

（3）产品生产国（地区）或国际组织的与保健食品相关的技术法规或标准。

（4）产品在生产国（地区）上市的包装、标签、说明书实样。

申请首次进口保健食品注册和办理进口保健食品备案及其变更的，应当提交中文材料，外文材料附后。中文译本应当由境内公证机构进行公证，确保与原文内容一致；申请注册的产品质量标准（中文本），必须符合中国保健食品质量标准的格式。境外机构出具的证明文件应当经生产国（地区）的公证机构公证和中国驻所在国使领馆确认。

（二）其他事项的申请与审批

1. 保健食品技术转让注册申请与审批

保健食品技术转让产品注册申请是指保健食品批准证书的持有者，将产品生产销售权和生产技术全权转让给保健食品生产企业，并与其共同申请为受让方核发新的保健食品批准证书的行为。接受转让的保健食品生产企业，必须是依法取得保健食品卫生许可证并且符合《保健食品良好生产规范》的企业。

保健食品注册人转让技术的，受让方应当在转让方的指导下重新提出产品注册申请，产品技术要求等应当与原申请材料一致。

2. 保健食品变更申请与审批

变更申请是指申请人提出变更保健食品批准证书及其附件所载明内容的申请。申请人应当是保健食品批准证书的持有者，保健食品的原料应已列入保健食品原料目录，并符合相关技术要求。除提交保健食品注册变更申请表（包括申请人对申请材料真实性负责的法律责任承诺书）、注册申请人主体登记证明文件复印件、保健食品注册证书及其附件的复印件外，还应当按照下列情形分别提交材料。

（1）改变注册人名称、地址的变更申请，还应当提供该注册人名称、地址变更的证明材料。

（2）改变产品名称的变更申请，还应当提供拟变更后的产品通用名与已经注册的药品名称不重名的检索材料。

（3）增加保健食品功能项目的变更申请，还应当提供所增加功能项目的功能学试验报告。

（4）改变产品规格、保质期、生产工艺等涉及产品技术要求的变更申请，还应当提供证明变更后产品的安全性、保健功能和质量可控性与原注册内容实质等同的材料、依据及变更后3批样品符合产品技术要求的全项目检验报告。

（5）改变产品标签、说明书的变更申请，还应当提供拟变更的保健食品标签、说明书样稿。

3. 保健食品延续注册申请与审批

申请延续国产保健食品注册的，应当提交下列材料。

（1）保健食品延续注册申请表，以及申请人对申请材料真实性负责的法律责任承诺书。

（2）注册申请人主体登记证明文件复印件。

（3）保健食品注册证书及其附件的复印件。

（4）经省级市场监督管理部门核实的注册证书有效期内保健食品的生产销售情况。

（5）人群食用情况分析报告、生产质量管理体系运行情况的自查报告以及符合产品技术要求的检验报告。

（三）违规

（1）违反《食品安全法》等法律法规。

（2）隐瞒真实情况或者提供虚假材料申请注册。

（3）以欺骗、贿赂等不正当手段取得保健食品注册证书。

（4）擅自转让、伪造、涂改、倒卖、出租、出借保健食品注册证书。

（5）市场监督管理部门及其工作人员对不符合条件的申请人准予注册，或者超越法定职权准予注册。

（6）市场监督管理部门及其工作人员在注册审评过程中滥用职权、玩忽职守、徇私舞弊。

（四）保健食品批准证书有效期和批准文号的格式

（1）保健食品批准证书有效期为 5 年。

（2）国产保健食品批准文号的格式　国食健注 G+4 位年代号+4 位顺序号。

（3）进口保健食品批准文号的格式　国食健注 J+4 位年代号+4 位顺序号。

思政案例

"今年过节不收礼，收礼只收×××"，这句广告词相信消费者都耳熟能详，"送礼就送×××"的广告在各大卫视高频率出现，央视的黄金时间都被其买断，随之带来的就是其疯狂的销量，多年蝉联国内保健品销量第一的宝座。在广告狂轰滥炸的同时，那几年春节期间，该产品在北京各大商场成为人们争相购买的节日礼品。其实绝大多数顾客在购买时均不知道其有效成分和真正功能，主要凭电视里的广告，那么销量如此之好，当年又红极一时的保健产品，为何跌落神坛销声匿迹了？

该产品主要成分包括褪黑素、淀粉、低聚糖、山楂、茯苓和水等。褪黑素本身是一种化学合成制品，属于激素类，科学研究表明褪黑素具有一定的帮助睡眠、调节作息规律的作用。2010 年，《中华人民共和国广告法》出台新规定，严厉打击虚假广告，尤其是保健品相关领域。该规定明确指出，任何产品只能宣传本身具备的属性，在此情况下，仅有助眠作用的该产品来到了风口浪尖。然而，该公司此时并没有在该产品上纠缠，很快选择让它销声匿迹，并同步推出真正具有保健功效的另一款产品，短短两年时间，老产品就消失在了大众视野当中。

课程思政育人目标

　　通过学习某保健产品风靡市场到神坛跌落的过程，分析主要成分及其保健功效，了解我国对保健食品定义、包装及宣传方面的相关法规，讨论保健品虚假、夸大广告的潜在危害，立志做一个诚实守信、实事求是的食品从业者。

🔍 思考题

1. 《食品安全法》对保健食品作了哪些具体规定? 监管的具体办法由哪一级部门规定?

2. 我国卫生行政部门目前对声称有特定保健功能的食品采取哪些主要监管措施?

3. 目前我国保健食品的保健功能有多少项? 分别是什么?

4. 简述我国生产保健食品和进口保健食品的注册申请与审批程序。

第九章
农产品及原料的安全与监督管理

学习目的与要求

1. 掌握无公害农产品、承诺达标合格证、绿色食品和有机食品监督及管理相关标准和法规；

2. 了解农产品食品原料分类及标准法规；

3. 了解各类新食品原料及其审查管理办法。

第一节　农产品食品原料分类及标准法规

一、农产品的概念

（一）农产品的概念

农产品是指来源于种植业、林业、畜牧业和渔业等的初级产品，即在农业活动中获得的植物、动物、微生物及其产品。这部分产品种类复杂、品种繁多，主要有粮食、油料、木材、肉、蛋、乳、棉、麻、烟、茧、茶、糖、畜产品、水产品、蔬菜、花卉、果品、干菜、干果、食用菌、中药材、土特产品以及野生动植物原料等。

（二）其他相关概念

1. 初级农产品

初级农产品是指种植业、林业、畜牧业、渔业产品，不包括经过加工过的这类产品。初级农产品包括谷物、油脂、农业原料、畜禽及产品、林产品、渔产品、海产品、蔬菜、瓜果和花卉等产品。

2. 初级加工农产品

初级加工农产品是指必须经过某些加工环节才能食用、使用或贮存的加工品，如消毒乳、分割肉、冷冻肉、食用油、饲料等。

3. 名优农产品

名优农产品是指由生产者志愿申请，经有关地方部门初审，经权威机构根据相关规定程序，认定生产的生产规模大、经济效益显著、质量好、市场占有率高，已成为当地农村经济主导产业，有品牌、有明确标识的农产品。

4. 转基因农产品

转基因农产品是指利用基因转移技术，即利用分子生物学的手段将某些生物的基因转移到另一些生物的基因上，进而培育出人们所需要的农产品。

我国 2017 年 10 月 7 日修订的新版《农业转基因生物安全管理条例》规定，所有转基因农产品在进入大田生产之前必须向国务院农业行政主管部门申请领取农业转基因生物安全证书。同时，为了尊重消费者的知情权和选择权，根据《农业转基因生物标识管理办法》（2017 年 11 月 30 日修订版），在中华人民共和国境内销售列入农业转基因生物标识目录的转基因农产品及其加工品要做好标记。

我国政府一方面支持进行转基因技术在农业生产中的应用研究，特别是转基因食品对人体健康影响的研究，另一方面对转基因农产品的规模化生产持谨慎态度，要求转基因农产品投放市场时必须进行标注，以便消费者自行选择。在我国华北地区，主要在河北、山西两省开展的转基因棉花研究推广取得了明显的效果，其中抗棉铃虫的效果显著。在华中地区，湖南省的转基因水稻试验研究取得了重大突破，单产水平明显提高。我国已获得进入商品化生产的转基因农产食品原料主要有抗除草剂大豆、抗虫玉米、抗除草剂玉米、品质改良大豆和玉米、油菜籽、耐贮存番茄、抗花叶病毒的番茄和甜椒等。

二、农产品分类

按传统和习惯一般把农产品分为粮油、果蔬及花卉、畜禽产品、水产品、林产品和其他农副产品 6 大类。

（一）粮油

粮油是对谷类、豆类、油料及其初加工品的统称。粮油产品是关系到国计民生的农产品，它不仅是人体营养和能量的主要来源，也是轻工业的主要原料，还是畜牧业和饲养业的主要饲料。粮食是人类生存和发展的最基本的生活资料。离开粮食，人类就无法生存，整个社会再生产就无法进行。我国人口众多，耕地面积少，解决和保证吃饭问题显得尤为重要。

我国粮食有 20 多种，产地分布广泛，长江流域和长江以南是稻米主要产区，黄河两岸是小麦主产区，东北、内蒙古和华北地区盛产玉米、大豆和杂粮，东北水稻、玉米、大豆誉满全国。我国利用植物种子作油料原料的有大豆、芝麻、花生仁、棉籽、菜籽、葵花籽、玉米胚等，而芝麻油是一种香料油，又称为香油。

按植物学科属或主要性状、用途可将粮油分为原粮（禾谷类、豆类、薯类）、成品粮、油料（草本油料、木本油料及非食用油料、食用油料）、油脂（食用油脂、非食用油脂）、粮油加工副产品、粮食制品和综合利用产品 7 大类。又可分为主粮和杂粮、粗粮和细粮、夏粮和秋粮、贸易粮、混合粮等。农业是我国国民经济的基础，而粮油产品的生产是农业的基础。研究粮油产品的生产、加工、检验、储存和养护，对有效利用粮油产品资源，充分发挥粮油原料及其产品在人民生活和工业生产、农业生产中的作用，是我国经济建设的一项重要任务。

（二）果蔬及花卉

1. 果品和蔬菜

果品和蔬菜，尤其蔬菜是人们日常生活中不可缺少的副食品，它们所含有的营养成分对人类有特殊的意义，新鲜果蔬含有丰富的多种维生素和矿物质。食用果蔬不仅使人体摄取较多的维生素来预防维生素缺乏症，而且大量的钠、钾、钙等矿物质的存在使果蔬成为碱性食物，在人体的生理活动中起着调节体液酸碱平衡的作用。果蔬中所含有的糖和有机酸可以供给人体热量，并能形成鲜美的味道。果蔬中的纤维素虽不能被人们很好地吸收，但它们能促进胃肠蠕动，刺激消化液分泌，有助于人体的消化吸收及废物的排泄。很多果蔬还能调节人体生理机能，有辅助治疗疾病的作用。

我国地域辽阔，地跨寒、温、热三带，自然条件优越，气候、土壤和地形等自然环境条件适合于果蔬的生长发育，果品和蔬菜资源极其丰富，也培育了许多优良品种，使我国果蔬以种类多、品种全、品质佳闻名于世界。如胶州大白菜，章丘大葱，北京心里美萝卜，四川榨菜，湖南冬笋；山东香蕉苹果，山东大樱桃，辽宁国光苹果，河北鸭梨，吉林延边苹果梨，山东和辽宁山楂，浙江奉化玉露水蜜桃，山东肥城佛桃，广东和台湾的香蕉、菠萝，广东和福建的荔枝、龙眼，四川江津鹅蛋橘，江西南丰蜜橘，广西沙田柚等。这些果蔬风味各异，是享有盛誉的名果蔬。近年来，我国培育和改良了很多果蔬品种，同时引进了很多国外果蔬品种，丰富了国内果蔬资源，更加满足了市场需要。

蔬菜按食用器官可分为：①根菜类，如萝卜、马铃薯。②茎菜类，如莴笋、竹笋、莲藕、芋头。③叶菜类，如小白菜、大白菜、大蒜、大葱。④果菜类，如茄子、黄瓜、菜豆。⑤花菜类，如黄花菜、菜花。⑥食用菌类，如香菇、木耳。

按农业生物学可分为根茎类、白菜类、芥菜类、甘蓝类、绿叶菜类、葱蒜类、茄果类、瓜类、豆类、水生菜类、多年生菜类和食用菌类 12 类。

果品按果实构造可分为：①仁果类，如苹果、梨、山楂。②核果类，如桃、枣。③浆果类，如葡萄、香蕉。④坚果类，如核桃、板栗。⑤柑橘类，如柑、橘、甜橙、柚、柠檬。⑥复果类，如菠萝、菠萝蜜、面包果。⑦瓜类，如甜瓜、西瓜。

按商业经营习惯果品可分为鲜果、干果、瓜类以及它们的制品 4 大类。鲜果是果品中最多和最重要的一类。为了经营方便又把鲜果分为伏果和秋果，还分为南果和北果。

2. 可食用花卉

花卉中的花和卉是 2 个含义不同的字，花是高等植物繁殖后代的器官，卉是百草的总称。花卉一词从字面上讲，就是开花的植物。《辞海》中解释花卉是"可供观赏的花草"。广义上的花卉，凡是花、叶、果的形态和色彩、芳香能引起人们美感的植物都包括在内，统称为观赏植物。而可食用花卉是不仅可以用于观赏，同时其部分可用于食品或食品原料的花卉。

根据可食用花卉的经济用途可分为：①香料用花卉，如白兰、水仙花、玫瑰花等。②熏茶用花卉，如茉莉花、珠兰花、桂花等。③医药用花卉，如芍药、牡丹、金银花等。④食品用花卉，如菊花、桂花、兰花等近百种。

（三）畜禽产品

畜禽产品从广义上讲，主要是指肉、乳、蛋、禽、脂、肠、皮张、绒毛、鬃尾、细尾毛、羽毛、骨、角、蹄壳及其初加工品等。但从狭义上讲，即从我国商品经营分工的角度来看，肉、乳、蛋、脂、禽属食品和副食品范畴，也就是这里所说的畜禽产品。

畜禽产品作为食品是人类动物蛋白的主要来源，为人类提供了丰富营养。但这类食品由于富含蛋白质、脂肪、糖等，故易于腐败变质并且患病动物还带有致人患病的病源，动物肿瘤与人的癌症有一定的相关性。肉食品加工烹调不当，常损害人的健康，故需要严格的卫生检验。近年来，由于国民经济的迅猛发展，农业和运输业逐渐实现了机械化，促进了饲养业的发展，为畜禽产品资源开辟了广阔的道路。我国解决了人民温饱问题后，生活水平必然向更高标准发展，对畜禽产品的需求量越来越大，因而对畜禽产品的质量也提出了更高的要求。

（四）水产食品

水产食品是指水生的具有一定食用价值的动植物及其腌制、干制的各种初加工品。水产品，特别是鱼、虾、贝类等，自古以来一直是人们的重要食物之一。随着人们生活水平的不断提高和对蛋白质需求量的不断增长，水产品作为动物性蛋白质的来源，其重要性日益显著。

水产业是以栖息、繁殖在海洋和内陆淡水水域的鱼类、虾蟹类、贝类、藻类和海兽类等水产资源为开发对象，进行人工养殖、合理捕捞和加工利用的综合性社会生产部门。我国沿海渔场的总面积达 150 多万 km^2，占世界渔场总面积的 25%。我国海洋鱼类约有 1700 种以上。我国淡水鱼类有 800 种以上，其中有经济价值的有 250 多种，体型较大、产量较高的有 50 多种。我国发展水产业的方针是以养殖为主，养殖、捕捞、加工并举，因地制宜，重在保护。近年来，我国采取了积极有效的措施，严格采取休渔制度，使我国的海水、淡水捕捞和海水、淡水养殖业持续稳定健康发展。

水产品按生物学分类法可分为藻类植物（如海带、紫菜等），腔肠动物（如海蜇等），软体动物（如扇贝、鲍鱼、鱿鱼等），甲壳动物（如对虾、河蟹等），棘皮动物（如海参、海胆等），鱼类（如带鱼、鲅鱼、鲤鱼、鲫鱼等），爬行类（如中华鳖等）；按商业分类可分为活水产品（包括海水鱼、淡水鱼、鼋鱼、河蟹、贝类等），鲜水产品（含冷冻品和冰鲜品，包括海水鱼、淡水鱼、虾、蟹等），水产加工品；按加工方法分为水产腌制品和水产干制品（包括淡干品、盐干品、熟干品）；按加工原料分为咸干鱼、虾蟹加工品、海藻加工品、其他水产加工品。

（五）林产食品

林产食品是指一些木本植物的可食用器官，如核桃、香椿等；也包括在森林食物链中生存的可食用动物和微生物，如野兽肉、野生蘑菇等。中国经济林分布广泛，从南到北、从东至西，各处都有。主要有乌桕、油桐、漆树、杜仲、毛竹、油棕、椰子、油橄榄、巴旦果、油楂果、香榧、油茶、山苍子、青檀、五倍子等。经济类林产品主要有：①木本油料，如核桃、茶油、橄榄油、文冠果油等木本食用油；②木本粮食，如板栗、柿子、枣、银杏及多种栎类树种的种子；③特用经济林产品，如咖啡、金鸡纳等。林化、林副产品种类更是繁多，如各种药材、芳香油、淀粉、食用菌等。此外，林区还出产木耳、香菇、竹笋、干鲜果品、禽兽野味、中草药材及野生植物等产品。例如，油茶是我国特有的木本油料树种，我国油茶林近 50 种，面积约 367 万 hm^2，分布面积很广，年产油茶 15 万 t。茶油色清味香，不饱和脂肪酸的含量高，是优质的食用油。目前，世界上已经有一些国家实现或基本实现了食用油木本化，所以积极发展油茶、核桃、油橄榄等木本油料，是解决我国食用油不足的重要途径。

三、农产品质量安全法

《农产品质量安全法》所称农产品，是指来源于种植业、林业、畜牧业和渔业等的初级产品，即在农业活动中获得的植物、动物、微生物及其产品。农产品质量安全，是指农产品质量达到农产品质量安全标准，符合保障人的健康、安全的要求。

2006年前，我国农产品质量安全问题产生的原因主要有：①环境污染。工业文明带来的"三废"和生活垃圾的非理性排放，农民安全意识薄弱，未按规程安全、合理地使用农药和肥料，使农业生产环境遭到污染，农业生态再生能力下降。②交叉管理，监管不力。③标准体系不完善，监测手段落后、监测体系覆盖率低，绝大多数农产品未能得到有效监督。④农业标准生产水平低。农产品生产分散、规模较小、随意性大，标准化程度低，生产过

《中华人民共和国
农产品质量
安全法》

程缺乏有效监管，质量安全水平难以保障。⑤动植物疫情控制规范不够。疫情疫病、农兽药残留问题等是影响安全的主要问题，而企业诚信意识差和执法不严问题导致政府对农产品标准执法中的规定失灵。⑥信息不对称。主要体现在：安全农产品生产经营者与消费者之间、生产经营者与管理者之间、下级管理者（代理人）与上级管理者（委托人）之间、政府与消费者之间、以贸易壁垒为表现形式的本地生产者与异地地方政府之间、出口企业与进口国之间的信息不对称。信息不对称造成劣质品驱逐良品，又会造成市场萎缩或消失，还会造成不公平交易和不公平竞争。

鉴于当时农产品质量安全面临着严峻的考验，为保障农产品质量安全，维护公众健康，促进农业和农村经济发展，在中央高度重视和各有关方面的共同努力下，《中华人民共和国农产品质量安全法》于2006年4月29日在第十届全国人民代表大会常务委员会第二十一次会议上通过，并于2022年9月2日由中华人民共和国第十三届全国人民代表大会常务委员会第三十六次会议修订，新版《中华人民共和国农产品质量安全法》自2023年1月1日起施行。

1.《农产品质量安全法》的重要意义

国以民为本，民以食为天，食以安为先。农产品质量安全直接关系人民群众的日常生活、身体健康和生命安全；关系社会的和谐稳定和民族发展；关系农业对外开放和农产品在国内外市场的竞争。《农产品质量安全法》的正式出台，这是关系"三农"乃至整个经济社会长远发展的一件大事，具有十分重大而深远的影响和划时代的意义。修订的《农产品质量安全法》坚持科学发展观，推动农业生产方式转变，为发展高产、优质、高效、生态、安全的现代农业和社会主义新农村建设提供坚实支撑的现实要求；是构建和谐社会，规范农产品产销秩序，保障公众农产品消费安全，维护最广大人民群众根本利益的可靠保障；是推进农业标准化，提高农产品质量安全水平，全面提升我国农产品竞争力，应对农业对外开放和参与国际竞争的重大举措；是推进依法行政，转变政府职能，促进体制创新、机制创新和管理创新的客观要求。

修订后的农产品质量安全法贯彻落实党中央决策部署，按照"四个最严"的要求，完善农产品质量安全监督管理制度，回应社会关切，做好与食品安全法的衔接，实现从农田到餐桌的全过程、全链条监管，进一步强化农产品质量安全法治保障。

2.《农产品质量安全法》的主要修改内容

（1）落实农产品质量安全各方责任　把农户、农民专业合作社、农业生产企业及收贮运环节等都纳入监管范围，明确农产品生产经营者应当对其生产经营的农产品质量安全负责，落实主体责任；针对出现的新业态和农产品销售的新形式，规定了网络平台销售农产品的生产经营者、从事农产品冷链物流的生产经营者的质量安全责任，还规定了农产品批发市场、农产品销售企业、食品生产者等的检测、合格证明查验等义务，明确各环节的责任。同时，地方人民政府应当对本行政区域的农产品质量安全工作负责，对农产品质量安全工作不力、问题突出的地

方人民政府，上级人民政府可以对其主要负责人进行责任约谈、要求整改，落实地方属地责任。

（2）强化农产品质量安全风险管理和标准制定、实施 农产品质量安全工作实行源头治理、风险管理、全程控制的原则，在具体制度上，通过农产品质量安全风险监测计划和实施方案、评估制度等，加强对重点区域、重点农产品品种的风险管理。适应农产品质量安全全过程监管需要，进一步明确农产品质量安全标准的范围、内容，确保农产品质量安全标准作为国家强制执行的标准的严格实施。

（3）完善农产品生产经营全过程管控措施 一是，加强农产品产地环境调查、监测和评价，划定特定农产品禁止生产区域。二是，对农药、肥料、农用薄膜等农业投入品及其包装物和废弃物的处置作了规定，防止对产地造成污染。三是，对农产品生产企业和农民专业合作社、农业社会化服务组织作出针对性规定，建立农产品质量安全管理制度，鼓励建立和实施危害分析和关键控制点体系，实施良好农业规范。四是，建立农产品承诺达标合格证制度，要求农产品生产企业、农民专业合作社、从事农产品收购的单位或者个人按照规定开具承诺达标合格证，承诺不使用禁用的农药、兽药及其他化合物且使用的常规农药、兽药残留不超标等。同时，明确农产品批发市场应当建立健全农产品承诺达标合格证查验等制度。五是，对列入农产品质量安全追溯名录的农产品实施追溯管理。鼓励具备条件的农产品生产经营者采集、留存生产经营信息，逐步实现生产记录可查询、产品流向可追踪、责任主体可明晰。

（4）增强农产品质量安全监督管理的实效 一是明确农业农村主管部门、市场监督管理部门按照"三前""三后"（以是否进入批发、零售市场或者生产加工企业划分）分阶段监管，在此基础上，强调农业农村主管部门和市场监督管理部门加强农产品质量安全监管的协调配合和执法衔接。二是，明确农业农村主管部门建立健全随机抽查机制，按照农产品质量安全监督抽查计划开展监督抽查。三是，加强农产品生产日常检查，重点检查产地环境、农业投入品，建立农产品生产经营者信用记录制度。四是，推动建立社会共治体系，鼓励基层群众性自治组织建立农产品质量安全信息员工作制度协助开展有关工作，鼓励消费者协会和其他单位或个人对农产品质量安全进行社会监督，对农产品质量安全监督管理工作提出意见建议；新闻媒体应当开展农产品质量安全法律法规和知识的公益宣传，对违法行为进行舆论监督。

（5）加大对违法行为的处罚力度 与《食品安全法》相衔接，提高在农产品生产经营过程中使用国家禁止使用的农业投入品或者其他有毒有害物质，销售农药、兽药等化学物质残留或者含有的重金属等有毒有害物质超标的农产品的罚款处罚额度；构成犯罪的，依法追究刑事责任。同时，考虑到我国国情、农情，对农户的处罚与其他农产品生产经营者相比，相对较轻。

3.《农产品质量安全法》的主要内容

《农产品质量安全法》共分八章八十一条。第一章是总则，对农产品的定义，农产品质量安全的内涵，法律的实施主体，经费投入，农产品质量安全风险管理，农产品质量安全监督管理主体责任，绿色优质农产品生产，公众质量安全教育，农产品质量安全管理制度等方面作出了规定；第二章是农产品质量安全风险管理和标准制定，对农产品质量安全风险监测制度的建立，农产品质量安全风险评估制度的建立，农产品质量安全标准体系的建立，农产品质量安全标准的制定、发布、实施的程序和要求等进行了规定；第三章是农产品产地，对农产品产地监测制度，农产品禁止生产区域的确定，农产品标准化生产基地的建设，农业投入品的合理使用等方面作出了规定；第四章是农产品生产，对农产品质量安全的生产技术要求和操作规程的制定，农业投入品的生产许可与监督抽查、农产品生产经营者质量知识和技能的培训、农产品生产档案记录、农产品质量安全管理制度、农产品产地冷链物流基础建设等方面进行了规定；第五章是农产品销售，对农产品生产企业、农民合作社和农产品批发市场的农产品质量安全检测，农产品使用的保鲜剂、防腐剂、添加剂和包装材料，农产品包装标识进行了规定，同时规定了不得销售的农产品标准，网络平台销售农产品的相关规定和农产品质量安全追溯目录农产品的溯源管理；第六章是监督管理，对农产品质量安全全程监督管理机制、管理环节，农产品质量安全监督抽查制度、检验机构及检验人资质、社会监督、现场检查、事故报告、责任追溯等进行了明确规定；第七章是法律责任，对各种违法行为的处理、处罚作出了规定；第八章是附则。

　　整个法律主要包括以下十项基本制度：一是政府统一领导、农业农村主管部门、市场监督主管部门为主体、相关部门分工协作配合的农产品质量安全管理体制，这一管理体制明确了农业农村主管部门在农产品质量安全监管中的主体地位（总则第五条、第六条、第七条等）。二是农产品质量安全标准的强制实施制度，政府有关部门应按照保障农产品质量安全的要求，依法制定和发布农产品质量安全标准并监督实施，不符合农产品质量安全标准的农产品，禁止销售（总则第九条和第二章全部）。三是防止因农产品产地污染而危及农产品质量安全的农产品产地管理制度（第三章全部）。四是农产品生产记录制度和农业投入品生产、销售、使用制度（第四章第二十七至三十条）。五是农产品质量安全市场准入制度（第三十六条、第三十七条）。六是农产品的包装和标识管理制度（第五章第四十二至四十四条）。七是农产品质量安全监测制度（第四十八条等）。八是农产品质量安全监督检查制度（第四十五至四十七条）。九是农产品质量安全的风险分析、评估制度和信息发布制度（第四条、第十一条等）。十是对农产品质量安全违法行为的责任追究制度（第六十一条和第七章全部）。同时，法律还明确了各级政府要将农产品质量安全管理工作纳入本级国民经济和社会发展规划，并安排农产品质量安全经费，用于开展农产品质量安全工作。

　　4.《农产品质量安全法》对农产品产地的规定

　　生产过程是影响农产品质量安全的关键环节。《农产品质量安全法》对农产品生产者在生产过程中保证农产品质量安全的基本义务作了规定，主要包括：①国家建立农产品产地监测制度。县级以上地方人民政府农业农村主管部门应当会同同级生态环境、自然资源等部门制定农产品产地监测计划，加强农产品产地安全调查、监测和评价工作。②依照规定科学合理使用农业投入品。农产品生产经营者应当按照法律、行政法规和国家有关强制性标准、国务院农业农村主管部门的规定，合理使用农药、兽药、饲料和饲料添加剂、肥料、农用薄膜等农业投入品，防止对农产品产地造成污染。③县级以上人民政府应当采取措施，加强农产品基地建设，推进农业标准化示范建设，改善农产品的生产条件。农产品生产企业、农民专业合作社应当根据质量安全控制要求自行或者委托检测机构对农产品质量安全进行检测；经检测不符合农产品质量安全标准的农产品，应当及时采取管控措施，且不得销售。为贯彻实施好《农产品质量安全法》中关于农产品产地管理的规定，原农业部进一步制定了《农产品产地安全管理办法》。

　　5.《农产品质量安全法》对农产品生产者在生产过程中遵守农产品质量安全的规定

　　《农产品质量安全法》对农产品生产者在生产过程中保证农产品质量安全的基本义务作了规定，主要包括：①依照规定建立农产品生产记录。农产品生产企业、农民专业合作社、农业社会化服务组织应当建立农产品生产记录，如实记载使用农业投入品的名称、来源、用法、用量和使用、停用的日期，动物疫病和植物病虫草害的发生和防治情况，以及农产品收获、屠宰、捕捞的日期等情况。农产品生产记录应当至少保存两年。②依照规定实行农业投入品许可制度。

对可能影响农产品质量安全的农药、兽药、饲料和饲料添加剂、肥料、兽医器械，依照有关法律、行政法规的规定实行许可制度。农产品生产经营者应当依照有关法律、行政法规和国家有关强制性标准、国务院农业农村主管部门的规定，科学合理使用农药、兽药、饲料和饲料添加剂、肥料等农业投入品，严格执行农业投入品使用安全间隔期或者休药期的规定；不得超范围、超剂量使用农业投入品危及农产品质量安全。禁止在农产品生产经营过程中使用国家禁止使用的农业投入品以及其他有毒有害物质。③鼓励支持绿色优质农产品生产和农产品产地冷链物流建设。国家鼓励和支持农产品生产经营者选用优质特色农产品品种，采用绿色生产技术和全程质量控制技术，生产绿色优质农产品，实施分等分级，提高农产品品质，打造农产品品牌。国家支持农产品产地冷链物流基础设施建设，健全有关农产品冷链物流标准、服务规范和监管保障机制，保障冷链物流农产品畅通高效、安全便捷，扩大高品质市场供给。

6. 《农产品质量安全法》对农产品销售的规定

《农产品质量安全法》对于农产品销售的规定主要包括：①农产品生产企业、农民专业合作社以及从事农产品收购的单位或者个人销售的农产品，按照规定应当包装或者附加承诺达标合格证等标识的，须经包装或者附加标识后方可销售。包装物或者标识上应当按照规定标明产品的品名、产地、生产者、生产日期、保质期、产品质量等级等内容；使用添加剂的，还应当按照规定标明添加剂的名称。属于农业转基因生物的农产品，应当按照农业转基因生物安全管理的规定进行标识。农产品质量符合国家规定的有关优质农产品标准的，农产品生产经营者可以申请使用农产品质量标志。依法需要实施检疫的动植物及其产品，应当附具检疫标志、检疫证明。②农产品生产经营者通过网络平台销售农产品的，应当依照本法和《中华人民共和国电子商务法》《中华人民共和国食品安全法》等法律、法规的规定，严格落实质量安全责任，保证其销售的农产品符合质量安全标准。网络平台经营者应当依法加强对农产品生产经营者的管理。③国家对列入农产品质量安全追溯目录的农产品实施追溯管理。国务院农业农村主管部门应当会同国务院市场监督管理等部门建立农产品质量安全追溯协作机制。农产品质量安全追溯管理办法和追溯目录由国务院农业农村主管部门会同国务院市场监督管理等部门制定。国家鼓励具备信息化条件的农产品生产经营者采用现代信息技术手段采集、留存生产记录、购销记录等生产经营信息。

7. 《农产品质量安全法》对农产品质量安全实施监督检查的规定

依法实施对农产品质量安全状况的监督检查，是防止不符合农产品质量安全标准的产品流入市场进入消费危害人民群众健康安全的必要措施，是农产品质量安全监管部门必须履行的法定职责。《农产品质量安全法》规定的农产品质量安全监督检查制度的主要内容包括：①县级以上人民政府农业农村主管部门应当根据农产品质量安全风险监测、风险评估结果和农产品质量安全状况等，制定监督抽查计划，确定农产品质量安全监督抽查的重点、方式和频次，并实施农产品质量安全风险分级管理。②县级以上地方人民政府农业农村主管部门应当加强对农产品生产的监督管理，开展日常检查，重点检查农产品产地环境、农业投入品购买和使用、农产品生产记录、承诺达标合格证开具等情况。③农产品生产经营过程中存在质量安全隐患，未及时采取措施消除的，县级以上地方人民政府农业农村主管部门可以对农产品生产经营者的法定代表人或者主要负责人进行责任约谈。农产品生产经营者应当立即采取措施，进行整改，消除隐患。④县级以上人民政府农业农村、市场监督管理等部门发现农产品质量安全违法行为涉嫌犯罪的，应当及时将案件移送公安机关。对移送的案件，公安机关应当及时审查；认为有犯罪事实需要追究刑事责任的，应当立案侦查。

8.《农产品质量安全法》对国家建立农产品质量安全监测制度的规定

建立农产品质量安全监测制度是为了全面、及时、准确地掌握和了解农产品质量安全状况，根据农产品质量安全风险评估结果，对风险较大的危害进行例行监测，既为政府管理提供决策依据，又让有关团体和公众及时了解相关信息，最大限度地减少影响农产品质量安全因素对人民身体的危害。农产品质量安全监测制度的具体规定主要包括：监测计划的制定依据、监测的区域、监测的品种和数量、监测的时间、产品抽样的地点和方法、监测的项目和执行标准、判定的依据和原则、承担的单位和组织方式、呈送监测结果和分析报告的格式、结果公告的时间和方式等。为贯彻实施好《农产品质量安全法》中关于实施农产品质量安全监测制度的规定，原农业部进一步制定了《农产品质量安全监测管理办法》。

9.《农产品质量安全法》对检测机构的规定

《农产品质量安全法》规定，监督抽查检测应当委托符合本法规定条件的农产品质量安全检测机构进行，从事农产品质量安全检测的机构必须具备相应的检测条件和能力，由省级以上人民政府农业农村主管部门或者其授权的部门考核合格。应当充分利用现有的符合条件的检测机构，主要是避免重复建设和资源浪费。建立农产品质量安全检验检测机构，开展农产品生产环节和市场流通等环节质量安全监测工作，是实施农产品质量安全监管的重要手段，也是世界各国尤其是发达国家的普遍做法。在《农产品质量安全法》中作这样的规定，对于政府依法开展农产品质量安全监管，确保农产品质量安全，保证人民群众的身体健康和生命安全，具有十分重要的意义。为贯彻实施好《农产品质量安全法》中关于农产品质量安全检测机构的有关规定，原农业部进一步制定了《农产品质量安全检测机构资格认定管理办法》。

10.《农产品质量安全法》对批发市场的规定

《农产品质量安全法》明确规定了禁止销售的农产品范围，同时规定农产品批发市场应当设立或者委托农产品质量安全检测机构，对进场销售的农产品质量安全状况进行抽查检测；发现不符合农产品质量安全标准的，应当要求销售者立即停止销售，并向所在地市场监督管理、农业农村等部门报告；农产品批发市场应当建立进货检查验收制度，建立健全农产品承诺达标合格证查验等制度。《农产品质量安全法》中还规定了批发市场相应的民事赔偿责任和法律责任。农产品批发市场主要是由国家投资的公益性事业，作这样的规定既参照了国际通行惯例，又充分考虑了我国农产品市场流通的现状。一方面，农产品批发市场作为提供农产品交易场所的独立法人单位，应当承担进入市场的农产品的质量安全责任，并有义务保证市场上农产品的质量安全；另一方面，目前我国大中城市的农产品主要通过批发市场流通，农产品批发市场是联系农产品生产、运输、消费等链条的关键环节，批发市场承担起相关的把关责任，就意味着向前可以追溯生产者的责任，向后可以保护消费者的消费安全。

11.《农产品质量安全法》对县级以上地方人民政府的规定

农产品种类繁多，生产周期长，从生产到供应环节多，影响质量安全的因素多，农产品质量安全控制难度较大，加强农产品质量安全管理是一项长期艰巨的任务。从世界范围来看，政府作为公共安全的管理者，有义务履行农产品质量安全监管责任。从我国来看，全面提高农产品质量安全水平，建立健全农产品质量安全监管制度和长效机制，离不开政府的组织领导和统筹规划。为此，《农产品质量安全法》强化了地方人民政府对农产品质量安全监管的责任，对县级以上地方人民政府的职责和义务进行了专门规定：第一，县级以上人民政府应当将农产品质量安全管理工作纳入本级国民经济和社会发展规划，所需经费列入本级预算，加强农产品质量安全监督管理能力建设。第二，县级以上地方人民政府对本行政区域的农产品质量安全工作负责，统一领导、组织、协调本行政区域的农产品质量安全工作，建立健全农产品质量安全工作机制，提高农产品质量安全水平。县级以上地方人民政府应当依照本法和有关规定，确定本级农业农村主管部门、市场监督管理部门和其他有关部门的农产品质量安全监督管理工作职责。各有关部门在职责范围内负责本行政区域的农产品质量安全监督管理工作。第三，各级人民政府及有关部门应当加强农产品质量安全知识的宣传，发挥基层群众性自治组织、农村集体经济组织的优势和作用，指导农产品生产经营者加强质量安全管理，保障农产品消费安全。第四，县级以上人民政府应当采取措施，加强农产品基地建设，推进农业标准化示范建设，改善农产品的生产条件。

四、我国农产品质量安全标准与规范

1. 农产品基础标准

（1）农产品理化卫生检验标准　农产品理化卫生检验标准主要依据食品安全国家标准理化检验 GB 5009 系列标准（1~233）和 GB 4789《食品安全国家标准　食品卫生微生物学检验》系列标准（1~40）。其中有些在不断更新，有效标准以现行最新标准为准，部分标准是针对农产食品原料制定的，如 GB/T 5009.38—2003《蔬菜、水果卫生标准的分析方法》、GB 5009.204—2014《食品安全国家标准　食品中丙烯酰胺的测定》、GB 5009.22—2016《食品安全国家标准　食品中黄曲霉毒素 B 族和 G 族的测定》、GB 5009.206—2016《食品安全国家标准　水产品中河豚毒素的测定》、GB 5009.209—2016《食品安全国家标准　食品中玉米赤霉烯酮的测定》、GB 5009.94—2012《食品安全国家标准　植物性食品中稀土元素的测定》、GB 5009.205—2013《食品安全国家标准　食品中二噁英及其类似物毒性当量的测定》、GB 5009.148—2014《食品安全国家标准　植物性食品中游离棉酚的测定》等。

除了 GB 5009 系列标准外，我国还陆续发布了 GB 23200.8—2016《食品安全国家标准　水果和蔬菜中 500 种农药及相关化学品残留的测定　气相色谱-质谱法》、GB 23200.9—2016《食品安全国家标准　粮谷中 475 种农药及相关化学品残留量的测定　气相色谱-质谱法》、GB/T 19650—2006《动物肌肉中 478 种农药及相关化学品残留量的测定　气相色谱-质谱法》、GB 2763—2021《食品安全国家标准　食品中农药最大残留限量》等农兽药残留的检测分析方法标准。

（2）农产品检验检疫标准　农产品检验检疫是食品质量安全监测和管理监督的重要手段。目前我国对于一些公认的重要食源性危害，在检测方法标准方面尚存在不足或不够完善的地方，建立一个完整的动植物卫生检疫体系是保证农产品安全生产和食品安全控制、保证进出口贸易正常进行的必然要求。表 9-1 所示为我国目前实施的部分检验检疫规范与标准。此外，对于进出口动植物产品的检验检疫适用《中华人民共和国进出境动植物检疫法》以及国家出入境检验检疫局颁布的各种行业标准与法规。

表 9-1　　　　　　　　　　我国发布的部分检验检疫规范与标准

标准编号	标准名称
GB/T 15805. 1—2008	鱼类检疫方法　第 1 部分：传染性胰脏坏死病毒（IPNV）
GB/T 18084—2000	植物检疫　地中海实蝇检疫鉴定方法
GB/T 18085—2000	植物检疫　小麦矮化腥黑穗病菌检疫鉴定方法
GB/T 18086—2000	植物检疫　烟霜霉病菌检疫鉴定方法
GB/T 18087—2000	植物检疫　谷斑皮蠹检疫鉴定方法
GB/T 18088—2000	出入境动物检疫采样
GB 5040—2003	柑橘苗木产地检疫规程
GB 7331—2003	马铃薯种薯产地检疫规程
GB 7412—2003	小麦种子产地检疫规程
GB 7413—2009	甘薯种苗产地检疫规程
GB 8370—2009	苹果苗木产地检疫规程
GB 8371—2009	水稻种子产地检疫规程
GB 12743—2003	大豆种子产地检疫规程
GB/T 12943—2007	苹果无病毒母本树和苗木检疫规程
GB 15569—2009	农业植物调运检疫规程
GB/T 16550—2020	新城疫诊断技术
GB/T 16551—2020	猪瘟诊断技术
GB 16568—2006	奶牛场卫生规范
GB 19441—2004	进出境禽鸟及其产品高致病性禽流感检疫规范
GB/T 28099—2011	水稻细菌性条斑病菌的检疫鉴定方法
GB/T 28094—2011	芒果细菌性黑斑病菌检疫鉴定方法

（3）放射性物质　食品原料中的放射性物质主要指天然放射性物质。天然放射性物质在自然界中分布广泛，存在于矿石、土壤、天然水、大气及动植物组织中，特别是鱼贝类等水产品对某些放射性核素有很强的富集作用，使得食品中放射性核素的含量可能显著性地超过周围环境中存在的该核素放射性。天然食品中都有微量的放射性物质，一般情况下对人是无害或影响很微小的。在特殊环境下，放射性核素可能通过水及土壤污染农作物、水产品、饲料等，使其在动物或植物中富集，在经过生物圈参与环境与生物体间的转移和吸收过程而污染食品，并可能通过食物链对人身体健康产生危害。因此，为了加强对食品中放射性物质的监督，保证食品安全，GB 14883. 1—2016《食品安全国家标准　食品中放射性物质检验　总则》中规定了食品中 13 种放射性物质的含量的检测方法。GB 14882—1994《食品中放射性物质限制浓度标准》中规定了食品中常见 12 种放射性物质的导出限制浓度。

（4）转基因农产品的检测　为了加强农业转基因生物安全管理，保障人体健康和动植物、微生物安全，保护生态环境，促进农业转基因生物技术研究，我国于 2001 年制定了《农业转基因生物安全管理条例》。条例中定义农业转基因生物是指利用基因工程技术改变基因组构成，用于农业生产或者农产品加工的动植物、微生物及其产品。农业转基因生物安全，是指防范农业转基因生物对人类、动植物、微生物和生态环境构成的危险或者潜在风险。我国国家标准中对转基因产品的检测进行了规范，主要包括：GB/T 19495.1—2004《转基因产品检测 通用要求和定义》、GB/T 19495.2—2004《转基因产品检测 实验室技术要求》、GB/T 19495.3—2004《转基因产品检测 核酸提取纯化方法》、GB/T 19495.4—2018《转基因产品检测 实时荧光定性聚合酶链式反应（PCR）检测方法》、GB/T 19495.5—2018《转基因产品检测 实时荧光定量聚合酶链式反应（PCR）检测方法》、GB/T 19495.6—2004《转基因产品检测 基因芯片检测方法》、GB/T 19495.7—2004《转基因产品检测 抽样和制样方法》、GB/T 19495.8—2004《转基因产品检测 蛋白质检测方法》、GB/T 19495.9—2017《转基因产品检测 植物产品液相芯片检测方法》。

2. 农产品产品标准

我国为了加强对农产品质量安全的监管，对多数农产品原料和初加工产品都制定了强制或推荐性国家标准、行业标准，如 GB 2707—2016《食品安全国家标准 鲜（冻）畜、禽产品》、GH/T 18796—2012《蜂蜜》、GB/T 19630—2019《有机产品 生产、加工、标识与管理体系要求》。

3. 农产品质量安全控制标准与规范

（1）农产品安全生产规范与标准 在食品从农田到餐桌的全过程中，建立从源头治理到最终消费的监控体系是食品安全的重要保障。目前在种植产品生产中应用良好农业规范（GAP）、养殖产品生产中应用良好兽医规范（GVP）。表 9-2 所示为部分现行国家标准和行业标准。

表 9-2　　　　　　　　　　　农产品安全生产控制标准

标准编号	标准名称
GB/T 20014.1—2005	良好农业规范 第 1 部分：术语
GB/T 20014.2—2013	良好农业规范 第 2 部分：农场基础控制点与符合性规范
GB/T 20014.3—2013	良好农业规范 第 3 部分：作物基础控制点与符合性规范
GB/T 20014.4—2013	良好农业规范 第 4 部分：大田作物控制点与符合性规范
GB/T 20014.5—2013	良好农业规范 第 5 部分：水果和蔬菜控制点与符合性规范
GB/T 20014.6—2013	良好农业规范 第 6 部分：畜禽基础控制点与符合性规范
GB/T 20014.7—2013	良好农业规范 第 7 部分：牛羊控制点与符合性规范
GB/T 20014.8—2013	良好农业规范 第 8 部分：奶牛控制点与符合性规范
GB/T 20014.9—2013	良好农业规范 第 9 部分：猪控制点与符合性规范
GB/T 20014.10—2013	良好农业规范 第 10 部分：家禽控制点与符合性规范
GB/T 20014.11—2005	良好农业规范 第 11 部分：畜禽公路运输控制点与符合性规范
GB/T 20014.12—2013	良好农业规范 第 12 部分：茶叶控制点与符合性规范
GB/T 20014.13—2013	良好农业规范 第 13 部分：水产养殖基础控制点与符合性规范

续表

标准编号	标准名称
GB/T 20014.14—2013	良好农业规范　第 14 部分：水产池塘养殖基础控制点与符合性规范
GB/T 20014.15—2013	良好农业规范　第 15 部分：水产工厂化养殖基础控制点与符合性规范
GB/T 20014.16—2013	良好农业规范　第 16 部分：水产网箱养殖基础控制点与符合性规范
GB/T 20014.17—2013	良好农业规范　第 17 部分：水产围栏养殖基础控制点与符合性规范
GB/T 20014.18—2013	良好农业规范　第 18 部分：水产滩涂、吊养、底播养殖基础控制点与符合性规范
GB/T 20014.19—2008	良好农业规范　第 19 部分：罗非鱼池塘养殖控制点与符合性规范
GB/T 20014.20—2008	良好农业规范　第 20 部分：鳗鲡池塘养殖控制点与符合性规范
GB/T 20014.21—2008	良好农业规范　第 21 部分：对虾池塘养殖控制点与符合性规范
GB/T 20014.22—2008	良好农业规范　第 22 部分：鲆鲽工厂化养殖控制点与符合性规范
GB/T 20014.23—2008	良好农业规范　第 23 部分：大黄鱼网箱养殖控制点与符合性规范
GB/T 20014.24—2008	良好农业规范　第 24 部分：中华绒螯蟹围栏养殖控制点与符合性规范
GB/T 20014.25—2010	良好农业规范　第 25 部分：花卉和观赏植物控制点与符合性规范
GB/T 20014.27—2013	良好农业规范　第 27 部分：蜜蜂控制点与符合性规范
GB/T 19479—2019	畜禽屠宰良好操作规范　生猪
GB/T 19537—2004	蔬菜加工企业 HACCP 体系审核指南
GB/T 19838—2005	水产品危害分析与关键控制点（HACCP）体系及其应用指南
SN/T 1346—2004	肉类屠宰加工企业卫生注册规范
GB 20799—2016	食品安全国家标准　肉和肉制品经营卫生规范

（2）农产品食品中有毒有害物质限量标准　农产品安全限量标准主要包括：污染物限量、农（兽）药残留限量、激素（植物生长素）及抗生素的限量、有害微生物和生物毒素限量、放射性物质限制浓度标准等有毒有害物质限量标准。

原料农产品在生产（包括农作物种植、动物饲养和兽医用药）、包装、贮存、运输、销售直至食用过程由环境污染而非有意加入食品中的物质为污染物，包括除农药、兽药和真菌毒素以外的污染物。

GB 2762—2022《食品安全国家标准　食品中污染物限量》中规定了食品中铅、镉、汞、砷、锡、镍、铬、亚硝酸盐、硝酸盐、苯并［a］芘、N-二甲基亚硝胺、多氯联苯、3-氯-1，2-丙二醇的限量指标。

GB 2763—2021《食品安全国家标准　食品中农药最大残留限量》标准规定了食品中2，4-滴丁酸、胺鲜酯、氟虫腈、苯菌灵、烯啶虫胺等 564 种农药 10092 项最大残留限量，细化了食品类别及测定部位，增加了小麦全粉等 20 种食品名称，涉及谷物、油料和油脂、蔬菜、水果、干制水果、糖料、饮料类、食用菌、调味料、药用植物和动物源性食品 11 大类食品、农产品。

为加强兽药残留监控工作，保证动物性及动物源性食品卫生安全，维护人民身体健康，根据《兽药管理条例》规定，农业农村部 250 号公告于 2020 年 1 月 6 日发布了《食品动物中禁止使用的药品及其他化合物清单》，共有 21 类禁止使用的药品及其他化合物。

此外，NY 5071—2002《无公害食品　渔用药物使用准则》、NY 5072—2002《无公害食品　渔用配合饲料安全限量》还规定了水产品中渔用药物使用的基本原则、渔用药物的使用方法以及禁用渔药清单和渔用配合饲料安全限量的要求、试验方法、检验规则。

食品中有害微生物主要是指细菌总数、大肠菌群和致病菌。其中致病菌限量规定分为 GB 31607—2021《食品安全国家标准　散装即食食品中致病菌限量》和 GB 29921—2021《食品安全国家标准　预包装食品中致病菌限量》，涉及沙门氏菌、金黄色葡萄球菌、蜡样芽孢杆菌、单核细胞增生李斯特氏菌和副溶血性弧菌。细菌总数和大肠菌群限量指标在各类食品及食品原料、农产品中都有严格规定，该项目包含在各类食品安全国家标准中。

食品中真菌毒素的限量要求收录在 GB 2761—2017《食品安全国家标准　食品中真菌毒素限量》中，主要规定了黄曲霉毒素 B_1、黄曲霉毒素 M_1、脱氧雪腐镰刀菌烯醇、展青霉素、赭曲霉毒素 A 及玉米赤霉烯酮的限量指标。

第二节　无公害食品农产品、承诺达标合格证、绿色食品与有机食品

一、无公害食品

无公害农产品是指产地环境、生产过程和产品质量符合国家有关标准和规范的要求，经认证合格获得认证证书并允许使用无公害农产品标志的未经加工或者初加工的食用农产品。

20 世纪中叶，随着食品生产传统方式的逐步退出和工业化比重的增加，国际贸易的日益发展，食品安全风险程度的增加，许多国家引入"从农田到餐桌"的过程管理理念，把农产品认证作为确保农产品质量安全和同时能降低政府管理成本的有效政策措施。2001 年，在中央提出发展高产、优质、高效、生态、安全农业的背景下，农业部提出了无公害农产品的概念，并组织实施"无公害食品行动计划"，各地自行制定标准开展了当地的无公害农产品认证。"无公害食品行动计划"以全面提高我国农产品质量安全水平为核心，以农产品质量标准体系和质量检测检验体系建设为基础，以"菜篮子"产品为突破口，以市场准入为切入点，从产地和市场两个环节入手对农产品实施"从农田到餐桌"全过程质量安全控制。在此基础上，2003 年实现了"统一标准、统一标志、统一程序、统一管理、统一监督"的全国统一的无公害农产品认证，由此我国的无公害食品得到了很大的发展。

我国无公害食品的监督与管理，主要依据农业部和质量监督检验检疫总局 2002 年 4 月 29 日共同发布的《无公害农产品管理办法》、农业部和国家认证认可监督管理委员会 2002 年第 231 号公告发布的《无公害农产品标志管理办法》、农业部第 70 号令《农产品包装和标识管理办法》、农业部农产品质量安全中心 [2008] 20 号通知《无公害农产品质量与标志监督管理规范》、农业部农产品质量安全中心《无公害农产品质量安全风险预警管理规范》、农业部和国家认证认可监督管理委员会 2003 年第 264 号文《无公害农产品产地认定程序》和《无公害农产品认证程序》、农业部农产品质量安全中心 [2003] 19 号文《无公害农产品认证产地环境检测管

理办法》和无公害相关农产品标准。

（一）无公害农产品标准

1. 无公害农产品生产质量安全控制技术规范

原农业部已颁布无公害农产品生产管理技术规范 13 项，分别为：NY/T 2798.1—2015《无公害农产品　生产质量安全控制技术规范　第 1 部分：通则》；NY/T 2798.2—2015《无公害农产品　生产质量安全控制技术规范　第 2 部分：大田作物产品》，适用于粮食、油料、糖料等大田作物的无公害农产品生产、管理和认证，规定了对无公害大田作物产品生产质量安全控制的基本要求，包括产地环境、种子种苗、肥料使用、病虫草鼠害防治、耕作管理、采后处理、包装标识与产品储运等环节关键点的质量安全控制措施；NY/T 2798.3—2015《无公害农产品　生产质量安全控制技术规范　第 3 部分：蔬菜》，适用于无公害农产品蔬菜的生产、管理和认证，规定了无公害农产品蔬菜生产质量安全控制的基本要求，包括产地环境、农业投入品、栽培管理、包装标识与产品贮运等环节关键点的质量安全控制措施；NY/T 2798.4—2015《无公害农产品　生产质量安全控制技术规范　第 4 部分：水果》，适用于无公害农产品水果的生产、管理和认证，规定了无公害农产品水果种植质量安全控制的基本要求，包括园地选择、品种选择、肥料使用、病虫草害防治、栽培管理等环节关键点的质量安全控制措施；NY/T 2798.5—2015《无公害农产品　生产质量安全控制技术规范　第 5 部分：食用菌》，适用于无公害农产品食用菌的生产、管理和认证，规定了无公害农产品食用菌生产质量安全控制的基本要求，包括产地环境、农业投入品、栽培管理、采后处理等环节关键点的质量安全控制技术及要求；NY/T 2798.6—2015《无公害农产品　生产质量安全控制技术规范　第 6 部分：茶叶》，适用于无公害农产品茶叶的生产、管理和认证，规定了无公害农产品茶叶生产质量安全控制的基本要求，包括茶园环境、茶树种苗、肥料使用、病虫草害防治、耕作与修剪、鲜叶管理、茶叶加工、包装标识与产品贮运等环节关键点的质量安全控制技术措施；NY/T 2798.7—2015《无公害农产品　生产质量安全控制技术规范　第 7 部分：家畜》，适用于无公害农产品猪、肉牛、肉羊、肉兔的生产、管理和认证，以产肉为主的其他家畜品种也可参照执行，规定了无公害家畜饲养的场址和设施、家畜引进、饮用水、饲料、兽药、饲养管理、疫病防治、无害化处理和记录等质量安全控制的技术要求；NY/T 2798.8—2015《无公害农产品　生产质量安全控制技术规范　第 8 部分：肉禽》，适用于无公害农产品肉禽的生产、管理和认证，规定了无公害肉禽饲养的场址环境选择、投入品使用、饲养管理、疫病防治、无害化处理和记录等质量安全控制技术及要求；NY/T 2798.9—2015《无公害农产品　生产质量安全控制技术规范　第 9 部分：生鲜乳》，适用于无公害生鲜乳的生产、管理和认证，规定了无公害生鲜乳生产过程中产地环境、奶牛引进、饮用水、饲料、兽药、饲养管理、疫病防控、挤奶操作、贮存运输、无害化处理和记录等质量安全控制技术及要求；NY/T 2798.10—2015《无公害农产品　生产质量安全控制技术规范　第 10 部分：蜂产品》，适用于无公害蜂产品生产、管理和认证，规定了无公害蜂产品生产过程中的质量安全控制基本要求，包括生产蜂场设置、养蜂机具、蜂群饲养管理、用药管理、卫生管理、蜂产品采收和贮运等；NY/T 2798.11—2015《无公害农产品　生产质量安全控制技术规范　第 11 部分：鲜禽蛋》，适用于无公害农产品鲜禽蛋的生产、管理和认证，规定了无公害鲜禽蛋生产的场址和设施、禽只引进、饮用水、饲料和饲料添加剂、兽药、饲养管理、疫病防控、无害化处理、包装和贮运以及记录等技术要求；NY/T 2798.12—2015《无公害农产品　生产质量安全控制技术规范　第 12 部分：畜禽屠宰》，适用于猪、牛、羊、鸡、鸭等大宗畜禽无公害屠宰过程的生产、管理与认证，规定了无公害畜禽屠宰生产质量安全控制的厂区布局及环境、车间及设施设备、畜禽来源、宰前检验检疫、屠宰加工过程控制、宰后检验检疫、产品检验、无害化处理、包装与贮运、可追溯管理和生产记录等关键环节质量安全控制技术要求；NY/T 2798.13—2015《无公害农产品　生产质量安全控制技术规范　第13部分：养殖水产品》，适用于无公害养殖水产品的生产、管理和认证，规定了无公害养殖水产品生产过程，包括产地环境、养殖投入品管理、收获、销售和贮运管理等环节的关键点质量安全控制技术及要求。

此外，各地还制定了更多生产技术规程地方标准，对无公害农产品进行管理和规范，如DB2103/T 008—2006《无公害农产品　超级稻生产技术规程》、DB22/T 2143—2014《无公害农产品　鲜食甘薯生产技术规程》、DB21/T 2063—2013《无公害农产品　滑菇栽培技术规程》、DB46/T 40—2012《无公害农产品　青、黄皮尖椒生产技术规程》等。

2. 无公害农产品产地环境评价准则

产地环境中的污染物会通过空气、水体和土壤等环境要素直接或间接地影响产品的质量。因此，无公害农产品产地环境要求对产地的空气、灌溉养殖用水和土壤等进行调查监测和评价。原无公害农产品产地环境国家标准GB/T 18407系列标准于2015年3月1日废止。现行标准NY/T 5295—2015《无公害农产品　产地环境评价准则》规定了无公害农产品产地环境的评价原则、评价程序及评价方法。评价程序中现状调查内容包括自然环境特征（自然地理、气候与气象、水文状况、土壤状况、植被及自然灾害等），社会经济环境概况（行政区划、主要道路、工业布局和农田水利，农、林、牧、渔业发展情况等）、污染源情况［工矿污染源分布及污染物排放情况，农业副产品（畜禽粪便）处置与综合利用，农业投入品使用情况，农村生活废弃物排放情况，污染源对农业环境的影响和危害情况］和环境质量概况（水环境、土壤环境、环境空气、农业生态环境保护措施）。评价方法中的评价指标则依据其产品种类分别参照NY/T 395—2012《农田土壤环境质量监测技术规范》、NY/T 396—2000《农用水源环境质量监测技术规范》、NY/T 397—2000《农区环境空气质量监测技术规范》、NY/T 396—2000《农用水源环境质量监测技术规范》、NY/T 397—2000《农区环境空气质量监测技术规范》、NY/T 388—1999《畜禽场环境质量标准》、NY 5361—2016《无公害食品　淡水养殖产地环境条件》、NY 5362—2010《无公害食品　海水养殖产地环境条件》、NY 5027—2008《无公害食品　畜禽饮用水水质》、NY 5028—2008《无公害食品　畜禽产品加工用水水质》等。

3. 无公害食品质量标准

无公害食品生产过程是无公害食品质量控制的关键环节。无公害食品生产技术标准是无公害食品标准体系的核心，包括无公害农产品生产资料使用准则和无公害农产品生产技术操作规程两个部分。现行标准通常以原农业部制定的行业标准和各省、自治区、直辖市制定的地方标准为主，如DB513227/T 07—2011《无公害农产品　小金酿酒葡萄》、DB45/T 654—2010《无公害食品　甜玉米》、DB13/T 1467—2011《无公害食品　无核克伦生葡萄》等。

（二）无公害农产品管理与规范

1. 无公害农产品管理办法

无公害农产品管理工作，由政府推动，并实行产地认定和产品认证的工作模式。全国无公害农产品的管理及质量监督工作，由农业农村部门、国家市场监督管理部门按照"三定"方案赋予的职责和国务院的有关规定，分工负责，共同做好工作。各级农业农村主管部门和市场监督管理部门应当在政策、资金、技术等方面扶持无公害农产品的发展，组织无公害农产品新技术的研究、开发和推广。国家鼓励生产单位和个人申请无公害农产品产地认定和产品认证。实施无公害农产品认证的产品范围由农业农村部、国家认证认可监督管理委员会共同确定、调整。国家适时推行强制性无公害农产品认证制度。

无公害农产品产地应当符合：无公害农产品产地环境的标准要求；区域范围明确；具备一定的生产规模。

无公害农产品的生产管理应当符合：无公害农产品生产技术的标准要求；有相应的专业技术和管理人员；有完善的质量控制措施，并有完整的生产和销售记录档案。从事无公害农产品生产的单位或者个人，应当严格按规定使用农业投入品。禁止使用国家禁用、淘汰的农业投入品。无公害农产品产地应当立标示牌，标明范围、产品品种、责任人。

无公害农产品产地的认定由申请人提出申请，省级农业农村行政主管部门对申请人有关材料进行审核工作，符合要求的，组织有关人员对产地环境、区域范围、生产规模、质量控制措施、生产计划等进行现场检查。现场检查符合要求的，通知申请人委托具有资质资格的检测机构，对产地环境进行检测。省级农业农村行政主管部门对材料审核、现场检查和产地环境检测结果符合要求的，应当自收到现场检查报告和产地环境检测报告之日起，30个工作日内颁发无公害农产品产地认定证书，并报农业农村部和国家认证认可监督管理委员会备案。无公害农产品产地认定证书有效期为3年。期满需要继续使用的，应当在有效期满90日前按照规定的无公害农产品产地认定程序，重新办理。

获得无公害农产品产地认定证书的单位或者个人违反《无公害农产品管理办法》，有下列情形之一的，由省级农业农村行政主管部门予以警告，并责令限期改正；逾期未改正的，撤销其无公害农产品产地认定证书：无公害农产品产地被污染或者产地环境达不到标准要求的；无公害农产品产地使用的农业投入品不符合无公害农产品相关标准要求的；擅自扩大无公害农产品产地范围的。

获得无公害农产品认证并加贴标志的产品，经检查、检测、鉴定，不符合无公害农产品质量标准要求的，由县级以上农业农村行政主管部门或者各地市场监督管理部门责令停止使用无公害农产品标志，由认证机构暂停或者撤销认证证书。

农业农村部、国家市场监督管理总局、国家认证认可监督管理委员会和国务院有关部门根据职责分工依法组织对无公害农产品的生产、销售和无公害农产品标志使用等活动进行监督管理。认证机构对获得认证的产品进行跟踪检查，受理有关的投诉、申诉工作。

任何单位和个人不得伪造、冒用、转让、买卖无公害农产品产地认定证书、产品认证证书和标志，如有违反由县级以上农业农村行政主管部门和各地市场监督管理部门根据各自的职责分工责令其停止，并可处以违法所得1倍以上3倍以下的罚款，但最高罚款不得超过3万元；没有违法所得的，可以处1万元以下的罚款。

从事无公害农产品管理的工作人员滥用职权、徇私舞弊、玩忽职守的，由所在单位或者所在单位的上级行政主管部门给予行政处分；构成犯罪的，依法追究刑事责任。

2. 无公害农产品标志管理办法

为加强对无公害农产品标志的管理，保证无公害农产品的质量，维护生产者、经营者和消费者的合法权益，根据《无公害农产品管理办法》，农业部、国家认证认可监督管理委员会联合制定了《无公害农产品标志管理办法》，2002年11月25日颁布实施。

无公害农产品标志是加施于获得无公害农产品认证的产品或者其包装上的证明性标记，是全国统一的无公害农产品认证标志。国家鼓励获得无公害农产品认证证书的单位和个人积极使用全国统一的无公害农产品标志。农业农村部和国家认证认可监督管理委员会（以下简称国家认监委）对全国统一的无公害农产品标志实行统一监督管理。县级以上地方人民政府农业农村行政主管部门和市场监督管理部门按照职责分工依法负责本行政区域内无公害农产品标志的监督检查工作。

3. 无公害农产品质量与标志监督管理规范

为规范无公害农产品质量与标志监督管理，维护无公害农产品认证权威性和品牌公信力，农业农村部农产品质量安全中心和各级无公害农产品工作机构依据《无公害农产品质量与标志监督管理规范》加强对无公害农产品产地环境、生产过程、产品质量、标志使用、认证工作等方面的监督管理。

该规范规定：无公害农产品质量与标志监督管理实行"行政执法为主导、行业自律为基础、社会监督为保障"的监管运行机制；各级无公害农产品工作机构应当采取环境检测和实地检查等方式开展本地区、本行业无公害农产品产地环境和生产过程监督管理工作；使用无公害农产品标志的获证单位，应当在证书规定的范围和有效期内使用，并建立无公害农产品标志使用管理记录；无公害农产品工作系统实行逐级督导制度，指导和督促各级工作机构健全工作制度，规范工作行为。

无公害农产品认证举报投诉受理工作按照《农产品质量安全事件举报投诉登录处理程序》执行。

4. 无公害农产品质量安全风险预警管理规范

为加强无公害农产品质量安全风险管理，确保无公害农产品质量安全，依据《农产品质量安全法》《无公害农产品管理办法》和《无公害农产品标志管理办法》等有关法律法规的规定，农业农村部农产品质量安全中心 2009 年制定《无公害农产品质量安全风险预警管理规范》并开始实施。无公害农产品质量安全风险主要包括产地环境污染因子、农业投入品、外源性添加物、动植物病虫害和生物毒素等。

该规范规定：无公害农产品各级工作机构和定点检测机构负责收集整理、分析和报告质量安全风险信息。无公害农产品申请人和证书持有人是无公害农产品质量安全的第一责任人，有履行保证产品质量持续稳定和报告质量安全风险的义务。风险信息的收集渠道包括：各级无公害农产品工作机构报送的信息、无公害农产品定点检测机构月报检测信息、市场执法监督抽检信息、评审专家反映的信息、市场调查获取的信息、生产单位反馈的信息、国内外团体和消费者反馈的信息、国际组织和国外机构发布的信息以及新闻媒体播报的信息等。

根据确定的风险类型和程度，农业农村部农产品质量安全中心采取相应的风险预警管理措施，包括：向无公害农产品各级工作机构发布风险警示通报，检查员在文件审查和现场检查中，对该类产品有针对性地加大审查和检查力度，并增加对该类产品证后跟踪检查频率。向无公害农产品各定点检测机构发布风险警示通报，对相关产品产地环境和产品质量有针对性地加强监测和检测。向同类产品获证单位发布风险预警通报，督促获证单位加强自控自检措施，有针对性地预防和降低质量安全风险。通过省级以上无公害农产品工作机构向农业农村部和各省级农业农村行政主管部门报告风险预警情况，把反映的风险因子作为重点监控项目纳入农产品质量安全例行监测和监督抽检计划。对风险已经明确或者已发生质量安全事故的获证产品，部中心立即启动《无公害农产品、绿色食品质量安全突发事件应急预案》。

该规范在风险防范管理上规定：各省级无公害农产品工作机构要组织地县两级无公害农产品工作机构做好无公害农产品生产技术和质量安全管理培训工作，要把生产单位的内检员设立和培训作为无公害农产品首次申报和到期复查换证的前置条件。各省级无公害农产品工作机构要结合本地区的发展目标要求，加强证后产品质量安全情况信息沟通，增强获证单位质量安全责任意识，保持获证产品质量安全稳定性。各省级无公害农产品工作机构要加强对委托的产地环境检测机构管理，要依据产地环境相关标准和当地环境质量状况，科学确定检测参数，要对产地环境和投入品使用实施动态管理，严把产地和生产过程质量关。各级无公害农产品工作机构，要严格按照技术规范要求做好现场检查工作，首次申报产品要 100% 实施现场检查。同时要强化无公害农产品检查员责任，加强对检查员管理，完善落实检查员注册制度、年度确认制度和责任追究制度。根据农产品生产情况，结合认证现场检查、证后监管及农产品质量安全突发事件反映出的农兽药使用情况及其他有毒有害物质污染情况，科学设置无公害农产品认证检测参数。加强对产品检测工作管理，规范抽样、检测行为，落实检测机构年度工作总结及检测工作质量评价制度。

2022 年 10 月，农业农村部发布深入学习贯彻《中华人民共和国农产品质量安全法》的通知，指出停止无公害农产品认证。至此，无公害农产品的发展落下帷幕，但停止不是取消，而是进一步升级，配套出台了食用农产品承诺达标合格证。

二、承诺达标合格证

食用农产品合格证是指食用农产品生产者根据国家法律法规、农产品质量安全国家强制性标准，在严格执行现有的农产品质量安全控制要求的基础上，对所销售的食用农产品自行开具并出具的质量安全合格承诺证。

承诺达标合格证是农产品产地准出、质量安全追溯的重要载体，通过承诺达标合格证可以查看产品的名称、产地、生产者、承诺内容、承诺依据等信息。合格证制度是强化农产品生产经营者的主体责任，保证农产品质量安全可追溯的一项重要举措。

1. 承诺达标合格证发展历程

为切实加强食用农产品质量安全管理，国家食药监总局在 2016 年 1 月出台了《食用农产品市场销售质量安全监督管理办法》，该办法明确食用农产品进入集中交易市场必须提供两个要件，属于强制性要求：一是食用农产品产地证明或者购货凭证，二是合格证明文件。

2016 年 7 月，农业部下发了《农业部关于开展食用农产品合格证管理试点工作的通知》，要求食用农产品生产经营者对其生产经营的食用农产品开具合格证，并对合格证的真实性负责，同时制定了《食用农产品合格证管理办法》，在河北、黑龙江、浙江、山东、湖南、陕西 6 省开展食用农产品合格证管理试点。

2017 年 12 月，农业部办公厅印发了《关于调整无公害农产品认证、农产品地理标志审查工作的通知》，启动无公害农产品认证制度改革工作，将无公害农产品审核、专家评审、颁发证书和证后监管等职责全部下放，由省级原农业行政主管部门及工作机构负责，无公害农产品产地认定与产品认证合二为一。

2018 年 4 月，农业农村部办公厅印发了《关于做好无公害农产品认证制度改革过渡期间有关工作的通知》，再次明确了将原无公害农产品产地认定和产品认证工作合二为一，实行产品认定的工作模式，下放由省级农业农村行政部门承担。农业农村部表示，下一步将加快推进无公害农产品认证制度改革，适时停止无公害农产品认证。

2018 年 11 月 20 日，为贯彻落实中共中央办公厅、国务院办公厅《关于创新体制机制推进农业绿色发展的意见》中关于改革无公害农产品认证制度的要求，加快推进建立食用农产品合格证制度，农业农村部农产品质量安全监管司在北京组织召开了无公害农产品认证制度改革座谈会。会上提出，停止无公害农产品认证工作，启动食用农产品合格证制度试行工作。并指出，停止无公害农产品认证工作是停止而不是取消，主要是涉及到下一步法律衔接的问题。部里尽快下发停止无公害认证工作的通知，着力强化对生产经营者、消费者和公众的宣传和引导，积极稳妥做好停止无公害农产品认证后的妥善安排，实现无公害农产品认证制度与合格证制度平稳对接。各地农产品质量安全监管部门要统一思想认识，积极与市场监管部门进行对接，同时更要有自己的作为。

2019 年 12 月 18 日，为深入贯彻落实《中共中央国务院关于深化改革加强食品安全工作的意见》，中共中央办公厅、国务院办公厅《关于创新体制机制推进农业绿色发展的意见》有关要求，推进生产者落实农产品质量安全主体责任，农业农村部出台了《农业农村部关于印发〈全国试行食用农产品合格证制度实施方案〉的通知》决定在全国试行食用农产品合格证制度。

《农业农村部办公厅关于加快推进承诺达标合格证制度试行工作的通知》

2021 年 11 月 3 日，农业农村部办公厅发布《农业农村部办公厅关于加快推进承诺达标合格证制度试行工作的通知》，明确将合格证名称由"食用农产品合格证"调整为"承诺达标合格证"。

2022 年 9 月 2 日，新版《农产品质量安全法》颁布，正式纳入了农产品质量安全承诺达标合格证制度，在法律层面明确了承诺达标合格证的法律地位。

2. 承诺达标合格证主要内容

《关于加快推进承诺达标合格证制度试行工作的通知》中对承诺达标合格证参考样式作了进一步优化，新版样式（图 9-1）主要有以下调整：①体现"达标"内涵。"达标"内涵即生产过程落实质量安全控制措施，附带承诺达标合格证的上市农产品符合食品安全国家标准。现阶段，承诺达标合格证的"达标"主要聚焦不使用禁用农药兽药、停用兽药和非法添加物，常规农药兽药残留不超标等方面。②突出"承诺"要义。承诺达标合格证是承诺证，首先要展示承诺内容。新版承诺达标合格证参考样式，在全国试行方案中合格证参考样式的基础上，调整了承诺内容和基本信息的位置，将承诺内容放在承诺达标合格证最上端，生产者及农产品信息放后。③调整承诺内容。明确是"对生产销售的食用农产品"作出承诺。将承诺内容中"遵守农药安全间隔期、兽药休药期规定"调整为"常规农药兽药残留不超标"。④增加承诺依据。增加可勾选的"委托检测、自我检测、内部质量控制、自我承诺" 4 项承诺依据。生产主体开具承诺达标合格证时，根据实际情况勾选一项或多项。

3. 承诺达标合格证监管机构及职责

与承诺达标合格证相关的监管部门主要是国务院农业农村主管部门和县级以上人民政府农业农村主管部门，监管部门应当做好承诺达标合格证有关工作的指导服务，加强日常的监督检查，确保承诺达标合格证制度发挥实效。此外，《农产品质量安全法》授权由国务院农业农村主管部门会同有关部门制定具体的管理办法。

承诺达标合格证

我承诺对生产销售的食用农产品：

☐ 不使用禁用农药兽药、停用兽药和非法添加物

☐ 常规农药兽药残留不超标

☐ 对承诺的真实性负责

承诺依据：

☐ 委托检测   ☐ 自我检测

☐ 内部质量控制   ☐ 自我承诺

产品名称：   数量（重量）：

产　　地：

生产者盖章或签名：

联系方式：

开具日期：   年   月   日

图9-1　新版承诺达标合格证参考样式

4. 承诺达标合格证相关责任主体及法律责任

《农产品质量安全法》主要明确了食品生产者、农产品生产企业、农民专业合作社、从事农产品收购的单位或者个人、农产品批发市场等责任主体的法律责任，具体见表9-3。

表9-3　　　　　　　　　承诺达标合格证责任主体及其法律责任

责任主体	法律责任
食品生产者	采购农产品等食品原料，应当依法查验许可证和合格证明，对无法提供合格证明的，应当按照规定进行检验
农产品生产企业、农民专业合作社	①按照规定应当包装或者附加承诺达标合格证等标识的，须经包装或者附加标识后方可销售。②应当执行法律、法规的规定和国家有关强制性标准，保证其销售的农产品符合农产品质量安全标准，并根据质量安全控制、检测结果等开具承诺达标合格证，承诺不使用禁用的农药、兽药及其他化合物且使用的常规农药、兽药残留不超标等
从事农产品收购的单位或者个人	①按照规定应当包装或者附加承诺达标合格证等标识的，须经包装或者附加标识后方可销售。②应当按照规定收取、保存承诺达标合格证或者其他质量安全合格证明，对其收购的农产品进行混装或者分装后销售的，应当按照规定开具承诺达标合格证
农产品批发市场	应当建立健全农产品承诺达标合格证查验等制度

此外，由于普通的农户可能不具备相关的条件，《农产品质量安全法》明确，鼓励和支持

农户销售农产品时开具承诺达标合格证，引导农户加强农产品的质量控制，提高农产品质量安全意识。

5. 相关违法行为及处罚措施

《农产品质量安全法》中第七十三条明确规定了有关承诺达标合格证的违法行为及处罚措施，具体见表9-4。

表9-4　　　　　　　承诺达标合格证责任主体违法行为及处罚措施

责任主体	违法行为	处罚措施
农产品生产企业、农民专业合作社、从事农产品收购的单位或者个人	未按照规定开具承诺达标合格证	由县级以上地方人民政府农业农村主管部门按照职责给予批评教育，责令限期改正；逾期不改正的，处一百元以上一千元以下罚款
从事农产品收购的单位或者个人	未按照规定收取、保存承诺达标合格证或者其他合格证明	

三、绿色食品

绿色食品是指产自优良环境，按照规定的技术规范生产，实行全程质量控制，产品安全、优质，并使用专用标志的食用农产品及加工品。

（一）绿色食品标准体系框架

绿色食品标准体系中现行有效标准178项，包括绿色食品产地环境质量标准、生产技术规程、产品标准，以及包装和贮藏运输准则四部分，贯穿绿色食品生产全过程。

绿色食品标准是应用科学技术原理，结合绿色食品生产实践，借鉴国内外相关标准所制定的，在绿色食品生产中必须遵守，在绿色食品质量认证时必须依据的技术性文件。

绿色食品标准的作用是引导农业标准化生产模式，奠定绿色食品认证工作的技术基础，规范绿色食品生产管理行为，提高绿色食品生产技术水平，维护生产者和消费者权益，树立我国出口农产品（食品）的良好声誉。

绿色食品标准的属性是推荐性农业行业标准。

1. 绿色食品产地环境标准

根据农业生态的特点和绿色食品生产对生态环境的要求，充分依据现有国家环保标准，对控制项目进行优选。分别对空气、农田灌溉水、养殖用水和土壤质量等基本环境条件作出了严格规定。现行标准为 NY/T 391—2021《绿色食品　产地环境质量》。

制定绿色食品产地环境标准的目的，一是强调绿色食品必须产自良好的生态环境地域，以保证绿色食品最终产品的无污染、安全性；二是促进对绿色食品产地环境的保护和改善。

NY/T 391—2021《绿色食品　产地环境质量》标准规定了产地生态环境基本要求、隔离保护要求、产地环境质量通用要求（包括空气、水质和土壤等）和环境可持续发展要求。

2. 绿色食品生产技术标准

绿色食品生产过程的控制是绿色食品质量控制的关键环节。绿色食品生产技术标准是绿色食品标准体系的核心，它包括绿色食品生产资料使用准则和绿色食品生产技术操作规程两部分。

绿色食品生产资料使用准则是对生产绿色食品过程中物质投入的一个原则性规定，它包括生产绿色食品的农药、肥料、食品添加剂、饲料添加剂、兽药和水产养殖药的使用准则，对允许、限制和禁止使用的生产资料及其使用方法、使用剂量、使用次数和休药期等作出了明确规定。

绿色食品生产技术操作规程是以上述准则为依据，按作物种类、畜牧种类和不同农业区域的生产特性分别制定的，用于指导绿色食品生产活动，规范绿色食品生产技术的技术规定，包括农产品种植、畜禽饲养、水产养殖和食品加工等技术操作规程。同时上述基本准则，制定具体种植、养殖和加工对象的生产技术规程。

此类标准主要有：NY/T 392—2023《绿色食品　食品添加剂使用准则》、NY/T 393—2020《绿色食品　农药使用准则》、NY/T 394—2021《绿色食品　肥料使用准则》、NY/T 472—2022《绿色食品　兽药使用准则》、NY/T 473—2016《绿色食品　畜禽卫生防疫准则》、NY/T 755—2022《绿色食品　渔药使用准则》等。

3. 绿色食品产品标准

根据国内外相关产品标准要求，坚持安全与优质并重，先进性与实用性相结合的原则，针对具体产品制定相应的品质和安全性项目和指标要求，是绿色食品产品认证检验和年度抽检的重要依据。

该标准是衡量绿色食品最终产品质量的指标尺度。它虽然跟普通食品的国家标准一样，规定了食品的外观品质、营养品质和卫生品质等内容，但其卫生品质要求高于国家现行标准，主要表现在对农药残留和重金属的检测项目种类多、指标严。而且，使用的主要原料必须是来自绿色食品产地的、按绿色食品生产技术操作规程生产出来的产品。绿色食品产品标准反映了绿色食品生产、管理和质量控制的先进水平，突出了绿色食品产品无污染、安全的卫生品质。

现行绿色食品产品标准主要是农业农村部制定的行业标准，如 NY/T 2140—2015《绿色食品　代用茶》、NY/T 1325—2023《绿色食品　芽苗类蔬菜》、NY/T 2799—2023《绿色食品　畜肉》、NY/T 1512—2021《绿色食品　生面食、米粉制品》、NY/T 1047—2021《绿色食品　水果、蔬菜罐头》、NY/T 1039—2014《绿色食品　淀粉及淀粉制品》、NY/T 891—2014《绿色食品　大麦及大麦粉》、NY/T 892—2014《绿色食品　燕麦及燕麦粉》、NY/T 433—2021《绿色食品　植物蛋白饮料》、NY/T 657—2021《绿色食品　乳与乳制品》、NY/T 749—2023《绿色食品　食用菌》、NY/T 752—2020《绿色食品　蜂产品》、NY/T 842—2021《绿色食品　鱼》、NY/T 1040—2021《绿色食品　食用盐》、NY/T 435—2021《绿色食品　水果、蔬菜脆片》、NY/T 1709—2021《绿色食品　藻类及其制品》、NY/T 420—2017《绿色食品　花生及制品》等。

4. 绿色食品包装和贮藏运输标准

为确保绿色食品在生产后期包装和运输过程中不受外界污染而制定一系列标准，主要包括 NY/T 658—2015《绿色食品　包装通用准则》和 NY/T 1056—2021《绿色食品　贮藏运输准则》两项标准。

包装标准规定了进行绿色食品产品包装时应遵循的原则，包装材料选用的范围、种类，包装上的标识内容等。要求产品包装从原料、产品制造、使用、回收和废弃的整个过程都应有利于食品安全和环境保护，包括包装材料的安全、牢固性，节省资源、能源，减少或避免废弃物产生，易回收循环利用，可降解等具体要求和内容。

贮藏运输标准对绿色食品贮运的条件、方法、时间作出规定，以保证绿色食品在贮运过程中不遭受污染、不改变品质，并有利于环保、节能。

5. 绿色食品包装标签、监测标准

绿色食品包装标签除要求符合国家 GB 7718—2011《食品安全国家标准　预包装食品标签通则》外，还要求符合《中国绿色食品商标标志设计使用规范手册》规定，该《手册》对绿色食品的标准图形、标准字形、图形和字体的规范组合、标准色、广告用语以及在产品包装标签上的规范应用均作了具体规定。

绿色食品的抽样、监测应按照 NY/T 896—2015《绿色食品　产品抽样准则》、NY/T 1055—2015《绿色食品　产品检验规则》、NY/T 1054—2021《绿色食品　产地环境调查、监测与评价规范》等标准在国家定点监测机构进行检测。

初次申请绿色食品认证产品时应参照中国绿色食品发展中心指定的《绿色食品产品适用标准目录》（2023 版）选择适用标准，该产品目录实施动态管理，不定时更新。申请认证产品如其所含能量或营养素予以特别标称，如"低能量""无糖"和"低胆固醇"等，则应在《绿色食品产品抽样单》中注明需加检的项目及依据，绿色食品产品质量定点监测机构依据《食品营养标签管理规范》、GB 13432—2013《食品安全国家标准　预包装特殊膳食用食品标签通则》等有关规定进行检测和判定。

（二）绿色食品标志管理办法

绿色食品工程是我国发展生态农业的战略措施之一，对于保护农业生态环境，推动环境保护工作，提高全民族环保意识，提高我国食品质量，保障人民群众身心健康，增强我国食品对外出口创汇能力等均有十分重要的战略意义。为加强绿色食品标志使用管理，确保绿色食品信誉，促进绿色食品事业健康发展，维护生产经营者和消费者合法权益，根据《农业法》《食品安全法》《农产品质量安全法》和《商标法》，制定了《绿色食品标志管理办法》。

1. 绿色食品标志与产品要求

绿色食品标志是经原国家工商行政管理局注册的质量证明商标（图9-2），使用绿色食品标志，需按本办法规定的程序提出申请，由农业农村部审核批准其使用权。未经农业农村部批准，任何单位和个人无权使用绿色食品标志。获得绿色食品标志使用权的产品，必须同时符合下列条件：产品或产品原料产地环境符合绿色食品产地环境质量标准；农药、肥料、饲料、兽药等投入品使用符合绿色食品投入品使用准则；产品质量符合绿色食品产品质量标准；包装贮运符合绿色食品包装贮运标准。

2. 绿色食品标志的使用

绿色食品标志在产品上的使用范围限于由原国家工商行政管理局认定的《绿色食品标志商品涵盖范围》。绿色食品标志在产品上使用时，须严格按照《绿色食品商标标志设计使用规范手册》的规范要求正确设计，并在中国绿色食品发展中心认定的单位印制。未经中国绿色食品发展中心批准，不得将绿色食品标志及其编号转让给其他单位或个人。

绿色食品编号实行"一品一号"原则，产品编号只能在绿色食品标志商标许可使用证书上体现，不要求企业将产品编号印在该产品包装上，但要求企业信息码印在产品包装上并与绿色食品标志商标（组合图形）同时使用。企业信息码的编码形式为 GF××××××××××××。GF 是绿色食品英文"Green Food"首字母的缩写组合，后面为 12 位阿拉伯数字，其中 1~6 位为地区代码（按行政区划编制到县级），7~8 位为企业获证年份，9~12 位为当年获证企业序号。

另外，从证书上的产品（证书）编号和企业信息码可看出该绿色食品是第一次获证，还是证书到期续展换证。举例如下：

组合一

组合二

图 9-2 绿色食品标志及产品包装编号示例

（1）证书上的信息为：企业信息码 GF511621140990，证书编号 LB-03-1411225544A，获证年份都是 14 年，表示为 2014 年第 1 次获证。

（2）证书上的信息为：企业信息码 GF511621111040，证书编号 LB-15-1408223677A，获证年份分别为 11 年和 14 年，表示该绿色食品为 2011 年首次获证，2014 年续展换证。

3. 绿色食品标准的等级分类

1993 年中国绿色食品发展中心正式加入"国际有机农业运动联盟"（IFOAM），从此，中国的绿色食品大规模发展起来。但是考虑到中国农业生产状况的特点，在基本标准上，我国又把绿色食品分为 A 级和 AA 级两类。A 级要求在生产过程中限量使用限定的化学合成生产资料，并积极采用生物学技术和物理方法，从而保证产品质量符合"绿色食品"标准要求；AA 级要求在生产过程中不使用化学合成的农药、肥料、食品添加剂、饲料添加剂、兽药及有害环境和人体健康的生产资料，而是通过使用有机肥、种植绿肥、作物轮作、生物或物理方法等技术，培肥土壤、控制病虫草害、保护或提高产品品质。后者更加接近国际有机食品的标准。

4. 违规处罚

标志使用人凡存在生产环境不符合绿色食品环境质量标准的；产品质量不符合绿色食品产品质量标准的；年度检查不合格的；未遵守标志使用合同约定的；违反规定使用标志和证书的；以欺骗、贿赂等不正当手段取得标志使用权等情况的，中国绿色食品发展中心取消其标志使用权，收回标志使用证书，并予公告。

标志使用人被取消标志使用权的，三年内中国绿色食品发展中心不再受理其申请；情节严重的，永久不再受理其申请。其他违反《绿色食品标志管理办法》规定的行为，依照《食品安全法》《农产品质量安全法》和《商标法》等法律法规处罚。

四、有机食品

有机农业是遵照特定的农业生产原则，在生产中不采用基因工程获得的生物及其产物，不使用化学合成的农药、化肥、生长调节剂、饲料添加剂等物质，遵循自然规律和生态学原理，协调种植业和养殖业的平衡，采用一系列可持续的农业技术以维持持续稳定的农业生产体系的一种农业生产方式。有机食品是根据有机农业和有机食品生产、加工标准或生产、加工技术规范而生产、加工，在生产加工中不使用化学农药、化肥、化学防腐剂和添加剂，也不用基因工程生物及其产物，产品符合国际或国家有机食品要求和标准，并通过国家有机食品认证机构认证的一切农副产品及其加工品。因此它是真正的源于自然、富营养、高品质的安全环保生态食品。

国家市场监督管理总局负责全国有机产品认证的统一管理、监督和综合协调工作。地方市场监督管理部门负责所辖区域内有机产品认证活动的监督管理工作。

（一）有机食品标准

1. 有机食品标准的内涵

有机食品标准是应用生态学和可持续发展原理，结合世界各国有机食品的生产实践而制定的技术性文件。有机食品标准是一种质量认证标准，不同于一般的产品标准。一般的产品标准是对产品的外观、规格以及若干构成产品内在品质的指标所做的定性和定量描述，并规定品质的标准检测方法。通过产品抽样检测，了解和控制产品的质量。有机食品标注则是对一种特定生产体系的共性要求，它不针对某个食品品种或类别，凡是遵守这种生产规范生产出来的农产品及其加工品都可以冠以"有机食品"的称谓进行销售，并可以在包装上印刷特定的有机产品质量证明商标。

总体来讲，它要求在有机食品的原料生产（包括作物种植、畜禽养殖、水产养殖等及加工、贮藏、运输、包装、标识、销售）等过程中不违背有机生产原则，保持有机完整性，从而生产出合格的有机产品。有机食品是以有机农业生产体系为前提，有机农业是一种完全不用化学合成的肥料、农药、生长调节剂、畜禽饲料添加剂等物质，也不使用基因工程生物及其产物的生产体系，其核心是建立和恢复农业生态系统的生物多样性和良性循环，以维持农业的可持续发展。

2. 有机食品标准制定的原则

制定有机食品标准的一些基本原则：为消费者提供营养均衡、安全的食品；加强整个系统内的生物多样性；增加土壤生物活性，维持土壤长效肥力；在农业生产系统中依靠可更新资源，通过循环利用植物性和动物性废料，向土地归还养分，并因此尽量减少不可更新资源的使用；促进土壤、水及空气的健康使用，并最大限度地降低农业生产可能对其造成的各种污染；采用谨慎的方法处理农产品，以便在各个环节保持产品的有机完整性和主要品质；生产可完全生物降解的有机产品，使各种形式的污染最小化；提高生产者和加工者的收入，满足他们的基本需求，努力使整个生产、加工和销售链都能向公正、公平和生态合理的方向发展。

（二）我国的有机食品标准

有机食品标准内容涵盖有机食品的原料生产（包括作物种植、畜禽养殖、水产养殖等）、加工、贮藏、运输、包装、标识、销售等过程。而它的核心是有机农业生产，包括有机作物生产、有机动物养殖。

我国现行的有机产品国家标准主要有：GB/T 19630—2019《有机产品　生产、加工、标识与管理体系要求》。

此外，农业农村部和各省区也制定有行业标准和地方标准，如 NY/T 1733—2009《有机食品　水稻生产技术规程》、DB3701/T 115—2010《有机食品　茶生产技术规程》等。

1. 农作物有机生产标准

（1）有机产品标准中基本概念　有机产品标准中基本概念包括农业生产单元的认证范围和对象、有机田块的缓冲隔离带、有机产品和常规产品的平行生产、作物转换期、土壤培肥管理和农场生态保护计划、内部质量控制。

（2）有机种植标准基本要求　作物及品种选择：应优先选择获得有机认证的种子和植物，所选择的作物种类及品种应适应当地的土壤和气候特点，对病虫害有抗性。

作物生产的多样性：作物生产的基础是土壤及周围生态系统的结构和肥力，以及在营养损失最小化的情况下，提供物种多样性。包括动科作物在内的多种作物轮作；在一年中要尽量通过种植不同类型的作物，使土壤得到适当的覆盖；土壤培肥中禁止使用任何人工合成的化学肥料；病虫杂草的管理严禁使用合成的农药、生长调节剂，禁止使用基因工程生物或其产品。

2. 动物有机饲养的标准

动物有机饲养的标准中包括动物饲养方式、转换期、养殖动物来源、动物品种和育种、动物营养、动物健康、运输和屠宰。

3. 有机食品加工和贸易

要求优化有机食品的加工和处理工艺，以保持产品质量和完整性，并尽量减少害虫的发生。有机产品的加工和处理应在时间或地点上与非有机产品的加工和处理分开。

4. 有机食品质量要求

根据食品行业（如粮油、肉与肉制品、蛋与蛋制品、水产品等）的不同特点，按照《食品安全法》的要求及行业监测标准和有机食品加工的规定，拟订各自的质量检验项目。主要有：

（1）理化检验、感官检验　水分，灰分，蛋白质，脂肪，碳水化合物（还原糖、蔗糖、淀粉、食物纤维），重金属（汞、铅、镉、锡、铬），感官特性（色、香、味）。

（2）卫生检验　执行国家食品安全卫生标准。农药残留量的测定，包括有机磷农药残留量、六六六、DDT 等；食品添加剂的检验，包括亚硝酸盐与硝酸盐、亚硫酸盐、山梨酸、苯甲酸、禁用防腐剂、人工合成色素等。

（3）微生物的检验　执行国家食品安全微生物学检验标准，包括细菌总数、大肠菌群、沙门氏菌、病原性大肠杆菌、副溶血性弧菌、葡萄球菌等。

（三）有机食品的管理

目前我国对有机食品实行认证管理，主要依据国家市场监督管理总局《有机产品认证管理办法》（2022 年修订）、原环境保护部发布的《国家有机食品生产基地考核管理规定》、国家认证认可监督管理委员会 2013 年发布的《〈有机产品认证目录〉变更程序》和《有机产品生产、加工投入品评估程序》、《有机产品认证实施规则》（2019 年修订）。

《有机产品认证
管理办法》

第三节　新食品原料

一、新食品原料种类

新食品原料是指在我国无传统食用习惯的以下物品：动物、植物和微生物；从动物、植物和微生物中分离的成分；原有结构发生改变的食品成分；其他新研制的食品原料。传统食用习惯，是指某种食品在省辖区域内有 30 年以上作为定型或者非定型包装食品生产经营的历史，并且未载入《中华人民共和国药典》。

新食品原料不包括转基因食品、保健食品、食品添加剂新品种，上述物品的管理依照国家有关法律法规执行。新食品原料应当具有食品原料的特性，符合应当有的营养要求，且无毒、无害，对人体健康不造成任何急性、亚急性、慢性或者其他潜在性危害。

新食品原料分类主要有：蛋白新食品原料、油料新食品原料、淀粉新食品原料、膳食纤维新食品原料等。

1. 蛋白新食品原料

（1）畜禽动物蛋白新原料　反刍动物蛋白、特禽类蛋白、畜禽类动物血液蛋白。

（2）水产动物蛋白新原料　鱼类蛋白，两栖、爬行类动物蛋白，甲壳类、软体类动物蛋白。

（3）昆虫蛋白新原料　昆虫纲动物蛋白。

（4）微生物蛋白新原料　真菌蛋白、酵母蛋白、微藻蛋白。

（5）种子、根茎类植物蛋白新原料　棉籽蛋白、菜籽蛋白、野生豆类蛋白。

（6）植物叶蛋白。

2. 食用油料新食品原料

（1）草本作物油料　秋葵籽油、红花籽油、紫苏籽油等。

（2）木本作物油料　茶籽油、葡萄籽油。

（3）微生物油脂　真菌油脂、藻类油脂。

3. 淀粉新食品原料

（1）茎类植物淀粉新原料　魔芋、莲藕、棕榈等。

（2）根类植物淀粉新原料　葛根等。

4. 膳食纤维新食品原料

（1）低聚糖　壳寡糖、低聚甘露糖、海藻糖、水苏糖等。

（2）多糖　黄明胶、柑橘纤维、库拉索芦荟凝胶等。

5. 可食微生物新食品原料

（1）双歧杆菌属　青春双歧杆菌、短双歧杆菌、长双歧杆菌婴儿亚种等。

（2）乳杆菌属　嗜酸乳杆菌、德氏乳杆菌保加利亚亚种、瑞士乳杆菌等。

（3）链球菌属　唾液链球菌嗜热亚种。

（4）乳球菌属　乳酸乳球菌乳亚种、乳脂乳球菌、乳酸乳球菌乳亚种（双乙酰型）。

（5）丙酸杆菌属　费氏丙酸杆菌谢氏亚种。

（6）明串球菌属　肠膜明串珠菌肠膜亚种。

（7）克鲁维酵母属　马克斯克鲁维酵母。

（8）片球菌属　乳酸片球菌、戊糖片球菌。

二、新食品原料安全性审查管理办法

为规范新食品原料安全性评估材料审查工作，根据《食品安全法》及其实施条例的有关规定，国家卫生和计划生育委员会2013年公布《新食品原料安全性审查管理办法》，并于2017年12月进行了修订。

新食品原料应当经过国家卫生计生委（现为国家卫生健康委员会）安全性审查后，方可用于食品生产经营。国家卫健委负责新食品原料安全性评估材料的审查和许可工作。国家卫健委新食品原料技术审评机构（以下简称审评机构）负责新食品原料安全性技术审查，提出综合审查结论及建议。

《新食品原料安全性审查管理办法》

拟从事新食品原料生产、使用或者进口的单位或者个人（以下简称申请人），应当提出申请并提交以下材料：①申请表；②新食品原料研制报告；③安全性评估报告；④生产工艺；⑤执行的相关标准（包括安全要求、质量规格、检验方法等）；⑥标签及说明书；⑦国内外研究利用情况和相关安全性评估资料；⑧有助于评审的其他资料。另附未启封的产品样品1件或者原料30克。申请进口新食品原料的，除提交上述规定的材料外，还应当提交出口国（地区）相关部门或者机构出具的允许该产品在本国（地区）生产或者销售的证明材料；生产企业所在国（地区）有关机构或者组织出具的对生产企业审查或者认证的证明材料。

国家卫健委受理新食品原料申请后，向社会公开征求意见。国家卫健委自受理新食品原料申请之日起60日内，应当组织专家对新食品原料安全性评估材料进行审查，作出审查结论。审查过程中需要对生产工艺进行现场核查的，可以组织专家对新食品原料研制及生产现场进行核查，并出具现场核查意见，专家对出具的现场核查意见承担责任。省级卫生监督机构应当予以配合。参加现场核查的专家不参与该产品安全性评估材料的审查表决。

新食品原料实行安全性评价制度。新食品原料安全性评估材料审查和许可的具体程序按照《行政许可法》《卫生行政许可管理办法》等有关法律法规规定执行。审评机构提出的综合审查结论，应当包括安全性审查结果和社会稳定风险评估结果。

国家卫健委根据新食品原料的安全性审查结论，对符合食品安全要求的，准予许可并予以公告；对不符合食品安全要求的，不予许可并书面说明理由。对与食品或者已公告的新食品原料具有实质等同性的，应当作出终止审查的决定，并书面告知申请人。

实质等同，是指如某个新申报的食品原料与食品或者已公布的新食品原料在种属、来源、生物学特征、主要成分、食用部位、使用量、使用范围和应用人群等方面相同，所采用工艺和质量要求基本一致，可以视为它们是同等安全的，具有实质等同性。

新食品原料安全评价主要依据其来源、传统食用历史、生产工艺、质量标准、主要成分及含量、估计摄入量、用途和使用范围、毒理学；微生物产品的菌株生物学特征、遗传稳定性、致病性或者毒力等资料及其他科学数据。新食品原料安全性评估材料审查和许可的具体程序按照《行政许可法》《卫生行政许可管理办法》等有关法律法规规定执行。

根据新食品原料的不同特点，公告可以包括以下内容：名称、来源、生产工艺、主要成分、质量规格要求、标签标识要求、其他需要公告的内容。

有下列情形之一的，国家卫健委应当及时组织对已公布的新食品原料进行重新审查：随着科学技术的发展，对新食品原料的安全性产生质疑的；有证据表明新食品原料的安全性可能存在问题的；其他需要重新审查的情形。对重新审查不符合食品安全要求的新食品原料，国家卫健委可以撤销许可。

新食品原料生产单位应当按照新食品原料公告要求进行生产，保证新食品原料的食用安全。食品中含有新食品原料的，其产品标签标识应当符合国家法律、法规、食品安全标准和国家卫健委公告要求。

违反《新食品原料安全性审查管理办法》规定，生产或者使用未经安全性评估的新食品原料的，按照《食品安全法》的有关规定处理。

申请人隐瞒有关情况或者提供虚假材料申请新食品原料许可的，国家卫健委不予受理或者不予许可，并给予警告，且申请人在一年内不得再次申请该新食品原料许可。以欺骗、贿赂等不正当手段通过新食品原料安全性评估材料审查并取得许可的，国家卫健委将撤销许可。

新食品原料不包括转基因食品、保健食品、食品添加剂新品种。转基因食品、保健食品、食品添加剂新品种的管理依照国家有关法律法规执行。

 ## 思政案例

"空中草莓"智慧农场位于北京百旺农业种植园内，运用 5G 通信技术，以人脸识别、物联网、人工智能语音识别技术为支撑，并通过配置新一代节能型环境采集、农业生产图像采集、温室水肥一体化系统、卷膜通风、卷被、高压微雾降温、二氧化碳发生装置、空间电场除湿、温室空气环流、补光等远程智能控制模块，采集实时监测数据，采用云计算和大数据系统处理和运算分析，实现温室智能装备的工作状态采集、远程控制、自动调控、数据分析、自主学习等功能。

技术人员可利用"云平台"实时察看棚内草莓种植的最新状况并控制智能机器人自动喷洒水肥、进行补光和潮汐灌溉，最终实现生产设施环境控制全面自动化、经营管理全程数字化、农产品生产过程可追溯。该技术不仅大大节省人力成本、降低劳动强度、提升产品品质，更有利于提升生产管理的标准化水平，从而减轻职能部门对农产品及原料监管的压力，提高监管效率。

"空中草莓"智慧农场受到了多项科技技术的加持：一是依赖于低温蓄冷育苗技术，利用高山地区冷凉气候培育出优质草莓苗，提前打破草莓的睡眠期，从而让产果期提前。二是应用基质加温系统，实现全天候基质的精准控温。三是植物 LED 补光技术，则可有效抑制草莓休眠，促进光合作用，缩短生长周期，提早上市时间。而坐果期延长，则依赖于喷雾降温系统和遮阳网等设备，它们为草莓生长后期提供最佳的温度环境。坐果率的提高和品质的提升，来源于温室智能控制系统、智能水肥一体化技术以及轴流风机均温系统的应用，它们为草莓植株提供精准的生长环境、养分、水肥、CO_2 浓度等。

经过测算，棚内的草莓上市期提前 20 多天，草莓产量可达 50731.5kg/hm²，较普通种植增产 35.3%。坐果期延长，节约用肥成本约 1750 元，头茬单果增重 28.6%~50%，每年可节省人工 6600 元。

课程思政育人目标

以空中草莓的智慧农业为例，强调科技创新不仅可以使传统农业智能升级，还可以大大减轻职能部门对农产品及原料监管的压力，提高监管效率，认识到"农产品及原料的质量保证主要不是依靠监管，科学技术才是第一生产力"，增强学生积极参与国家乡村振兴建设，推进农业现代化，在心中构建"将论文写在祖国大地上"的信念。提高为构建现代农业产业体系、促进农村高质量发展积极贡献力量的信心。

🔍 思考题

1. 农产品、初级农产品、初级加工农产品有何不同？
2. 我国农产品标准体系由哪几部分组成？
3. 绿色食品与有机食品有何区别？
4. 新食品原料安全性审查管理办法有哪些内容？

第十章
食品包装材料的安全与监督管理

学习目的与要求

1. 掌握食品包装监督管理的依据；
2. 了解食品包装的安全和评价体系；
3. 了解国内外食品包装相关标准和法规。

第一节　食品包装与安全

一、食品包装概况

食品包装是指为在流通过程中保护食品品质、方便贮运、促进销售，按一定技术方法而采用的容器、材料及辅助物品的总称，也指为达上述目的而采用的容器、材料及辅助物的过程中施加一定技术方法等的操作活动。

食品因其丰富的营养物质含量，在贮藏过程中很容易腐败变质丧失其营养和商品价值，必须经过适当包装才能满足现代社会对其贮存和商品流通的需求。因此，食品包装一方面应对食品提供保护，防止食品受外界微生物或其他物质的污染，防止或减少食品与氧气、水蒸气等发生反应。另一反面还应方便食品的贮存运输，并为消费者提供有关该产品的信息，促进销售。

随着人们生活理念和消费方式的转变，食品包装在"从农田到餐桌"的过程中，发挥的作用越来越突显，特别是在生鲜食品货架期延长方面起着非常重要的作用。而新型活性与智能化包装系统在科学延长食品保质期的同时还将逐渐减少或代替向食品中加入盐、糖或防腐剂等食品添加剂延长保质期的方法。食品的营养和风味得到良好保持的情况下，也更有利于消费者的健康。

食品包装在推动食品工业快速发展的同时，也给食品安全和生态环境带来了新的危害。食品塑料包装中的聚合物单体、加工助剂和印刷用油墨在特定的溶剂存在或温度下都会缓慢地向其所接触的食品中进行迁移，其中很多是致畸、致癌物质，是食品安全的潜在风险。此外，食品塑料包装的优良化学稳定性，使得多数塑料制品不能在短时间内进行生物降解，使其成为城市固态垃圾的重要来源之一，给生态环境带来了重大威胁。因此，食品工业必须高度重视食品包装安全和生态环境保护的问题，积极优先发展可循环、低能耗、环境友好的新型绿色包装材料，将包装对生态环境的影响降低至最小限度。

二、食品包装分类

1. 按包装材料和容器分类

依据 GB/T 23509—2009《食品包装容器及材料　分类》，主要可分为：塑料包装容器及材料，如塑料瓶、塑料袋、塑料盘、塑料杯、塑料罐、塑料箱、塑料膜、塑料片等；纸包装容器及材料，如纸袋、纸箱、纸盒、纸碗、纸杯、纸罐、纸餐具、纸浆模塑制品等；玻璃包装容器，如玻璃瓶、玻璃罐、玻璃碗、玻璃盘、玻璃缸等；陶瓷包装容器，如陶瓷瓶、陶瓷罐、陶瓷坛、陶瓷盘、陶瓷碗等；金属包装容器及材料，如钢桶、马口铁罐、铝罐、白皮铁桶、铝箔等；复合包装容器及材料，如纸/塑复合袋、铝/塑复合桶、纸/铝/塑复合包等；木质包装容器，如木桶、木箱、木盒等；竹质包装容器，如竹篮、竹筐、竹箱、竹筒等；搪瓷包装容器，如搪瓷罐、搪瓷盘、搪瓷碗、搪瓷杯、搪瓷盆等；纤维包装容器，如：布袋、麻袋等；辅助材料和辅助物，如环氧树脂涂料、有机硅涂料、黏合剂、油墨、缓冲垫、瓶盖或瓶塞等。

2. 按包装结构形式分类

按包装结构形式分类主要有：贴体包装、泡罩包装、热收缩包装、托盘包装、可折叠包装、喷雾包装等。

3. 按在流通过程中的作用分类

按在流通过程中的作用分类主要有：销售包装和运输包装。

4. 按销售对象分类

按销售对象分类，主要有出口包装、内销包装、军用包装、民用包装等。

5. 按包装技术方法分类

按包装技术方法分类主要有：真空包装、充气包装、防潮包装、缓冲包装、无菌包装、热成型包装、热收缩包装。

三、包装的评价体系

对食品包装的评价主要考虑以下方面。

1. 包装对产品的防护性能

食品包装能否在设定的保质期内保全产品质量是评价包装质量的关键。包装对产品的防护性主要表现在：物理防护性能，包括防震、耐冲击、耐挤压、热封性（密封性）、隔热、防尘、阻光、阻氧、阻水蒸气及阻隔异味等；化学防护性能，包括防氧化、防变色、防老化、分解、锈蚀及防止有毒有害物质的迁移等；生物防护性，主要是防止微生物的侵染及防虫、防鼠等；其他相关防护性是指防盗、防伪等性能。

2. 包装的卫生与安全性能

包装食品的卫生与安全直接关系到消费者的健康和安全。主要包括包装材料本身的安全与卫生性、包装后食品的安全与卫生性以及包装废弃物对环境的安全与卫生性。包装材料的安全与卫生问题主要来自于包装材料内部的有毒、有害成分对被包装食品的迁移和溶入，主要包括：材料中的有毒元素如铅、砷等；合成树脂中的有毒单体、增塑剂、溶剂及黏合剂等有毒添加剂；涂料、印刷油墨等辅助包装材料中的有毒成分等。

3. 包装的环保性能

包装的环保性能主要是指包装对自然资源的消耗和对生态环境的影响，如可降解性、可回收再利用性、包装的适度性等。

4. 包装的销售性能

包装的销售性能主要是指对包装的方便和促销性能评价，如包装的可印刷性能、展示性能等。

5. 包装的经济性能

包装的经济性能主要考虑包装材料成本、包装操作成本及贮运等成本在内的综合性能。

包装质量的标准体系应由包装质量的管理体系来实施和保证。企业应使员工人人树立起质量意识，把质量管理意识贯穿于企业生产经营活动的全过程，以过硬的产品质量、美好的包装形象征服市场，赢得消费者。

四、食品包装材料的安全与卫生

食品包装材料的安全有着双重意义：一是合适的食品包装材料和包装方式可以保护食品免受化学、物理和微生物因素的影响以及外界的污染；二是包装材料本身的化学成分不会向食品中发生迁移，不会影响到食品的安全。婴幼儿牛奶异丙基噻吨酮（ITX）污染事件、奶瓶双酚 A 事件、白酒塑化剂等食品包装材料引起的食品安全问题使得食品容器、包装材料的安全性成为消费者关注的热点。

食品包装材料主要有塑料、纸和纸板、包装用金属容器、陶瓷、搪瓷、玻璃容器等，这些包装材料一方面对食品起保护作用，但另一方面由于包装材料本身的性质和不同种类食品的特性（酸碱性质、油脂含量、水含量、酒精含量）之间构成了不同的作用体系，这些作用体系的安全特性存在很大差异，可能给食品带来污染。

（一）纸与纸质容器

纸质包装材料在所有包装材料中，占 40% ~ 50%。随着人们环保意识的不断提高，对纸类包装材料的重视也越来越高。纸质包装材料具有原料丰富，价格低廉，生产成本低，防护性能好等特点。纸质包装材料原材料及加工过程都易被污染。另外，一些细菌和化学残留物、清洁剂、涂料等，也会对食品包装的安全性造成影响。

1. 造纸原料材料自身的污染

纸质包装材料自身产生的问题可能是：物理因素方面，如存在重金属污染；化学污染如农药残留；生物因素如采用霉变原料，则成品中含有霉菌。回收各类废纸中即使将油墨颜料脱色脱去，仍有铅、镉、多氯联苯等残留。

2. 造纸过程中的添加物污染

添加物污染主要指造纸过程中为了增加纸的某一特性而添加的各种添加剂，如填料、染色剂、漂白剂等。例如，荧光增白剂可以提高纸的洁白度，只要使用就会造成荧光增白剂在包装材料中的残留，而荧光增白剂已被证明是一种致癌性物质。此外，造纸过程中加入的施胶剂、填料、无机颜料中使用的各种金属即使在 mg /kg 级以下也能溶出而致病。

3. 印刷油墨污染

用于柔版、凹版的印刷油墨大多含有着色剂、凝色剂载色体、添加剂和甲苯、二甲苯等有机溶剂。重金属如铅、镉、汞、铬等，苯胺或稠环化合物等物质存在于这些颜料、染料中，可引起重金属污染，而苯胺类或稠环类染料具有致癌性。大量印刷过程中，产品叠在一起，造成包装材料内面也接触油墨，形成二次污染。

4. 包装、贮存、运输过程中的污染

纸包装材料封口较困难，受潮后易开封，受外力作用易破裂。因此，在贮存、运输时封口不严或包装破裂易受到灰尘、杂质及微生物的污染。

（二）金属材料

金属包装材料以其良好的阻隔性、耐高低温性、机械性强、废弃物易回收等优点，在食品包装中得到广泛的应用。金属食品包装材料的主要安全隐患来自于其化学稳定性差、不耐酸碱，以及材料中金属离子的析出。

铝制材料中原料铝的纯度较高，有害金属含量少，而回收铝中则多含有铅、锌等元素，人体一次性摄入量过多或长期摄入会引起中毒。钢铁基包装材料由于其耐腐蚀性较差，通常会在内壁镀锌或镀锡，镀锌或镀锡层跟某些食品接触，会导致锌、锡迁移至食品引起食物中毒。在高温作用时，富含蛋白质的食品中的蛋白质分解产生的硫化氢也会对镀锡罐壁产生腐蚀作用，与露铁点发生作用形成硫化铁。不锈钢制品中的镍元素会使容器表面呈黑色，其传热快，容易引起物质发生糊化、变性等。乙醇可将镍溶解，不锈钢如果与乙醇接触，可导致人体慢性中毒。高酸性食品对罐壁腐蚀产生胀罐和穿孔；金属罐壁的溶出还会导致食品中出现金属味。

为了避免镀金属层的溶出，会采用涂覆涂料的方法将食品与金属隔离，这些涂料中的双酚-A（BPA）、双酚-A 二缩水甘油醚（BADGE）、酚醛清漆甘油醚（NOGE）及其衍生物等化学污染物也会向食品中迁移造成污染。

（三）玻璃

玻璃是由硅酸盐、金属氧化物等组成的熔融物，是无毒无害、无味、透明、光亮的惰性材料，具有耐磨/易碎、耐高低温、耐酸、光亮透明、化学稳定性好、可回收、成本低等优点，其用量占包装材料总量的10%左右。对于某些需要避光保存的食品来说，玻璃的透明性不利于其贮藏保存。因此，为了防止光线的损害，通常用各种着色剂使玻璃着色，用各种着色剂使玻璃着色时添加的金属盐，容易从玻璃中溶出进而迁移到食品中，如添加的铅化合物可能迁移到酒或饮料中，二氧化硅也可溶出。在包装安全性方面：①熔炼过程中应避免有毒物质的溶出。一般来说，玻璃内部离子结合紧密，高温熔炼后大部分形成不溶性盐类物质而具有极好的化学惰性，不与被包装的食品发生作用。但是熔炼不好的玻璃次品可能有玻璃原料中有毒物质溶出的安全问题。所以，对玻璃制品应做水浸泡处理或稀酸加热处理，对包装有严格要求的食品应该将钠钙玻璃改为硼硅玻璃，并注意玻璃熔炼和成型加工质量，确保食品的安全性。②注意避免重金属如铅的超标。③二氧化硅的毒性很小，但加入的辅料毒性很大，如各种玻璃着色剂（氧化铜、三氧化二砷等），高档玻璃容器（高脚杯）中加铅化合物。④玻璃瓶罐在包装含气饮料时易发生爆瓶现象。

（四）陶瓷和搪瓷制品

陶瓷、搪瓷虽在质地上存在差异但都是以黏土为原料，加入各种配料，经粉碎、炼泥、成型、干燥和上釉等工序，再高温烧制而成，主要用于酒、腌制品及一些传统风味食品的包装。陶瓷和搪瓷作为包装材料的优势有隔热、耐磨/耐压、耐高低温、耐酸、无毒无味、天然、不与食品反应、成本低。陶瓷、搪瓷本身的安全性较高，潜在食品安全隐患主要由釉彩引起，如陶瓷贴花纸和生产花纸用的陶瓷颜料中主要是铅和镉，在盛装酸性食品（如醋、果汁）和酒时，这些物质容易溶出而迁入食品，引起安全问题。因此，应选用烧制质量合格的陶瓷容器包装食品，以确保包装食品的卫生安全。国内外对陶瓷包装容器铅、镉溶出量均有允许极限值的规定。

（五）橡胶

橡胶单独作为食品包装材料使用的情况比较少，一般多作衬垫或密封材料。橡胶有天然橡胶和合成橡胶两种。天然橡胶是橡胶树流出的乳胶经过凝固、干燥等工艺加工而成的弹性固形物，是以异戊二烯为主要成分的天然长链高分子化合物，本身不分解也不被人体吸收。由于加工的需要常在其中加入多种助剂，如促进剂、防老化剂、填充剂等。根据加工工艺的不同，有乳胶、烟胶片、风干胶片、白绉片、褐绉片等。天然橡胶本身一般无毒，但褐绉片可能含杂质较多，烟胶片经过烟熏可能含有多环芳烃。

由于橡胶本身具有容易吸收水分的结构，所以其溶出物比塑料多。天然橡胶的溶出物受原料中天然物的影响较大，硫化促进剂使其溶出量加大。

就合成橡胶而言，使用的防老化剂对溶出物的量有影响。

合成橡胶是由单体经过各种工序聚合而成的高分子化合物，在加工中也使用了多种助剂。一般常用的橡胶添加剂中有毒性的或疑似有毒性的有 β-萘胺、联苯胺、间甲苯二胺、丙烯腈等。单体和添加物的残留对食品安全有一定影响。

（六）塑料

塑料是一种以高分子聚合物——树脂为基本成分，再加入一些用来改善其性能的各种添加剂制成的高分子材料。塑料包装材料作为包装材料的后起之秀，因其原材料丰富、成本低廉、性能优良、质轻美观的特点，成为世界上发展最快的包装材料。

塑料包装材料内部残留的有毒有害物质迁移、溶出而导致食品污染，主要有以下几方面。

1. 树脂本身所具有的毒性

树脂中未聚合的游离单体，裂解物（氯乙烯、苯乙烯、酚类、丁腈胶、甲醛），降解物及老化产生的有毒物质对食品安全均有影响。美国食品药物管理局（FDA）指出，不是聚氯乙烯（PVC）本身而是残存于PVC中的氯乙烯在经口摄取后有致癌的可能，因而禁止PVC制品作为食品包装材料。聚氯乙烯游离单体氯乙烯（VCM）具有麻醉作用，可引起人体四肢血管的收缩而产生痛感，同时具有致癌、致畸作用，它在肝脏中形成氧化氯乙烯，具有强烈的烷化作用，可与DNA结合产生肿瘤。聚苯乙烯中残留物质苯乙烯、乙苯、甲苯和异丙苯等对食品安全构成危害。苯乙烯可抑制大鼠生育，使肝、肾重量减轻。低相对分子质量聚乙烯溶于油脂产生辣味，影响产品质量。这些有害物质对食品安全的影响程度取决于材料中这些物质的浓度、结合的紧密性、与材料接触的食物性质、时间、温度及在食品中的溶解性等。

2. 塑料包装表面污染

因塑料易带电，易吸附微尘杂质和微生物，从而对食品形成污染。

3. 塑料制品在制造过程中添加助剂的毒性

塑料制品在制造过程中会添加稳定剂、增塑剂、着色剂等助剂，其中部分成分存在毒性。

同济大学基础医学院厉曙光团队进行的一项科学研究显示，我国食品中的增塑剂污染几乎无处不在。研究发现，几乎所有品牌的塑料桶装食用油中，都含有邻苯二甲酸二丁酯（DBP）和邻苯二甲酸二辛酯（DOP）这两种增塑剂，而铁桶装的食用油中几乎没有。

4. 非法使用的回收塑料对食品造成的污染

塑料材料的回收复用是大势所趋，由于回收渠道复杂，回收容器上常残留有害物质，难以保证清洗处理完全。有的为了掩盖回收品质量缺陷，往往添加大量涂料，导致涂料色素残留多，造成对食品的污染。因监管原因，甚至大量的医学垃圾塑料被回收利用。这些非法使用塑料中的有毒添加剂、重金属、色素、病毒等都给食品安全造成隐患。

5. 油墨污染

油墨中主要物质有颜料、树脂、助剂和溶剂。油墨厂家往往考虑树脂和助剂对安全性的影响，而忽视颜料和溶剂间接对食品安全的危害。有的油墨为提高附着牢度会添加一些促进剂，如硅氧烷类物质，此类物质会在一定的干燥温度下使基团发生键的断裂，生成甲醇等物质，而甲醇会对人的神经系统产生危害。在塑料食品包装袋上印刷的油墨，因苯等一些有毒物不易挥发，对食品安全的影响更大。近几年来，各地塑料食品包装袋抽检合格率明显上升，但仍有部分地市有相关产品抽检不合格的报道，主要是最小厚度和落镖冲击不合格，苯残留超标现象得到了有效控制。

6. 复合薄膜用黏合剂

黏合剂大致可分为聚醚类和聚氨酯类。聚醚类黏合剂正逐步被淘汰，而聚氨酯类黏合剂有脂肪族和芳香族两种。黏合剂按照使用类型还可分为水性黏合剂、溶剂型黏合剂和无溶剂型黏合剂。水性黏合剂对食品安全不会产生什么影响。在食品安全方面，绝大多数人认为如果产生的残留溶剂不高就不会对食品安全产生影响，其实这只是片面的。在我国，允许使用的溶剂型黏合剂有芳香族的黏合剂，它含有芳香族异氰酸酯，用这种包装袋装食品后经高温蒸煮，可使它迁移至食品中并水解生成芳香胺，从而会对人产生健康危害。我国已制定 GB 9683—1988《复合食品包装袋卫生标准》和 GB/T 39415.2—2020《包装袋　特征性能规范方法　第 2 部分：热塑性软质薄膜袋》等国家标准，对食品包装中的有害物进行限制。

7. 塑料材料在食品生产、流通和使用过程中的安全性

聚氯乙烯制品在较高温度下，如 50℃ 以上就会缓慢析出氯化氢气体，这种气体对人体有害。

塑料包装易带电，在流通过程中易吸附微尘杂质和微生物对食品形成污染。

塑料包装材料的阻隔性（透过性）各不相同，包装食品在流通时容易受到与其共存的外界异物、异臭渗透（透过）而污染。

随着生活质量的改变，食品的加工和烹饪方式也越来越多样化。随着紫外辐射、微波加热、臭氧处理等加工方式的出现，许多食品往往连同包装物一起加工、烹制。塑料材料经过这些加工方式后，其结构和性能改变，并最终影响其与食品接触时的迁移特性。材料经照射后的迁移特性研究正受到越来越多的关注。常见食品包装用塑料物理和安全特性如表 10-1 所示。

表 10-1　　　　　　　　　　　　常见食品包装用塑料物理和安全特性

品种	物理性能	产品用途	安全性问题	国家标准
聚丙烯（PP）	阻湿性好；耐 130℃ 高温，熔点高达 167℃，可煮沸消毒；唯一可进行微波加热的塑料	薄膜、食品周转箱、微波饭盒、饮用水管	丙烯单体制作，加工助剂添加量较少，安全性高。少量溴化物、氯化物、甲醇、甲醛迁出	树脂 GB 4806.6—2016《食品安全国家标准　食品接触用塑料树脂》、成型品 GB 4806.7—2016《食品安全国家标准　食品接触用塑料材料及制品》
聚苯乙烯（PS）	化学稳定性较差，耐寒性好	发泡性一次性饭盒、托盘	聚苯乙烯无毒；苯乙烯有致畸、致突变作用	树脂 GB 4806.6—2016《食品安全国家标准　食品接触用树脂》、成型品 GB 4806.7—2016《食品安全国家标准　食品接触用塑料材料及制品》
聚偏二氯乙烯（PVDC）	耐化学物质、阻气性和阻湿性在塑料中最佳，耐热机械强度高	肠衣薄膜、保鲜膜、涂覆膜	增塑剂己二酸二（2-乙基）己酯（DEHA）易迁移至肉类、鱼类和干酪。邻苯二甲酸酯（PAEs）对人有致癌、致畸、致突变作用	树脂 GB 4806.6—2016《食品安全国家标准　食品接触用树脂》、成型品 GB 17030—2019《食品包装用聚偏二氯乙烯（PVDC）片状肠衣膜》
聚对苯二甲酸乙二醇酯（PET）	高强韧性、高阻气性、高透明性；耐酸、耐碱、耐有机溶剂；耐热至 70℃，高温或加热易变形	饮料瓶容器、复合袋薄膜	PET 本身无毒，催化剂（三氧化二锑或醋酸锑）有毒性，使用超过 10 个月，可释放致癌物	树脂 GB 4806.6—2016《食品安全国家标准　食品接触用树脂》、GB 17931—2018《瓶用聚对苯二甲酸乙二酯（PET）树脂》、成型品 GB 4806.7—2016《食品安全国家标准　食品接触用塑料材料及制品》

续表

品种	物理性能	产品用途	安全性问题	国家标准
聚乙烯（PE）	高压聚乙烯柔软、透气性佳、耐油性差，温度超过110℃就会出现热熔现象；低压聚乙烯坚硬、耐高温、耐化学药品性较好、不容易清洗	高压聚乙烯：保鲜膜；低压聚乙烯：塑料砧板	高压聚乙烯和中压聚乙烯在低温下基本无毒。高压聚乙烯在加热至150℃时可分解出酸、酯、不饱和烃、甲醛等物质。低压聚乙烯在热切削和封闭聚乙烯时，其热解产物有甲醛和丙烯酸等。大量吸入能引起中毒，主要为对呼吸道的刺激作用	树脂 GB 4806.6—2016《食品安全国家标准 食品接触用树脂》、成型品 GB 4806.7—2016《食品安全国家标准 食品接触用塑料材料及制品》
聚碳酸酯（PC）	耐热、耐寒、机械性能好、耐油、不耐乙醇	运动水杯水壶、瓶子、饮用水桶	PC无毒；双酚A、苯酚可引起动物癌症，温度越高，释放越多	树脂 GB 4806.6—2016《食品安全国家标准 食品接触用树脂》、成型品 GB 4806.7—2016《食品安全国家标准 食品接触用塑料材料及制品》
三聚氰胺-甲醛（蜜胺，MF）	热固型塑料，耐热120℃、耐油、耐醇、耐污染	食具和餐具，不可用于微波加热	三聚氰胺无毒；游离甲醛具有细胞原浆毒性	成型品 GB 4806.7—2016《食品安全国家标准 食品接触用塑料材料及制品》

第二节　食品包装监督与管理

一、我国的食品包装监督管理体系

　　我国食品容器和包装材料卫生监管工作可以追溯到20世纪60年代，鉴于使用脲醛树脂饭盒导致食物中毒事件，卫生部公告禁止使用脲醛树脂作为食品包装材料。1972年国务院批准的国家计委和卫生部等11个部委《关于防止食品污染的决定》中，食品包装盒包装材料被列入引起食品污染的原因之一。1982年颁布的《食品卫生法（试行）》和1995年颁布的《食品卫生法》都将食品容器和包装材料的使用卫生管理纳入其监管范围，并逐步形成了我国的食品包装监督管理体系。国家质检总局从2006年开始，加强了对食品包装产品的认证认可工作，从

2006 年底开始对食品包装产品实施强制性市场准入（QS）管理制度，逐步加强对食品包装、食品包装用原辅材料、添加剂以及相关设备实施的监管力度，以确保食品包装对消费者的健康安全。2007 年 7 月 30 日，国家质检总局开始实施《食品用纸包装、容器等制品生产许可实施细则》，对外正式公布第一批实施市场准入制度管理的食品用纸包装、容器等制品产品包括 2 类 21 个产品。

2009 年 6 月 1 日正式实施的《食品安全法》中明确规定：食品相关产品的生产、经营应当适用《食品安全法》。食品相关产品是指用于食品的包装材料、容器、洗涤剂、消毒剂和用于食品生产经营的工具、设备。

2009 年 11 月 6 日，7 部委联合下发了《关于开展食品包装材料清理工作的通知》，并明确指出，已经在我国生产、销售和使用，在其他国家批准使用、不存在安全性问题的，尚未列入我国食品包装材料标准的食品容器、包装材料、设备、工具用材料、单体、添加剂和树脂，应在 2010 年 6 月 1 日前填写《食品相关产品新品种申请表》或《食品包装材料用树脂新品种申请表》，并报送中国疾病预防控制中心营养与食品安全所。卫生部组成专家组，对申报材料进行评估后，公布《可用于食品包装材料的物质名单》和《禁止用于食品包装材料的物质名单》。

2011 年 1 月 31 日，根据《食品安全法》及其实施条例的规定，按照卫生部等 7 部门《关于开展食品包装材料清理工作的通知》（卫监督发〔2009〕108 号）的要求，卫生部发布了《卫生部监督局关于公开征求拟批准食品包装材料用添加剂和树脂意见的函》（卫监督食便函〔2011〕36 号），对外公布第一批拟批准 196 种食品包装材料用添加剂、116 种食品包装材料用树脂。

我国涉及食品及食品相关产品的标准，也由过去的"卫生标准"上升为"食品安全国家标准"。食品包装材料相关标准也依据包装材料汇总成 GB 4806 系列标准，涉及搪瓷制品、陶瓷制品、玻璃制品、食品接触用塑料树脂、食品接触用塑料材料及制品、食品接触用纸和纸板材料及制品、食品接触用金属材料及制品、食品接触用涂料及涂层和食品接触用橡胶材料及制品等食品安全国家标准，并制定了与之相配套的食品安全国家标准 GB 31604 系列标准，确定了食品接触材料及制品中各种可能发生迁出物质的测定方法。

目前，现行的食品包装监督管理的依据主要包括：《食品安全法》《食品安全法实施条例》《工业产品生产许可证管理条例》《食品生产许可审查通则（2022 版）》《食品标识管理规定》《农产品包装和标识管理办法》等国家强制性法律、法规、规范及管理办法；GB/T 30768—2014《食品包装用纸与塑料复合膜、袋》、GB 9685—2016《食品安全国家标准　食品接触材料及制品用添加剂使用标准》、GB/T 23509—2009《食品包装容器及材料分类》、SN/T 1880.1—2007《进出口食品包装卫生规范　第 1 部分：通则》、HG/T 2945—2011《食品容器橡胶垫圈》、DB43/T 1168—2016《多层复合食品包装膜、袋》等国家标准、行业标准、地方标准等。

二、我国食品包装相关法律、法规

（一）《食品安全法》对食品包装的规范

《食品安全法》第二条明确规定："在中华人民共和国境内从事下列活动，应当遵守本法……用于食品的包装材料、容器、洗涤剂、消毒剂和用于食品生产经营的工具、设备（以下称食品相关产品）的生产经营；食品生产经营者使用食品添加剂、食品相关产品；食品的贮存和运输；对食品、食品添加剂、食品相关产品的安全管理……"这表明作为食品相关产品的食品包装已纳入《食品安全法》进行管理。

《食品安全法》第十七条规定："国家建立食品安全风险评估制度，运用科学方法，根据食品安全风险监测信息、科学数据以及有关信息，对食品、食品添加剂、食品相关产品中生物性、化学性和物理性危害因素进行风险评估。"

第三十三条规定食品生产经营应当符合食品安全标准，并符合下列要求："具有与生产经营的食品品种、数量相适应的食品原料处理和食品加工、包装、贮存等场所……餐具、饮具和盛放直接入口食品的容器，使用前应当洗净、消毒，炊具、用具用后应当洗净，保持清洁；贮存、运输和装卸食品的容器、工具和设备应当安全、无害，保持清洁，防止食品污染……直接入口的食品应当使用无毒、清洁的包装材料、餐具、饮具和容器……销售无包装的直接入口食品时，应当使用无毒、清洁的容器、售货工具和设备。"

第三十四条规定禁止生产经营下列食品、食品添加剂、食品相关产品："……被包装材料、容器、运输工具等污染的食品、食品添加剂……无标签的预包装食品、食品添加剂……"

第四十一条规定："生产食品相关产品应当符合法律、法规和食品安全国家标准。对直接接触食品的包装材料等具有较高风险的食品相关产品，按照国家有关工业产品生产许可证管理的规定实施生产许可。"

第四十六条规定：食品生产企业应当就"生产工序、设备、贮存、包装等生产关键环节控制"等事项制定并实施控制要求，保证所生产的食品符合食品安全标准。

第五十四条规定："食品经营者贮存散装食品，应当在贮存位置标明食品的名称、生产日期或者生产批号、保质期、生产者名称及联系方式等内容。"

第六十三条规定："国家建立食品召回制度……对因标签、标志或者说明书不符合食品安全标准而被召回的食品，食品生产者在采取补救措施且能保证食品安全的情况下可以继续销售；销售时应当向消费者明示补救措施。"

第六十六条规定："进入市场销售的食用农产品在包装、保鲜、贮存、运输中使用保鲜剂、防腐剂等食品添加剂和包装材料等食品相关产品，应当符合食品安全国家标准。"

第六十七条规定："预包装食品的包装上应当有标签。"

第六十九条规定："生产经营转基因食品应当按照规定显著标示。"

第七十条规定："食品添加剂应当有标签、说明书和包装。"

第九十四条规定："境外出口商、境外生产企业应当保证向我国出口的食品、食品添加剂、食品相关产品符合本法以及我国其他有关法律、行政法规的规定和食品安全国家标准的要求，并对标签、说明书的内容负责。"

第九十七条规定："进口的预包装食品、食品添加剂应当有中文标签；依法应当有说明书的，还应当有中文说明书。标签、说明书应当符合本法以及我国其他有关法律、行政法规的规定和食品安全国家标准的要求，并载明食品的原产地以及境内代理商的名称、地址、联系方式。预包装食品没有中文标签、中文说明书或者标签、说明书不符合本条规定的，不得进口。"

第一百二十五条规定："违反本法规定，有下列情形之一的，由县级以上人民政府食品药品监督管理部门没收违法所得和违法生产经营的食品、食品添加剂，并可以没收用于违法生产经营的工具、设备、原料等物品；违法生产经营的食品、食品添加剂货值金额不足一万元的，并处五千元以上五万元以下罚款；货值金额一万元以上的，并处货值金额五倍以上十倍以下罚款；情节严重的，责令停产停业，直至吊销许可证：生产经营被包装材料、容器、运输工具等污染的食品、食品添加剂；生产经营无标签的预包装食品、食品添加剂或者标签、说明书不符合本法规定的食品、食品添加剂；生产经营转基因食品未按规定进行标示……"

第一百二十六条规定："违反本法规定，有下列情形之一的，由县级以上人民政府食品药品监督管理部门责令改正，给予警告；拒不改正的，处五千元以上五万元以下罚款；情节严重的，责令停产停业，直至吊销许可证……餐具、饮具和盛放直接入口食品的容器，使用前未经洗净、消毒或者清洗消毒不合格，或者餐饮服务设施、设备未按规定定期维护、清洗、校验；食品生产经营者安排未取得健康证明或者患有国务院卫生行政部门规定的有碍食品安全疾病的人员从事接触直接入口食品的工作……餐具、饮具集中消毒服务单位违反本法规定用水，使用洗涤剂、消毒剂，或者出厂的餐具、饮具未按规定检验合格并随附消毒合格证明，或者未按规定在独立包装上标注相关内容的，由县级以上人民政府卫生行政部门依照前款规定给予处罚。"

第一百五十条还规定一些定义，如预包装食品，指预先定量包装或者制作在包装材料、容器中的食品。用于食品的包装材料和容器，指包装、盛放食品或者食品添加剂用的纸、竹、木、金属、搪瓷、陶瓷、塑料、橡胶、天然纤维、化学纤维、玻璃等制品和直接接触食品或者食品添加剂的涂料。用于食品生产经营的工具、设备，指在食品或者食品添加剂生产、销售、使用过程中直接接触食品或者食品添加剂的机械、管道、传送带、容器、用具、餐具等。用于食品的洗涤剂、消毒剂，指直接用于洗涤或者消毒食品、餐具、饮具以及直接接触食品的工具、设备或者食品包装材料和容器的物质。

（二）食品用包装、容器、工具等制品生产许可相关法律法规

食品用包装、容器、工具等制品生产已纳入由国务院工业产品生产许可证主管部门制定的《国家实行生产许可证制度的工业产品目录》中，实行市场准入及生产许可证制度，《国务院关于调整工业产品生产许可证管理目录加强事中事后监管的决定》（国发〔2019〕19 号）调整了工业产品生产许可证管理目录，直接接触食品的材料等相关产品由省级市场监督管理部门实施。

1. 食品用包装、容器、工具等制品生产许可相关法律法规

现行已制定的食品用包装、容器、工具等制品生产应遵守的相关法律法规主要有：《食品安全法》《行政许可法》《食品生产许可管理办法》《工业产品生产许可证实施通则及各工业产品生产许可证实施细则》（国家市场监督管理总局 2018 年第 26 号）《食品生产许可审查细则》等。

2. 食品用包装、容器、工具等制品生产许可的内容

食品用包装、容器、工具等制品实施市场准入制度是国家为了保证食品质量安全，由政府食品生产加工主管部门依照法律、法规、规章、技术规范和国家有关标准的规定要求，对食品直接接触的包装、容器、工具等制品的生产加工企业，进行必备生产条件、质量安全保证能力审查及对产品进行强制检验，确认其产品具有一定的安全性，企业具备持续稳定生产合格产品的能力，准许其生产销售产品的行政许可制度。具备基本生产条件、能够保证产品质量的食品用包装、容器、工具等制品生产企业，经申请、审查后，发放生产许可证，准予生产获证范围内的产品，未取得生产许可证的企业不得生产食品用包装、容器、工具等制品。实施生产许可证管理并经检验合格的食品用包装、容器、工具等制品出厂销售时必须加印（贴）SC 编码。

3. 食品用包装、容器、工具等制品生产许可的范围

凡在中华人民共和国领土、领空和领海范围内生产、销售食品用包装、容器、工具等制品的公民、法人和社会组织，都要接受生产许可证制度的管理。但按照我国宪法规定，香港特别

行政区、澳门特别行政区和我国台湾省除外。

所谓"经营活动中使用"是指企业在从事生产、为社会提供服务等经营活动时，要消耗和使用列入目录的产品，此种行为属于市场准入监管范围。销售企业虽然不需要取得生产许可，但在销售列入目录的产品时应遵守《工业产品生产许可证实施通则及各工业产品生产许可证实施细则》的规定。

企业从境外进口半成品或零部件，在境内加工或组装成列入目录的产品并销售的，也属于这项制度管理。企业在境外生产列入目录的产品，在境内销售，不属于该制度管理，但应遵守国家法律、行政法规和其他有关规定。

对列入目录产品的进出口管理应依照国家法律、行政法规和有关规定执行。包括：生产列入目录产品、全部用于出口的，不需要取得生产许可，如有出口转内销的产品，应当遵守有关这类产品的国家法律、行政法规和有关规定，并具有完善的相关手续，既在国内生产又在国内销售列入目录产品的，必须取得生产许可。

4. 食品用包装、容器、工具等制品生产许可工作的管理机构

《工业产品生产许可证实施通则及各工业产品生产许可证实施细则》规定：市场监管总局负责工业产品生产许可证统一管理工作。市场监管总局产品质量安全监督管理司负责工业产品生产许可证管理的日常工作。各省、自治区、直辖市工业产品生产许可证主管部门（以下简称省级生产许可证主管部门）负责本行政区域内工业产品生产许可证监督管理工作，承担企业申请受理和部分列入实行生产许可证制度管理的产品目录（以下简称目录）的产品生产许可证审查、审批和后置现场审查工作。市、县级工业产品生产许可证主管部门负责本行政区域内生产许可证的监督管理工作。全国工业产品生产许可证审查中心（以下简称全国许可证审查中心）受市场监管总局委托承担生产许可证有关技术性和事务性工作。

三、我国食品包装相关标准

食品包装标准主要有：食品包装术语、分类等基础标准；食品包装材料标准、食品包装容器标准、食品包装工器具标准；食品包装材料（成型品）容器、工具等卫生标准；食品容器、包装材料用添加剂使用卫生标准；食品包装材料、容器、工器具等（与食品接触材料）检测检验标准；食品包装标签标志标准；食品包装方法、技术要求、操作规程标准；食品包装机械相关标准等。

食品包装标准范围涉及塑料、纸、金属、玻璃、陶瓷、橡胶、天然动植物组织器官（叶片和肠衣等）、纤维、复合材料等不同材质，以及涂覆料、黏合剂、着色剂、油墨等各种助剂和添加剂。涉及的指标主要有：安全指标，如加工助剂、添加剂的使用范围和使用量、有害聚合物限量、有害单体限量、有害污染物限量、有害微生物限量、最大残留量和特定迁移量、辐射强度及物理安全要求等；理化指标，如蒸发残渣、高锰酸钾消耗量、脱色试验指标、拉伸强度指标、阻隔性指标、尺寸偏差指标、耐压性能指标、剥离力指标及其他理化指标；检测限、检测阈值、准确度、有害物质等检测方法指标；外观、色泽、形状等感官指标。

（一）食品包装基础标准

食品包装的术语、分类、环保等标准都属于基础标准，如 GB/T 23156—2022《包装　包装与环境　术语》、GB/T 23508—2009《食品包装容器及材料　术语》、GB/T 23509—2009《食品包装容器及材料　分类》。

GB 23350—2021《限制商品过度包装要求　食品和化妆品》对食品和化妆品销售包装空隙率、包装层数、包装成本 3 个指标作出了强制性规定：粮食及其加工品、月饼及粽子包装层数不应超过 3 层，其他商品不应超过 4 层；单件食品净含量大于 50mL 或 50g，包装空隙率不大于 30%；控制除直接与内装物接触的包装之外的所有包装成本的总和不应超过商品销售价格的 20%。销售价格在 100 元以上的月饼和粽子，生产组织应采取措施，控制除直接与内装物接触的包装之外的所有包装成本的总和不应超过商品销售价格的 15%。

（二）食品包装容器及材料、工器具标准

此类标准主要对食品包装容器、材料、工器具等的技术要求、分析方法、检验规则及标志、包装、运输、贮存等进行规范。现行标准涉及以下方面。

1. 食品包装材料

GB/T 31122—2014《液体食品包装用纸板》、GB 4806.9—2016《食品安全国家标准　食品接触用金属材料及制品》、GB/T 24695—2009《食品包装用玻璃纸》、GB/T 22865—2008《牛皮纸》、GB/T 12671—2008《聚苯乙烯（PS）树脂》、GB/T 10003—2008《普通用途双向拉伸聚丙烯（BOPP）薄膜》、GB/T 12670—2008《聚丙烯（PP）树脂》、GB/T 20218—2006《双向拉伸聚酰胺（尼龙）薄膜》、GB/T 19787—2005《包装材料　聚烯烃热收缩薄膜》、GB/T 18192—2008《液体食品无菌包装用纸基复合材料》、GB 10457—2021《食品用塑料自粘保鲜膜质量通则》。

2. 食品包装容器及工器具

GB/T 30768—2014《食品包装用纸与塑料复合膜、袋》、GB/T 16717—2013《包装容器　重型瓦楞纸箱》、GB/T 17876—2010《包装容器　塑料防盗瓶盖》、GB/T 19161—2016《包装容器　复合式中型散装容器》、GB/T 9106.1—2019《包装容器　两片罐　第 1 部分：铝易开盖铝罐》、GB/T 23778—2009《酒类及其他食品包装用软木塞》、GB/T 4768—2008《防霉包装》、GB/T 13252—2008《包装容器　钢提桶》、GB/T 15170—2007《包装容器　工业用薄钢板圆罐》、GB/T 21302—2007《包装用复合膜、袋通则》、BB/T 0060—2012《包装容器　聚对苯二甲酸乙二醇酯（PET）瓶坯》、GB 4544—2020《啤酒瓶》、GB/T 5737—1995《食品塑料周转箱》等。

（三）食品接触用材料食品安全国家标准

1. 食品接触材料食品安全国家标准

此类标准主要规定食品包装容器及包装材料的安全卫生性要求。主要有：GB 4806.10—2016《食品安全国家标准　食品接触用涂料及涂层》、GB 4806.8—2016《食品安全国家标准　食品接触用纸和纸板材料及制品》、GB 4806.7—2016《食品安全国家标准　食品接触用塑料材料及制品》、GB 4806.6—2016《食品安全国家标准　食品接触用塑料树脂》、GB 4806.4—2016《食品安全国家标准　陶瓷制品》、GB 4806.3—2016《食品安全国家标准　搪瓷制品》等，这些标准规定了常用食品包装材料、塑料树脂及成型品、包装容器、内壁涂料、食具容器等的安全标准。

2. 食品接触材料及制品用添加剂使用标准

食品接触材料及制品用添加剂是指在食品接触材料及制品生产过程中，为满足预期用途所添加的有助于改善其品质、特性，或辅助改善品质、特性的物质；也包括在食品接触材料及制品生产过程中，所添加的为促进生产过程的顺利进行，而不是为了改善终产品品质、特性的加

工助剂。现行标准为 GB 9685—2016《食品安全国家标准 食品接触材料及制品用添加剂使用标准》。

该标准适用的容器、包装材料范围包括：包装、盛放食品用的纸、竹、木、金属、搪瓷、陶瓷、塑料、橡胶、天然纤维、化学纤维、玻璃、复合包装材料等制品和接触食品的涂料，包括在生产经营过程中接触食品的机械、管道、传送带、容器、用具、餐具等。该标准主要规定了食品接触材料及制品用添加剂的使用原则，允许使用的添加剂品种、使用范围、最大使用量、特定迁移量或最大残留量、特定迁移总量限量及相关限制性要求。以附录形式列出了允许使用的添加剂名单 1535 种，未在列表中规定的物质不得用于加工食品用容器、包装材料。

食品接触材料及制品用添加剂使用原则中规定：食品接触材料及制品在推荐的使用条件下与食品接触时，迁移到食品中的添加剂及其杂质水平不应危害人体健康；食品接触材料在推荐的使用条件下与食品接触时，迁移到食品中的添加剂不应造成食品成分、结构或色香味等性质的改变（有特殊规定的除外）；使用的添加剂在达到预期的效果下应尽可能降低在食品接触材料及制品中的用量；使用的添加剂应符合相应的质量规格要求；列于 GB 2760—2014《食品安全国家标准 食品添加剂使用标准》的物质，允许作为食品接触材料及制品用添加剂时，不得对多接触的食品本身产生技术功能。

关于特定迁移量的判定，标准中规定包装材料中各添加物质在食品中的特定迁移量的总和不应超过相应包装材料国家卫生标准的规定；特定迁移量的测定应采用国家标准检验方法。在尚无相应国家标准检验方法的情况下，可以参考欧盟、美国等官方认可的检验方法。

（四）食品接触材料及制品检测检验标准

食品接触材料及制品检测检验的国家标准已汇总成食品安全国家标准 GB 31604 系列标准，这些标准主要是食品包装容器、包装材料用塑料树脂及成型品、涂料、垫圈等卫生标准的分析方法和试验通则，部分食品接触材料中受限物质的限量指标测定方法和受限物质向食品或食品模拟物中特定迁移试验和含量测定方法方面的标准。另外，还有 GB 18006.2—1999《一次性可降解餐饮具降解性能试验方法》和 GB/T 18006.3—2020《一次性可降解餐饮具通用技术要求》。

食品包装物性指标和阻隔性指标的标准主要有：GB/T 4545—2007《玻璃瓶罐内应压力试验方法》、GB/T 6981—2003《硬包装容器透湿度试验方法》、GB/T 6982—2003《软包装容器透湿度试验方法》、GB/T 21529—2008《塑料薄膜和薄片水蒸气透过率的测定 电解传感器法》等。

为了适应食品安全监测与评估、评价的要求，我国还制定了有关食品包装安全评价试验和模拟试验方法的 GB/T 23296 系列标准。但该部分标准已大多整合至 GB 31604 系列标准，剩余少数单独标准，例如，GB/T 23296.1—2009《食品接触材料 塑料中受限物质 塑料中物质向食品及食品模拟物特定迁移试验和含量测定方法以及食品模拟物暴露条件选择的指南》是与食品接触的塑料材料及制品中受限物质向食品和食品模拟物特定迁移的试验方法，给出了迁移试验条件选择的指南；GB/T 23296.5—2009《食品接触材料 高分子材料 食品模拟物中 2-（N，N-二甲基氨基）乙醇的测定 气相色谱法》、GB/T 23296.6—2009《食品接触材料 高分子材料 食品模拟物中 4-甲基-1-戊烯的测定 气相色谱法》、GB/T 23296.16—2009《食品接触材料 高分子材料 食品模拟物中 2,2-二（4-羟基苯基）丙烷（双酚 A）的测定 高效液相色谱法》、GB/T 23296.19—2009《食品接触材料 高分子材料 食品模拟物中乙酸乙烯酯的测定 气相色谱法》、GB/T 23296.23—2009《食品接触材料 高分子材料 食品模拟物中 1,1,

1-三甲醇丙烷的测定　气相色谱法》、GB/T 23296.24—2009《食品接触材料　高分子材料　食品模拟物中 1，2-苯二酚、1，3-苯二酚、1，4-苯二酚、4，4′-二羟二苯甲酮、4，4′-二羟联苯的测定　高效液相色谱法》等。

（五）其他食品包装标准

1. 食品包装标签标志标准

GB/T 30643—2014《食品接触材料及制品标签通则》、GB 13432—2013《食品安全国家标准　预包装特殊膳食用食品标签》、GB 7718—2011《食品安全国家标准　预包装食品标签通则》、GB 28050—2011《食品安全国家标准　预包装食品营养标签通则》等。

2. 食品包装方法、技术要求、操作规程标准

SN/T 2595—2010《食品接触材料检验规程　软木、木、竹制品类》、GB/T 23346—2009《食品良好流通规范》、GB/T 17109—2008《粮食销售包装》、GB/T 17374—2008《食用植物油销售包装》、GB/T 13607—1992《苹果、柑橘包装》、DB46/T 173—2009《芒果采收、贮运及包装规程》、SB/T 10448—2007《热带水果和蔬菜包装与运输操作规程》、SN/T 1886—2007《进出口水果和蔬菜预包装指南》等。

3. 食品包装机械相关标准

GB/T 9177—2004《真空、真空充气包装机通用技术条件》规定了真空、真空充气包装机的型号、型式与基本参数、技术要求、试验方法、检验规则、标志、包装、运输及贮存等要求。GB/T 19063—2009《液体食品包装设备验收规范》规定了液体食品包装设备术语和定义、产品分类、验收准备、验收技术要求、检验方法和设备质量判定及处理。JB/T 9086—2007《塑料袋热压式封口机》、JB/T 10798—2007《贴体包装机》、JB/T 10800—2007《塑杯成型灌装封切机》、JB/T 10795—2007《黏流体灌装机》等。

四、国外有关食品包装法规与标准

食品包装安全是一项巨大的全球性工程。不仅要有科学性，而且要有法制化和统一化。随着人们生活质量的不断提高和对健康安全的日益重视，对食品包装的质量和安全将有更高的要求。欧美国家，特别是美国和法国，十分重视包装安全工作，也是世界上包装安全法规、安全体系颇为完善的国家。无论是危险化学品包装，还是食品安全包装，都有系列的安全法规、完善的管理体系，以及安全行动计划。

欧美国家是世界上食品包装安全卫生的先驱。1804 年，法国发明了食品罐头。1812 年，美国开始生产罐头食品，并开始关注包装材料锡对食品安全的影响。1875 年，英国通过了第一个食品与药品法规，随后法国也公布了相应的食品卫生法规。1902 年，美国农业部开始调查食品安全问题并向总统报告。1906 年，美国首先推出两个有关包装食品的安全卫生法规（食品、药物条例）。1931 年，美国食品药物管理局（FDA）正式成立，从而走上了法制管理的轨道。1958 年，欧洲食品规范委员会成立。

经过 100 多年的发展，人类社会终于建立了完善的食品包装安全管理体系。以美国为例，其食品包装安全体系是以美国联邦和各州法律为准绳，以美国联邦和各州法律及行业生产安全食品的法定职责为基础。联邦和各州法律的共同特点是科学、严格，并有一定程度的灵活性。该国在执法当中，通过联邦政府授权机构的通力合作，各州及地方政府的积极参与，形成一个互为补充、相互独立、复杂有效的食品安全保障体系，从而使食品安全具有很

高的公众信任度。

为了食品安全体系法令的有效实施，确保食品包装安全具有很高的公众信任度，欧美国家都建立了相应的管理机构。例如，法国有国家认证委员会、国家标签和鉴定委员会（CNLC）、卫生部、农业部、国家特产研究院；美国食品药物管理局（FDA）、美国食品安全和检验局（FSIS）、动植物健康检验局（APHIS）、环境保护署（EPA）等机构承担了保护消费者安全、健康的职责，这些国家机构或下设的机构和办公室具有食品包装安全方面的任务，包括研究、教育、预防、监督、制定标准、疾病暴发应急反应与控制等。

（一）欧盟有关法规与标准

1. 食品接触指令

欧盟有关食品接触材料的现行法规是 2004 年 11 月颁布的一项欧洲议会和欧盟理事会通过的有关食品接触材料的法规（EC）No. 1935/2004，它不仅取代了先前实施的 80/590/EEC 和 89/109/EEC 指令，而且在内容上继承并发展了以往法规。欧盟最新的关于食品接触材料和制品的基本框架法规与以往不同的是，过去的框架规定形式是指令，需要各成员国进行转换，而此次是直接以法规形式颁布的。这意味着各成员国不需任何转换，应直接完整地遵守本法规。在某种意义上可以说，其法律效力更强更直接了。

欧盟在食品接触材料和制品方面的法规或指令，就其内容和形式而言，可将其已采纳的指令（法规）分为以下三类。

（1）框架性法规（Framework Regulation）　目前，在食品接触材料领域，欧盟框架法规包括（EC）No. 1935/2004 和良好操作规范规则（EC）No. 2023/2006。（EC）No. 1935/2004 是框架法规，它确定了适用于所有食品接触材料的总原则和规定，如适用范围、安全要求、标签、可追溯性和管理规定条款等内容。（EC）2023/2006 是针对良好操作规范（GMP）的法规。每个企业经营者在食品接触材料生产过程中必须按照良好操作规范的规定运作。从 2008 年 8 月 1 日起，这些要求开始在食品接触材料的生产全过程和各个部门实施。

（2）特定材料法令（Legislation on Specificmaterial）　特定材料法令适用于框架法规中所列出的某些材料，具有强烈的针对性。在欧盟规定的必须制定专门管理要求的 17 类物质中，目前仅有陶瓷（84/500/EEC，2005/31/EC 修订）、再生纤维素薄膜（2007/42/EEC）、塑料（EU 10/2011）、再生塑料［（EC）No. 282/2008］以及接触食品的活性和智能材料［（EC）No. 450/2009］共 5 类物质颁布了专项指令。在对陶瓷的指令中，规定了与各类食品不同接触形式的陶瓷制品中的铅、镉的限量。对再生纤维素薄膜的指令中规定了再生纤维素薄膜的范围、加工中允许使用的物质及使用要求。

2020 年，欧盟再次发布食品接触材料法规修订指令（EU）No. 2020/1245，主要对 FCM 塑料法规（EU）No. 10/2011 的附录Ⅰ、Ⅱ、Ⅳ和Ⅴ进行修订。此次修订的主要内容如下：①对 24 个金属元素的特定迁移限制进行了更新。定义了 19 种金属元素的特定迁移量（SML），另外 5 种镧系元素物质（铈、钇、镧、钴、铽）的总量不超过 0.05mg/kg，共计 24 种金属元素。②初级芳香胺依然不得检出，此次主要是修订检出限。列于欧盟化学品注册、评估、许可和限制（REACH）法规附录ⅩⅦ中的初级芳香胺，检出限为 0.002mg/kg。不在 REACH 中的初级芳香胺，迁移总量不超过 0.01mg/kg。③修订重复使用制品的测试条件。应进行 3 次迁移试验，每次的特定迁移结果不能超过前 1 次，否则视为不稳定材料。对于不稳定材料，即使 3 次迁移结果都合格，也无法为产品下符合性判定。④允许使用整个设备或设备部件进行迁移测试，而不是验证每个单独部分的合规性。⑤新增试验编号为 OM0 的测试条件（40℃，30min），适用于不超过 30min 的低温或室温下与任何食物接触的情形。⑥在 OM4 的测试条件中添加了"或回流"字样，适用于在技术上难以在 100℃下完成的迁移测试。该指令已经于 2020 年 9 月 23 日生效，并在 2021 年 3 月 23 日正式实施。在 2021 年 3 月 23 日之前首次投放市场，且符合旧法规的食品接触塑料材料及制品，允许继续投放市场至 2022 年 9 月 23 日，直到库存耗尽。

（3）单独物质指令（Directive on Individual Substances） 单独物质指令针对的是某些会用在生产与食品接触材料上的特定物质，如接触食品的氯乙烯指令 78/142/EEC，接触食品的环氧衍生物法规（EC）No. 1895/2005 等。目前，欧盟现行的特定物质法规共 2 项，包括食品接触材料中环氧衍生物的使用限制法规以及橡胶奶嘴和安抚奶嘴中释放出的 N-亚硝胺和 N-亚硝基胺物质法规。2 项法规分别规定了环氧衍生物在食品接触材料中的特定迁移量，以及橡胶奶嘴和安抚奶嘴中迁移出的 N-亚硝胺和 N-亚硝基胺物质限量和检测原则。

2. 食品标签指令

欧盟理事会 1979 年发布 79/112/EEC《关于最终出售给消费者的食品的食品标签、说明和广告宣传的成员国相似法案》。

指令的基本原则是：所有标签必须使购买者对食品的特征、性质、成分、数量、耐久性、来源或出处、制造方法或生产不发生误解，不得把食品不具有的性质说成具有，或将所有类似食品都具有的特性说成是这种食品所特有。

标签指令要求在食品标签上标明下列项目：销售产品的名称、组成成分、预包装食品的净重、有效日期、特殊贮存条件或者使用条件；制造者、包装者或销售者的名称或企业名称和地址；如不提供信息会使消费者对食品来源发生误解时，需要注明产地；如不说明就不能正确使用食品时，需要说明用途。

预包装食品标注含量时，混合组分中不超过 25% 的组分，不强制性进行标注（食品添加剂除外）；配料含量很少但对食品影响较大的配料需标注；产品净含量少于 5g 或 5mL 的不要求强制性标注净含量（香料和药草除外）。计量单位的使用参考指令 71/354/EEC 附件测量英制单位的使用和 76/770/EEC。

日期标记的原则是以最短保存期为基础，而该保质期必须是在适当贮存条件下食品的保质期。指令中规定标明保质期的方式，在一般情况下采用："最好在……（最佳食用日期）以前食用"；对以细菌学观点来看高度易腐的食品，可采用"在……日期之前食用"；英国选择的同义词为："在（日期）之前出售，最好在购买后（天数）内食用"。

新鲜水果和蔬菜、果酒、酒精含量超过 10% 的饮料和食盐等食品不要求标注日期。成员国对一些可保持良好状态 18 月以上的食品也可规定豁免。但对需在特定贮存条件下才能使食品在规定保质期内保持食品质量的包装食品，必须标明特殊贮存条件。

为保证正确地使用食品，指令规定应提供使用食品的方法。英国标签规章规定：如需在食品中添加其他食物时，必须在标签上清楚标明。欧盟标签指令也采取同样原则。例如，如果要求在预包装的混合糕点中添加一个鸡蛋或其他成分，就要在标签上靠近产品名称的地方清楚标明。同时规定了食品中过敏源的强制标注要求。

标签质量并不要求标记信息的格式，也不指定在标签上必须标明的特殊事项所用的文字尺寸，只要求标记必须易懂，标在明显的地方，清晰易读，不易涂改，且不被其他文字或图案掩盖或中断；产品名称、数量和日期必须在同一视野中出现。

关于特殊营养用途食品的技术协调措施，在 89/398/EEC 框架指令（2009 年 6 月 8 日被 2009/39/EC 代替）的基础上，欧盟先后发布了一系列实施指令。例如，关于婴儿食品配方的 91/321/EC 指令（2007 年被 2006/141/EC 代替），关于供婴、幼儿食用的谷类食品和婴儿食品的 96/5/EC 指令（被 2006/125/EC 代替）和关于减轻体重食品的 96/8/EC 指令，以及为满足特殊要求的其他食品，如适合糖尿病患者的食品等。指令要求特殊营养用途食品应符合其所声称的营养用途，并应在市场出售时说明其适用性。特殊营养用途必须符合健康幼儿或儿童，消化系统或新陈代谢失调人或处在特殊的生理条件下的人们和那些可以食品中的某些物质的控制消化而从中受益的人们的特殊营养要求。在贴签、说明和做广告时，应加附注以介绍膳食规定和针对人群，禁止单独使用"营养的"或"饮食的"或与其他词组在一起来指明这类食品，禁止把预防、治疗或治疗用剂的性质说成是该类产品的成果或暗指这类性质。

已批准的特殊营养食品以附录的形式进行公布，而尚未列入附录中的具有特殊营养用途的食品应采用以下条款：当产品第一次向市场投放时，厂家（或产品是在第三国生产的）进口商应采用向成员国主管当局寄送一份产品使用的标签样品的方式，来通知该成员国主管当局产品的销售地点。如果是同样的产品，随后又投放到另一成员国市场进行销售，生产厂家或进口商应向该成员国主管当局提供同样的信息，同时还要指明第一次通知书的接收国。

3. 环境指令

环境方面的指令如空气污染、水质、有毒废料和废料处理等指令，对包装有间接影响。

关于"过分包装"可用英国包装委员会参照日本提出的良好零售包装规范指定的消费品包装规范来衡量，任何有关各方认为一个具体包装违反了消费品包装规范中的有关准则，可认为是"过分包装"向英国包装委员会投诉。

（二）美国有关食品包装法规

美国是一个十分重视食品安全的国家，有关食品安全的法律法规非常繁多，既有综合性的，如《联邦食品、药物和化妆品法》《食品质量保护法》和《公共卫生服务法》，也有非常具体的《联邦肉类检查法》等。这些法律法规涵盖了所有食品，为食品安全制定了非常具体的标准以及监管程序。联邦政府负责食品安全的部门与地方政府的相应部门一起，构成了一套综合有效的安全保障体系，对食品从生产到销售的各个环节实行严格的监管。美国联邦法规中，第 21 章（CFR）从第 170 节至 186 节，严格规定了食品的包装。通常与食品接触的材料必须符合 FDA 的规定，并通过规定方法的测试。包装使用的材料必须在法规中有明确的确认，包装商还必须遵照法规要求的方法条件处理这些材料。这些规定主要是针对材料而言。包装材料需要经过检验，通过复杂的迁移测试并被认定是安全可靠的材料。迁移测试是用于测定从包装材料中流失出来的食品残留物的含量水平。通常，这个方法是新型包装材料的必选测试。FDA 还允许公司提交一份"食品接触证明"，凭此判定接触食品的一种材料及其使用方法和相关数据是安全可靠的。美国进口的食品包装或用于食品包装的材料，都必须符合 FDA 的严格测试。而确保该包装材料满足 FDA 的规定则是食品包装商的分内职责。

食品接触物通报（FCN）由 OFAS 下属的食品接触物通报部（DFCN）负责具体工作。申请者将申请资料提交给 DFCN 后，首先由资料审查部门对资料进行审查，该部门由消费者安全官员、化学家、毒理学家和环境学家组成，其中消费者安全官员专门负责解答申请者的疑问。DFCN 将在接收资料的 3 周内召开审查会议，旨在对资料完整性进行审查，决定是否接受资料，会议将出具接受函或退回函，此为"一阶段审查"。"二阶段审查"为 DFCN 在 120d 之内评估所申请物质的安全性，如未对申请资料提出反对意见，则申请材料在 FDA 受理后 120d 自动生效，消费者安全官员将告知申请者具体的有效日期。

DFCN 程序分为 2 种：单一新成分的 DFCN 程序以及 FDA 已批准成分的组方 DFCN 程序。新成分的 DFCN 申请资料需包括管理、化学、毒理和环境 4 方面资料，资料具体要求可在FDA网站查询，其中需要提交的化学信息包括物质特性、生产工艺流程、质量规格、预期技术用途、稳定性、迁移量和暴露评估资料等。组方 DFCN 程序不需要申请者再提交配方中各组分的安全文件。

通过 DFCN 审核的物质以肯定列表的形式列在 FDA 网站《有效的食品接触物质上市前通报列表》中。该列表主要列出了物质名称、通报者、生产商、预期用途、在预期使用条件下的限制条件、质量规格、有效期以及该物质的环境影响声明。

美国 2009 年实施的《2009 年食品安全加强法案》规定，境外向美国出口食品的企业，包括宠物食品生产、包装、仓储企业都必须每年向 FDA 登记。另外，美国的强制性原产国标签最终规定，要求从 2009 年 3 月 16 日起对切肉、碎牛肉、鸡和羊肉、猪肉、野生及人工养殖鱼及贝类、易腐农产品（新鲜及速冻果蔬）、人参、花生等预包装食品实施强制性原产国名称标注，规定对零售商及供应商提出产品记录保存要求，违反规定的供应商和零售商将被处以高达 1 000 美元的罚款。

（三）其他国际性组织有关食品包装的法规标准

1. 国际标准化组织

ISO 涉及食品包装的技术委员会共有 11 个，TC6 纸/纸板和纸浆（Paper, Board and Pulps）、TC34 食品（Food）、TC51 单件货物搬运用托盘（Pallet for Unit Load Method of Material Handling）、TC52 薄壁金属容器（Light Gauge Metal Container）、TC61 塑料（Plastic）、TC63 玻璃容器（Glass Containers）、TC79 轻金属及其合金（Light Metal and Their Alloy）、TC104 货运集装箱（Freight Container）、TC166 接触食品的陶瓷器皿、玻璃器皿和玻璃陶瓷器皿（Ceramic Ware, Glassware and Glass Ceramic Ware in Contact with Food—Standby）、TC122 包装（Packaging）、TC204 智能运输系统（Intelligent Transport System）等，都制定有食品包装相关标准，如 ISO/TS 22002—4：2013《食品安全的前提方案　第 4 部分：食品包装生产》（Prerequisite Programmes on Food Safety—Part 4：Food Packaging Manufacturing）、ISO 21469：2006《机械安全　与附属产品接触的润滑剂　卫生要求》（Safety of Machinery-Lubricants with Incidental Product Contact-Hygiene Requirements）、ISO 16532—2：2007《纸和纸板　抗油性的测定　第 2 部分：表面抵抗性试验》（Paper and Board—Determination of Grease Resistance—Part 2：Surface Repellency Test）、ISO 22000《食品安全管理体系：适用于食品链中各类组织的要求》（Food Safety Management System—Requirements for Any Organization in the Food Chain）等。

2. 食品法典委员会

国际食品法典委员会（CAC）是在联合国粮食及农业组织和世界卫生组织共有框架下的政府间组织。国际食品法典委员食品法典（Codex Alimentarius）是以统一方式颁行的国际采用的食品标准汇编。

CAC 关于食品标签的法规主要有《预包装食品标识通用标准》（Codex Stan 1—1985, 2010 年修正）、《食品添加剂自身销售标识通用标准》（Codex Stan 107—1981）、《标签说明的通用导则》（CAC/GL 1—1979, 1991 年修订）、《营养标签指南》（CAC/GL 2—1985, 2017 年修订）、

《特殊医用食品标签和声称法典标准》（Codex Stan 146—1985）、《特殊药疗作用食品的标签及说明》（Codex Stan 180—1991）、《瓶装、包装饮用水（除天然矿泉水）的通用标准》（CXS 227—2001，2019 年修正）、《食品和包装材料中氯乙烯单体和丙烯腈残留的推荐值》（CAC/GL 6—1991）、《营养和健康声称使用指南》（CAC/GL 23—1997，2013 年修正）等，以及《有机食品生产、加工、标识、销售导则（除牲畜产品外）》（CAC/GL 032—1999，2012 年修正）、《散装和半包装食品运输卫生操作规范》（CAC/RCP 47—2001）、《灌装水果介质法典指南》（CAC/GL 51—2003，2013 年修正）、《现代生物技术衍生食品的标签制度法典文本汇编》（CAC/GL 76—2011）等。

 ## 思政案例

2021 年 6 月，厦门某公司宣布其自主研发的生物基膜材实现量产，是国内首款生物基可降解双向拉伸聚乳酸薄膜（BOPLA）。BOPLA 是以生物基可降解材料聚乳酸（PLA）为原料，通过材料与工艺创新，运用双向拉伸技术而获得的高品质生物基膜材。

采用新技术生产的食品包装材料完全避免了有害物质的添加和迁移后产生的危害，减轻了包装材料的安全监督与管理的压力。

BOPLA 是目前为止应用最成功的 PLA 膜，与传统化石基的聚合物相比，BOPLA 具有安全性高、对环境友好的优点；且由于原料为生物基来源的 PLA，因此它在减碳方面效果显著，碳足迹和碳排放比传统化石基塑料减少 68% 以上。不仅如此，易加工、可热封、美观、防雾性、抗菌性以及良好的力学性能，进一步扩大了 BOPLA 的应用领域，可广泛应用于生鲜果蔬、鲜花、封装胶带等一次性膜材领域和食品、电子产品、书籍、服装等软包装功能膜材领域，对包装减量、环保减碳有着广泛的积极意义。

双向拉伸工艺不仅大幅度提升了 PLA 薄膜的力学性能，将膜耐热温度提高到 90℃，弥补了 PLA 不耐高温的缺陷，而且赋予膜材更薄的厚度（厚度为 10~50 μm），使材料崩解和微生物侵蚀的过程更快，更容易降解。在工业堆肥的情况下，普通 PLA 产品最快可以在半年内实现完全降解成水和二氧化碳，双向拉伸后的 BOPLA 通过加工工艺和配方改进，增加了材料的比表面积，并控制了材料的结晶，可以极大缩短降解时间。

"绿水青山就是金山银山"，党的二十大报告指出，要推动绿色发展，促进人与自然和谐共生。BOPLA 包装材料的应用，有利于推动经济社会发展绿色化、低碳化，实现相关产业的高质量发展。

课堂思政育人目标

以新型生物基膜材 BOPLA 为例，认识到"食品包装材料的安全性不仅要依靠职能部门的监督管理，更重要的是提高生产领域的科学技术水平"，意识到科技创新和关键技术突破对行业发展的重要性。加深对于"绿水青山就是金山银山"的认识，更好助力绿色美丽中国建设和履行中国碳达峰、碳中和的责任。

思考题

1. 食品包装的评价体系包括哪些内容？
2. 试述几种常用食品包装材料的安全性。
3. 我国对食品包装监督管理的依据是什么？目前实行的监督体系和制度是什么？
4. 试述我国与食品包装有关的法律与法规有哪些？
5. 简述欧盟和美国有关食品包装的主要法规。

第十一章
进出口食品的检验与管理

第一节　进出口食品管理

一、中国进出口食品安全管理体系

根据《食品安全法》《进出口商品检验法》以及相关规定，海关对进出口食品安全实施监督管理。进出口食品安全工作坚持安全第一、预防为主、风险管理、全程控制、国际共治的原则。进口的食品、食品添加剂应当经海关依照进出口商品检验相关法律、行政法规的规定检验合格。实施进口食品境外生产企业注册管理制度和出口食品原料种植、养殖场备案制度。制定年度国家进出口食品安全风险监测计划，系统和持续收集进出口食品安全信息，开展风险研判并制定相应的控制措施。制定并组织实施进出口食品安全突发事件应急处置预案。

进口的食品、食品添加剂、食品相关产品应当符合我国食品安全国家标准。进口尚无食品安全国家标准的食品，由境外出口商、境外生产企业或者其委托的进口商向国务院卫生行政部门提交所执行的相关国家（地区）标准或者国际标准。国务院卫生行政部门对相关标准进行审查，认为符合食品安全要求的，决定暂予适用，并及时制定相应的食品安全国家标准。进口利用新的食品原料生产的食品或者进口食品添加剂新品种、食品相关产品新品种，应当依照《食品安全法》规定，取得国务院卫生行政部门新食品卫生行政许可。出口食品生产企业应当保证其出口食品符合进口国家（地区）的标准或者合同要求；中国缔结或者参加的国际条约、协定有特殊要求的，还应当符合国际条约、协定的要求。进口国家（地区）暂无标准，合同也未作要求，且中国缔结或者参加的国际条约、协定无相关要求的，出口食品生产企业应当保证其出口食品符合中国食品安全国家标准。

海关依据进出口商品检验相关法律、行政法规的规定对进口食品实施合格评定。进口食品合格评定活动包括：向中国境内出口食品的境外国家（地区）〔以下简称境外国家（地区）〕食品安全管理体系评估和审查、境外生产企业注册、进出口商备案和合格保证、进境动植物检疫审批、随附合格证明检查、单证审核、现场查验、监督抽检、进口和销售记录检查以及各项的组合。

进口食品经海关合格评定合格的，准予进口。

海关依法对出口食品实施监督管理。出口食品监督管理措施包括：出口食品原料种植养殖场备案、出口食品生产企业备案、企业核查、单证审核、现场查验、监督抽检、口岸抽查、境外通报核查以及各项的组合。

出口食品经海关现场检查和监督抽检符合要求的，由海关出具证书，准予出口。

海关总署主管全国进出口食品安全监督管理工作，具体由以下部门管理。

（1）进出口食品安全局　进出口食品安全局是中华人民共和国海关总署内设机构。职责是拟订进出口食品、化妆品安全和检验检疫的工作制度，依法承担进口食品企业备案注册和进口食品、化妆品的检验检疫、监督管理工作，按分工组织实施风险分析和紧急预防措施工作。依据多双边协议承担出口食品相关工作。

（2）各级海关　直属海关是指直接由海关总署领导，负责管理一定区域范围内海关业务的海关。目前我国共有 42 个直属海关，除香港、澳门、台湾地区外，分布在全国 31 个省、自治区、直辖市。隶属海关指的是由直属海关领导，负责办理具体海关业务的海关部门。

（3）海关总署国际检验检疫标准与技术法规研究中心（简称标法中心）　标法中心是海关总署在京直属事业单位。主要职能包括：根据国家有关部门授权，承担世界贸易组织（WTO）《技术性贸易壁垒协定》（TBT 协定）和《实施卫生与植物卫生措施协定》（SPS 协定）中国国家通报咨询中心的工作；承担 TBT 协定、SPS 协定等 WTO 协定和规则的研究及相关国际组织标准/指南的跟踪研究与评议工作；协助海关总署开展相关产品风险预警和快速反应工作等。

保障食品安全需要以下部门的合作。

（1）国家卫生健康委员会　负责制定食品安全国家标准，发布按照传统既是食品又是中药材的物质目录，判断含有新食品原料的食品，或者进口食品添加剂、食品相关产品新品种能否进口。

（2）国家市场监督管理总局　负责食品安全监督管理综合协调。承担国务院食品安全委员会日常工作。组织实施特殊食品注册、备案和监督管理。

二、进出口食品监管

（一）进口食品监管

经过多年的探索与实践，中国建立了一整套进口食品质量安全监管制度和保障措施，有力地保障了进口食品安全。

（1）科学的风险管理制度　对进口食品境外生产企业实施注册全覆盖。对于肉类、乳品等高风险食品，实行基于风险管理的检验检疫准入制度，其境外生产企业需由所在国家（地区）主管当局向海关总署推荐注册。《中华人民共和国生物安全法》第二十三条明确规定"国家建立首次进境或者暂停后恢复进境的动植物、动植物产品、高风险生物因子国家准入制度。"对需要进行进境动植物检疫审批的进口食品实施检疫审批管理。食品进口商应当在签订贸易合同或者协议前取得进境动植物检疫许可。科学风险布控，严格实施国家监督抽检计划和风险监测计划。如果输华食品国家（地区）出现动植物疫情疫病或严重的食品安全卫生问题，相关部门及时采取相应的风险管理措施，包括暂停或者禁止可能受到影响的食品进口等。

（2）严格的检验监管制度　进口食品到达口岸后，海关根据监督管理需要，对进口食品实施现场查验。进口食品运达口岸后，应当存放在海关指定或者认可的场所；需要移动的，必须经海关允许，并按要求采取必要的安全防护措施。进口食品经海关合格评定合格的，准予进口。若经评定涉及安全、健康、环境保护项目不合格的，立即对存在问题的食品依法采取相应的处理措施。2019—2021 年，全国海关在口岸监管环节检出安全卫生项目不合格并未准入境食品的批次分别为 1792 批、2001 批和 2893 批。不合格的食品均依法作出退货、销毁或改作它用处理，确保进入中国市场的进口食品质量安全。

（3）完善的质量安全监控制度　在依法对进口食品实施检验检疫的同时，对风险较高的食品以及在口岸检验中发现问题较多的食品和项目实行重点监控。对发现严重问题或多次发现同一问题的进口食品及时发出风险预警，采取包括提高抽样比例、增加检测项目、暂停进口在内的严格管制措施。此外，还建立了进口商随附合格证明材料制度、输华食品检验检疫申报制度和输华食品入境检疫指定口岸制度；并将建立输华食品预先检验检疫制度。

（4）进口后严格的后续监管　一是对输华食品国家（地区）及生产企业食品安全管理体系进行回顾性检查；二是要求进口商建立进口食品的进口与销售记录，完善进口食品追溯体系，对不合格进口食品及时召回；三是实施进口食品生产经营者不良记录制度，加大对违规企业处罚力度。四是实施进口商约谈制度，敦促进口商履行好进口食品的主体责任，保障进口食品安全。

（5）严厉的打击非法进口制度　海关与市场监管、公安、海警等部门加强执法协作，形成进出口食品安全监管合力，共同维护进出口食品贸易的安全畅通。持续开展"进口食品'国门守护行动'"，坚决打击食品走私等违法经营活动。2021 年海关缉私部门查扣走私冻品 1.5 万 t。

（二）出口食品监管

中国政府按照"源头严防，过程严管，风险严控"的原则，建立健全了以"一个模式，十项制度"为主要内容的出口食品安全管理体系。

一个模式，就是出口食品"公司+基地+标准化"生产管理模式。这个生产管理模式符合中国的国情，符合出口食品的实际，是出口食品质量的重要保障，也是企业走规模化、集约化和国际化发展的必由之路。经过多年的不懈努力，中国的主要出口食品，特别是肉类、水产、蔬菜等高风险食品基本实现了"公司+基地+标准化"。

十项制度，包括源头监管三项：对种植养殖基地实施检验检疫备案管理制度、疫情疫病监测制度和农兽药残留监控制度；工厂监管三项：依照《食品安全法》实施备案管理制度，全面实行企业分类管理与产品风险分级制度；产品监管三项：对出口食品的法定检验检疫制度、质量追溯与不合格品召回制度、风险预警与快速反应制度；诚信建设一项：对不诚信的出口食品企业实施黑名单制度。

（1）加强种植养殖源头监管　为有效控制动植物疫情疫病风险和农兽药残留，从源头保障食品的质量安全和可追溯性，出入境检验检疫机构对存在疫情疫病和农兽药残留风险的出口食品原料基地实行检验检疫备案管理。只有获准备案的种植、养殖场的原料才可用于加工出口食品，所有获准备案的原料基地在海关总署网站上公布。对备案基地加强疫情疫病的监测和防控，加强农业投入品的管理，实行严格的农兽药残留监控制度，使备案基地的疫情疫病问题和农兽药残留问题均得到有效控制。全球范围内禽流感疫情高发时期，中国实施备案管理的养殖场能够控制疫情不传播不扩散，能够快速检出感染病例并及时处置，保证最终出口产品完全符合进口国家（地区）的要求。

（2）加强食品生产企业监管　中国对所有出口食品生产企业实施备案管理制度，只有通过备案的企业方可从事出口食品生产加工。对通过备案的生产加工企业，由各地出入境检验检疫机构统一实施定期监管，确保原料来自备案种植、养殖基地，确保生产加工活动符合要求。出口食品的包装上还要注明符合要求的生产企业代码、生产日期、生产批号，确保产品的可追溯性和对问题产品的召回。

（3）加强食品出口前检验检疫　中国法律规定，出口食品生产企业应当向海关提出出口申报前监管申请，由海关依法对需要实施检验检疫的出口食品实施现场检查和监督抽检，包括农业投入品监督检查、疫情疫病防控情况检查和原料供货监督检查等，检查合格的由海关出具证书，准予出口。出口食品生产企业应当在运输包装上标注生产企业备案号、产品品名、生产批号和生产日期。货物到达离境口岸后，口岸海关还要对货物实施查验，检查货物是否完好，货证是否相符，确保货物的可追溯性。

（4）加强出口企业诚信体系建设　实施出口企业信用管理，着力强化企业产品质量第一责任人的意识，促进企业形成自我管理、自我约束、自觉诚信经营的良好机制，自控体系健全有效、诚信度好、产品安全风险能够得到有效控制。对于被进口国家或地区通报发生严重质量违规问题或逃避检验检疫，以及有欺骗检验检疫机构行为的出口企业，在依法处罚的同时，列入"违规企业名单"上网公布，促进出口企业增强自律意识。

多年来，海关、市场监管和税务等部门密切协作，促使中国出口食品质量安全水平不断提高，以质优、味美、价廉的食品满足了国内外众多消费者对美食的追求。但也存在着少数企业无视中国和进口国的法律法规和标准规定，采取弄虚作假、偷梁换柱的手法，逃避检验检疫监管，通过非正常渠道出口的情况，致使有些掺杂使假、假冒伪劣不合格食品流入国外市场。中国政府将进一步加大打击的力度，坚决不让不合格食品流出国门。

三、进出口食品检验与管理的法律法规体系

为保障食品安全、提升质量水平、规范进出口食品贸易秩序，中国已建立了一套完整的进出口食品检验与管理的法律法规体系。

法律包括《中华人民共和国食品安全法》《中华人民共和国海关法》《中华人民共和国生物安全法》《中华人民共和国产品质量法》《中华人民共和国标准化法》《中华人民共和国计量法》《中华人民共和国消费者权益保护法》《中华人民共和国农产品质量安全法》《中华人民共和国刑法》《中华人民共和国进出口商品检验法》《中华人民共和国进出境动植物检疫法》《中华人民共和国国境卫生检疫法》和《中华人民共和国动物防疫法》等。

行政法规包括《国务院关于加强食品等产品安全监督管理的特别规定》《中华人民共和国食品安全法实施条例》《中华人民共和国工业产品生产许可证管理条例》《中华人民共和国认证认可条例》《中华人民共和国进出口商品检验法实施条例》《中华人民共和国进出境动植物检疫

法实施条例》《兽药管理条例》《农药管理条例》《中华人民共和国进出口货物原产地条例》《中华人民共和国标准化法实施条例》《无证无照经营查处办法》《饲料和饲料添加剂管理条例》《农业转基因生物安全管理条例》和《中华人民共和国濒危野生动植物进出口管理条例》等。

部门规章包括《中华人民共和国工业产品生产许可证管理条例实施办法》《中华人民共和国进出口食品安全管理办法》《进出口食品添加剂检验检疫监督管理工作规范》《进出境粮食检验检疫监督管理办法》《中华人民共和国进口食品境外生产企业注册管理规定》《进口食品进出口商备案管理规定》《食品进口记录和销售记录管理规定》《农产品产地安全管理办法》《农产品包装和标识管理办法》《新食品原料安全性审查管理办法》《有机产品认证管理办法》《保健食品注册与备案管理办法》和《特殊医学用途配方食品注册管理办法》等。

四、中国进出口食品监管程序

中国进口食品的管理程序主要由准入审批、进口报关、实施合格评定、处理和放行 5 个环节组成。中国出口食品的管理程序主要由企业提出出口申报前监管申请、海关实施监督管理、出口报关、口岸查验、放行等环节组成。作为进出口食品安全的主管部门，海关总署制定并实施了食品召回制度，规定存在质量问题和过期的食品一律予以召回。

第二节　进出口食品申报和检验流程

一、进出口食品申报

依照《中华人民共和国海关法》以及有关法律、行政法规和规章的要求，进出口食品的收发货人、受委托的报关企业，应在规定的期限、地点，采用电子数据报关单或者纸质报关单形式，向海关报告实际进出口食品的情况，并且接受海关审核。

（一）申报基本要求

进出口食品的收发货人、受委托的报关企业应当依法如实向海关申报，对申报内容的真实性、准确性、完整性和规范性承担相应的法律责任。

1. 申报时限

（1）进口食品　自运输工具申报进境之日起 14 日内向海关申报。

（2）出口食品

①出口申报前监管申请：在正式报关前应当向海关提出出口申报前监管申请。

②出口报关：应当在货物运抵海关监管区后、装货的24h 以前向海关申报。

③转关货物：按照《中华人民共和国海关关于转关货物监管办法》执行。

注意：超过规定时限未向海关申报的，海关按照《中华人民共和国海关征收进口货物滞报金办法》征收滞报金。

2. 申报形式

申报采用电子数据报关单申报形式或者纸质报关单申报形式。电子数据报关单和纸质报关单均具有法律效力。

（1）电子数据报关单申报形式 企业通过电子系统按照《中华人民共和国海关进出口货物报关单填制规范》的要求向海关传送报关单电子数据并且备齐随附单证的申报方式。

（2）纸质报关单申报形式 企业按照海关的规定填制纸质报关单，备齐随附单证，向海关当面递交的申报方式。

企业应当以电子数据报关单形式向海关申报，与随附单证一并递交的纸质报关单的内容应当与电子数据报关单一致；特殊情况下经海关同意，允许先采用纸质报关单形式申报，电子数据事后补报，补报的电子数据应当与纸质报关单内容一致。

3. 申报随附单证

合同，发票，装箱清单，提（运）单，进出口许可证件，载货清单（舱单），代理报关授权委托协议，海关总署规定的其他进出口单证。

4. 申报日期

申报日期是指申报数据被海关接受的日期。

不论以电子数据报关单方式申报或者以纸质报关单方式申报，海关以接受申报数据的日期为接受申报的日期。

（二）申报后续处理

1. 海关不接受申报的情形

电子数据报关单经过海关计算机检查被退回的，视为海关不接受申报，进出口货物收发货人、受委托的报关企业应当按照要求修改后重新申报。

2. 现场交单

海关审结电子数据报关单后，进出口货物的收发货人、受委托的报关企业应当自接到海关"现场交单"或者"放行交单"通知之日起，持打印出的纸质报关单，备齐规定的随附单证，到海关递交书面单证并且办理相关海关手续。

按照目前无纸化报关的推广范围和一体化申报模式，如无人工接单和查验的报关单，企业无须去现场提交纸本报关。

3. 报关单修撤

海关接受进出口货物的申报后，报关单证及其内容不得修改或者撤销；符合规定情形的，应当按照《中华人民共和国海关进出口货物报关单修改和撤销管理办法》的相关规定办理。

（三）进出口食品申报时所需资料注意事项

1. 进口涉及动植物源性食品或其他特殊类食品要求的资料

（1）进口预包装食品按系统指令需进行查验时需提供标签样张和翻译件。

（2）申报进口保健食品的，需具有国家市场监督管理总局出具的《保健食品注册证书或保健食品备案凭证》，海关将在通关环节实施联网核查。

（3）进口尚无食品安全国家标准的食品的，或者进口我国尚未批准的新资源食品的，须提供国务院卫生行政部门出具的许可证明文件。

（4）法律法规、双边协定、议定书以及其他规定要求提交的输出国家（地区）官方出具的动植物检疫证书、卫生证书、原产地证书。

（5）需办理进境动植物源性食品检疫审批的产品应提供检疫审批许可证编号。

（6）合格证明材料 首次输华乳品应随附符合我国食品安全国家标准中列明项目的检测报

告；美国输华肉类需随附的无莱克多巴胺检测证明；在中国政府允许进口日本水产品的前提下，日本输华水产品应随附放射性检测报告；散装食用植物油和首次向中国出口的预包装食用植物油应随附至少包括食品安全国家标准规定的卫生指标和强制指标的检测报告；其他按规定应随附的产品合格证明材料。

2. 出口涉及动植物源性食品或其他特殊类食品要求的资料

（1）出口冰鲜水产品　养殖许可证或者海域使用证；进口国家或者地区对水生动物疾病有明确检测要求的，需提供有关检测报告。

（2）涉及野生或者濒危保护动物、植物的　应当符合我国或者相关国家有关法律法规要求，提供允许进出口证明书等证明材料。

（3）供港澳冰鲜冷冻禽肉　附有内地海关官方兽医签发的卫生证书。

二、进出口食品检验

1. 进出口商品品质检验依据

（1）强制性检验标准

①进口国家颁布的法律法规的规定标准。

②国家或政府间的双边协议的规定。

（2）合法检验依据，如合同、信用证等。

（3）对于其他新商品、尚未制定包装标准的商品，按有关法令规定和实际情况处理。

2. 进出口食品、畜产品兽医卫生检验依据

（1）我国法律行政的规定。

（2）合同、信用证。

（3）我国有关安全卫生质量标准。

（4）海关总署对进出口食品、畜产品的有关规定。

（5）进口国的有关兽医卫生法规规定与我国签订的双边检疫协定的有关规定。

（6）其他规定，除规定的检验项目外，不能含有有害物质。

 思政案例

在哥伦比亚农业研究所（ICA）、农业和农村发展部以及畜牧业部门的联合下，ICA 发布公告宣布，中国海关总署（GACC）和中国农业农村部已取消对哥伦比亚牛肉和猪肉的进口限制。哥伦比亚牛肉和猪肉向中国的出口程序始于 2010 年，此后在两国卫生部门持续的信息交流下，哥伦比亚牛肉和猪肉的对华出口程序不断推进。2017 年，ICA 和哥伦比亚食品药品监督管理局与 GACC 达成一致，同意中方对哥伦比亚进行访问，以核实牛肉的检疫程序，并审查加工厂的卫生和安全状况。

由于 2017 年和 2018 年哥伦比亚爆发发口蹄疫，GACC 决定暂停相关贸易程序，并对哥伦比亚肉类实施了卫生限制。ICA 也立即制定战略并实施措施，以恢复国内卫生状况，并降低口蹄疫在国内再次暴发的风险。

在口蹄疫疫苗接种的推动下，哥伦比亚于 2020 年重回"无口蹄疫国家"行列。2022 年期

间，ICA 和 GACC 举行了会议，审查了哥伦比亚官方流行病学监测、评估、跟踪和控制系统的技术状况，ICA 也承诺将继续推进相关技术。在多方的协调下，哥伦比亚最终收到了取消肉类限制的公告。

"江山就是人民，人民就是江山"，党的二十大报告提出，要实现好、维护好、发展好最广大人民根本利益，紧紧抓住人民最关心最直接最现实的利益问题。民以食为天，我国之所以制定严格的食品进出口贸易制度，是为了让人民吃得放心，吃得舒心。近年来，党中央、国务院对食品安全提出更高要求，《食品安全法》及其实施条例也分别于 2015 年和 2019 年进行整体修订，原《进出口食品安全管理办法》已不能完全适应监管需要，因此海关总署于 2021 年 4 月 12 日公布了《中华人民共和国进出口食品安全管理办法》，将对新形势下的进出口食品安全监管发挥重要作用。

课程思政育人目标

　　从哥伦比亚牛肉和猪肉的进口限制取消切入，通过分析相关食品出口限制取消的原因，阐述我国进出口食品安全监管及其法律法规体系的完善和实施过程，感受我国食品相关法律法规发展的进程。同时正确认识"江山就是人民，人民就是江山"这句话的涵义，培养在工作中自觉维护人民根本利益的意识。

🔍 **思考题**

1. 进口食品合格评定活动包括哪些？
2. 出口食品监督管理措施包括哪些？
3. 进出口食品的检验依据是什么？

第十二章
餐饮业食品卫生监督与卫生管理

1. 掌握餐饮业管理体系；
2. 了解餐饮业卫生状况；
3. 了解餐饮业食品卫生监督与管理办法。

餐饮业是指通过即时加工制作、商业销售和服务性劳动等手段，向消费者提供食品（包括饮料）、消费场所和设施的食品生产经营行业。餐饮业是我国食品行业中消费额最大的一个行业。餐饮业同时又是一个社会窗口，它集服务、美食、社交、文化、艺术、风俗于一体，与每个人民群众的生活息息相关。

第一节　餐饮业卫生状况

一、餐饮业的特点

1. 网点多

我国餐饮业的网点几乎遍布各地城镇、集市的每一条街道、每一个社区，尤其是居民集中地、交通中心附近，旅游风景点周边更是星罗棋布、鳞次栉比，这些大大小小的商业点，极大地方便了人民群众的生活，解决了出行人群的就餐问题，同时也解决了相当数量群众的就业问题。据不完全估计，餐饮业从业人员超 2000 万，受到各个方面的关注和重视。

2. 服务环境差别大

从就业场所、服务环境来讲，上自星级酒店，下至街道大排档、路边小档口、小型工地食堂，餐饮业可以说是食品行业中差别最大的一个，其建设环境、设备条件、人员素质、服务质量、资金投入，差别之大超乎想象。

3. 服务对象流动人员多

有些社区的餐食店服务对象相对稳定，大都有固定的客流，然而对于那些交通中心附近、旅游风景点周边，大都是流动人口。集体食堂例外，一般仅对本单位职工服务，虽也有对外，但人数比例不大。

4. 从业人员水平差距大

星级酒店、规模食堂的从业人员，包括管理人员、厨师和服务人员，一般水平较高，已通过各种培训和考核，有相当高的从业经验，然而对于那些规模小，条件简陋的大排档和饮食摊档，小规模劳动工地饭堂，水平差别较大，有些甚至连基本的卫生常识和安全措施都谈不上。

5. 管理难度大

对于星级酒店、规模集体食堂，管理上一般都比较规范，行政主管部门也比较重视，职能部门的监管也都到位。难度最大的是小城镇、小街道和交通、旅游点周边的小店、小摊、小店，由于服务对象大多是消费水平不高的普通群众，营业额不大，营业收入利润低，从业人员素质不高且不稳定，故管理难度最大。

二、餐饮业安全隐患

由餐饮店和集体饭堂所引发的食物中毒事件时有发生，中毒类型大多为细菌性食物中毒。引发的原因或存在的安全隐患大概有以下几种。

1. 原材料采购把关漏洞

由原材料采购引发的安全事故，主要是化学性食物中毒，如农药残留、兽药残留、化学污染、霉变质变材料。

2. 设备简陋

缺乏必要的冷藏、冷冻和杀菌设备，导致食物变质以及杀菌消毒不严而引发的生物性中毒。

3. 设施不齐

通常由此造成卫生环境不好，虫鼠害危害严重等相关问题。

4. 管理不善

缺乏必要的规章制度，事故发生后无据可查，由这类原因引发的事故最为常见。

第二节　餐饮业食品卫生监督与管理

我国政府和各级有关部门对餐饮业的卫生管理历来十分重视，已先后出台多部专门针对餐饮业及集体食堂和学生饭堂的法规和条例。《食品安全法》规定，餐饮服务活动由国家食品安全监督管理部门实施监督管理。2003 年 8 月 14 日，卫生部提出了《食品安全行动计划》，要求所有餐饮业、快餐供应企业、食品贮藏运输企业实施国家食品卫生规范要求。该行动计划有效推动了餐饮业等食品加工行业卫生保障工作。

餐饮业现行相关标准包括：GB 31654—2021《食品安全国家标准　餐饮服务通用卫生规

范》、RB/T 309—2017《餐厅餐饮服务认证要求》、GB/T 27306—2008《食品安全管理体系　餐饮业要求》、GB 14934—2016《食品安全国家标准　消毒餐（饮）具》、GB/T 33497—2023《餐饮企业质量管理规范》和 GB/T 40040—2021《餐饮业供应链管理指南》等。

2017 年 11 月 6 日国家食药监总局发布了《网络餐饮服务食品安全监督管理办法》，2020 年10 月国家市场监管总局对此进行了修订，从而使网络餐饮服务有法可依。

为指导餐饮服务提供者规范经营行为，落实食品安全法律、法规、规章和规范性文件要求，履行食品安全主体责任，提升食品安全管理能力，保证餐饮食品安全，国家市场监管总局修订了《餐饮服务食品安全操作规范》，自 2018 年 10 月 1 日起施行。

2019 年 11 月 22 日国家市场监管总局发布了《餐饮服务食品安全监督检查操作指南》，包括餐饮服务食品安全监督检查操作指南（总表）、餐饮服务食品安全监督检查参考要点表（中大型社会餐饮服务提供者）、餐饮服务食品安全监督检查参考要点表（学校食堂）、餐饮服务食品安全监督检查参考要点表（中央厨房和集体用餐配送单位）。

第三节　学校食堂食品卫生监督与管理

学校食堂是餐饮业的重要组成部分，由于就餐时人群集中，极易发生群发性食物中毒事件，故历来受到政府和有关部门的高度重视。2003 年 7 月 2 日，针对在学校发生的传染病流行和食物中毒事件数量有所增加的情况，国务院办公厅专门转发《教育部、卫生部关于加强学校卫生防疫与食品卫生安全工作意见的通知》。通知要求，各级人民政府、各有关部门和学校要充分认识卫生防疫和食品安全工作的重要性，加强领导，切实抓紧抓好学校卫生防疫和食品卫生安全工作。

一、学校食堂的卫生管理

2019 年 2 月 20 日教育部、国家市场监督管理总局、国家卫生健康委员会令第 45 号公布《学校食品安全与营养健康管理规定》，自 2019 年 4 月 1 日起施行，2002 年 9 月 20 日教育部、原卫生部发布的《学校食堂与学生集体用餐卫生管理规定》同时废止。

《学校食品安全与营养健康管理规定》明确了学校食堂的管理体制。县级以上地方人民政府依法统一领导、组织、协调学校食品安全监督管理工作以及食品安全突发事故应对工作，将学校食品安全纳入本地区食品安全事故应急预案和学校安全风险防控体系建设。教育部门应当指导和督促学校建立健全食品安全与营养健康相关管理制度，将学校食品安全与营养健康管理工作作为学校落实安全风险防控职责、推进健康教育的重要内容，加强评价考核；指导、监督学校加强食品安全教育和日常管理，降低食品安全风险，及时消除食品安全隐患，提升营养健康水平，积极协助相关部门开展工作。食品安全监督管理部门应当加强学校集中用餐食品安全监督管理，依法查处涉及学校的食品安全违法行为；建立学校食堂食品安全信用档案，及时向教育部门通报学校食品安全相关信息；对学校食堂食品安全管理人员进行抽查考核，指导学校做好食品安全管理和宣传教

《学校食品安全与营养健康管理规定》

育；依法会同有关部门开展学校食品安全事故调查处理。卫生健康主管部门应当组织开展校园食品安全风险和营养健康监测，对学校提供营养指导，倡导健康饮食理念，开展适应学校需求的营养健康专业人员培训；指导学校开展食源性疾病预防和营养健康的知识教育，依法开展相关疫情防控处置工作；组织医疗机构救治因学校食品安全事故导致人身伤害的人员。

学校食品安全实行校长（园长）负责制。同时该《规定》对食堂管理、外购食品管理、食品安全事故调查与应急处置和责任追究提出了明确方案和要求。

二、学校食堂卫生监督

《学生集体用餐卫生监督办法》由卫生部于1996年8月27日以部长令形式发布，已于2011年4月废止。

按照《食品安全法》第五十七条的规定：学校、托幼机构、养老机构、建筑工地等集中用餐单位的食堂应当严格遵守法律、法规和食品安全标准；从供餐单位订餐的，应当从取得食品生产经营许可的企业订购，并按照要求对订购的食品进行查验。供餐单位应当严格遵守法律、法规和食品安全标准，当餐加工，确保食品安全。

学校、托幼机构、养老机构、建筑工地等集中用餐单位的主管部门应当加强对集中用餐单位的食品安全教育和日常管理，降低食品安全风险，及时消除食品安全隐患。

全国各省市对集体食堂，尤其是学校食堂的卫生监督制定了多项目管理措施。国家相关部委对学校食堂的卫生与营养健康管理也是非常重视。

学校食品安全关系学生身体健康和生命安全，关系家庭幸福和社会稳定。为保障各级各类学校和幼儿园食品安全和营养健康，落实《中华人民共和国反食品浪费法》《学校食品安全与营养健康管理规定》和《营养与健康学校建设指南》，促进学生健康成长，《关于加强学校食堂卫生安全与营养健康管理工作的通知》要求学校食堂做好规范食堂建设，加强食堂管理，保障食材安全，确保营养健康，制止餐饮浪费，强化健康教育，落实卫生要求，防控疾病传播，严格校外供餐管理的工作。

第四节　餐饮业管理体系

HACCP是控制食源性疾病、确保食品安全的有效办法之一，已在餐饮业逐步推广使用。为规范餐饮业（包括集体食堂）建立HACCP管理体系，由中国合格评定国家认可委员会、中国质量认证中心等单位组成的"HACCP体系评价准则课题研究组"完成了《HACCP体系专项评价准则》，其中"食品安全管理体系餐饮业要求HACCP-EC-10"是基于餐饮业特点，用于餐饮业食品安全管理体系建立、实施和评价的具体标准。该文件规定了餐饮业建立和实施以HACCP体系为基础的食品安全管理体系的技术要求，可适用于企业在建立、实施与自我评价其食品安全管理体系时使用，也可用于评价和认证。有很强的实用性和可操作性，其技术要求主要有以下三个方面。

一、前提方案

包括人力资源，基础设施和维护，卫生标准操作程序要求，溯源及产品召回方案等内容。

（1）人力资源　餐饮业经营者应依据《食品安全法》每年进行健康检查，建立个人健康档案，培训与食品卫生有关的法规，基本卫生知识和基本卫生操作技能。

（2）基础设施和维护　对餐饮业建设环境，建筑设计，主要场所（如厨房、专间、库房、就餐场所、厕所、更衣室），各种专用设施，设备及工具用具，都提出了集体规定和要求，并对其维护也提出了规定，确保符合食品卫生要求。

（3）卫生标准操作程序要求　对于食品和食品接触面使用的水、冰，以及供水设施、工器具、工作服、吸收和消毒设施、卫生间都提出了卫生要求和应遵守的操作程序。在防止冷凝水、灰尘、地面污物、外来物质等对食品包装材料和食品接触面的污染，对有毒化学物品的采购、贮存保管使用、标示、核销都应有专项规定，对虫鼠害的防治应符合专项要求。

（4）溯源及产品召回方案　溯源及产品召回方案是 HACCP 的重要内容之一，餐饮业应建立全过程的溯源体系和台账制度，确保当存在不可接受的风险时，能追溯和撤回产品。

二、关键过程控制要求

餐饮业中关键过程的确定，是实施 HACCP 的重要步骤之一。文件规定了食品加工原辅料、烹制加工、餐饮食品的配送、餐饮前台服务、餐饮具的清洗消毒等重要过程的具体要求。

（1）餐饮食品加工原辅料的要求　包括对原辅料采购、采购品的验证、原辅料贮存、食品的初加工（如动植物性食品的清洗化冻，禽蛋在使用前的挑选或消毒，食品材料的清洗贮存等）都作了相应规定和要求。

（2）烹制加工　包括热菜加工、凉菜加工、冷加工糕点制作的全过程都作了具体规定。如热菜加工中要求所有用具、器具均应标识明显，分开使用，定位存放；肉类等熟菜烹制时中心温度不得低于 70℃，存放超过 2h 的食品，应当在高于 60℃ 或低于 10℃ 的条件下存放；凉菜应在专用制作间内制作，并配备空调（<25℃）和空气紫外线消毒设施（30W/10m²、辐照度 70μW/cm²以上）；冷加工糕点也是由专人、专室制作，具有专用工具和容器，有空调和消毒设施等。

（3）餐饮食品的配送　要求有专用配餐间，并对配餐间或分装间、洗刷消毒间的面积作了规定（不得小于生产加工总面积的 15%）。对送餐工具、食品容器也有详细要求。

（4）餐饮前台服务　要求在顾客就餐前做好准备，顾客就餐时不得清扫地面，为每位顾客准备好符合卫生要求的独立餐饮用具。餐饮服务时应避免交叉污染，餐桌上配置有公筷、公勺，不能在一个食谱中有任何"秘密的组成部分"等。

（5）餐饮具的清洗消毒　有合理的清洗消毒布局、完好的清洗冲（漂）池、严格的热力消毒或化学药物消毒（需经卫生行政部门批准）程序，并有对餐具消毒效果自检的能力，确保符合 GB 14934—2016《食品安全国家标准　消毒餐（饮）具》。

三、产品检测

产品检测指企业应有相应的产品卫生检验管理制度，配备有与企业规模及产品相适应的检测设备、设施，具备应有的检验能力，企业应建立并保存检验记录。

思政案例

2019 年 9 月 21 日，广东省东莞市凤岗镇某幼儿园发生食物中毒事件，共有 242 人因食用了该幼儿园食堂制作的三明治出现呕吐和发热等症状。经查实，此次事件为一起由肠炎沙门氏菌引起的细菌性食物中毒事件。2021 年 1 月 11 日，河南省南阳市淅川县某书院有 50 多名学生因食用饭堂没炒熟的芸豆（又称四季豆）后，出现呕吐、腹痛等症状。2021 年 5 月 24 日，贵州省遵义市汇川区有 45 名居民出现唇部发黑、头晕、呕吐、无力等症状，经查明是食用了无食品生产许可证的凉粉导致亚硝酸盐中毒。引发群体中毒事件的原因主要是集体食堂或餐饮业的食品卫生监督与管理出现纰漏。

治国有常，利民为本。为民造福是立党为公、执政为民的本质要求。为了保护人民的食品安全，《食品安全法》《中共中央国务院关于深化改革加强食品安全工作的意见》等文件提出对食品安全的基本要求。随着先后出台的多项针对餐饮业的法规与条例，群体食物中毒事件发生频率逐渐降低。其中《餐饮服务食品安全监督检查操作指南》（2019）、《网络餐饮服务食品安全监督管理办法》（2020）和 GB 31654—2021《食品安全国家标准 餐饮服务通用卫生规范》等法规和标准的发布有效规范了我国餐饮业管理体系。

课程思政育人目标

以餐饮行业典型食品中毒案例为例，通过学习餐饮业的特点、安全隐患及颁布的法规条例，充分了解群体食物中毒事件背后的原因，重点学习餐饮业卫生监督管理标准与法规，从国家应对各项食品安全问题的有效举措中了解"立党为公，执政为民"的理念，培养投身新时代中国特色社会主义建设的社会责任感。

🔍 思考题

1. 简述我国餐饮业的特点，你认为我国餐饮业中存在的安全隐患主要有哪些？
2. 餐饮服务食品安全操作规范的要点是什么？
3. 餐饮服务食品安全监督检查的要点是什么？

第十三章

食品风险分析与食物中毒处理

第一节　风险分析与食品安全

一、风险分析理论的基本概念

（一）风险的基本概念

风险（Risk）就是指某种特定危险事件（事故或意外事件）发生的可能性和后果的组合。也就是说，风险是由两个因素共同组合而成的：①危险发生的可能性（即危险概率）；②危险事件（发生）产生的后果。一般来讲，如果某种危险发生的概率低于 10^{-5}，则属于低风险，稍加提防就能坦然处之；但如果危险概率较高，就必须采取适当的防范措施。比如飞机失事会造成严重后果，但是发生飞机失事的危险概率仅仅是 $4×10^{-6}$，因此飞机失事属于低风险。

（二）食品中的危害和食品安全风险

食品中可能含有或者可能被污染有危害人体健康的物质。在人类发展的初级阶段，即便是在生存条件恶劣、食品供应十分匮乏的情况下，人们也不会去主动食用对自身健康有不良影响的有毒有害物质。当基本食物量得以保证，消费者生存的需要得以满足时，食物的安全性则更加受到消费者的重视。《食品安全法》第十四条有明确规定：国家建立食品安全风险监测制度，对食源性疾病、食品污染以及食品中的有害因素进行监测。

危害（Hazard）通常是指可能对人体健康产生不良后果的因素或状态。食品中具有的危害通常称为食源性危害。食源性危害大致上分为物理性、化学性以及生物性危害这三类。我国卫生主管部门已经在有关的卫生标准中对这三类危害特征的划分有所规定，美国国家食品微生物标准咨询委员会（NACMCF）和其他国际组织也已经有比较详细的解释。

食品安全危害是指在非受控状态下，有可能导致消费者产生疾病或身体伤害的生物的、化学的和物理的因素。生物性危害指致病性微生物（主要指有害细菌）、病毒、寄生虫等；化学性危害指食用后能引起急性中毒或慢性积累性伤害的化学物质（包括天然存在的化学物质、残留的化学物质、加工过程中人为添加的化学物质、偶然污染的化学物质等）；物理性危害指食用后可导致物理性伤害的异物，如玻璃、金属等。就目前的控制手段而言，物理性危害可以通过一般性的控制措施，例如良好操作规范（GMP）等加以控制。对于化学性危害的风险评估，有关国际组织已经进行了大量的工作，形成了一些相对成熟的控制方法。目前，风险评估所面临的主要难点是食品中有关生物性危害的作用和后果，这是因为与公众健康有关的生物性危害包括致病性细菌、病毒、蠕虫、原生动物、藻类以及它们产生的某些毒素，这些生物性危害的界定和控制均有较大的不确定性。当然，某些食品本身也可能含有对健康产生危害的成分。所有的食品安全性问题，也就是上述几类危害都将对消费者健康产生不良后果，有的甚至是严重后果。

规避风险是人类的本能，也可以说是自然界一切动物的本能。在消费者的心理上，食品安全性和人体健康是紧密联系在一起的。当消费者认识到某种食品对其健康和安全构成危害时，他们基本上不会甘冒风险，去品尝这种食品，而是转而去购买另一种食品以代之。然而要求食品安全性没有任何问题，也就是零风险几乎是不可能的，何况食品安全性风险对于不同的人群也存在一个相对性的问题。分析食源性危害，确定食品安全性保护水平，采取风险管理措施，使食品在食品安全性风险方面处于可接受的水平，这就是食品风险分析在食品安全性管理中的作用。

（三）食品安全风险分析

风险分析就是对风险进行评估，进而根据风险程度来采取相应的风险管理措施去控制或者降低风险，并且在风险评估和风险管理的全过程中保证风险相关各方保持良好的风险交流状态。风险是可以通过运用风险分析原理进行控制的。

风险分析可以运用在社会活动的各个领域。对食品安全性进行的风险分析（以下简称风险分析）仅仅是风险分析的一个具体应用领域。

在对风险进行分析时，总是要试图预测如果采取（或者不采取）某种做法会产生怎样的后果。也就是说，通常要回答这样的问题：如果采取（或者不采取）某种做法可能发生什么样的危害，这种危害发生的可能性有多大以及发生这种危害可能产生什么样的后果。因此，可以认为食品的风险是由三个方面的因素决定的，分别是：食物中含有对健康有不良影响的物质的可能性、这种影响的严重性以及由此而导致的危害。也可以说风险可以看成是概率、影响和危害三个因素的一个函数，即：

$$风险 = f（概率，影响，危害）$$

（四）风险分析理论框架

风险分析通常包括风险评估、风险管理和风险交流这三部分内容。

1. 风险评估

风险评估指对人体接触食源性危害而产生的已知或潜在的对健康的不良影响的科学评估，

是一种系统地组织科学技术信息及其不确定性信息，来回答关于健康风险的具体问题的评估方法。风险评估要求对相关资料作评价，并选用合适模型对资料作出判断。同时，要明确地认识其中的不确定性，并在某些情况下承认根据现有资料可以推导出科学上合理的不同结论。基于科学原理的风险评估通常包含危害识别、暴露评估、危害特征描述和风险特征描述四个基本步骤。通常情况下，危害识别采用的是定性方法，其他三个步骤可以依据获得数据资料的多少，选择采用定性方法或定量方法，但无疑采用定量方法可以使风险评估的结果更具有说服力。

（1）危害识别　危害识别指确认可能存在于某种或某类特定食品中，并且可能对人体健康产生不良影响的生物、化学和物理因素。在这一过程中主要需要回答该种（类）食品是否会产生危害以及证据是什么等问题，并对相关危害的程度、水平等因素进行描述。

（2）暴露评估　即对于食品可能吸收和通过其他有关途径接触的生物、化学和物理因素的定性或定量评价。在这一过程中需要回答食用被污染食物的概率是多少以及食用时被污染食物中致病菌的可能数量为多少等问题，并最终获得摄入风险源物质的剂量。

（3）危害特征描述　即对存在于食品中可能对健康产生不良影响的生物、化学和物理因素性质的定性和（或）定量评价。在这一过程中需要回答诸如摄入多大剂量的致病菌会使人感到不适和人们会有怎样的不适感等问题。剂量-反应分析是该过程中的一个重要的数学模型，该模型可以预测在给定的剂量下，产生不良影响的概率。

（4）风险特征描述　即根据危害识别、暴露评估和危害特征描述，对某一给定人群的已知或潜在对人体健康的不良影响发生的可能性和严重程度进行定性或定量的估计，其中包括伴随的不确定性。也就是说，综合暴露分析和剂量-反应的信息，就可以对某一给定人群暴露于某一特定风险源物质后产生的不良影响的作用进行估计。另外，对用以进行风险估计的信息的复杂性和不确定性的原因进行描述，即对风险描述中伴随的不确定性进行描述。

2. 风险管理

风险管理就是根据风险评估的结果，选择和实施适当的管理措施，尽可能有效地控制食品风险，从而保障公众健康。风险管理可以分为四个部分：风险评价、对风险管理选择的评估、执行风险管理决定、监控和审查。在进行风险管理时要考虑到风险评估以及保护消费者健康和促进公平贸易行为等其他相关因素，如果有必要，还应选择适当的预防和控制措施。

3. 风险交流

风险交流就是在风险评估人员、风险管理人员、消费者和其他有关的团体之间就与风险有关的信息和意见进行相互交流。风险交流应当与风险管理和控制的目标相一致。风险交流贯穿于风险管理的整个过程，包括管理者之间和评估者之间的交流，是具有预见性的工作。风险交流包括所有的合法参与者的参与，并且应在交流过程中注意参与者的不同次序和观点，要求所有参与者的承诺和支持。

风险交流并不只是媒体的责任，其对象可以包括国际组织（CAC、FAO、WHO、WTO等），政府机构，企业，消费者和消费者组织，学术界和研究机构以及大众传播媒介（媒体）。

有效的风险交流可以扩大作为风险管理决策依据的信息量；提高参与者对相关风险问题的理解水平；建立有效的参与者网络，并且给管理者提供一个能够更好地控制风险的宽广视野和潜能。

综上所述，风险评估、风险管理和风险交流是风险分析的三个基本的组成部分。在风险评估中强调所引入的数据、模型、假设以及情景设置的科学性，风险管理则注重所作的风险管理决策的实用性，风险交流强调在风险分析全过程中的信息互动。需要指出的是，在进行一个风险分析的实际项目时，并非风险分析三个部分的所有具体步骤都必须包括在内，但是某些步骤的省略必须建立在合理的前提之上，而且整个风险分析的总体框架结构应当是完整的。

二、食品风险分析

1. 背景

高速发展的工农业带来的环境污染问题早已波及到食物并引发了一系列食品污染事故。伴随着经济全球化与世界食品贸易量的持续增长，食品安全问题出现了频率加快、影响范围广等特点，恶性食品污染事件和食源性疾病不断发生，威胁人类健康。

20 世纪 50 年代以来，世界各国的重大食品安全事件不断发生：

1953 年，日本水俣病，汞中毒，2 万多人受害，55 人死亡。

1968 年，日本米糠油事件，多氯联苯（PCBs）中毒，1.5 万人受害，124 人死亡。

1972 年，伊拉克农药中毒，汞中毒，6530 人受害，459 人死亡。

1984 年，印度博帕尔联合农药厂泄漏，20 万人受害，2500 死亡。

1987 年，我国上海 27 万人因食用不卫生的毛蚶感染甲型肝炎病毒。

1993 年，美国大肠杆菌 O157∶H7 中毒，700 余人中毒，20 人死亡。

1996 年，疯牛病肆虐英国，400 万头牛被宰杀。

1997 年，中国香港及亚太地区，禽流感，6 人死亡，宰杀活鸡 130 万只。

1998 年，猪脑炎席卷东南亚。

1999 年，比利时二噁英污染，宰杀活鸡超过 1000 万只，经济损失 80 亿美元。

2000 年，法国发生李斯特杆菌污染事件。

2000 年，日本雪印牌牛奶污染。

2001 年，欧洲暴发口蹄疫。

2002 年，美国李斯特菌感染，2000 人中毒，20 人死亡，136 万 kg 肉制品被销毁。

2003 年，SARS 席卷全球，直接经济损失以千亿人民币计。

2004 年，转基因食品成为全球关注的焦点。

2005 年，苏丹红事件。

2008 年，三鹿问题奶粉事件。

2010 年，地沟油事件。

2011 年，央视 315 特别行动节目曝光了"瘦肉精"事件。

2013 年，镉大米事件。

2015 年，海关总署在冻品走私专项行动中共查获 42 万 t 僵尸肉。

2018 年，进口燕麦片含有致癌农药残留物草甘膦。

2020 年，进口食品中发现携带新冠病毒。

2022 年，央视曝光"土坑酸菜"事件。

这些事件虽然发生于某一国家或地区，但由于食品贸易的广泛性，迅速波及其他国家和地区，破坏力巨大，食品安全已成为一个日益引起关注的全球性问题。

食品安全不但涉及人类健康，同时也造成了巨大的经济损失和社会影响。英国自 1986 年公布发生疯牛病以后，1987 年至 1999 年间被证实患疯牛病的病牛达 17 万头之多，英国的养牛业、饲料业、屠宰业、牛肉加工业、乳制品工业、肉类零售业无不受到严重打击。为杜绝"疯牛病"而不得已采取的宰杀行动更是一个致命的打击。据估计，英国此次灾难损失约300亿美元。1999年，比利时发生的二噁英污染事件，不仅造成了比利时的动物性食品被禁止上市并大量销毁，而且导致世界各国禁止其动物性产品的进口，直接经济损失约13亿欧元。曾在WTO对簿公堂长达4年之久的欧盟与美国、加拿大的牛肉激素案，双方仅仅在打官司上的费用就高达数十万美元。尽管美、加胜诉，但这2个国家由于若干年出口限制造成的经济损失达到千万美元；而欧盟败诉后，美、加就欧盟向其出口增加了100%的惩罚性关税。

从国际上的教训来看，食品安全问题的发生不仅使各国经济上受到严重损害，还会影响到消费者对政府的信任，乃至威胁社会稳定和国家安全。如比利时的二噁英污染事件，使执政长达40年之久的社会党政府内阁垮台。2001年德国出现疯牛病后，卫生部长和农业部长被迫引咎辞职。欧洲消费者剧烈反对转基因食品，在很大程度上是反映了对政府的不信任。食品安全问题已成为影响各国经济发展、国际贸易以及国家声誉的重要因素。为此，食品安全成为当今世界共同关心的话题，并得到了国际社会和各国政府领导高度重视。WHO和FAO以及世界各国近年来均加强了食品安全工作，包括机构设置、强化或调整政策法规、监督管理和科技投入。2000年WHO第53届世界卫生大会首次通过了有关加强食品安全的决议，将食品安全列为WHO的工作重点和最优先解决的领域。近年来，各国政府纷纷采取措施，建立和完善管理机构体系和法规制度。欧美国家不仅对食品原料、加工品有较为完善的标准与检测体系，而且对食品生产的环境，以及食物生产对环境的影响都有相应的标准、检测体系及有关法规、法律。西方国家还以食品安全作为贸易壁垒，在进出口贸易中维护本国经济利益。例如，美国于1997年决定增加拨款1亿美元的年度预算，设立食品安全启动计划，1998年由多部门组成了食品安全委员会。欧盟于2000年发布了食品安全白皮书，就应优先开展的食品安全问题提出建议。我国政府也十分重视食品安全问题，先后对国内外食品贸易中出现的食品安全问题多次做出重要批示。在"十五"发展规划和纲要中明确提出"加快建立农产品市场信息、食品安全和质量标准体系"，首次把食品安全体系写进其中。为了从源头上控制食源性危害，启动了"无公害食品行动计划"，成立了农产品质量安全中心，对种植、养殖农产品及初级加工品进行无公害认证，并根据我国国情实行无公害食品、绿色食品和有机食品三位一体，整体推进的战略步骤。

随着经济全球化步伐的进一步加快，世界食品贸易量也持续增长，食源性疾病也随之呈现出流行速度快、影响范围广等新特点。各国政府和有关国际组织都在采取措施，以保障食品的安全。为了保证各种措施的科学性和有效性，以及最大限度地利用现有的食品安全管理资源，迫切需要建立一种新的国际食品安全宏观管理模式，以便在全球范围内科学地建立各种管理措施和制度，并对其实施的有效性进行评价，这便是食品风险分析。可以说，食品风险分析是作为针对国际食品安全性问题应运而生的一种宏观管理模式。

2. 应用领域

随着食品安全事故的不断发生和全球经济一体化进程的加快，许多国家，尤其是一些发达国家，为保护本国人民的身体健康和本国的经济利益，在食品贸易中利用标准、检测技术、标签、认证及反恐等设置了层层技术壁垒。国际标准化组织出版的《标准化的目的和原理》一书中提到："这种贸易的技术壁垒是国际贸易保护主义的最后庇护所，是调节当今国际贸易的杠杆。"不可否认，有些技术性贸易壁垒的存在有其合理性，但是，也有相当一些是以保护人类和动植物生命和健康、保护生态环境之名，行贸易保护主义之实，成为取代关税和其他非关税壁垒的新的贸易障碍，成为发达国家实行贸易保护主义的主要手段和高级形式。随着各国技术标准的国际化，一部分技术壁垒将会被消除，但新的技术壁垒随着科技的发展和安全环保的要求不断产生和不断更新，将成为国际贸易壁垒的主体，且技术壁垒将长期存在并不断发展。

WTO 作为当今世界经济的三大组织之一，在全球经济运行中占据着举足轻重的地位，在推动世界贸易发展和促进世界经济增长方面有着"经济联合国"之称。WTO 非常重视食品安全，其中《实施卫生与植物卫生措施协定》（Agreement on the Application of Sanitary and Phytosanitary Measures，SPS 协定）的一项重要内容就涉及以保障消费者的身体健康为目的的食品安全问题。WTO 规定，在 SPS 领域，有关食品安全方面将全面采用 CAC 所制定的标准。WTO 的根本宗旨是为了消除贸易壁垒，实现全球贸易自由化。为了实现这一目标，WTO 制定了一系列规则、协定。在制定 SPS 协定前，涉及食品安全和动植物卫生的法规都属于 1979 年签署的多边协定——《技术性贸易壁垒协定》（TBT 协定）管辖的范畴。在"乌拉圭回合"关于农业问题的谈判中，为了防止各成员国利用包括安全在内的涉及人类、动物、植物的生命或健康的措施对贸易产生不利影响，在 TBT 协定的基础上，通过谈判形成了 SPS 协定。

SPS 协定中明确规定，各国政府可以采取强制性卫生措施保护该国人民健康免受进口食品带来的危害，不过采取的卫生措施必须建立在风险评估的基础上。也就是说，SPS 允许成员国在紧急情况下和在确定性措施缺乏足够科学依据的情况下采取预防性措施。这些措施包括：

（1）保护人类或动物的生命或健康免受由食品、饮料或饲料中的添加剂、污染物、毒素或机体所产生的风险。

（2）保护人类的生命或健康免受动物、植物或动植物产品携带的病虫害的传入、寄生或传播所产生的风险。

（3）保护动物或植物的生命或健康免受虫害、病害、带病有机体或致病有机体的传入、寄生或传播所产生的风险。

（4）防止成员国领土内因虫害的传入、寄生或传播所产生的其他损害。

同时又规定这种紧急措施只能是临时性的。在合理的时间内，采取这种措施的政府应当寻求必要的补充资料，对风险进行更加客观的评估，并对这些所采取的紧急措施进行审查。所以说，在 WTO 的一系列协定中，与食品安全关系最为密切的是 SPS 协定。

SPS 协定通过之后，建立在风险分析基础之上的 CAC 标准（包括推荐性标准和导则）的性质已经发生了实质性的变化，由原来的推荐性标准演变成一种为国际社会所广泛接受和普遍采用的食品安全性管理的措施，成为国际食品贸易中变相的强制性标准。SPS 协定实际上已为 WTO 成员方提供了一个集体采用 CAC 标准、导则和推荐的机制，SPS 协定认为只要在一定的准则下，如一致性和透明性的原则下，其成员方有权采用他们认为恰当的手段保护自己国家的消费者。但若某国家采纳高于 CAC 的标准，会被要求在 WTO 专门小组中，根据风险分析原理对他们的标准进行解释。

风险分析在未来的 WTO 工作中将起到至关重要的作用。SPS 协定要求"成员国应确保 SPS 措施是参考国际相关组织的风险评估技术、以在适当的条件下对人类、动物和植物的生命或健康进行的风险评估为依据而制定的"。其成员国应利用风险评估技术，对高于法典标准水平的保护措施，提供正当的依据，并应确保风险管理决策是透明的，而不是任意人为的不同（即应是一致的）。另外，如果不同的措施可产生相同的结果，则应选择对贸易限制最小的措施。

目前，风险分析已被认为是制定食品安全标准的基础。在风险分析的三个组成部分中，风险评估是整个风险分析体系的核心和基础，也是有关国际组织今后工作的重点。

3. 发展过程

食品风险分析是针对国际食品安全性应运而生的一种宏观管理模式，同时也是一门正在发展中的新兴学科。"风险分析"的概念首先出现在环境科学危害控制中，于20世纪80年代末出现在食品安全领域。1991年FAO/WHO在意大利罗马召开关于食品标准、食品中的化学物质及食品贸易的会议，建议CAC的各分委员会及顾问组织"在评价安全性时遵循风险评估的原则"。这一建议得到了第19次CAC会议的采纳。随后在第20次CAC会议上针对有关"CAC及其下属和顾问机构实施风险评估的程序"的议题进行了讨论，提出在CAC框架下，各分委员会及其专家咨询机构［如FAO/WHO食品添加剂联合专家委员会（JECFA）和FAO/WHO农药残留联席会议（JMPR）］应在各自的化学品安全性评估中采纳风险分析方法。

全面改进法典决策程序，将风险分析准则作为法典制定和决策程序的基础要素和重要科学原则，食品卫生标准的科学性、权威性和公开性都将以风险分析原则作为基础。CAC计划中已明确将风险分析准则纳入CAC标准制定、修订过程及CAC决策程序，同时CAC大会敦促下属各分委员会在所属领域内继续研究和应用，并提出"号召成员国将风险分析纳入食品立法准则"。应该考虑"其他合理因素"，如福利、消费者的担心和选择的自由，而美国认为"其他合理因素"与食品质量和安全没有关系，不应是CAC职责，但不少国家认为"其他合理因素"中包括良好操作规范（GMP）、良好农业规范（GAP）、良好兽药使用规范（GPVD）、分析与取样方法（A&S）等，这些因素与食品质量和安全都很有关系。

关于预警原则、措施，欧盟和美国认为，如果科学证据不足以完全评价来自食品的风险，而风险可能发生时，风险管理者可运用预警手段保护消费者健康，而不必等待其他科学证据和完全的风险评估。而相反的意见是：预警手段可以作为保护消费者健康的临时措施，但要进一步评估以获取其他信息，而且这些临时措施应在一个合理的时间范围内使用，否则预警将成为贸易壁垒而影响正常贸易。

风险评估的其他技术性问题包括危害暴露的数据系统；食物安全风险分析中化学污染和微生物危险的评估；风险管理应侧重于结果还是过程；风险评估的概念及描述；风险管理应以科学为依据还是应考虑其他合理因素；危害分析和风险分析之间的不同等。

三、有关食品风险分析的标准及法规

（一）有关微生物导致食物中毒的诊断标准及处理原则

中华人民共和国卫生行业标准WS/T 80—1996《葡萄球菌食物中毒诊断标准及处理原则》（1997年9月1日实施）；

中华人民共和国卫生行业标准WS/T 81—1996《副溶血性弧菌食物中毒诊断标准及处理原则》（1997年9月1日实施）；

中华人民共和国卫生行业标准WS/T 82—1996《蜡样芽孢杆菌食物中毒诊断标准及处理原则》（1997年9月1日实施）；

中华人民共和国卫生行业标准WS/T 83—1996《肉毒梭菌食物中毒诊断标准及处理原则》（1997年9月1日实施）；

中华人民共和国卫生行业标准WS/T 7—1996《产气荚膜梭菌食物中毒诊断标准及处理原

则》（1997 年 5 月 1 日实施）；

中华人民共和国卫生行业标准 WS/T 8—1996《病原性大肠埃希氏菌食物中毒诊断标准及处理原则》（1997 年 5 月 1 日实施）；

中华人民共和国卫生行业标准 WS/T 9—1996《变形杆菌食物中毒诊断标准及处理原则》（1997 年 5 月 1 日实施）；

中华人民共和国卫生行业标准 WS/T 10—1996《变质甘蔗食物中毒诊断标准及处理原则》（1997 年 5 月 1 日实施）；

中华人民共和国卫生行业标准 WS/T 11—1996《霉变谷物中呕吐毒素食物中毒诊断标准及处理原则》（1997 年 5 月 1 日实施）；

中华人民共和国卫生行业标准 WS/T 12—1996《椰毒假单胞菌酵米面亚种（现更名为唐菖蒲伯克霍尔德氏菌）食物中毒诊断标准及处理原则》（1997 年 5 月 1 日实施）；

中华人民共和国卫生行业标准 WS/T 13—1996《沙门氏菌食物中毒诊断标准及处理原则》（1997 年 5 月 1 日实施）；

食物中毒事故处理办法（中华人民共和国卫生部令第 8 号，1999 年 12 月 24 日发布，2000 年 1 月 1 日起实行，目前已废止）；

中华人民共和国国家标准 GB 14938—1994《食物中毒诊断标准及技术处理总则》（1994 年 8 月 1 日实施，目前已废止）。

（二）植物性食品中有毒化学物质导致食物中毒的诊断标准及处理原则

中华人民共和国卫生行业标准 WS/T 85—1996《食源性急性有机磷农药中毒诊断标准及处理原则》（1997 年 9 月 1 日实施）；

中华人民共和国卫生行业标准 WS/T 86—1996《食源性急性亚硝酸盐中毒诊断标准及处理原则》（1997 年 9 月 1 日实施）；

中华人民共和国卫生行业标准 WS/T 3—1996《曼陀罗食物中毒诊断标准及处理原则》（1997 年 5 月 1 日实施）；

中华人民共和国卫生行业标准 WS/T 4—1996《毒麦食物中毒诊断标准及处理原则》（1997 年 5 月 1 日实施）；

中华人民共和国卫生行业标准 WS/T 5—1996《含氰甙类食物中毒诊断标准及处理原则》（1997 年 5 月 1 日实施）；

中华人民共和国卫生行业标准 WS/T 6—1996《桐油食物中毒诊断标准及处理原则》（1997 年 5 月 1 日实施）；

中华人民共和国卫生行业标准 WS/T 84—1996《大麻油食物中毒诊断标准及处理原则》（1997 年 9 月 1 日实施）。

（三）有关食品风险分析标准与法规

相关标准与法规有《农业转基因生物安全管理条例》（2017 年修正），《转基因植物安全评价指南》（2022 年修订），《国际辐照食品通用标准》（CODEX STAN 106-1983，Rev.1-2003），《突发公共卫生事件应急条例》（2011 年修正），《食品安全法》（2021 年修正）。

四、食品风险分析应用实例

（一）背景

1995 年 FAO/WHO 在瑞士日内瓦联合召开了有关风险分析的专家委员会，第一次提出在食品安全领域进行风险分析的新概念。风险分析由风险评估、风险管理和风险交流三大部分组成。简而言之，风险评估是测量风险的大小以及确定影响风险的各种因素；风险管理是发展与实施控制风险的各种策略与政策；风险交流是在各种与风险相关的组织之间进行信息的沟通。FAO/WHO 要求各成员国在食品安全行动之下，重点制定和评估国家的控制战略，支持发展与食品风险评估相关的学科，其中就包括食源性疾病高危因素的分析。WHO 在 2000 年召开的第 53 届世界卫生大会上重申，要最大可能地利用发展中国家在食源性因素风险评估方面的信息以制定国际标准。我国分别自 1999 年和 2000 年开始加入食品卫生法典委员会（CCFH）和 FAO/WHO 微生物风险评估专家咨询委员会（JEMRA）。2002 年 5 月 FAO/WHO 邀请国际知名专家来华讲学，在北京举办了微生物风险评估国际研讨会以及定量微生物风险评估分析技术培训班。在 FAO 资助下，我国于 2002 年 8 月在上海举办了中国水产品风险分析培训班。

风险评估是 WTO 和 CAC 强调的用于制定食品安全技术措施（包括法律、法规和标准以及进出口食品的监督管理措施等）的必要技术手段，也是评估食品安全技术措施有效性的重要手段。我国当时的食品安全技术措施与国际水平不一致，其原因之一就是没有广泛地应用风险评估技术，尤其是在生物性危害的定量风险评估方面。微生物风险评估包括四步技术程序：危害识别、暴露评估、危害特征的描述和风险特征的描述。上述步骤代表了系统识别因摄入病原菌及其毒素污染的食物而引起的不良健康反应及其发生概率的过程。

（二）定量风险分析的工具

国际上知名的风险分析软件包括@ RISK 软件和 Crystal Ball 软件等。@ RISK 软件系统（一种内置于 Excel 的软件），因其功能上的优势及强大的实用性逐渐被大多数研究人员所使用，利用@ RISK 与 Excel 可以模拟任何风险情况，设计满足自身需要的模型并进行分析，该软件广泛应用于商业、科学与工程学等领域。

风险评估模型中常常会有多个参数影响评估的输出结果，各参数的变异对风险的计算及其解释都有非常重要的影响。传统的分析是以单一的"点值"（如均数或中位数）估计模型的参数，由此预测的单值结果失之偏颇，往往是高概率事件而不是均数或中位数的发生频率决定了一个过程的结果，利用参数的点估计值来确定不良作用发生的概率往往不能给出一个完整的风险评估结果。因为不可能确切地知道各参数的值，大多数情况下，事情并非按照计划发展，可能对某些变量的估计过于保守，而对另一些又过于乐观，组合的结果是实际值与预测值之间存在显著的差异。而根据这一"预期"结果所做的决策很可能是错误的。另一种分析方法是以蒙特卡洛模拟作为工具，使用特定的计算机软件来评价各种参数的不确定性和变异性并进行概率估计。在这种方法中，参数是采用概率分布的形式，参数的各个取值均对应一个概率。在进行蒙特卡洛模拟时，重复运算风险估计值，直到结果趋于稳定。在每一次的运算过程中，从各参数的分布中抽取一个值，参数取值的概率越高，则抽取的频率也越高，由此获得的模型的输出结果也是一个概率分布，其分布的表现形式可能是光滑的钟形曲线，也可能是偏态的、多峰甚至不连续的样式。

@ RISK 软件即是一种使用蒙特卡洛模拟技术的系统。在设计模型时可以包含关于变量的任何信息，比如取值范围、某种可能取值的概率等，而 @ RISK 能够利用全部信息计算各种可能的结果，由此展现出风险的全景。在模型中，以概率分布函数来表示变量的不确定值，模型的一次模拟包括了成千上万次的运算，而每一次运算时，计算机根据事先设定的抽样方法从模型各变量的概率分布中抽取一个值，以这些随机抽取的数字进行运算。

拉丁超立方体抽样方法是一种新的抽样技术，比传统的蒙特卡洛抽样方法更为有效，能够以较少的抽样次数再现输入变量的分布。与蒙特卡洛抽样方法中采用的完全、随机抽样不同，拉丁超立方体抽样方法的关键是以分层方式对概率分布进行抽样的，即抽样前先将概率分布的累积曲线分成若干等分的区间，而区间的个数也就是抽样的次数，然后随机从每一层的区间内抽取样本，抽取的样本能够代表每一区间，因此可以更精确地反映初始的概率分布。另外，@ RISK模型的输出结果能够以极为直观的图形形式展现，这样不仅有利于研究人员对结果进行分析与解释，而且还有利于不同部门之间进行风险信息的交流。

（三）风险分析的实例——福建省生食牡蛎中副溶血性弧菌的定量风险评估

在国家科技部"十五"攻关项目、社会公益基金项目、国家自然科学基金资助项目的资助下，中国疾病预防控制中心原营养与食品安全所的研究人员初步建立了 3 个定量微生物风险评估模型，包括：苍蝇传播大肠杆菌 O157：H7 的定量风险评估模型、我国消费带壳鲜鸡蛋引起沙门氏菌病的定量风险评估模型以及福建省生食牡蛎中副溶血性弧菌（*Vibrio parahaemolyticus*）的定量风险评估模型，其中生食牡蛎中副溶血性弧菌的评估还得到了 FAO 的资助。上述模型的建立在国内微生物风险评估的研究与应用领域具有开拓性。

1. 概述

副溶血性弧菌是世界范围内的一种重要的食源性病原菌，该菌导致急性胃肠炎，甚至引起败血症。副溶血性弧菌普遍存在于温带、亚热带和热带近海岸的海水、海底沉积物和海产品中。并非所有的副溶血性弧菌菌株均能够引起疾病，因为环境和海产品中分离的菌株大多数为无毒株。该菌的致病力与其侵袭力（包括外膜蛋白、单鞭纤毛和细胞相关血凝素）、溶血毒素和尿素酶等有关，其中以耐热直接溶血毒素（Thermalstable Direct Heamolysin，TDH）与致病性的关系最为密切。TDH 的产生是目前区分有毒株和无毒株的唯一可靠特征。1997—1998 年间美国发生了 4 起副溶血性弧菌食物中毒，涉及病例 700 余人，引起了高度重视。随后美国食品药物管理局出台了一份生食软体贝类中副溶血性弧菌的风险评估草案。

我国是世界渔业大国，水产品出口为国家换取了大量外汇，但是当时因副溶血性弧菌超标引起的退货、销毁、取消注册代号的恶性事件时有发生。美国和欧盟对进口水产品都强制性要求进行副溶血性弧菌检测，必须是阴性的结果方可通关，否则出口的水产品将被全部自动扣留、就地销毁，欧盟 368 号决议和 587 号决议更是要求对原产于中国的水产品批批检测副溶血性弧菌，这给我国水产品出口设置了绿色壁垒。

在 FAO 的资助下，刘秀梅等研究人员在福建省收集资料以建立生食牡蛎中副溶血性弧菌的风险评估模型。福建位于我国东南部，在东海和台湾海峡之间，是国内最为重要的牡蛎养殖地区。课题组选择福建作为研究现场，主要是因为副溶血性弧菌导致的食源性疾病已经成为该地区重要的公共卫生问题，而且福建省疾病预防控制中心的实验室具备检测海产品中副溶血性弧菌污染率和污染水平的能力。海水和牡蛎中副溶血性弧菌的存在情况和菌量由 Viteck 鉴定系统和最可能数法（Most Probable Number，MPN）确定。采用针对耐热溶血毒素基因（*TDH*）的聚合酶链式反应方法确定副溶血性弧菌菌株的致病性。

副溶血性弧菌疾病的临床症状主要有 3 种，包括胃肠炎（最常见症状）、伤口感染和败血症。胃肠炎表现为腹泻、腹部痉挛、恶心、呕吐和（或）头痛，通常疾病症状较为轻微，少数病例需要住院。然而，在极少数情况下，副溶血性弧菌能够引起威胁生命的败血症。副溶血性弧菌感染的潜伏期为摄入细菌后 4~96h，平均为 15h。

副溶血性弧菌食物中毒居各类微生物性食物中毒首位，在沿海地区由于海产品丰富，此类事故表现得尤为明显。在我国福建、广东和台湾等地常有关于副溶血性弧菌食物中毒的报道。

2. 暴露评估

暴露评估旨在确定通过生食副溶血性弧菌污染牡蛎而摄入致病性副溶血性弧菌的可能性，以及消费时致病性副溶血性弧菌的菌量。除了生食，福建省家庭中典型的牡蛎食用方式是短时煮沸（在某些情况下加热不足）。暴露评估分成 3 个模块，收获、收获后和消费模块。收获和收获后模块区分了影响收获以用于生食目的的牡蛎体内副溶血性弧菌水平的 2 个截然不同的时段。收获模块综合了影响收获时牡蛎体内副溶血性弧菌发生的因素，以及识别了养殖区牡蛎体内含有副溶血性弧菌致病株可能性的参数。该模块的定量模拟是采用水温作为潜在影响并预测收获水体中和牡蛎体内致病性副溶血性弧菌发生率的因素。收获后模块强调与收获后牡蛎加工和处理相关的因素，尤其是那些影响消费时牡蛎中副溶血性弧菌水平的因素。这些因素包括：收获时周围环境的温度；牡蛎从收获到冷藏的时间；一旦进入冷藏，冷却牡蛎所需要的时间；牡蛎从冷藏保存到消费的时间。该模块也模拟可能影响副溶血性弧菌密度的干预措施，诸如收获后立即冷却，冷冻和微热处理。

消费模块根据前 2 个模块获得的消费时致病性副溶血性弧菌的水平，估计疾病发生数量。该模块进一步分为 2 个部分，即流行病学和消费。流行病学部分包括疾病数量、疾病的严重程度和类型、感染人群和季节发生率。消费部分考虑每餐消费牡蛎的个数、每餐消费牡蛎的量、消费时总副溶血性弧菌和致病性副溶血性弧菌水平。

3. 危害特征描述

剂量-反应曲线将个体感染胃肠炎的概率与副溶血性弧菌致病株的暴露水平联系起来。1974 年以前，相关机构对致病性副溶血性弧菌做了几个人群的临床试食试验。试验结果显示，副溶血性弧菌神奈川试验呈阳性。副溶血性弧菌的流行病学调查能够额外提供胃肠炎合理的剂量-反应关系信息，但是上报的疾病案例缺乏相关的致病株摄入剂量的资料（例如流行病学回顾性研究）。疾病剂量-反应关系的估计建立在国外数个研究基础上，模型的剂量跨越了用以外推风险时人群致病菌暴露水平极端值的范围。所选择的模型是贝塔-泊松分布模型。剂量-反应关系式（13-1）：

$$P(d) = 1 - (1 + d/\beta)^{-\alpha} \tag{13-1}$$

式中　d——摄入剂量；

$P(d)$——摄入剂量为 d 时的发病率；

α——0.6；

β——1.3×10^6。

4. 风险特征描述

风险特征的描述是对暴露评估和剂量-反应评估的综合，这个阶段描述了因消费致病性副溶血性弧菌污染的牡蛎而引起胃肠炎的概率。将暴露评估结果代入剂量-反应公式求得一次性牡蛎消费引起的副溶血性弧菌疾病的概率。根据零售阶段牡蛎体副溶血性弧菌的平均水平，以及个体平均消费量，得到4月、5月细菌的摄入量。将上述数字代入贝塔-泊松剂量-反应模型，估计每餐生食牡蛎引起的副溶血性弧菌疾病概率，4月为6.67×10^{-5}，5月为1.00×10^{-4}。在对福建省福安市的发病情况的研究中，4月、5月弧菌感染病人数分别为15人、21人，而3个镇的研究人群为10万（由于研究持续时间为3年），因此估计4月、5月的人群副溶血性弧菌发病率分别为5×10^{-5}和7×10^{-5}，模型预期结果与实际人群的监测结果较为吻合（见表13-1）。

表13-1　　　　　　　　福建省生食牡蛎中副溶血性弧菌风险特征的描述

月份	菌量/（MPN/g）	个体消费量/g	摄入量/个	预期疾病概率	实际疾病概率
4	2.1	72.3	144.6	6.67×10^{-5}	5×10^{-5}
5	3.0	72.3	216.9	1.00×10^{-4}	7×10^{-5}

5. 资料的差距

在估计收获阶段牡蛎副溶血性弧菌污染状况时，当时已有的监测资料很少，中国疾病预防控制中心原营养与食品安全所在与福建省海洋渔业部门的合作下，也仅对4~6月的海区状况进行了定量研究，而副溶血性弧菌的分布与季节有明显的相关关系，这对定量分析来说是一个很大的缺陷，造成数据的不确定性大大增加。为利于资料的收集，部门间的合作显得非常重要。对于零售阶段牡蛎体的菌量，以往国内没有报道，中国疾病预防控制中心原营养与食品安全所进行的"十五"攻关课题——"食源性疾病监控技术"中包括了牡蛎中副溶血性弧菌定量检测这一内容，课题组在福建省开展的为期1年的监测研究，填补了资料的空白，使模型更准确地反映我国存在的实际问题。牡蛎各阶段的贮存温度与时间是非常重要的风险因素，因此在福建的研究中也进行了相关资料的收集。关于剂量-反应关系的确定，主要依赖于人体试食试验资料。剂量-反应关系的建立与验证需要食物中毒暴发的流行病学资料。在某种意义上说，暴发就是现实社会中的试食试验。对食物中毒资料进行分析评价时，漏报是必须要考虑的因素之一。我国的食物中毒漏报现象非常严重，据专家估计，全国每年食物中毒报告发病人数尚不足实际发生数的1/10。副溶血性弧菌疾病由于症状较轻，推测实际的漏报情况可能比这严重许多。为了更好地监测我国发生的食物中毒状况，完善我国的疫情报告系统是非常必要的。有必要建立社区监测哨点，常年观测人群腹泻病的情况，基本弄清人群的真实情况。

五、食品风险分析规范

我国加入WTO后，风险分析在保护我国农业免受外来危险有害生物的入侵及促进国内农产品出口贸易中扮演着越来越重要的角色。目前，我国已相继完成了多个风险分析项目。但是由于我国风险分析起步较晚，基础比较薄弱，与国外先进水平相比还有一定的差距，需要学习先进国家如美国等的风险分析方法和程序，建立适合我国国情又符合国际标准的风险分析程序和体系，完善风险分析工作程序和方法。同时，也需要建立与维护风险分析相关数据库，充分利用现代通信技术手段，加强信息交流与互动，逐步实现风险分析进展透明化，实现全系统资源共享。

以新西兰的有害生物风险分析程序为例：

1. 概述

有害生物风险分析（Pest Risk Analysis，PRA）是 SPS 协定中明确要求的。目前世界各国的植物检疫机构普遍采用的 PRA，是按照 FAO 的国际标准中有关有害生物风险分析的概念开展的。新西兰是国际上较早开展有害风险分析的国家，新西兰政府从 20 世纪 60 年代开始推行动物产品的风险分析，并将风险分析很好地与检疫决策结合起来，并建立了一套从科研人员到管理决策、完善的风险分析体系，是世界上风险分析工作领先的国家之一。1993 年 12 月将植物有害生物风险分析程序列为农渔部国家农业安全局的国家标准。2006 年 6 月，新西兰农林部（MAF）公布了新西兰的有害生物风险分析程序，详细介绍了风险分析的步骤、框架等，以支持新西兰贸易中卫生与植物卫生措施的发展。该程序的提出，对我国的风险分析程序具有一定的借鉴作用。

2. 风险分析管理部门

新西兰农林部是新西兰风险分析的主要管理部门，风险分析一般由 MAF 或 MAF 所管理的外部咨询机构来承担。在风险分析实施过程中，新西兰成立专门的风险分析项目管理组负责，该小组由项目管理者、项目团队组成。项目管理者在风险分析中的职责是：进行内部联络，公布利益相关者对风险分析的咨询，收集利益相关者提交的反馈意见，出具风险分析报告，由项目团队具体实施风险分析工作等。风险分析报告的初稿完成后，需要进行公众和利益相关方的评议，评议的时间一般是 6 周，之后也要对所有提出的评议意见进行分析。完整的风险分析报告通过项目组、工作组以及外部顾问的认可，并考虑了各个利害关系方的意见后将风险分析结果予以发布，具有高度的透明度和可操作性。

3. 风险分析范围

新西兰的风险分析主要集中在有机体或病害、物品或商品、传播途径、运输工具等。对进口货物的风险分析主要是指对进入到新西兰的有关物品、运输工具等所携带的有机体、病害进行分析。物品可能是一系列的商品或单一商品，有害生物可能是一种或多种。

4. 风险分析框架

新西兰风险分析框架是依据现有的国际标准（OIE 和 IPPC）框架制定的，并在某些方面对这些标准进行了扩展。风险分析框架包括：危害确定、风险评估、风险管理及风险交流和记录。

危害确定是风险评估之前必需的首要步骤，确定可能或潜在可能传入新西兰的、与传播途径有关的商品、有机体或病害所造成的风险。在确定危害之前，需要收集和记录大量正确的信息。危害确定包括以下 3 个方面：特定有机体或病害传入的风险分析，传播途径的风险，审议或修订了措施和政策的风险分析。

在风险评估步骤中，风险分析专家对新西兰境内潜在危害的进入、暴露和定植可能性以及对环境、经济和人类造成的健康影响进行评估，目的是确定代表不可接受的风险水平的危害。风险评估包括 4 个步骤：进入可能性评估、暴露和定殖可能性的评估、结果的评估、风险估计。

进入可能性的评估主要是通过所进口的商品、传播途径或交通工具传入风险的可能性。在该过程中需要考虑生态因素、国家原产地因素和商品以及传播的因素等。暴露和定植可能性的评估是潜在的风险进入风险分析地区后定植的可能性。结果评估是指评估进入、定植后果可能发生的情况，一般包括在风险地区扩散的可能性，影响包括直接影响、间接影响等。风险估计是总结进入、暴露、定植和影响评估，估计风险分析地区潜在风险发生的可能性。风险管理是指有效地管理商品或有机体所带来的风险，将风险降低至可以接受的水平。

风险交流是在风险分析过程中将风险信息和风险结果双向、多边交换和传达，主要是指有关贸易部门与贸易部门的交流。

5. 风险分析的方法

新西兰的风险分析所采用的方法是定性方法和定量方法，实际中还会用到半定量方法。定性分析是依据先例进行主观估计和判断，用定性术语，如高、中、低、可以忽略、不可忽略等表示可能性或后果的严重性。定量分析是用数学模型将不同部分的有机体或病害的流行病学等特征进行量化，同样，也将结果用数字表示，在截获和信息交流中一些显著的变化总能保持不变。定性分析中由于缺乏必要的信息，常常会加入专家的一些观点。半定量方法是指对定性的程度给予部分量化，但所给出的数字与可能性或结果的实际状况不一定能构成准确的关系。

无论采用哪种方法，都会有一定的主观性，必须记录所有的信息、数据、假设、未知因素、方法和结果，所有的讨论和结论必须合理和合乎逻辑。

第二节　食物中毒及处理对策

一、食物中毒的概念

食物中毒是食用了含有生物性、化学性有毒有害物质的食品或者把有毒有害物质当作食品摄入后出现的非传染性（不属于传染病）的急性、亚急性疾病。通常所讲"有毒食物"是指健康人经口吃入可食状态和正常数量而发病的食物。因此，吃入非可食状态的食物（如未成熟的水果）、非正常数量的食物（如暴饮暴食）以及不是经口进入的（如经皮肤、黏膜吸收或注射进入体内的）由毒物引起的疾病，个别人吃了某种食品（如鱼、虾、牛奶等）而发生的变态反应性疾病等，都不属于食物中毒。正常情况下，大多数食品并不具有毒性。食品所以有毒，与以下几个方面有关。

（1）微生物污染食品，并在食品中急剧繁殖，以致食品中存在大量致病菌或产生大量的毒素，使食品含毒。

（2）有毒化学物质混入食品。

（3）本身含有有毒物质，如河豚含有河豚毒素，猪的甲状腺含有甲状腺毒素，发芽的马铃薯产生的龙葵素，以及毒蕈（毒蘑菇）等。

二、食物中毒的特点

食物中毒的共同特点是：①潜伏期短（是指病原菌侵入人体直到最初症状出现以前，这一段时期称为潜伏期），来势急剧，很多人在短时间内同时发病或先后相继发病，并且在很短时间内达到高峰，一般多在进食后 $0.5 \sim 24h$ 发病，也有在 $2 \sim 3d$ 内发病的；②病人在相近时间内食用过同样的食物，发病范围只局限在食用该种有毒食物的人群中；③所有的病人都有类似的临床表现，均以急性胃肠炎症状为主；④食物中毒的病人和健康人之间不直接传染，一旦停止食用该种有毒食物后，发病立即停止，一般无传染病流行的余波。因此，掌握食物中毒的特点对识别是否食物中毒有极大帮助。

三、食物中毒的分类

食物中毒按病原学分类可分为：

细菌性食物中毒，常见的有沙门氏菌属食物中毒、变形杆菌食物中毒、副溶血性弧菌食物中毒、致病性大肠杆菌食物中毒、葡萄球菌肠毒素中毒、肉毒杆菌毒素中毒和其他细菌性食物中毒等。

非细菌性食物中毒，又可分为有毒动物引起的食物中毒（如猪甲状腺、河豚等），有毒植物引起的食物中毒（如毒蕈、桐油、发芽的马铃薯等），有毒化学物质引起的食物中毒（如砷、亚硝酸盐、农药等），以及真菌性食物中毒（如赤霉病麦中毒等）4 种。

如何识别是细菌性食物中毒还是非细菌性食物中毒，主要从以下几点区别。

（1）从中毒食物上来区别　细菌性食物中毒是以进食病死畜肉及内脏、剩饭剩菜等食物为多见。而非细菌性食物中毒则是以进食桐油、马铃薯、毒蕈、河豚等和被有毒化学物质污染的食物为常见。

（2）从发病季节和时间上来区别　细菌性食物中毒虽然全年均可发生，但是以夏秋季为多见，有明显的季节性，因为夏秋季炎热，食品易腐败变质，利于细菌生长繁殖。潜伏期多在6~24h。假若是细菌毒素引起的食物中毒，潜伏期只有 2~3h 或更短。而非细菌性食物中毒则无明显的季节性，潜伏期短一般在食后几分钟到数小时即可发病。

（3）从中毒症状上来区别　一般细菌性食物中毒症状较轻，以消化道症状为主，如恶心、呕吐、腹痛、腹泻，同时伴有发烧。而非细菌性食物中毒症状较重，以神经系统症状为主，呕吐多见，少有腹痛、腹泻，一般不发烧。

四、食物中毒处理的程序和方法

（一）食物中毒处理程序

1. 及时报告

预防食物中毒是食品安全工作的重要任务之一，发生食物中毒事故要及时报告。我国《食品安全法》第七章明确规定了食品安全事故处理的程序和原则。其中第一百零三条规定：发生食品安全事故的单位应当立即采取措施，防止事故扩大。事故单位和接收病人进行治疗的单位应当及时向事故发生地县级人民政府食品安全监督管理、卫生行政部门报告。县级以上人民政府农业行政等部门在日常监督管理中发现食品安全事故或者接到事故举报，应当立即向同级食品安全监督管理部门通报。发生食品安全事故，接到报告的县级人民政府食品安全监督管理部门应当按照应急预案的规定向本级人民政府和上级人民政府食品安全监督管理部门报告。县级人民政府和上级人民政府食品药品安全管理部门应当按照应急预案的规定上报。任何单位和个人不得对食品安全事故隐瞒、谎报、缓报，不得隐匿、伪造、毁灭有关证据。

2. 保护现场、保留样品

《食品安全法》第一百零五条规定：县级以上人民政府食品安全监督管理部门接到食品安全事故的报告后，应当立即会同同级卫生行政、农业行政等部门进行调查处理，并采取下列措施，防止或者减轻社会危害：①开展应急救援工作，组织救治因食品安全事故导致人身伤害的人员；②封存可能导致食品安全事故的食品及其原料，并立即进行检验；对确认属于被污染的食品及其原料，责令食品生产经营者依法召回或者停止经营；③封存被污染的食品相关产品，并责令进行清洗消毒；④做好信息发布工作，依法对食品安全事故及其处理情况进行发布，并对可能产生的危害加以解释、说明。

发生食品安全事故需要启动应急预案的，县级以上人民政府应当立即成立事故处置指挥机构，启动应急预案，依照前款和应急预案的规定进行处置。

发生食品安全事故，县级以上疾病预防控制机构应当对事故现场进行卫生处理，并对与事故有关的因素开展流行病学调查，有关部门应当予以协助。县级以上疾病预防控制机构应当向同级食品安全监督管理、卫生行政部门提交流行病学调查报告。

3. 如实反映情况

发生食物中毒的单位负责人或与本次中毒有关人员，如食品从业人员、炊事员、服务员及病人等应如实反映本次中毒情况。将病人所吃的食物，进餐总人数，在同时进餐而未发病者所吃的食物，病人中毒的主要特点，可疑食物的来源、质量、存放条件、加工烹调的方法和加热的温度、时间等情况如实向有关部门反映。

4. 对食物中毒事件的处理

《食品安全法》第一百一十条规定：县级以上人民政府食品安全监督管理部门履行食品安全监督管理职责，有权采取下列措施，对生产经营者遵守本法的情况进行监督检查：①进入生产经营场所实施现场检查；②对生产经营的食品、食品添加剂、食品相关产品进行抽样检验；③查阅、复制有关合同、票据、账簿以及其他有关资料；④查封、扣押有证据证明不符合食品安全标准或者有证据证明存在安全隐患以及用于违法生产经营的食品、食品添加剂、食品相关产品；⑤查封违法从事生产经营活动的场所。

有关食品安全的监督管理，详见《食品安全法》第八章监督管理。

在卫生部门已查明情况，确定了食物中毒，即可对引起中毒的食物及时进行处理，在查明情况之前对可疑食物应立即停止食用。对中毒食物一般可采取煮沸 15min 后掩埋或焚烧。液体食品可用漂白粉混合消毒。食品用工具、容器可用 10~20g/L 碱水和含氯消毒剂消毒。病人的排泄物可用 200g/L 石灰乳或 50g/L 来苏溶液进行消毒。

（二）食物中毒诊断标准及技术处理总则

有关食物中毒的诊断标准及技术处理总则以往按 GB 14938—1994《食物中毒诊断标准及技术处理总则》执行。然而，根据强制性标准整合精简工作结论，国家质量监督检验检疫总局、国家标准化管理委员会已在 2017 年废止包括《食物中毒诊断标准及技术处理总则》在内的等 396 项强制性国家标准。目前有关食物中毒的标准可参考：WS/T 8—1996《病原性大肠埃希氏菌食物中毒诊断标准及处理原则》、WS/T 13—1996《沙门氏菌食物中毒诊断标准及处理原则》、WS/T 81—1996《副溶血性弧菌食物中毒诊断标准及处理原则》、WS/T 10—1996《变质甘蔗食物中毒诊断标准及处理原则》、WS/T 84—1996《大麻油食物中毒诊断标准及处理原则》等现行有效的卫生标准。

（三）中华人民共和国国境口岸食物中毒应急处理规定

关于食物中毒等食品安全事故的处理，国务院制订了《国家食品安全事故应急预案》（2011）。发生在中国口岸的食物中毒按《国境口岸突发公共卫生事件出入境检验检疫应急处理规定》（2018 年修订）执行，主要包括：总则、组织管理、应急准备、报告与通报、应急处理、法律责任、附则。

 ## 思政案例

2020年10月5日，黑龙江省鸡西市鸡东县兴农镇居民王某某及亲属9人在其家中聚餐，因食用以冷冻1年以上的食材制作的"酸汤子"引发食物中毒，导致9人全部医治无效死亡。根据黑龙江省卫健委食品处发布的消息，经流行病学调查和疾控中心采样检测后，在玉米面中检出高浓度米酵菌酸，同时在患者胃液中也有检出，因此该事件初步定性为由唐菖蒲伯克霍尔德氏菌（椰毒假单胞菌）污染产生米酵菌酸引起的食物中毒事件。

北方酸汤子是用玉米水磨发酵后做的一种粗面条样的酵米面食品。夏秋季节制作发酵米面制品容易被唐菖蒲伯克霍尔德氏菌污染，该菌能产生致命的米酵菌酸。米酵菌酸中毒的临床症状表现为恶心呕吐、腹痛腹胀等，重者出现黄疸、腹水、皮下出血、惊厥、抽搐、血尿、血便等肝脑肾实质性器官损害症状。高温煮沸不能破坏米酵菌酸的毒性，且人体食用含有该毒素的食物并引发中毒后没有特效救治药物，病死率达50%以上。

目前GB 7096—2014《食品安全国家标准 食用菌及其制品》规定银耳及其制品中米酵菌酸的限量值为0.25mg/kg。此外，为避免引起消费者中毒，南方各省份市场监督管理部门常于初夏季节发布安全消费提醒，如广东省市场监督管理局曾于2023年4月11日发布《谨防食用湿米粉引发米酵菌酸毒素中毒》，提醒广大市民重视食用引发米酵菌酸食物中毒的风险。

课程思政育人目标

从"10·5鸡东食物中毒事件"事件引入，说明目前存在的各项食品风险对人民生命健康的巨大影响。从人民至上的价值理念出发，培养解决相关问题的积极性，了解食品风险分析和食物中毒处理相关方向的科研意义，并从中领悟"科学家精神"的丰富内涵。

思考题

1. 简述食品风险分析的意义及方法？
2. 定量风险分析的工具有哪些？风险分析包括哪些环节？
3. 简述食物中毒的基本概念和特点。
4. 简述食物中毒处理的简要程序。

第十四章
国外食品法律法规介绍

学习目的与要求

1. 掌握国际食品法典（CAC 食品标准）体系；
2. 了解 WTO/TBT 协定及 WTO/SPS 协定；
3. 了解美国、加拿大、欧盟、日本和澳大利亚食品卫生与安全法律法规。

第一节　WTO/TBT 协定及 WTO/SPS 协定与 CAC

当今国际贸易中，因受到 WTO 的各项协议的制约，关税壁垒已大大淡化，而对进口商品制定严格的甚至苛刻的技术标准、安全卫生标准、检验包装、标签等技术性壁垒已构成当今的主要贸易壁垒，因其特有的灵活多变性、隐蔽性和多样性，对发展中国家食品对外贸易尤为不利。为促进国际经贸，特别是食品国际经贸，以及构建公平、平等的食品贸易体系，充分理解 WTO 关于食品的协定及其采用的食品安全标准具有重要意义。

由 WTO 的前身"关税与贸易总协定"（GATT）于 1986—1994 年举行的乌拉圭多边贸易谈判，讨论了包括食品贸易在内的产品贸易问题，并最终形成了与食品密切相关的两个正式协定，即《技术性贸易壁垒协定》（WTO/TBT 协定）和《实施卫生与动植物检疫措施协定》（WTO/SPS 协定）。该两项协定都明确规定 CAC 食品法典在食品贸易中具有准绳作用。

国际食品法典委员会（CAC），由联合国粮农组织（FAO）和世界卫生组织（WHO）于 1963 年创建，是世界上第一个政府间协调国际食品标准法规的国际组织，是目前制定国际食品标准最重要的国际性组织，其发布的 CAC/RCP 1—1969，Rev. 4（2003）《推荐的国际操作规范　食品卫生总则》（以下简称 CAC《食品卫生总则》）虽然是推荐性的，但自从 WTO/SPS 协定强调采用三大国际组织 CAC、世界动物卫生组织（OIE）、国际植物保护公约（IPPC）的标准后，CAC 标准在国际食品贸易中显示出日益重要的作用。

一、WTO/TBT 协定与 WTO/SPS 协定简介

1. WTO/TBT 协定

WTO/TBT 是 WTO 下设的货物贸易理事会管辖的若干个协议之一，其前身是《关税与贸易总协定贸易技术壁垒协定》（GATT/TBT）。在 WTO 的众多协议中，WTO/TBT 是一个帮助各成员减少和消除贸易技术壁垒的重要协调文件，是唯一一项专门协调各成员在制定、发布和实施技术法规、标准和合格评定程序等方面行为的国际准则。目前，各国政府及地方机构制定的技术法规、标准及合格评定程序对国际贸易的影响越来越广，所产生的障碍越来越大。据统计，有 80% 的贸易壁垒来自于技术法规、标准及相关的合格评定程序。许多国家借此抬高国外产品进入本国市场的门槛。因此，在这一领域起协调和争端解决作用的 WTO/TBT 协定也显得越来越重要。

WTO/TBT 协议的基本原则，大致可归纳如下：

（1）无论技术法规、标准，还是合格评定程序的制定，都应以国际标准化机构制定的相应国际标准、导则或建议为基础；它们的制定、采纳和实施均不应给国际贸易造成不必要的障碍。

（2）在涉及国家安全、防止欺诈行为、保护人类健康和安全、保护动植物生命和健康以及保护环境等情况下，允许各成员方实施与上述国际标准、导则或建议不尽一致的技术法规、标准和合格评定程序，但必须提前一个适当的时期，按一般情况及紧急情况下的两种通报程序，予以事先通报；应允许其他成员方对此提出书面意见，并考虑这些书面意见。

（3）实现各国认证制度相互认可的前提，应以国际标准化机构颁布的有关导则或建议作为其制定合格评定程序的基础。此外，还应就确认各出口成员方有关合格评定机构是否具有充分持久的技术管辖权，以便确信其合格评定结构是否持续可靠，以及接纳出口成员方指定机构所作合格评定结果的限度进行事先磋商。

（4）在市场准入方面，WTO/TBT 协定要求实施最惠国待遇和国民待遇原则。

（5）就贸易争端进行磋商和仲裁方面，TBT 协定要求遵照执行"乌拉圭回合"谈判达成的统一规则和程序——"关于争端处理规则和程序的谅解协议"。

（6）为了回答其他成员方的合理询问和提供有关文件资料，TBT 协定要求每一成员方确保设立一个查询处。

WTO/TBT 协议全文覆盖六大部分、十五个条款、三个附件和八个术语。突出论述了实现技术协调的两项基本措施：采用国际标准或实施通报制度。此外，在执行 WTO 原则、特别条款、成员间技术援助、对发展中国家的特殊待遇和争端解决等方面都作了详细规定。WTO/TBT 协议体现了大家必须共同遵循的国际贸易准则，体现了 WTO 各成员权利与义务的平衡。

2. WTO/SPS 协定

卫生与动植物检疫措施（Sanitary and Phytosanitary Measures，SPS）是指为了防止人类或动植物传染病的传染各国所采取的检疫管理措施。乌拉圭谈判所达成的 WTO/SPS 协定所指的卫生与动植物检疫措施所涵盖的范围十分广泛，涉及所有可能直接或间接影响国际贸易的卫生与动植物检疫措施。这些措施包括所有的相关法律、法令、法规、要求和程序，其中特别包括：

最终产品标准；工序和生产方法；检验、检查、认证和批准程序；检疫处理，包括与动物或植物运输有关的或与在运输过程中为维持动植物生存所需物质有关的要求；有关统计方法、抽样程序和风险评估方法的规定；以及与粮食安全直接有关的包装和标签要求。需要强调的是，对于不属于SPS协定范围的措施，以不得影响各成员在《技术性贸易壁垒协定》项下的权利为原则。

SPS允许各成员方实施各种卫生与动植物检疫措施，但是为了尽量避免其产生的负面影响，又对各成员方实施这些措施规定了一系列限制条件，这些适用限制规则主要包括以下要求。

（1）限度要求　SPS协定第2条第2款规定，各成员应保证任何卫生与动植物检疫措施仅在为保护人类、动物或植物的生命或健康所必需的限度内实施。对于如何满足"必需的限度"的条件，SPS协定从两个方面进行了要求：第一，各成员应保证其卫生与动植物检疫措施的制定以对人类、动物或植物的生命或健康所进行的、适合有关情况的风险评估为基础，同时考虑有关国际组织制定的风险评估技术。第二，各成员应避免武断或不公正地确定适当的卫生与动植物检疫保护水平。

（2）科学要求　SPS协定第2条第2款规定，各成员实施卫生与动植物检疫措施，应根据科学原理，如无充分的科学证据则不再维持。鼓励以国际标准、准则或建议为依据，措施要建立在客观、准确的科学数据分析和评估的基础上，没有科学依据的措施不能实施。SPS协定鼓励政府制定与有关国际组织或区域组织的标准、准则、建议相一致的措施，也可以实施与之不同的措施，但要提供科学的论证、试验或测试方法。

（3）非歧视要求　SPS协定第2条第3款规定，各成员应保证其卫生与动植物检疫措施不在情形相同或相似的成员之间，包括在成员自己领土和其他成员的领土之间构成任意和不合理的歧视。

（4）透明度要求　SPS协定第7条规定，各成员应依照协定附件B的规定通知其卫生与动植物检疫措施的变更，并提供有关其卫生与动植物检疫措施的信息。在附件B《卫生和植物卫生措施的透明度》中又对通报的时间、提供通报的咨询点、通报程序、通报的具体内容，甚至文本的语言文字都作了相应的规定。

（5）国际协调要求　为了尽可能协调实施卫生与动植物检疫措施，成员方应将其动植物卫生标准建立在健全的现行国际标准、指南或建议上，但可以存在例外，即成员方可以在科学依据的基础上制定较高的保护水平。

二、CAC食品标准体系简介

由CAC组织制定的食品标准、准则和建议称为国际食品法典（Codex），或称为CAC食品标准。全部CAC食品标准构成CAC食品标准体系，又称CAC农产品加工标准体系。CAC食品标准体系的结构模式采用横向的通用原则标准和纵向的特定商品标准相结合的网格状结构。横向通用原则标准简称通用标准，纵向特定商品标准简称专用标准。按照标准的具体内容可将CAC的标准分为商品标准、技术规范、限量标准、分析与取样方法标准、一般准则及指南五大类。

（1）商品标准　CAC的商品标准覆盖国际食品贸易中重要的大宗商品，并与国际上食品贸易紧密结合，是CAC标准体系中的主要内容之一，对于已经给出最大农药残留限量和兽药残留限量的商品，在该种食品的商品标准中只对该指标进行引用，不再出现该限量指标的具体限量。

（2）技术规范　国际食品法典中包括越来越多的为保障食品良好的品质、安全及卫生而建立良好的操作规范、良好的实验室规范和卫生操作指南等。这是一种全方位立体式控制整个食品质量的概念。其已经制定的卫生或技术规范涉及面广，重点突出，未来计划制订延伸至耕作、饲养、收获等加工前的良好农业操作规范内容，更强调和推荐 HACCP 与 GMP 的联合使用。

（3）限量标准　CAC 制定的农药、兽药、添加剂、有害元素等限量标准，包括了食品中农药残留最大限量标准、兽药残留最大限量标准、有害元素和生物毒素的限量标准等。CAC/MRL 规定了 197 种农药在 289 种食品中的 2374 个农药最大残留限量值；CAC/MRL 2 规定了 15 种肉类及其制品中 54 种兽药共 289 项兽药最大残留限量值；CAC/MRL 3 给出了 148 个农药残留限量值；Codex Stan 192 规定了可用于食品和食品加工中的 1005 种食品添加剂，该标准具体内容包括：添加剂种类、添加剂的使用要求、不允许使用食品添加剂的食品及允许使用的最大剂量。另外还制定了有毒有害物质和污染物的限量标准 5 项：CAC/GL 6、CAC/GL 7、CAC/GL 5、CAC/GL 39、Codex Stan 230。

（4）分析与采样方法标准　一般由各商品委员会提出申请，并负责制定标准的全过程，同时负责向分析与采样方法法典委员会就有关问题进行报告和讨论，分析与采样方法法典委员会负责协调工作。CAC 已经开展的领域有：黄曲霉素/花生、玉米抽样计划草案；水产品中农药残留分析和取样方法；鱼和水产品分析方法（含取样）；特殊膳食与营养食品分析方法；污染物一般分析方法。

（5）一般准则及指南　法典涉及的各种咨询、管理和程序等一般准则和指南共 38 项。这类标准涵盖了食品卫生、食品标签及包装、食品添加剂、农药和兽药残留、污染物、取样和分析方法、食品进出口检验和认证体系、特殊膳食和营养食品、食品加工、贮藏规范多个方面。

总之，CAC 食品标准涵盖面广，覆盖了国际食品贸易中重要的大宗商品，并且对商品的细分程度完整，与国际贸易紧密结合，其制定重点突出，首先考虑的是消费者的利益，尤其是食品添加剂限量、污染物和农药残留限量的种类多，以及与各种食品组合数量大，限量值规定严格。其标准制定程序更具科学性，包括发起阶段，草案建议稿的起草，草案建议稿征求意见，草案建议稿的修改，草案建议稿被采纳为标准草案，标准草案送交讨论，标准草案的修改以及大会通过在内的 8 个阶段，制定周期短，采用了风险评估等先进技术，因此具有一定先进性。

三、我国食品安全体系受到的影响及对策

WTO/SPS 和 WTO/TBT 协定主要目的都是避免和消除贸易技术壁垒，促进贸易自由化。但是侧重点有所不同：前者强调的是各成员方应在不损害人类、植物与动物健康的前提下进行贸易，同时要防止和减少各成员方以保护人类、植物与动物健康作为技术性贸易壁垒影响贸易。而 TBT 协定则是广泛意义上的技术法规、标准和合格评定程序，应按照一定规则制定、采用和实施，避免不必要的贸易壁垒。从食品安全角度出发，前者影响更大，其有关原则对我国食品安全法规标准建设有深远影响。

近十年来，我国持续开展食品安全国家标准的制定修订工作，截至目前，已经初步建立食品安全国家标准体系，改变了之前标准数量少、覆盖面窄、制定修订速度慢、技术水平低、标

准不配套等情况。

一是标准体系更加完善。按照"最严谨的标准"要求，完善了以风险监测评估为基础的标准研制制度，建立了多部门多领域合作的标准审查机制，持续制定、修订、完善食品安全标准。十年来，国家卫生健康委组建了含 17 个部门单位近 400 位专家的国家标准审评委员会，依据修订后《食品安全法》规定，牵头将原来分散在 15 个部门管理、涉及食品的近 5000 余项相关标准进行了全面清理，把食用农产品安全标准，食品卫生、规格质量以及行业标准中强制执行内容进行了整合。截至 2022 年 8 月，我国已发布食品安全国家标准 1455 项（包含 2 万余项指标），包括通用标准、产品标准、生产规范标准和检验方法标准 4 大类标准。其中，包括食品中污染物、真菌毒素、标签和食品添加剂使用等通用标准，以及乳品、肉制品等产品标准，主要限定各类食品及原料中安全指标；检验方法标准是配套安全指标制定的检验方法；生产经营规范标准侧重过程管理，对食品生产经营过程提出规范要求。这 4 类标准有机衔接、相辅相成，从不同角度管控不同的食品安全风险，能够涵盖我国居民消费的主要食品类别和主要的健康危害因素。可以说，目前，我国已初步构建起覆盖从农田到餐桌，与国际接轨的食品安全国家标准体系。

二是标准管理的制度和审查机制进一步完善。2019 年 7 月，第二届食品安全国家标准审评委员会正式成立，进一步优化了标准审查程序。随着《食品安全国家标准审评委员会章程》《食品安全国家标准工作程序手册》等文件的发布，食品安全标准管理制度和工作体系进一步优化。

三是更加注重标准与食品安全风险监测和评估工作的有机衔接。根据《食品安全法》的要求，食品安全标准应以风险评估结果为依据。国家食品安全风险评估中心利用食品安全风险监测数据，基于风险评估结果，制定修订食品中污染物等重要的健康危害因素标准，进一步夯实标准科学基础。

四是食品安全国家标准跟踪评价与宣贯工作进一步强化。落实了标准跟踪评价制度，创新了标准跟踪评价和宣贯培训模式，将标准跟踪评价与宣贯有机结合起来，进一步发挥了标准跟踪评价结果在完善标准体系中的作用。

五是积极参与国际食品标准的制定。作为国际食品添加剂法典委员会和农药残留法典委员会主持国，以及作为国际食品法典委员会亚洲区域协调员，我国在国际食品标准制定方面的国际影响力逐步增强。

接下来，我国将继续构建以《食品安全法》和《农产品质量安全法》为核心并与之相配套、相衔接的较为完备的法律体系。立足国情，与国际食品法典标准接轨，加快制定和修订农药残留、兽药残留、重金属、食品污染物、致病性微生物等食品安全通用标准，完善食品添加剂、食品相关产品等标准制定。同时，建议地方食品安全监管部门根据《食品安全法》的基本要求，制定符合本地实际的、操作性强的法规，制定明确的食品生产经营者基本操作规范，进一步细化食品安全违法行为的类型和处罚体系。通过以上措施，努力全面打造食品安全最严谨标准体系，让人民群众吃得放心、有章可依。

第二节 美国食品卫生与安全法律法规

一、食品安全监管机构和职能

美国的食品安全监管体系能够有效运作在于其健全的体制和各种执行及监督机构，美国所施行的是机构联合监管制度，在全国、各州及各地方层次进行食品生产与流通的监管。在联邦层面，由"总统食品安全管理委员会"负责协调食品安全监管的全面工作。美国政府食品安全监管体系中涉及食品安全监管职能的机构共有 20 多个。各层级的法律和准则都对这些监管人员的权限有着明确的规定。这些工作人员携手合作，形成了美国食品安全的监管系统（表 14-1）。1997 年，克林顿政府发起"食品安全运动"，以加强全国食品安全监管人员的工作，1998 年 5 月开始实施 1 项重要的计划，即美国卫生部、农业部和环境保护总署联合签署了 1 份备忘录，决定建立"食源性传染病发生反应协调组"（Food Outbreak Response Coordinating Group，FORC-G）。目的在于加强联邦、州和地方食品安全机构间的协调与联络。FORC-G 还包括了各种与食品安全相关的民间协会。FORC-G 制度奠定了机构联合监管制度的基础。

1. 美国健康与人类服务部（U.S. Department of Health and Human Services，HHS）

美国食品安全监管的大部分任务都由美国健康与人类服务部（HHS）属下的食品药物管理局（Food and Drug Administration，FDA）来执行，主要监管除肉类、禽类、不带壳的蛋类及其制品和含酒精饮料之外的所有食品。FDA 有专门的项目中心，其中与食品安全监管有关的为：监管事务办公室（Office of Regulatory Affairs，ORA），这是 FDA 的管理中心，负责对所有活动的领导，通过以科学为基础的高质量工作努力保证被监管产品的合法性，最大限度地保护消费者。食品安全及营养中心（Center for Food Safety and Applied Nutrition，CFSAN），是 FDA 对食品和化妆品的监管部门，对美国市场上 80% 左右食品进行监管，同时也监管进口食品；国家毒理学研究中心（National Center for Toxicological Research，NCTR）的研究工作对 FDA 的监管提供了可靠的科学基础。FDA 的发展历史体现了美国食品安全监管的历史，在整个美国的食品安全监管体系中，FDA 是最重要的一环。

HHS 下属的疾病预防与控制中心（US Centers for Disease Control，CDC）和国家健康研究院（National Institutes of Health，NIH）负责有关食品安全的监管。CDC 主要负责食源性疾病的监管和研究，并配合其他部门行使监管职能。NIH 是美国对食品安全研究的最主要的机构，同时也负责对食品安全监管人员的培训工作。

表 14-1　　　　　　　　　　　　　美国食品安全监管的官方机构

机　构		监管范围	职能及权利
美国健康与人类服务部（HHS）	食品药物管理局	• 各州际贸易中的国内生产及进口食品，包括带壳的蛋类食品，不包括肉类和家禽 • 瓶装水 • 酒精含量低于 7% 的葡萄酒饮料	• 检查生产企业 • 对上市前食品进行安全性检验 • 制定指导性规程、法规、准则等 • 制定安全标准 • 监督并惩治违法、违规行为 • 对食品安全进行教育和研究
	疾病预防与控制中心	• 所有食品	• 调查食源性疾病的病源 • 管理全国食品传染疾病监视系统 • 制定和宣传食源性疾病的公共卫生政策 • 研究食源性疾病 • 训练食品监管人员
	国家健康研究院	• 所有食品	• 食品安全研究
美国农业部（USDA）	食品安全检验局	• 国内生产与进口的肉类、家禽及相关产品 • 蛋类加工品	• 检查食用动物的安全性 • 检查屠宰场和加工厂 • 分析食品样品，检查其是否安全 • 制定生产标准 • 检查并确定进口食品是否符合标准 • 进行食品安全的研究和教育
	国家农业图书馆食源性疾病信息教育中心	• 所有食品	• 管理一个关于防止食源性疾病的资料库 • 协助寻找防止食源性疾病的教育资料
美国环境保护署（EPA）		• 饮用水 • 用植物、海鲜、肉类和家禽生产的食品	• 制定饮用水安全标准 • 监管毒性物质和废物，防止其进入环境和食品链 • 监视饮用水质量，寻找防止污染的方法 • 制定杀虫剂残余量标准
美国商务部（USDC）	全国海洋和大气管理局	• 鱼类和海洋产品	• 依照"海鲜检查计划"检查渔船、海鲜加工厂和零售商是否符合卫生标准，并颁发检查证书

续表

机　构	监管范围	职能及权利
美国财政部（USDT） 烟酒与火器管理局	• 含酒精饮料，不包括酒精含量低于 7% 的葡萄酒饮料	• 执行与酒精饮料有关的食品安全法律 • 调查含酒精产品的案件
美国海关总署（USCS）	• 进口食品	• 与其他管制机构合作，确保所有货物在进入和离开美国时都符合美国法规条例的要求
美国司法部（USDJ）	• 所有食品	• 起诉违法的嫌疑公司和个人 • 通过联邦保安局扣押未进入市场的不安全食品
联邦贸易委员会（FTC）	• 所有食品	• 执行各种法律以保护消费者

2. 美国农业部（United States Department of Agriculture，USDA）

美国农业部（USDA）主要监管肉类、禽类和蛋类制品。其属下的食品安全检验局（Food Safety and Inspection Service，FSIS）是对食品安全监管的主要部门，它的职能与 FDA 十分相近，仅监管范围不同。FDA 和 FSIS 一起所监管的产品基本包括了所有美国市场上的食品，他们在国家农业图书馆（National Agricultural Library，NAL）联合成立了食源性疾病信息教育中心（Foodborne Illness Education Information Center，FIEIC），该中心负责管理一个食源性疾病信息数据库，以方便食品安全相关人员和公众进行查询。USDA 的其他部门也协助部分食品安全监管工作。

3. 其他政府机构

美国环境保护署（U. S. Environmental Protection Agency，EPA）主要负责对饮用水和与水密切相关的食品的监管工作；美国商务部（U. S. Department of Commerce，USDC）下属的全国海洋和大气管理局（National Oceanic and Atmospheric Administration，NOAA）负责鱼类和海洋产品的监管；美国财政部（U. S. Department of the Treasury，USDT）下属的烟酒与火器管理局（Bureau of Alcohol，Tobacco and Firearms，BATF）负责含酒精饮料的监管；美国海关总署（U. S. Customs Service，USCS）负责保证所有进口和出口的产品符合美国的法律、法规和标准；美国司法部（U. S. Department of Justice，USDJ）对所有违法行为进行起诉，也可扣押尚未进入市场的不安全食品；联邦贸易委员会（Federal Trade Commission，FTC）执行各种法律以保护消费者，防止不公平的、虚假的、欺诈性的行为。联邦的各级政府会对本辖区内的食品安全进行监管。

4. 食品安全协会

美国民间协会所制定的各种食品安全标准是非强制执行的，但其具有科学性和严谨性，十分有利于食品安全的保护，通常政府机构在制定强制性的技术法规和标准时会大量参考民间机构的标准文件。民间协会对美国食品安全监管体系的发展具有非常重要的意义。主要的协会如下。

国际官方分析化学家协会（Association of Official Analytical Chemists，AOAC International）于 1884 年成立，是美国最重要的与食品安全监管有关的协会，其创立后所提出的各种食品安全检测方法和安全标准对 FDA 具有重要的影响，其 AOAC 标准也被各国广泛使用。美国谷物化学家协会（American Association of Cereal Chemicals，AACCH）成立于 1915 年，进行谷物科学的研究，积极推动谷物化学分析方法和谷物加工工艺的标准化。美国饲料管理官方协会（Association of American Feed Control Official，AAFCO）成立于 1909 年，对有关饲料的问题进行科学研究，制定各种动物饲料术语及生产和管理标准。同一年成立的美国饲料工业协会（American Feed Industry Association，AFIA）也进行同样的工作。美国油类化学家协会（American Oil Chemists' Society，AOCS）成立于 1909 年，主要从事各种油脂的研究和标准制定。美国日用品协会（American Dairy Products Institute，ADPI）成立于 1923 年，主要进行乳制品的研究和标准制定工作。

二、食品安全监管法律、标准体系

1. 美国的法律体系

美国拥有多部与食品安全有关的法律法规，基本覆盖了所有食品，具体规定了食品安全的标准和监管程序。这些法律大体可分成四类：第一类，综合性法律，如《联邦食品、药品和化妆品法》（Federal Food，Drug，and Cosmetic Act，FDCA）、《FDA 食品安全现代化法》（FDA Food Safety Modernization Act，FSMA）、《公共健康服务法》（Public Health Service Act，PHSA）、《食品质量保障法》（Food Quality Protection Act，FQPA）。第二类，按食品种类制定的监管法律，如《联邦肉类检查法》（Federal Meat Inspection Act，FMIA）、《蛋制品检查法》（Egg Products Inspection Act，EPIA）、《家禽制品检查法》（Poultry Products Inspection Act，PPIA）等。第三类，按食品流通各个环节制定的法律，如《正确包装与标签法》等。第四类，与食品生产投入相关的法律，如针对农药的《杀虫剂、杀菌剂和杀鼠剂法》、《公共健康安全与生物恐怖主义预防应对法》（Public Health Security and Bioterrorism Preparedness and Response Act）等。除此之外，还有详细的由食品安全监管机构和部门制定的法规，进一步对食品安全监管的相关内容进行了详细规定，作为食品安全法律的有机补充，并按季度对其进行更新。

（1）《联邦食品、药品和化妆品法》（FDCA） 美国有关食品安全的法律法规的核心，构建了美国食品安全监督管理工作的基本框架，赋予了食品安全监管各责任方应有的职责与权限。自 1938 年制定以来，FDCA 历经很多次的修改，成为了美国食品安全法律体系的基本法。其前身是 1906 年颁布的《食品和药品法》（Food and Drug Act），随后经过多次修正和补充形成了现在的 FDCA。FDA 的大部分工作就是实施 FDCA。该法对食品及其添加剂等作出了严格规定，对产品实行准入制度，对不同产品建立质量标准；通过检查工厂和其他方式进行监督并监控市场，明确行政和司法机制以纠正发生的任何问题。该法明确禁止任何掺假和错误标识的行为，还赋予相关机构对违法产品进行扣押、提出刑事诉讼及禁止贸易的权利。进口产品也适用该法，FDA 和美国海关总署（USCS）会对进口产品进行检查，有问题的产品将不能进入美国。该法的监管范围不包括肉类、禽类和酒精制品。

（2）《FDA 食品安全现代化法》（FSMA） 于 2011 年 1 月 4 日由美国总统奥巴马签署通过，这是 70 多年来美国对现行主要食品安全法律 FDCA 的重大修订，也是美国食品安全监管体系的重大变革，它扩大了美国 FDA 的执法授权，扩充了对国内食品和进口食品安全监督的管理权限，尤其是强化了对进口食品的监管，提出了更加严格的国家食品供应安全要求。《FDA 食品安全现代化法》从加强对食品企业的监管、建立预防为主的监管体系、增强部门间与国际间合作、强化进口食品安全监管 4 个方面对现行的主要食品安全法律 FDCA 相关条款作了修订，在全面加强国内食品监管的基础上，突出了对进口食品的安全监管，新增加了14 项制度措施，包括：第三方机构审核、输美食品企业强制检查、检测实验室认可、国外供应商核查计划、自愿合格进口商计划、进口食品需实施口岸查验、高风险输美食品随附进口证明、防范蓄意掺杂、强制召回、收费授权、食品安全官员培训、检举人保护等。

（3）《联邦肉类检查法》（FMIA） 与 FDCA 同时被美国国会通过，这同 1957 年颁布的《家禽制品检查法》（PPIA）和 1970 年颁布的《蛋制品检查法》（EPIA）一起成为美国农业部（USDA）食品安全与检查局（FSIS）主要执行的法律，对肉类、禽类和蛋类制品进行安全性监管。其监管方式与 FDCA 类似。

（4）《公共健康服务法》（PHSA） 于 1944 年颁布，涉及了十分广泛的健康问题，包括生物制品的监管和传染病的控制。该法保证牛奶和水产品的安全，保证食品服务业的卫生及州际交通工具上的水、食品和卫生设备的卫生安全。该法对疫苗、血清和血液制品作出了安全性规定，还对日用品的辐射水平制定了明确的规范。

（5）《公共健康安全与生物恐怖主义预防应对法》 在"911 事件"发生后被美国政府立即颁布，意在增强对公共健康安全突发事件的预防及应对能力，并要求 FDA 对进口的和国内日用品加强监督管理。该法大大加强了进口食品的监管力度。

美国法律法规的制定必须遵循《行政程序法》（Administrative Procedure Act，APA）、《联邦顾问委员会条例》（The Federal Advisory Committee Act，FACA）和《信息自由法》（Freedom Of Information Act，FOIA）等法律。管理机构通过 APA 颁布的规章制度才具有法律效力；FACA 要求政府咨询委员会必须能够平衡各方面的利益以避免纠纷，所有会议必须公开进行并向公众提供参与的机会；FOIA 保证普通公民有获得联邦机构信息的权利。

2. 美国的食品标准体系

美国的食品安全协调体系由技术法规和标准两部分组成。技术法规是强制遵守的，包括适用的行政性规定，类似于我国的强制性标准。而食品安全标准是以通用或者反复使用为目的，由公认机构批准的、非强制性遵守的。政府机关在制定技术法规时引用已用已经制定的标准，作为对技术法规要求的具体规定，这些被参照的标准就被联邦政府、州或地方法律赋予强制性执行的属性。这些标准是在技术法规的框架要求的指导下制定，必须符合相应技术法规的规定和要求。

美国推行民间标准优先的标准化政策，鼓励政府部门参与民间团体的标准制定活动。标准制定机构主要有三大类，包括政府部门制定的等级标准、行业协会制定的标准、标准化技术委员会制定的标准。

美国共有 15 个联邦政府机构参与食品安全管理，其中涉及食品标准管理的机构主要有 4个，即食品安全检验局负责制定肉、禽、蛋制品的安全和卫生标准；FDA 负责制定其他所有食品的安全和卫生标准，包括食品添加剂、防腐剂和兽药标准；环境保护署负责制定饮用水标准以及食品中的农药残留限量标准；农业市场局负责制定蔬菜、水果、肉、蛋等常见食品的市场质量分级标准。

三、美国食品安全监管体系的特点

美国食品安全监管体系是经过百年逐渐发展而成的完整、复杂和范围广泛的一个整体。在其历史上，由最初的防而不治到现在的"从农场到餐桌"政策，使食品安全监管力度大大加强。美国食品安全系统遵循5个原则：①只有安全和卫生的食品才能够进入市场；②有关食品安全的决策是以科学为基础的；③政府拥有强制执行责任；④食品制造商、发展商、进口商等必须遵守规则，否则必须承担责任；⑤政策的制定和调整必须是透明的，而且公众是可以参与的。这些原则使美国的食品安全系统处于很高的水平。

预防和以科学为基础的风险分析是美国食品安全政策和方针制定的基础，加之先进的技术力量和灵活的政策使得美国的食品安全系统能够及时做出调整，良好的透明度可以让公众理解并参与食品安全政策的制定。

1. 风险分析

科学和风险分析是美国食品安全政策建立的基础。1997年"总统食品安全行动"认为风险评估是达到食品安全目标的重要手段，号召联邦政府建立风险评估联合会（Interagency Risk Assessment Consortium），通过鼓励研究来推进微生物风险评估的发展。监管机构还会使用一些工具推行风险管理战略，如HACCP系统。风险分析可分为3个独立的部分：风险评估、风险管理和风险交流。

（1）风险评估是客观的评价过程，但如果没有完备的数据和科学知识是不可能确定1个风险的，通过仔细考虑分析数据中的不确定性从而仅凭一些不确定的数据做出决定是可以接受的，美国政府通过这种方式确保风险不被忽视。风险评估具有3个步骤：首先进行危害的确认，在美国这已经通过法律和经验作出了明确的规定；然后是危害的描述，分析潜在的危害可能发生的条件和模式；最后是评估公布，必须区分对急性危害的短期公布和对慢性危害的长期公布。

（2）风险管理是由具有很高水平和资格的专家们执行的，以最大限度地保护美国消费者。美国法律已经明确规定了在食品添加剂、兽药和蛋白等进入市场前的基本要求，这使得风险管理有了坚实的基础。

（3）风险交流与美国政策制定的透明性的要求是一致的，它要求风险分析过程对公众是开放的且是可以参与的，从而能够对不合理的风险分析加以调整。

2. 预防手段

很多健康、安全和环境法律的制定是为了预防不良事件发生并保障公众和环境的健康。具体的预防和保护措施是由不同的规定、法律、法规和实际情况体现的。但他们都是以风险为基础，通过不同的途径执行预防手段。

例如，在美国食品和饲料行业的风险控制预防中，采用禁止给反刍动物饲用某些特定的动物蛋白以防止疯牛病进入这个国家。这项禁令通过一项条例加以实施，政府遵循《联邦行政程序法》（APA）程序在联邦登记簿上对为什么建议采取相关行动进行解释，包括描述风险，并在最后公布其规章前参考由产业界、学术界、公民个人及政府机构提供的意见。

3. 处理新技术、新产品和新问题

在实现国家的"从农场到餐桌"的食品安全目标时，联邦政府只是其中的一个部分。联邦机构与州和地方机构及其他利益相关者，鼓励食品安全的行为，并对业界及消费者做出的推动食品安全问题的努力提供协助。政府的角色是建立适当的标准和确定做什么是必要的，并核实各行业是否满足这些标准及其他食品的安全规定。美国政府努力使其监管系统尽可能灵活化。联邦政府、各州及地方政府在依法进行食品安全的监管时相互配合、相互补充，又各自承担着独立的职责。美国国会给予立法机构制定食品安全法规的广泛权利，在提出明确的目的和具体方案后还可以修订法规。当出现新技术、新产品或新的健康危害时，通常不需要建立新法规，使立法机构对法规的修订或修改具有一定灵活性。为此，美国在1980年颁布了《法规灵活性法》（Regulatory Flexibility Act，RFA）。

通过现代化的检测系统，联邦机构利用其庞大的资源尽可能高效率地有效保障市民免受食源性疾病的侵害。强大的科学研究力量又使其能够应付各种突发生事件，还能及时对新产品进行有效的监管。不仅是政府部门，美国的民间机构消费者都认真地行使着自己监督的权利，能够将新情况在第一时间报告给相关的部门。FDA和USDA在国家农业图书馆联合成立的食源性疾病信息教育中心建立的数据库收录了各种食源性疾病的信息资料，以方便查找从而提高应对能力，以有效地减少食源性疾病的危害。

4. 透明性

美国各式各样的法规和行政命令确保法规修订的方法是在公开、透明和交互的方式下进行。《行政管理规程条例》（APA）是具有强制性的法律，其详细说明了指定法规的要求。只有在APA指导下的行政部门所颁布的独立法规是具有强制性和法律效应的。所有的法规和法定公告都发表在联邦政府出版物上，为了提高透明度，美国政府行政部门还广泛使用民间媒体网络。

在颁布法令的同时，会在几个州进行小范围的影响性分析。《联邦顾问委员会条例》（The Federal Advisory Committee Act，FACA）还要求政府组织咨询委员会认可的合法团体进行平衡各界利益的工作，同时举行公众顾问委员会会议，使委员会之外的评论也有机会参与。为保证公众尽可能广泛地参与，行政部门会在网上发布他们的建议草案，新闻媒体和相关团体会进行密切的关注。

美国的食品安全监管部门有责任对美国总统、国会和法院进行解释，以保证食品安全监管的合法、合理。最重要的是食品安全监管部门有责任直接对公众解释，公众可定期行使修订法律法规的权利，也为食品安全法规、标准、政策等提供强有力的支持。

第三节　加拿大食品卫生与安全法律法规

一、加拿大的食品安全管理体制

1. 加拿大的食品安全管理体制

加拿大有全球闻名和完备的食品安全保障系统，采取的是分级管理、相互合作、广泛参与的模式，联邦、各省和市政当局都有管理食品安全的责任。其主要的食品安全立法文件是由加拿大健康署颁布的《联邦食品药物法律法规》（FDA）。联邦各省在FDA的基础上也因地制宜制定了各省的省级法律文件。

在完整的食品安全保障系统中，除加拿大健康署颁布的立法文件及各省制定的法律文件外，加拿大食品检验署（CFIA）作为国家副部级机构，肩负着监督全国生产、供应、销售、进出口等从农场到餐桌的供应链所有环节安全的重任。而省级政府的执法过程是以CFIA为主，提供在自己管辖权范围内产品本地销售的成千上万的小食品企业的检验。市政当局则负责向经营最终食品的饭店提供公共健康的标准并对其进行监督。政府要求农民、渔民、食品加工者、进口商、运输商和零售商根据标准技术法规和指南来生产加工，经营家庭、饭店和机构食堂的厨师则要根据食品零售商加工企业和政府提供的指南加工食品。

作为加拿大最大的管理机构，CFIA 在促进和推广使用有效的操作规范方面发挥了突出的作用。CFIA 制定了一系列规划和创新计划，鼓励产业界采用 HACCP 系统。CFIA 协助产业界改造和重组它们的 HACCP 系统，提供 HACCP 系统认证，并对执行状况进行核实，使所有的食品法规都在 HACCP 系统下得以实施，而 CFIA 的检验员将注意力主要集中在高风险的领域。CFIA 的质量管理计划（QMP）就是一个基于 HACCP 原理的规划，该规划自 1992 年起在加拿大的鱼产品加工部门强制执行。在其他领域，如鸡蛋、牛奶等，HACCP 的实施还是自愿性的。在肉类和家禽加工业里，虽然也是自愿性的，但 HACCP 的强制实施已经处在立法程序中。

食品安全督促计划（FSEP）是一个为农业食品部门制定的规划。该规划虽然在肉类和家禽加工厂实行得比较普遍，但在乳、蜂蜜、鸡蛋、蔬菜、水果加工业内也广泛应用。CFIA 还对《肉类检验法》起草了一个修正案，以便为该规划的强制实施提供必要的法律基础。该修正案第一次明确规定，有关动物健康状况的信息在动物装车运输之前就必须提前向相应的屠宰场报告，以便屠宰场的责任兽医能够得到更多的信息以判断屠宰动物的健康状况。

综观加拿大的食品安全管理可以发现，由于消费者对食品安全的要求越来越高，加拿大的食品安全管理办法在发生巨大变化，其突出特点是在传统的调查、检查、检验的基础上，全面推广基于 HACCP 原理的预防性食品安全管理办法。

2. 加拿大的 HACCP 体系

HACCP 系统是一个国际上广为接受的以科学技术为基础的体系，它强调食品供应链上各个环节的全面参与，采取预防性措施，而非传统依靠对最终产品的测试与检验，来避免食品中的物理、化学和生物性危害物，或使其减少到可接受的程度。

在加拿大，食品安全被视为是每个人的责任，加拿大的消费者教育规划向消费者提供如何清洗、分割、烹调、冷藏的信息和服务，以及传播 HACCP 的知识。HACCP 系统的原理得到了广泛的运用。从农场开始的每个环节都承担起维护食品安全的义务。例如，在农场上实施的"质量从这里开始"（Quality Starts Here）是一个牛肉安全规划，"加拿大质量保证规划"（Canadian Quality Assurance Program）是一个猪肉安全规划，而"始于清洁，保持清洁"（Start Clean, Stay Clean）是一个鸡蛋安全规划。这些规划保证了食品从农场到加工企业门户的食品安全。FSEP 规划则推动了 HACCP 系统在屠宰、加工和零售等领域的运用，提供从加工企业门户到最终食品的安全保证。尽管在某些产品的某些环节还没有特定的规划，但 HACCP 的原理已经得到比较广泛的应用。

为了协助各类企业开发自己的 HACCP 系统，加拿大食品安全检验局和食品产业界开发了一些通用的模型，这些模型是按产品和加工类型设计的，具有通用性，各个企业可根据自身的特点加以丰富，以适应自己的需要。目前加拿大已经开发的通用模型，包括肉和禽产品、鸡蛋、蔬菜、水果、蜂蜜及枫树加工产品和乳制品类。这也极大地方便了各企业制定与应用 HACCP 体系。

二、加拿大食品检验署

1. 加拿大食品检验署简介

加拿大食品检验署（CFIA）是为了切实加强食品安全监管，解决食品监管职能交叉、权责不清、体制不顺的问题，在原属于农业与食品部、海洋和渔业部、工业部和卫生部 4 部门有关食品监管的职能和人员的基础上进行整合而成立的。CFIA 是联邦议会 1997 年通过的《加拿大食品检验署法》（Canadian Food Inspection Agency Act）授权统一行使包括动植物健康在内的食品安全监督执法机构。其职责范围从联邦注册的肉类加工设备、在边境对外来病虫害的监督，到对欺诈性标签的强制管理；从对动物的人道主义运输进行核实，到进行相关的食品调查和召回；此外，还对产品进行实验室检测，对种子、植物、饲料和肥料进行环境评估。食品检验署是加拿大对食品监督管理唯一的执法部门，可以直接向加拿大农业与农业食品部部长汇报工作。

加拿大食品检验署的内容主要包括 3 个方面。

（1）执法　CFIA 是加拿大最大的技术执法部门，除渥太华总部外，还在加拿大西部地区、大西洋地区、魁北克地区和安大略地区设立了 4 个大区机构，在 4 个大区下又下设 18 个地区分支机构，负责监督企业遵守食品安全法律法规和标准，并对违规的食品生产经营者采取查封、移交、召回、罚款等强制性处罚措施，以确保食品能够完全满足质量安全要求。

（2）监督　根据《加拿大食品检验署法》和有关法律的授权，CFIA 主要负责 14 个具体领域的监管工作，包括加工食品、水产品、乳制品、蛋制品、肉类卫生、蜂蜜、新鲜水果蔬菜、化肥、种子等产品，以及动植物检验检疫、食品安全调查和食品标签等监管工作。CFIA 直接负责对联邦一级注册的生产企业、跨省或进出口食品的经营商和进口商进行监督管理。同时，CFIA 根据各地区特点在全国布局建设了 21 个政府实验室，负责为食品安全监管工作提供技术支撑。CFIA 一线机构和实验室有大量的食品检验员，主要负责对农产品食品和加工食品进行日常检验，并在发生食品安全风险事件时为政府采取紧急措施提供技术支持。

（3）服务　CFIA 是加拿大联邦政府中科学性、技术性特点十分突出的管理部门，它的 1 项重要职责和工作就是发挥自己的技术优势与食品产业界合作，积极帮助和服务企业建立和采用更为科学的管理规范，例如，鼓励企业采用危害分析与关键控制点（HACCP）、质量管理计划（QMP）等先进管理方法，并计划首先对肉制品、禽肉制品的生产企业实施强制性的 HACCP 体系管理。CFIA 的工作人员分布在加拿大全国各地的办事处、实验室及食品加工厂，负责分布于加拿大各办事处的食品、动植物的检验检疫工作。他们接受质量检测认证的产品不仅包括农资材料，如种子、饲料、肥料，也涵盖新鲜的食物（包括肉、鱼、蛋、粮食、乳制品、水果、蔬菜），初加工和包装的食品。

食品检验署下设 3 个部门，分别是食品安全部、动物健康部和植物保护部。食品安全部的职责是强化食品安全，促进食品标签的公平应用。强化食品安全内容包括：①监测和分析可引起食品安全事件的危险因素；②建立食品安全监测体系；③食品安全突发事件的应急处理；④审计和评估食品安全计划和食品标签应用的效果；⑤依据法律手段的行政处罚；⑥对公众的食品安全教育。动物卫生部主要是对兽医生物制品、动物的妥善运输、饲料进行检验，植物保护部的职责是对植物保护并对种子、饲料进行检验。

2. 加拿大食品召回制度

根据加拿大食品检验署的定义，食品召回是指收回目前市场销售的对人体健康有危险或违反了食品检验署相关法律规定的产品。食品召回在法律上一般分为企业的自愿行为和执法机构的强制性行为，相应地将食品召回分为主动召回和强制召回。

主动召回（Voluntary Recall）：不经过食品检验署的指令，食品生产企业主动召回自己的产品。强制召回（Mandatory Recall）：食品生产企业不愿自行召回自己的产品，食品检验署根据食品检验署条例的第 19 条规定，以行政命令手段对产品进行强制召回。强制召回区别于主动召回的部分在于：①强制召回是食品检验署的行政命令；②食品检验署发布召回令，并进行媒体通报；③强制召回令对销售此类产品的所有人均有效；④违反强制召回令是一种犯罪的行为。一般来说，政府鼓励企业主动召回缺陷产品，在多数情况下，一般都是企业主动发起召回行动。若企业不愿或拖延启动召回程序，那么食品检验署可行使法律赋予的权力，强制召回不安全产品。对违反强制召回命令的行为，加拿大的法律还作出了相应的处罚规定。

根据被召回产品对人体可能造成危害程度的大小，召回分为一级召回、二级召回和三级召回。

（1）一级召回　食用了这类产品极有可能引起严重的健康损害，甚至死亡，此类召回经常会对消费者发布警告。

（2）二级召回　食用这类产品后可能引起暂时性或可逆性健康损害，但引起严重健康损害的可能性较小，此类召回根据实际情况可以对消费者发布警告。

（3）三级召回　一般不会造成健康危害。比如贴错产品标签、产品标识有错误或未能充分反映产品内容等，此类召回一般不会对消费者发布警告。

三、食品安全管理的法律法规体系

加拿大与食品安全有关的主要法律法规如下。

1. 《加拿大食品安全法案》

《加拿大食品安全法案》（SFCA）于 2012 年出台，2015 年正式实施，并于 2023 年 1 月修正。该法案整合了之前的 4 部食品安全法案，包括《水产品检验法案》《加拿大农产品检验法案》《肉品检验法案》以及《消费者包装与标识法案》。《加拿大食品安全法》的适用范围为食品检验、安全、标签和广告、食品进出口和省际交易、标准制定、相关人员许可证、食品生产企业标准。该法案从以下几方面加强监管：一是建立适用于所有食品的更为一致的食品检验体制；二是加大对危及消费者健康行为的处罚力度；三是加强对进出口食品的监管，要求进口商拥有进口许可证；四是强化食品追溯能力。最新的食品安全法案加大了对食品违规行为的处罚力度，将食品违规的最高罚款额度提高至 500 万加元，以强化食品安全。

2. 《加拿大食品安全条例》

《加拿大食品安全条例》（SFCR）是《加拿大食品安全法案》的配套法规，于 2018 年出台并于 2019 年 1 月 15 日正式实施，统一并取代了加拿大 14 部食品法规，以减少企业不必要的行政负担，这有助于提升加拿大农产品和农业部门的市场准入门槛。新的综合法规要求食品企业在通过省或地区边界进口、准备出口食品时拥有许可证和预防性控制措施——概述解决食品安全潜在风险的步骤。条例还有望通过要求企业将食品追溯到供应商和经销商环节，以减少从市场上清除不安全食品所需的时间。

3. 《食品药品法》

加拿大联邦议会于 1985 年通过了《食品药品法》，该法负责有关食品、药物、化妆品和医疗器械的卫生安全和防止商业欺诈（食品检验只负责其中的食品）。《食品药品法》由 37 部分组成，其中与食品安全相关的条目主要是定义，总则，禁止的广告，食品的禁止出售，有关食品的欺骗等，食品的进口与省际移动，食品的不卫生的制造、检查、查封和没收，分析，规章，出口以及附件等。

值得一提的是《食品药品法》B 部分中 "DIVISION16 食品添加剂" 按照功能作用将食品添加剂分为 15 类，并分别以列表的形式规定了允许使用的添加剂品种、使用范围及最大使用量。B 部分中的 "DIVISION6 食品色素" 又对食品色素的使用、规格标准、销售、进口、标签等作了更为具体的规定。加拿大食品企业生产过程中都以此为依据，如果使用、销售法规中未涉及的食品添加剂，必须向卫生部提交申请，须包括以下主要资料。

（1）描述该食品添加剂，包括化学名称、商品名称、生产工艺（方法）、理化特性、成分规格，如不能提供须详细解释说明。

（2）食品添加剂申请使用目的、使用量，并附使用说明、指导、建议。

（3）必要时提供终产品中添加剂以及其他任何由于使用该添加剂而进入食品中的物质的检验方法。

（4）该添加剂预期的工艺作用资料。

（5）证实食品添加剂在建议使用条件下使用安全的详细测试报告。

（6）按照良好生产规范使用添加剂后终产品中残留情况的资料。

（7）终产品中添加剂的最大残留限量。

（8）食品添加剂标签样稿。

（9）用于食品的食品添加剂样品、活性成分样品以及含食品添加剂的食品样品。

4.《自然健康产品法规》

加拿大卫生部健康食品和食品局（HPFB）于 2003 年 6 月颁布《自然健康产品法规》（Natural Health Products Regulations），于 2004 年 1 月开始实行，并于 2023 年 2 月进行修正。法规将自然健康产品定义为两部分：功能和物质。功能部分涉及自然健康产品定义的用意，旨在涵盖那些加工和销售代表下列用途的物质：诊断、治疗、缓解和预防人体疾病、紊乱或异常生理或症状；恢复或调节人体有机功能；改变人体有机功能，保持或促进健康等。自然健康产品包括植物或植物性物质、藻类、菌类、非人类的动物性物质及上述物质的提取物或分离物、维生素、氨基酸、必需脂肪酸及它们的合成复制品、矿物质等。新法规规定要销售任何自然健康食品都必须申请并获得加拿大卫生部签发的自然健康产品销售批准书（即产品执照），才能上市销售。产品执照将写明持照者的名称和地址，自然健康产品的产品执照号、剂型、剂量、服药途径、原材料以及产品中每一药物成分的药力或有效部位、服用范围或用途以及产品执照的发放日期。

5.《加拿大谷物法》

《加拿大谷物法》中所指的谷物，包括大麦、菜豆、荞麦、鹰嘴豆、玉米、蚕豆、亚麻籽、小扁豆、混合谷物、芥子、燕麦、豌豆、油菜籽、黑麦、红花籽、大豆、葵花籽、黑小麦和小麦。在加拿大，只要是用于境内省际贸易、出口或进口的农产品，都必须符合一定的产品质量标准。对大宗谷物、油料种子、水果、蔬菜、牲畜、乳酪等农产品都制定了详细的等级标准。加拿大制定的农产品品质标准极为细致、全面，可操作性强。

6. 其他法律法规

（1）《植物保护法》 防止对植物有害的疾病的进出口和传播，并就如何控制和消除疾病以及对植物进行认证做了规定。

（2）《化肥法》 协助确保化肥和营养补充产品安全、有效并标识准确。

（3）《种子法》 在种子的进出口和销售中监管种子的质量、标识并对登记注册进行了规定。

（4）《饲料法》 对管理牲畜饲料的生产、销售和进口进行了规定。

（5）《动物卫生检疫法》 对防止将动物疾病传入加拿大并防止对人类健康或国家的畜牧业经济构成危害的疾病在国内的传播进行了规定。

（6）其他食品安全管理政策 为了加强对进口食品的管理，加拿大政府在 2000 年实施了加拿大国家进口政策草案。该草案由加拿大 CFIA 进口项目小组提供，作为进口政策及执行管理业务的长期指导策略，以适应日趋复杂的进口管理环境。加拿大食品检验局与加拿大省、地方政府，以及其他联邦机构，诸如加拿大海关暨税务总署、加拿大卫生部、公民暨移民部、外交暨国际贸易部等单位合作关系密切；在提升检验制度效力与效率、增进政府机构之间的合作、促进国际贸易等方面成效显著。

四、加拿大对进口产品的规定

食品进口时，CBSA 按照分工，可以进行抽样、核放，属于需要 CFIA 审核检验的，则将相关信息发至 CFIA，获 CFIA 反馈指令后放行。对不同国家进口的食品，采取不同级别的管理模式，一般前五批必检。通常，食品进入加拿大市场销售，需要符合《食品药品法》及其条例规定的安全卫生要求、标签要求和防止欺诈行为要求。此外，许多农产品和鱼类产品还要符合其他法律法规的要求。在某些情况下，从不同国家或地区进口食品也有不同的要求。CFIA 的自动化进口索引系统（Automated Import Reference System，AIRS）包含了联邦机构对所有进口食品的要求。其自动化系统掌握进口食品的许可证号、运输船只、出口国家管理、屠宰、加工过程、设施、标签注册号码等的情况。

1. 鱼产品进口规定

加拿大近年新颁布了鱼产品进口规定，并对其检验程序作了详细说明（附进口执照申请表及《进口通知表格》，调节、运输、销售记录、消费者投诉、货品回收程序等办法）。《加拿大鱼产品进口规定》主要内容如下。

（1）加拿大鱼产品进口商须先向加拿大食品检验署申请取得一般进口执照（Import License）。执照费为 500 加元/年，每年缴纳 1 次。

（2）取得 Shared QMPI 或 Enhanced QMPI CFI-A CEIA 资格的大宗进口商，其执照费为每年 5000 加元（执照费差额系支付 CFIA 按期派员巡视设备、稽核进口商自行检验记录簿等）。

（3）进口商须在货物抵达前 48h 向加拿大食品检验署呈交"进口通知表"（Import Notification），填列输出国、制造厂商、商标、重量、单位、号码等资料，加拿大食品检验署将通知进口商该批货物是否需要检验。首次输入加拿大市场的新产品将在入境时接受检验，以确定货物符合安全、品质规定等。

（4）检验类别与费用

①视觉、触觉、嗅觉的感触评估检验：每批货品每项检验约 9000 加元检验费；

②微生物及化学品检验。

2. 新鲜水果蔬菜进口规定

加拿大根据水果种类和不同产地的有害生物风险程度实行分类管理，对部分水果种类进口实行许可证制度，并制定出明确的进口检疫要求，不同种类的水果有不同的检疫要求，甚至来自不同产地的同一种水果的检疫要求也不同。对苹果、梨、樱桃、葡萄这几种落叶性水果的进口控制较严，而加拿大对柑橘类和热带水果要求较宽松，来自世界各地的柑橘类和各种热带水果包括荔枝、龙眼等均可进入加拿大市场，不要求事先取得进口许可证，也不要求附有官方植物检疫证书，只有一条检疫要求，即不能带有活虫，如果被发现带有活虫，就需退回再出口或进行销毁处理。

3. 农产品进口规定

加拿大食品检验署控制进口的农产品有鸡、火鸡、孵化种及小鸡，蛋类及其产品，乳酪、黄油及人造黄油，冰淇淋、酸乳酪及其他乳制品，大麦、小麦及其制品，来自非北美自由贸易协定国家的牛肉及菜用小牛肉。

第四节　欧盟食品卫生与安全法律法规

近年来，随着食品安全事件的不断出现，食品质量安全已成为全球性的焦点，各国都在下大力气加强食品安全监管工作。目前，在欧美等发达国家和地区，食品质量安全控制体系也成为各国学习的榜样。欧盟的食品质量安全控制体系被认为是最完善的食品质量安全控制体系，具有很好的示范作用。这个体系逐步建立了一个以《欧盟食品安全白皮书》为核心的各种法律、法令、指令等并存的食品安全法规体系新框架，并设立了完善的管理机构；逐步趋向于统一管理、协调、高效运作的架构，强调从"农田到餐桌"的全过程食品安全监控，形成政府、企业、科研机构、消费者共同参与的监管模式，在管理手段上，逐步采用"风险分析"作为食品质量安全监管的基本模式。

在欧盟会员国，食品安全的规定是以法律的形式体现。作为法律，这些规定必须得到所有相关人员和法人的遵守，若有违反将面临严厉的法律制裁。存在安全问题的产品不允许通过降价甚至赠送的方式售出或捐赠。

一、食品安全监管机构及职能

欧盟设立了完善的管理机构，提高管理的科学性、合理性、统一性和高效性。

欧盟食品安全管理机构由欧盟各国成员构成，包括代表共同体的欧盟委员会、代表成员国的理事会、代表欧盟公民的议会、负责财政审核的欧洲审计院、负责法律仲裁的欧洲法院。欧盟层面负责食品安全的主要机构主要有欧盟卫生和食品安全总司（Directorate General for Health & Food Safety）、欧盟食品安全局（European Food Safety Authority，EFSA）。除此之外，消费者、卫生、农业和食品执行机构（Consumers，Health，Agriculture and Food Executive Agency，Chafea）与食品和兽医办公室（Food and Veterinary Office，FVO）也参与食品安全工作。

欧盟委员会是欧盟的常设执行机构，主要负责欧盟法律议案的提议、法律法规的执行、条约的保护及欧盟保护措施的管理。欧盟食品安全管理法规的决策是由欧盟委员会健康和消费者保护总署（SANCO）提出提议，经成员国专家讨论，形成欧盟委员会最终提议，然后将提议提交给欧盟食品链和动物卫生常设委员会（SCOFCAH），或将提议直接提交给理事会，再由理事会和议会共同决策。

欧盟卫生和食品安全总司下设4个办公室，分别是食品链、利息相关者和国际关系办公室，食品和饲料安全、改革办公室，卫生与食品审计和分析办公室，以及食品、动物和植物危机管理办公室。其中，主要负责食品安全监管的执行机构是卫生与食品审计和分析办公室。

欧盟食品和饲料安全、改革办公室主要的职责就是监督以及评估，负责监督和评估各个国家执行欧盟对于食品质量安全、兽药和植物健康等方面法律的情况，负责对欧盟食品安全局的监督和对其工作的评估。下设了执行委员会和科技委员会（植物、动物、食品和饲料常设委员会），为欧盟制修订相关法律法规的时候提供帮助，该常设委员会覆盖整个食品链，从农场的动物健康到消费者餐桌。

欧盟食品安全局于 2004 年 4 月成立，是 1 个独立的科学咨询机构，负责为欧盟委员会、欧洲议会和欧盟成员国提供风险评估结果，并为公众提供风险信息。主要由管理董事会、咨询论坛、科学委员会和专门科学小组 4 个部分构成。①管理董事会主要负责制定年度预算和工作计划，并负责组织实施；任命执行主任和科学委员会及 9 个科学小组的成员；根据目标宗旨确定优先发展领域；符合法律要求，按时提出科学建议。②咨询论坛主要职责是对潜在风险进行信息交流；针对科学问题、优先领域和工作计划等提供咨询；开展风险评估及食品和饲料安全问题讨论；解决科学意见分歧。③科学委员会及其常设的各科学小组，负责为管理机构提供科学建议。④各科学小组及其具体职责分别是：负责食品添加剂、调味品、加工助剂以及与食品接触物质的科学小组；负责用于动物饲料的添加剂、产品或者其他物质的科学小组；负责植物健康、植物保护产品及其残留的科学小组；负责转基因生物的科学小组；负责营养品、营养和过敏反应的科学小组；负责生物危险的科学小组；负责食品链中食品受污染的科学小组；负责动物健康和福利的科学小组。

消费者、卫生、农业和食品执行机构于 2005 年设立，负责执行欧盟的健康计划，消费者计划和开展更安全的食品行动培训，协助卫生与食品安全总司的相关工作。

二、欧盟食品安全管理的法律法规体系

（一）欧盟食品安全法律体系发展史

在 2000 年，欧盟公布了《欧盟食品安全白皮书》，并于 2002 年 1 月 28 日正式成立了欧盟食品安全局（EFSA），颁布了（EC）No. 178/2002 指令，规定了食品安全法规的基本原则和要求及与食品安全有关的事项和程序。

随后的几年内，欧盟不断改进立法和开展相关行动，自 2000 年以来，欧盟对食品安全条例进行了大量修订和更新。以食品卫生法规为例，欧盟出台了许多理事会指令，这些指令又经过了数次修订，修订的主要依据是从农场到餐桌的综合治理，良好卫生操作规范（GHP）和HACCP 原则等。

欧盟发布了多个与食品相关的指令，并对部分已发布并执行的指令内容进行了修订。

同时发布了（EC）No. 852/2004、853/2004、854/2004、882/2004 规章，规定了欧盟对各成员国以及从第三国进口到欧盟的水产品、肉类、肠衣、乳制品以及部分植物食品的官方管理控制要求与加工企业的基本卫生要求。法规被大大简化，适用于所有食品，且不再把食品安全和贸易混为一谈，只关注食品安全问题。并要求实行食品链（从农田到餐桌）的综合管理，对生产者提出了更多的要求。法规具有责任可追溯性，问题食品将被召回。

2005 年发布了（EC）No. 183/2005，制定饲料卫生要求（内容与欧洲经济区 EEA 相关）：对进入欧盟市场的产品从生产、加工和销售全过程的卫生进行了规定。

2006 年 1 月 1 日，欧盟实施新的《欧盟食品及饲料安全管理法规》。该项法规是欧盟委员

会于 2005 年 2 月份提出并递交欧洲议会审议的，在 3 月份举行的欧洲议会全体会议上获得批准。这项新的法规具有 2 项功能，一是对内功能，所有成员国都必须遵守，如有不符合要求的产品出现在欧盟市场上，无论是哪个成员国生产的，一经发现立即取消其市场准入资格。二是对外功能，即欧盟以外的国家，其生产的食品要想进入欧盟市场都必须符合这项新的食品法标准，否则不准进入欧盟市场。与此之前的有关食品安全法规相比，欧盟该项食品安全法有几个值得关注的地方：一是大大简化了食品生产、流通及销售的监督检测程序；二是强化了食品安全的检查手段；三是大大提高了食品市场准入的标准；四是增加了已经准入欧盟市场的食品安全的问责制；五是更加注意食品生产过程的安全，不仅要求进入欧盟市场的食品本身符合新的食品安全标准，还要求从食品生产的初始阶段就必须符合食品生产安全标准，特别是肉食品，不仅要求终端产品要符合标准，在整个生产过程中的每一个环节也要符合标准。

欧盟的食品安全法规体系比较完善，涵盖了"从农田到餐桌"的整个食物链，形成了以《欧盟食品安全白皮书》为核心的各种法律、法令、指令等并存的食品安全法规体系新框架。由于在立法和执法方面欧盟和欧盟诸国政府之间的特殊关系，使得欧盟的食品安全法规标准体系错综复杂。在欧盟食品安全的法律框架下，各成员国如英国、德国、荷兰、丹麦等也形成了各自的法规框架，这些法规并不一定与欧盟的法规完全吻合，主要是针对成员国的实际情况制定的。

欧盟现有主要的农产品（食品）质量安全方面的法律有《通用食品法》《食品卫生法》《添加剂、调料、包装和放射性食物的法规》等，另外还有一些由欧洲议会、欧盟理事会、欧委会单独或共同批准，在《官方公报》公告的一系列 EC、EEC 指令，如关于动物饲料安全法律的、关于动物卫生法律的、关于化学品安全法律的、关于食品添加剂与调味品法律的、关于与食品接触的物料法律的、关于转基因食品与饲料法律的、关于辐照食物法律的等。

（二）欧盟主要的食品安全法律简介

1. 《欧盟食品安全白皮书》

《欧盟食品安全白皮书》包括执行摘要和 9 章的内容，用 116 项条款对食品安全问题进行了详细阐述，制定了 1 套连贯和透明的法规，提高了欧盟食品安全科学咨询体系的能力。白皮书提出了 1 项根本改革，就是食品法以控制"从农田到餐桌"全过程为基础，包括普通动物饲养、动物健康与保健、污染物和农药残留、新型食品、添加剂、香精、包装、辐射、饲料生产、农场主和食品生产者的责任，以及各种农田控制措施等。在此框架体系中，法规制度清晰明了，易于理解，便于所有执行者实施。同时，它要求各成员国权威机构加强工作，以保证措施能可靠、合适地执行。

白皮书中的 1 个重要内容是建立欧洲食品安全局，主要负责食品风险评估和食品安全议题交流；设立食品安全程序，规定了 1 个综合的涵盖整个食品链的安全保护措施；并建立 1 个对所有饲料和食品在紧急情况下的综合快速预警机制。欧洲食品局由管理委员会、行政主任、咨询论坛、科学委员会和 8 个专门科学小组组成。另外，白皮书还介绍了食品安全法规、食品安全控制、消费者信息、国际范围等几个方面。白皮书中各项建议所提的标准较高，在各个层次上具有较高透明性，便于所有执行者实施，并向消费者提供对欧盟食品安全政策的最基本保证，是欧盟食品安全法律的核心。

2. （EC）No. 178/2002 法令

（EC）No. 178/2002 法令是 2002 年 1 月 28 日颁布的，主要拟订了食品法律的一般原则和要求、建立 EFSA 和拟订食品安全事务的程序，是欧盟的又一个重要法规。自发布以来，（EC）No. 178/2002 经过条例（EC）No. 1642/2003、条例（EC）No. 575/2006、条例（EC）No. 202/2008、条例（EC）No. 596/2009、条例（EU）No. 652/2014 等条例的修订。（EC）No. 178/2002 包含 5 章 65 项条款。范围和定义部分主要阐述法令的目标和范围，界定食品、食品法律、食品商业、饲料、风险、风险分析等 20 多个概念。一般食品法律部分主要规定食品法律的一般原则、透明原则、食品贸易的一般原则、食品法律的一般要求等。EFSA 部分详述 EFSA 的任务和使命、组织机构、操作规程；EFSA 的独立性、透明性、保密性和交流性；EFSA 财政条款；EFSA 其他条款等方面。快速预警系统、危机管理和紧急事件部分主要阐述了快速预警系统的建立和实施、紧急事件处理方式和危机管理程序。程序和最终条款主要规定委员会的职责、调节程序及一些补充条款。

将其中规定的食品安全管理的几个关键问题简述如下。

（1）责任（第 17 条）　食品及饲料生产加工、分配各环节的经营者，在其运营控制范围内应保证他们的产品符合相应的食品法对其活动相关的要求并认证有关要求得到满足。各成员国应强化食品法，并监控认证食品与饲料经营者在生产、加工、销售各环节都执行了有关要求。为此，应维持一个正式的控制系统以及其他活动以适应形势，包括对食品与饲料安全及危害大众交流，食品与饲料安全监督及涵盖生产加工与分销各环节的监控活动。还应指定对违反食品饲料法的惩罚措施。惩罚措施应有效执行，与之相称并有劝阻力。

第 17 条提出了食品经营者的强制性义务，他们必须积极参与食品法律的实施，验证是否达到了法律要求。这项基本要求与其他法律所规定的强制性要求（即在食品卫生领域内执行 HACCP 法规）密切相关。

另外，它还意味着生产者对其控制的行为所负的责任与传统责任是一致的，任何人应当对其控制的事物和行为负责。它将食品法规领域中采用的委员会法定制度的要求统一起来（不仅是食品安全立法，还有其他食品法律），也不允许各成员国维持或采用各自国家相关的法规，避免免除食品经营者的义务。

但是食品经营者的责任实际上应当是由违反特定的食品法规要求（以及各成员国国家法规中的民事责任或刑事责任方面的规定）所导致的结果，应根据国家法规以及针对违法行为的相关规定提起责任诉讼，而不是根据第 17 条的内容。

（2）可追溯性（第 18 条）　食品、饲料、食用动物及其他打算或预计要混合到食品或饲料的成分应建立良好的追溯性。食品、饲料经营者应能识别向其供应食品、饲料、食品加工的动物以及要混合或预计要混合到食品或饲料中的物质的经营者。为此，这些经营者应有恰当的系统和程序使信息能够在主管机构提出要求时提供。食品及饲料经营者应有恰当的系统和程序来识别其他向其供应产品的经营者。这一信息能够在主管机构提出要求时提供。正在或拟在共同体市场销售的食品和饲料，应适当地标识或能够很容易通过符合更多特定规定的相关要求的相关文件和信息来识别其可追溯性。

在特定部门实施本要求的有关规定可根据第 58（2）条的程序来采用。

第 18 条要求能够分辨其所提供的商品从哪里来，卖到哪里去；有适当的体系和程序，能够在主管机构要求时提供这一信息。本要求所基于的"追溯至前一步和后一步"的方法，意指食品经营者：须有适当的体系使其能够辨别其产品的直接供应商和直接消费者；须建立"产品供应商"链（产品来源于哪个供应商）；须建立"产品消费者"链（产品卖给了哪个消费者）。

不过，当食品经营者就是最终的消费者时，食品经营者就不必辨别直接消费者。食品、饲料、食用动物及其他打算或预计要混合到食品或饲料的成分应建立良好的追溯性。

（3）由食品经营者实行的收回、召回和通告（第19条）　如果经营者对其进口、生产、加工制造或营销的食品感到或有理由认为不符合食品安全要求时，应立即着手从市场收回有问题的产品，而该产品已不再被原经营者直接控制，并通知其主管机构。在食品有可能已经到达消费者手中的时候，经营者应有效准确地通知消费者收回的原因，若有必要，当其他措施已不能达到高标准的健康保护时，应从消费者手中召回有关产品。

从事零售、营销活动的经营者，由于对包装、标识、食品成分安全性无影响，应在其相应行为范围内从市场上收回不符合食品安全要求的产品，并应通过提供食品追溯有关的信息，配合生产者、加工者、制造者和主管机构所采取的措施而为食品安全作贡献。如果认为或有理由相信投入市场的某食品对人类健康有害，食品经营者应立即通知主管机构。经营者应通知主管机构采取措施预防对最终消费者造成的危害，并不应阻挠或妨碍他人根据国家法律和合法行动与主管机构一起采取的防止、减轻或消除食品所引起的危害的合作。食品经营者应配合主管机构为避免或减轻所提供或已经提供的食品而造成的危害所采取的措施。

自2005年1月起，食品经营者必须收回不符合安全、卫生要求的上市产品，并及时通报主管机构。如产品已销售至消费者手中，经营者应告知消费者，必要时从消费者手中召回。为确保召回已上市的不安全食品，食品链中的各企业应相互协作。当食品企业经营者推测或认为某上市食品可能对健康造成危害时，经营者应及时通报主管机构。在采取措施避免或降低不安全食品风险时，食品企业经营者必须配合主管机构。

（4）由饲料经营者实行的收回、召回和通告（第20条）　如果经营者对其进口、生产、加工制造或营销的饲料感到或有理由认为不符合饲料安全要求时，应立即着手从市场收回有问题的产品，并通知其主管机构。在这些情况下生产批或销售批不能满足饲料安全要求，该饲料应被销毁，除非主管当局认为符合其他方面的要求。经营者应有效准确地通知消费者收回的原因，若有必要，当其他措施已不能达到高标准的健康保护时，应从消费者手中召回有关产品。

从事零售、营销活动的经营者，由于对包装、标识、饲料成分安全性的影响，应在其相应行为范围内从市场上收回不符合饲料安全要求的产品，并应通过提供饲料追溯有关的信息，配合生产者、加工者、制造者和主管机构所采取的措施而为饲料安全作贡献。如果认为或有理由相信投入市场的某饲料不能够满足饲料安全要求，饲料经营者应立即通知主管机构。经营者应通知主管机构采取措施防止由于使用该饲料而引起的危害，并且不应阻挠或妨碍他人根据国家法律和合法行动与主管机构一起采取的防止、减轻或消除饲料所引起的危害的合作。

第20条与第19条内容非常相似，不同的是，除非主管当局同意，被认为不符合饲料安全要求的饲料或饲料批应进行销毁。对于饲料，有关回收的信息与饲料的使用者（农民）有关，而不是消费者。

（5）食品和饲料的进口（第11条）　输入并投放到共同体市场的食品和饲料应符合食品法相关要求或者经共同体认可的至少与其等同的条件，或对于共同体和出口国之间存在特殊协议的，至少要有与所包含的这些要求等同的条件。

（6）食品和饲料的出口（第12条）　从共同体出口或再出口投放第三国市场的食品和饲料应符合相应的食品法要求，除非进口国当局的要求或其建立的法律、法规、标准、法典、政令等另有规定。

除非食品对健康有害或饲料不安全，其他情形只有获得目的地国家主管当局的专门认可，充分告知有关食品或饲料不能在共同体市场销售的原因后，才能从共同体出口或再出门。

在适用于共同体或其成员国与第三国之间达成的双边协议的情况时，从共同体或该成员国出口到该第三国的食品与饲料应符合上述条款规定。

3.《通用食品法》

《通用食品法》涵盖食品生产链的所有阶段。

（1）通用原则　实施食品法的目的是保护人类的生命健康、保护消费者的利益，对保护动物卫生和福利、植物卫生及环境应有的尊重；欧盟范围内人类食品和动物饲料的自由流通；重视已有或计划中的国际标准。

食品法主要基于依据可获得科学证据的风险分析，在预先防范原则（Precautionary Principle）下，当评估存在可能的健康危害和有关科学证据不充分的情况下，成员国及委员会可以采用适当的临时风险管理措施。在准备、评价及修改食品法的过程中有直接或通过代表机构透明征询公众意见的要求。一旦一种食品或饲料产品被认为有风险，当局必须把对人类或动物健康的风险特征告知公众。

（2）在食品贸易中应遵守的一般义务　进口并投放到市场或出口到第三国的食品及饲料必须遵守欧盟食品法的相关要求。欧盟及其成员国必须为食品、饲料以及动物卫生和植物保护国际技术标准的发展作出贡献。

（3）食品法的一般要求　不安全的食品即对健康有害和/或不适于消费的食品不得投放到市场；确定食品是否安全，要考虑其食用的正常状态、给消费者提供的信息、对健康有可能产生的急性或慢性效果，适当的地方还应考虑特殊类型的消费者的特殊健康敏感性；一旦不安全的食品形成一个生产批次、贸易批次或整个货物的一部分，就可以推测认定整个货物是不安全的。

饲料如果是不安全的不得投放到任何用于食用的动物；饲料如果对人或动物健康有不利作用，那么就被认为是不安全的；一旦一个生产批次、贸易批次或整批货物中的任何一部分不符合要求，那么就可以认定整批货物不安全。

在食品生产链的所有阶段，业主必须确保食品或饲料符合食品法的要求，确保这些要求得到不折不扣地执行；成员国执行该法，确保业主遵守该法，并对违反行为制定适合的管理及处罚措施。

在生产、加工和销售等所有阶段必须建立食品、饲料、食用动物及所有组成食品物质的追溯体系，为此，要求业主应用合适的体系和程序。

如果业主认为进口、生产、加工或销售的食品或饲料产品对人或动物的健康有害，那么必须迅速采取措施从市场收回并随即通知主管当局。在产品已到消费者手中的情况下，业主必须通知消费者并召回其已提供的产品。

第五节　日本食品卫生与安全法律法规

日本对食品安全非常重视，在食品安全监管方面的战略计划集中体现在：政府对食品稳定、安全供应的保障战略；政府对农产食品的价格支持；提高食品进口门槛的策略；扩大日本的农产食品的国际市场。

一、食品安全监管机构及职能

从 2003 年开始，日本改变以往只强调生产者利益的做法，转而重视消费者权益，从而对食品安全管理体系进行了比较大的调整，不仅出台了《食品安全基本法》（Food Safety Basic Law），而且成立了日本中央政府直属的"食品安全委员会"，使日本政府有关食品安全的职能分工格局有所变化，形成了以食品安全委员会（FSC）、厚生劳动省（MHLW）和农林水产省（MAFF）3 个部门为主的国家食品安全管理体系。其执行机构主要是 2 个省下属的动植物检疫所和食品检疫站。其中将风险评估与风险管理职能分开，食品安全委员会负责进行食物的风险评估，而厚生劳动省及农林水产省则负责风险管理工作。

1. 食品安全委员会

2003 年 5 月，日本制定全国的《食品安全基本法》明确食品安全委员会的职责及功能，该委员会其后在 2003 年 7 月 1 日正式成立，《食品安全基本法》经修订后于 2014 年 6 月发布。食品安全委员会是独立的组织，由内阁政府直接领导，是用最先进的科学技术对食品安全性进行鉴定评估，并向内阁政府的有关立法提供科学依据的独立机构。根据《食品安全基本法》，该委员会由 7 名食品安全专家组成，委员全部为民间专家，经国会批准，由首相任命，任期 3 年。该委员会下设事务局（负责日常工作）和专门调查会。专门调查会负责专项案件的检查评估，分为 3 个评估专家组：一是化学物质评估组，负责对食品添加剂、农药、动物用医药品、器具及容器包装、化学物质、污染物质等的风险评估。二是生物评估组，负责对微生物、病毒、霉菌及自然毒素等的风险评估。三是新食品评估组，负责对转基因食品、新开发食品等的风险评估。

食品安全委员会的主要职责如下。

（1）实施食品安全风险评估　这是应运而生的食品安全委员会的最主要职能。其负责自行组织或接受农水省、厚生省等对食品安全风险进行具体管理部门（下称风险管理部门）的咨询，通过科学分析手段，对食品安全实施检查和风险评估。

（2）对风险管理部门进行政策指导与监督　根据风险评估结果，要求风险管理部门采取应对措施，并监督其实施情况。

（3）风险信息沟通与公开　以委员会为核心，建立由相关政府机构、消费者、生产者等广泛参与的风险信息沟通机制，并对风险信息沟通实行综合管理。

2. 厚生劳动省

随着食品安全委员会的成立，厚生劳动省有关食品安全风险评估的职能被相应剥离，目前其在食品安全风险管理方面的职能主要是实施风险管理。其下属医药食品安全局（Pharmaceutical and Food Safety Bureau）食品安全部（Department of Food Safety）是日本食品安全监管的主要管理机构，主要职能是：执行《食品卫生法》，保卫国民健康；根据食品安全委员会的评估鉴定结果，制定食品添加物以及药物残留等标准；执行对食品加工设施的卫生管理；监视并指导包括进口食品的食品流通过程的安全管理；听取国民对食品安全管理各项政策措施及其实施的意见，并促进信息的流通。

食品安全部辖下负责食品安全事件的有关机构及主要职责如下。

（1）企划信息课　负责食品安全监管职能总体协调、风险交流等事宜。该课下设的口岸健康监管办公室，负责办理所有检疫事务及进口食物监督管理。

（2）基准审查课　负责食品、食品添加剂、农药残留、兽药残留、食物容器、食品标签等规范和标准的制定。该课下设的新型食品健康政策研究室负责质地标签规范和转基因食品的安全评估工作。

（3）监督安全课　负责执行食品检查、健康风险管理、家禽及牲畜肉类安全措施以及HACCP体系的健全和完善、良好实验室规范、环境污染物监控措施、加工工厂控制措施等。其下设进口食品安全对策室，负责确保进口食品的安全。

3. 农林水产省

农林水产省曾于2001年1月进行重组，以便有效实施《食料、农业、农村基本法》（Basic Law on Food, Agriculture and Rural Areas）的措施。鉴于日本越来越依赖进口食物，而食物自给自足的比率不断下降，为确保该国的食物供应稳定，农林水产省进行架构重组，以应付农业、林业及渔业在21世纪的改变。2003年7月1日，农林水产省废除食粮厅，其精减后所遗留的业务，改由综合食料局的食粮部接办，新设消费安全局。

农林水产省负责食品安全管理的主要机构是消费安全局。消费安全局下设消费安全政策、农产安全管理、卫生管理、植物防疫、标识规格、总务6个课以及一名消费者信息官。农林水产省还新设立食品安全危机管理小组，负责应对重大食品安全问题。农林水产省有关食品安全管理方面的主要职能是：国内生鲜农产品及其粗加工产品在生产环节的质量安全管理，农药、兽药、化肥、饲料等农业投入品在生产、销售与使用环节的监管，进口动植物检疫，国产和进口粮食的质量安全性检查，国内农产品品质、认证和标识的监管，农产品加工环节中推广HACCP方法，流通环节中批发市场、屠宰场的设施建设，农产品质量安全信息的搜集、沟通等。

农林水产省和厚生劳动省在职能上既有分工，也有合作，各有侧重。农林水产省主要负责生鲜农产品及其粗加工产品的安全性，侧重在这些农产品的生产和加工阶段；厚生劳动省负责其他食品及进口食品的安全性，侧重在这些食品的进口和流通阶段。农药、兽药残留限量标准则由两个部门共同制定。

日本农林水产省和厚生劳动省有完善的农产品质量安全检测监督体系，在全国各地设有多个食品质量检测机构，负责农产品和食品的监测、鉴定和评估，以及各政府委托的市场准入和市场监督检验。日本农林水产省消费技术服务中心负责农产品质量安全调查分析，受理消费者投诉、办理有机食品认证及认证产品的监督管理。消费技术服务中心与地方农业服务机构保持紧密联系，搜集有关情报并接受监督指导，形成从农田到餐桌多层面的农产品质量安全检测监督体系。

4. 地方政府

根据《食品卫生法》，地方政府主要负责三方面工作：一是制定本辖区的食品卫生检验和指导计划；二是对本辖区内与食品相关的商业设施进行安全卫生检查，并对其提供有关的指导性建议；三是颁发或撤销与食品相关的经营许可证。地方政府也进行食品检验，但主要是由当地的保健所或肉品检查所等食品检验机构，对其相应权限范围内的食品进行检验。

二、食品安全管理的法律法规体系

日本保障食品安全的法律法规体系由基本法律和一系列专业、专门法律法规组成，主要有：《食品安全基本法》（Food Safety Basic Law）、《食品卫生法》（Food Sanitation Law）、《农药管理法》（Agricultural Chemicals Regulation Law）、《植物防疫法》（Plant Quarantine Law）、《家畜传染病预防法》（The Law for the Prevention of Infections Disease in Domestic Animals）、《屠宰场法》（Abattoir Law）、《家畜屠宰商业控制和家禽检查法》（Poultry Slaughtering Business Control and Poultry Inspection Law）等。

食品安全监管的方法是科学地评估风险（即对健康危害的可能性和程度）和在此基础上采取必要的措施。风险分析由三部分组成：风险评估——科学地评估风险；风险管理——在风险评估的基础上采取必要的措施；风险传达——在能代表公众、政府和学术界的相关人群中交流信息和看法。《食品安全基本法》负责风险评估，《食品卫生法》和其他相关法律负责风险管理。

1. 《食品安全基本法》

该法颁布于 2003 年 5 月，并于同年 7 月实施，是一部旨在保护公众健康、确保食品安全的基础性和综合性法律。随着这部法律的颁布，日本在食品安全管理中开始引入了风险分析的方法。该法的要点：①以国民健康保护至上为原则，以科学的风险评估为基础，预防为主，对食品供应链的各环节进行监管，确保食品安全；②规定了国家、地方、与食品相关联的机构、消费者等在确保食品安全方面的作用；③规定在出台食品安全管理政策之前要进行风险评估，重点进行必要的危害管理和预防，风险评估方与风险管理者要协同行动，促进风险信息的广泛交流，理顺应对重大食品事故等紧急事态的体制；④在内阁府设置食品安全委员会，独立开展风险评估工作，并向风险管理部门提供科学建议。

该法强化了发生食品安全事故之后的风险管理与风险对策，同时强化了食品安全对健康影响的预测能力。在具体实施时，风险管理机构与风险评估机构依部门而设，为更好地进行食品安全保护工作打下坚实的基础。

2. 《食品卫生法》

该法是日本食品卫生风险管理方面最主要的法律，其解释权和执法管理归属厚生劳动省。该法既适用于国内产品，也适用于进口产品。其最新修订版本于 2018 年 6 月发布。《食品卫生法》主要规定了各类食品及添加剂、容器及容器包装、食品的标签和广告、监督检查、食品注册、营业等相关内容。对农兽药残留限量、添加剂限量、家禽及肉制品、食品标签等内容给出法律依据，并规定了厚生劳动大臣对食品卫生管理的权利和义务。

现行《日本食品卫生法实施令》（即食品卫生法实施条例）于 2015 年 3 月 31 日发布。

2023 年 4 月 6 日，日本厚生劳动省发布 495230001 号咨询文件，拟修订食品卫生法实施条例。主要内容如下：①修订部分食品中异丙硫醚等农药的最大残留量；②增加植酸钙、硫酸铜的规格标准及检测方法及部分食品中最大含量。植酸钙用于葡萄酒中最大含量 0.08g/L（植酸钙计）；硫酸铜不得用于除葡萄酒和母乳替代品以外的食品中，铜含量最大为 0.60mg/kg。

在标准制定和执行方面，《食品卫生法》规定，厚生劳动省负责制定食品及食品添加剂的生产、加工、使用、准备、保存等方法标准、产品标准、标识标准，凡不符合这些标准的进口或国内的产品，将被禁止销售；地方政府负责制定食品商业设施要求方面的标准以及食品业管理/操作标准，凡不符合标准的经营者将被吊销执照。

在检查制度方面，对于国内供销的食品，在地方政府的领导下，保健所的食品卫生检查员可以对食品及相关设施进行定点检查；对于进口食品，任何食品、食品添加剂、设备、容器/包装物的进口，均应事先向厚生劳动省提交进口通告和有关的资料或证明文件，并接受检查和必要的检验。

此外，根据《食品卫生法》，日本从 2006 年 5 月 29 日起实施"食品中残留农药、兽药及添加剂肯定清单制度"（Positive List System）。根据此项制度，不仅对于化学品残留含有超过规定限量的食品，而且对于那些含有未制定最大残留限量标准的农业化学品残留且超过一定水平（0.01mg/kg）的食品，一律将被禁止生产、进口、加工、使用、制备、销售或为销售而贮存。

3. 其他相关法律

《日本农业标准法》又称《农林物质标准化及质量标志管理法》（JAS 法）。JAS 法中确立了 2 种规范，分别为：JAS 标识制度（日本农产品标识制度）和食品品质标识标准。依据 JAS 法，市售的农渔产品皆须标示 JAS 标识及原产地等信息。JAS 法在内容上不仅确保了农林产品与食品的安全性，还为消费者能够简单明了地掌握食品的有关质量等信息提供了方便。日本在 JAS 法的基础上推行了食品追踪系统，该系统要求农林产品与食品标明生产产地、使用农药、加工厂家、原材料、经过流通环节与其所有阶段的日期等信息。借助该系统可以迅速查到食品在生产、加工、流通等各个阶段使用原料的来源、制造厂家以及销售商店等记录，同时也能够追踪掌握到食品的所在阶段，这不仅使食品的安全性和质量等能够得到保障，而且在发生食品安全事故时也能够及时查出事故的原因、追踪问题的根源并及时进行食品召回。

《农药管理法》由农林水产省负责，其主要规定有：一是所有农药（包括进口的）在日本使用或销售前，必须依据该法进行登记注册，农林水产省负责农药的登记注册；二是在农药注册之前，农林水产省应就农药的理化和作用等进行充分研究，以确保登记注册的合理性；三是环境省负责研究注册农药使用后对环境的影响。

《植物防疫法》适用于进口植物检疫，农林水产省管辖的植物防疫站为其执行机构。该法规定，凡属日本国内没有的病虫害，来自或经过其发生国家的植物和土壤均严禁进口。依据有关国际机构或学术界的有关报告，通过了解世界植物病虫害分布情况，日本还制定了《植物防疫法实施细则》，详细规定了禁止进口植物的具体区域和种类以及进口植物的具体要求等。

《家畜传染病预防法》适用于进口动物检疫，农林水产省管辖的动物防疫站为其执行机构。进口动物检疫的对象包括动物活体和加工产品（如肉、内脏、火腿、肉肠等）。法律规定：进口动物活体时，除需在进口口岸实施临船检查，还要由指定的检查站对进口动物进行临床检查、血清反应检查等；进口畜产加工品，一般采取书面审查和抽样检查的方法，但若商品来自于家畜传染病污染区域，则在提交检查申请书之前，必须经过消毒措施。

《屠宰场法》适用于屠宰场的运作以及食用牲畜的加工。法律要求：屠宰（含牲畜煺毛等加工）场的建立，必须获得都道府县知事或市长的批准；任何人不得在未获许可的屠宰场屠宰拟作食用的牲畜或为这类牲畜去脏；所有牲畜在屠宰或去脏前，必须经过肉类检查员的检查；屠宰检验分为屠宰前、屠宰后和去脏后 3 个阶段的检验；未通过检验前，牲畜的任何部分（包括肉、内脏、血、骨、皮）不可运出屠宰场；如发现任何患病或其他不符合食用条件的牲畜，都道府县知事或市长可禁止牲畜屠宰和加工。

《家禽屠宰商业控制和家禽检查法》规定，只有取得地方政府的准许，方可宰杀家禽以及去除其羽毛及内脏。该法还规定了家禽的检查制度，其与《屠宰场法》规定的牲畜检查制度类似。

随着国内对有机农产品需求的扩大，日本于 1992 年颁布了《有机农产品及特别栽培农产标志标准》和《有机农产品生产管理要领》，在此基础上，于 2000 年制定了《日本有机食品生产标准》。

此外，日本还制定了大量的相关配套规章，为制定和实施标准、检验检测等活动奠定了法律依据。根据这些法律、法规，日本厚生劳动省颁布了 2000 多个农产品质量标准和 1000 多个农药残留标准，农林水产省颁布了多种农产品品质规格标准。

三、日本进口食品管理

日本对进口食物非常依赖，保持稳定的食物供应及确保进口食物安全已成为日本的首要关注事项。

（一）监管措施

依据《食品卫生法》，日本在进口食品把关方面，可视情况采取 3 个不同级别的进口管理措施，即例行监测、指令性检验、全面禁令。

1. 例行监测

即按照事先制定的计划所实施的监测。根据《食品卫生法》，日本有关食品卫生方面的例行监测计划有 2 类。

（1）进口食品的检验和指导财政年度计划　此计划为财政年度计划，由厚生劳动省大臣负责组织制定和实施，由分布在日本港口和机场的 31 个检疫站的食品卫生检验员具体执行。内容主要包括 3 方面：①在考虑进口食品的产地情况及其他有关情况后确定的应重点检验和指导的项目，其中农药残留、兽药残留、食品添加剂、病原微生物、生物毒素等有害物质是最主要的监测内容；②用于指导进口经营者培养食品卫生自发检验习惯的项目；③ 其他实施检验和指导所必需的项目。

（2）都道府县食品卫生检验和指导计划　此计划由各都道府县行政长官，根据本辖区实际情况负责制定并实施。该计划为财政年度计划，内容包括：①应重点实施检查和指导的项目；②用于指导进口经营者培养食品卫生自发检验习惯的项目；③ 涉及有关的都道府县和邻近都道府县等以及前者与其他相关管理机构之间合作稳定的项目；④ 其他实施检验和指导所需要的项目。

以上 2 类计划的制定，均遵循统一的原则——即厚生劳动省负责制定"食品卫生检验和指导实施原则"。《食品卫生法》还规定，以上 2 类计划一经制定或修订，均应及时向社会公告，而且计划的执行情况及结果也应对外公布。对于例行监测，进口产品不需等待检验结果即可进行国内分销。所有的检查和实验室监测费用由厚生劳动省负担。

2. 指令性检验

指令性检验即根据政府下达的检验令而实施的检验。《食品卫生法》第 26 条规定，厚生劳动省大臣或各都道府县知事有权发布检验令。对进口产品，由厚生劳动省大臣发布检查令，检疫站或委托注册实验室负责执行；对国内市场的产品，则由相关的都道府县知事依照内阁令规定的要求和程序发布检查令，其食品卫生检验机构或委托注册实验室执行检查令。涉及指令性检验的进口食品必须接受逐批抽样检验，检验所有费用需由接受检查令的进口商承担，而且接受指令性检查的食品必须停靠在口岸，等待检验结果合格后，方可进入国内市场，否则将被退货、废弃或转作非食用。

3. 全面禁止进口

根据《食品卫生法》，当指令性检验中发现最新检验的 60 个进口食品样品不合格率超过 5%，或存在引发公共健康事件的风险，或存在食品成分变异可能（如由于核泄漏，食品受到放射性污染）时，厚生劳动省可不通过任何检验而作出全面禁止某些食品进口和销售的决定。此禁令在经过对生产或制造行业的调查和证实，并由日本药事与食品卫生审议会的专家小组确认后即可正式生效。

（二）检验工作的实施

1. 抽样

例行监测计划的样品抽样由食品卫生检查员负责在港口入境处进行。抽样依据的是日本国内制定的抽样方法，这些抽样方法是基于 CAC 的有关抽样统计方法而建立的。对于没有规定抽样方法时，则可以按习惯方法抽样。2004 年进口食品例行监测计划的抽样方法，在 5 个监测实施指南文件中作了详细规定。有关指令性检验的抽样方法，均具体规定在检验令中，并且还规定，当检验样本超过 1 个时，只要其中有 1 个样品检验结果为不合格，则被检测的整批产品被视为不合格。

2. 检测方法

在执行监测计划时，检测机构依据的是监测计划实施指南中规定的方法。指南中规定的检测方法具有多元性，检测机构可根据每种食品的特性，在规定范围内自行选择合适的方法，按照操作程序手册标准准确及时地进行检测。2004 年"进口食品例行监测检验实施指南"中规定的检验方法包括：①"食品与食品添加剂规格标准"给定的检测方法；②乳和乳制品产品成分标准的部令中给定的检测方法；③各主管部门发布的公告中给定的检测方法；④环境健康局食品化学课编辑的《食品添加剂分析方法》中给定的检测方法；⑤环境健康局食品化学课负责的《食品卫生检查指导》中给定的检测方法；⑥日本药物协会（Pharmaceutical Society of Japan）编辑的《药剂师分析方法标准》注释中给定的检测方法；⑦其他可靠的检测方法，如美国分析化学家协会（AOAC）的方法。但是，对于指令性检验，在检测方法方面则没有选择性，只能依据厚生劳动省在检验令中规定的方法。检验令中规定的检验方法都是日本各主管部门发布公告中给定的检测方法。

3. 检测机构

厚生省在遍布日本的口岸和飞机场建立多个检疫站。这些检测机构的建立，使厚生省可对食品中农药、兽药、添加剂、生物毒素、致病微生物等实施大规模的监测，确保问题食品的及时发现。

从 1995 年起，日本在检测工作中引入了良好操作规范，要求所有官方实验室必须依据《食品卫生法》并依照 ISO 导则 25 规定的良好操作规范开展食品安全检测。

在对进口产品的检验方面，除国内有资质的检测机构外，厚生劳动省还授权了一些国外官方实验室。这些实验室对其本国进口食品所出具的检测结果，在效力上视同检疫站的正式结果。如果进口成品附有由厚生劳动省批准的出口国家官方实验室的检验结果，则这些产品到达日本后，厚生劳动省将不另行检测。要申请厚生劳动省注册的国外官方检验机构，实验室至少应具备 2 个条件：一是必须有能力采用 AOAC 方法进行产品检测；二是必须是出口国中央或省政府直接领导下的实验室（官方实验室），或是出口国中央或省政府授权的实验室（指定实验室）。

4. 不合格样品的处理

日本对进口食品的 3 种监管措施是根据检验结果的违规程度而逐步升级的。当例行监测检验时，某产品出现了第一次不合格，则再次进口这类产品（与原问题产品的生产或加工者相同）时，产品的监控检查的频度会提高到 50%。如果在监控范围提高至 50% 后再次出现了违规情况，则厚生劳动省将发布检验令，启动第二水平的监测——指令性检验，即对连续 2 次以上产品检验不合格的生产企业或加工企业的产品实施批批抽样检验。此外，当进口食品被高度怀疑可能含有或携带对人类健康具有严重危害的有害物质时（如大肠杆菌 O157∶H7），则 1 例违规即可启动指令性检验措施。只有当日本管理部门确信出口国或地区、制造商以及加工商采取了适当的预防措施，可避免再次不合格食品出口后，指令性检验方才停止。在实施指令性检验后，如果在最新检验的 60 个样品中，不合格率超过 5%，根据现行的《食品卫生法》，日本厚生劳动省有权在不经过检验的情况下，启动第三水平的措施——对该产品实施全面禁止进口和销售。

第六节　澳大利亚食品卫生与安全法律法规

澳大利亚于 1999 年开始强制实施食品安全计划，并在制定食品安全标准过程中强调科学性和综合性，以及反复和公开的论证，从而形成了对食品安全较为有效的管理机制。

一、食品安全监管机构及职能

澳大利亚作为一个联邦制国家，联邦政府负责对进出口食品进行管理，保证进口食品的安全和检疫状况，确保出口食品符合进口国的要求。国内食品安全由各州政府负责管理，各州制定自己的食品法，由地方政府负责执行。联邦食品安全管理机构主要涉及以下部门，包括澳新食品监管部长级论坛（Australia and New Zealand Ministerial Forum on Food Regulation，The Forum），澳新食品标准局（Food Standards Australia New Zealand，FSANZ），农业、渔业和林业部（Department of Agriculture，Fisheries and Forestry，DAFF），澳大利亚农药和兽药管理局（Australian Pesticides and Veterinary Medicines Authority，APVMA），澳大利亚竞争和消费者委员会（Australian Competition and Consumer Commission，ACCC）。

1. 澳新食品监管部长级论坛

2011 年，澳大利亚政府委员会（COAG）建立了一种新的行政制度，其中一条就是原先的澳新食品法规部长理事会变身为食品立法和治理论坛（Legislative and Governance Forum on Food Regulation），2014 年该论坛改名为澳新食品监管部长级论坛，相关职责没有变化。该论坛首要职责是对内部食品法规政策的发展和食品标准提供政策指导，具体包括：为 FSANZ 制定食品标准提供政策指南；促进澳大利亚和新西兰之间的标准协调；对食品标准的实施进行监督；在不同的司法管辖范围促进执法的一致性。

食品法规常务委员会（Food Regulation Standing Committee，FRSC）作为论坛的小组委员会为论坛提供政策建议；协调并确保全国范围内食品标准实施和执行的一致性，常务委员会也向论坛提出 FRSC 工作启动、评估和发展的建议。其成员由澳大利亚和新西兰卫生部长以及澳大利亚各州、领地的相关高级官员组成。

执行小组委员会（Implementation Sub-Committee，ISC）是 FRSC 的分委员会，其职责是对跨地区食品法规和标准实施和执行的一致性进行监督审查，这种监督审查涵盖国内生产、出口注册企业生产和进口的食品。

2. 澳大利亚新西兰食品标准局

澳大利亚新西兰食品标准局，前身是澳新食品局（ANZFA），是依据《澳大利亚和新西兰食品标准法》（1991）成立的独立的双边法定机构，其在澳大利亚堪培拉、新西兰惠灵顿分别设有办事处，通过来自澳大利亚和新西兰食品方面的专家组成的委员会实施管理。澳新食品标准局负责制定食品标准，这些标准经过上文提到的论坛批准后即成为《澳大利亚和新西兰食品标准法典（Australia New Zealand Food Standards Code）》的一部分。FSANZ 制定的标准，内容包括在澳大利亚出售的食品的成分和标签标准、食品添加剂和污染物的限量、微生物学规范以及对营养标签和警示声明的要求。另外，它还负责协调澳大利亚的食品监测、召回等工作；为消费者提供消费信息；进行与食品标准内容有关的问题的研究；开展膳食暴露模型和科学的食品安全风险评估；提供关于进口食品的风险评估建议等。

3. 农业、渔业和林业部

2022 年 7 月 1 日起，前农业、水和环境部（DAWE）更名为农业、渔业和林业部（DAFF），负责澳大利亚农业、畜牧业、渔业、食品和林业的管理，包括土壤等自然资源管理，第一产业研究，制定粮食安全政策、食品饮料加工行业政策与动植物有关的生物安全监管等。

农业、渔业和林业部内部设有国家生物安全委员会（NBC）和农业经济资源与科学局（ABARES）。国家生物安全委员会（NBC）是根据政府间生物安全协议（IGAB）正式成立，职责是为澳大利亚提供整个生物安全领域包括生物安全监管机构运行情况提供建议。农业经济资源与科学局是通过数据统计、研究和分析为农业政策决策提供专业的、独立的建议。

4. 澳大利亚农药和兽药管理局

澳大利亚农药和兽药管理局是澳大利亚政府的 1 个法定机构，1993 年依据《农业和兽医化学品（管理）法》成立，其主要职责包括：负责统一评估和登记的所有进入澳大利亚市场的农业及兽医用化学产品；制定国家农兽药注册计划（National Registration Scheme for Agricultural and Veterinary Chemicals，NRS）；独立评估在澳大利亚销售的化学品的安全性和性能，以确保人类、动物和植物健康安全，保护环境和贸易；对兽药生产者的批准和审查以保证遵守制造标准；对市场上农兽药化学品进行监控和核查以确保其持续符合高标准。

5. 澳大利亚竞争和消费者委员会

澳大利亚竞争和消费者委员会（ACCC）隶属于财政部，主要执法依据是 2010 年颁布的《竞争和消费者法》。在食品安全监管方面，ACCC 主要负责标签及原产国等方面信息的符合性声称和相关执行工作，并对消费者投诉开展调查。

二、食品安全管理的法律法规体系

历史上，澳大利亚的食品管理体系分散而不统一。自 20 世纪 80 年代，澳大利亚开始了由联邦引导的食品标准化运动，各州将食品标准的立法权度让给联邦政府。1981 年，澳大利亚发布了《食品法》（Food Act），1994 年发布了《食品标准管理办法》（Food Standards Regulation），1989 年发布了《食品卫生管理办法》（Food Hygiene Regulation），还发布了与之配套的国家食品安全标准（National Food Safety Standards）。到 20 世纪 90 年代，澳大利亚新西兰开始食品领域的合作，两国成立了澳大利亚新西兰食品标准局，制定澳大利亚新西兰统一的食品标准，即《澳大利亚新西兰食品标准法典》。

随着食品安全问题日益严重及食品安全标准规定的滞后，2005 年澳大利亚和新西兰联合颁布了《澳大利亚新西兰食品标准法典》（以下简称《食品标准法典》），在 ANZFA 法案的基础上，逐渐形成了比较完善的食品安全和食品标准法律法规体系。于 2005 年颁布的《食品标准法典》适用于澳大利亚各州，部分适用于新西兰。

该《食品标准法典》是单个食品标准的汇总。第 1 章为一般食品标准涉及的标准适用于所有食品，包括食品的基本标准，食品标签及其他信息的具体要求，食品添加物质的规定，污染物及残留物的具体要求，以及需在上市前进行申报的食品，但是，由于新西兰有自己的食品最大残留限量标准（Maximum Residue Limits，MRL），标准 1.4.2 中规定的最大残留限量仅在澳大利亚适用。第 2 章为食品产品标准，具体阐述了特定食物类别的标准，涉及谷物、肉、蛋和鱼、水果和蔬菜、油、乳制品、非酒精饮料、酒精饮料、糖和蜂蜜、特殊膳食食品及其他食品共 10 类具体食品的详细标准规定。第 3 章为食品安全标准，具体包括了食品安全计划、食品安全操作和一般要求、食品企业的生产设施及设备要求。但该章节的规定仅适用于澳大利亚的食品卫生安全。第 4 章为初级产品标准，也仅适用于澳大利亚，内容包括澳大利亚海产品的基本生产程序标准和要求、特殊乳酪的基本生产程序标准和要求以及葡萄酒的生产要求。

该《食品标准法典》具有法律效力。凡不遵守有关食品标准的行为在澳大利亚均属于违法行为；在新西兰则属于犯罪行为。销售那些被损坏的、品质变坏的、腐烂的、掺假的或不适用于人类消费的食品的行为也同样属于犯罪行为。

 思政案例

2023 年 1 月 25 日，美国 FDA 针对婴儿和幼儿食品中铅的限量水平作出了新的提议和设定，并出台一则指南草案以供参考。铅作为一种重金属元素，对人体具有严重危害。即使摄入少量的铅，也会损害儿童的健康和发育，特别是大脑和神经系统，进而导致学习障碍、行为困难、智商降低等问题。因此，众多国家和地区一直致力于铅的安全问题研究。

为评估铅的食品安全风险，2018 年，FDA 制定了铅在食品中的临时参考水平（IRL），以取代 1990 年早期制定的 FDA 临时每日总摄入量（PTTDI）。2021 年，美国 FDA 启动"接近零（Close to Zero）"的行动计划，旨在尽量减少婴幼儿食品中铅的含量。该计划通过设定铅的行动水平来最大限度地减少婴幼儿食品中铅的含量，从而逐步降低铅在婴幼儿食品中的含量。

2010 年修订的 GB 10769—2010《食品安全国家标准 婴幼儿谷类辅助食品》和 GB 10770—2010《食品安全国家标准 婴幼儿罐装辅助食品》均对不同婴幼儿食品中的铅含量限量进行了规定，以上两个标准中铅含量的限值分别为≤0.2mg/kg 和≤0.25mg/kg。而欧盟《婴幼儿加工谷类食品和婴儿食品》（EU No.2015/1055）中铅含量的限值为≤0.05mg/kg。

课程思政育人目标

从介绍 FDA 针对婴儿和幼儿食品中铅的行动指南草案引入，通过我国与美国等国家在婴幼儿食品铅含量限量标准的差异，了解我国与美国及欧盟等国家与地区之间在相关领域规定的异同，进行自主分析，了解差距，形成时不我待的危机感以及投身相关法律体系建设的使命感。

思考题

1. 什么是 CAC 标准？按内容可分为几大类？
2. 美国食品安全监管有些什么特色？主要执行机构及职能有哪些？
3. 加拿大的食品安全监管有些什么特色？其食品召回制度主要有哪些规定？
4. 简要介绍欧盟与食品安全有关的法律法规。
5. 简要介绍日本现行的主要有关食品安全的法律法规。

参 考 文 献

［1］白殿一等．标准的编写［M］．北京：中国标准出版社，2009.

［2］李凤林，黄聪亮，余蕾．食品添加剂［M］．北京：化学工业出版社，2008.

［3］吴永宁．现代食品安全学［M］．北京：化学工业出版社，2003.

［4］陈锡文，邓楠．中国食品安全战略研究［M］．北京：化学工业出版社，2003.

［5］宋怿．食品风险分析理论与实践［M］．北京：中国标准出版社，2005.

［6］中华人民共和国国务院新闻办公室．中国的食品质量安全状况［M］．北京：人民出版社，2008.

［7］钱和，林琳，于瑞莲．食品安全法律法规与标准［M］．北京：化学工业出版社，2019.

［8］蒋爱民，周佺．食品原料学［M］．3版．北京：中国轻工业出版社，2020.